AF564385

DES

MACHINES A VAPEUR

PARIS. — IMP. SIMON RAÇON ET COMP., RUE D'ERFURTH, 1.

DES
MACHINES A VAPEUR

LEÇONS FAITES EN 1869-1870

A

L'ÉCOLE IMPÉRIALE DES PONTS ET CHAUSSÉES

PAR

F. JACQMIN

INGÉNIEUR EN CHEF DES PONTS ET CHAUSSÉES
DIRECTEUR DE L'EXPLOITATION DES CHEMINS DE FER DE L'EST, PROFESSEUR A L'ÉCOLE IMPÉRIALE DES PONTS ET CHAUSSÉES
MEMBRE DU JURY INTERNATIONAL DE L'EXPOSITION UNIVERSELLE DE 1867
ET DE LA COMMISSION CENTRALE DES MACHINES A VAPEUR

TOME SECOND

PARIS
GARNIER FRÈRES, LIBRAIRES-ÉDITEURS
6, RUE DES SAINTS-PÈRES, ET PALAIS-ROYAL, 215

1870

DES

MACHINES A VAPEUR

TROISIÈME PARTIE

GÉNÉRALITÉS SUR LA CONSTRUCTION ET L'EMPLOI DES MACHINES.
ACCIDENTS.

CHAPITRE IX

DES MÉTAUX EMPLOYÉS DANS LA CONSTRUCTION DES MACHINES.

Le chapitre IX ne contient point les développements que comporterait l'étude approfondie des métaux qui entrent dans la construction des machines ; il donne seulement l'indication d'une série de questions importantes qui doivent faire l'objet des recherches et des préoccupations des ingénieurs.

§ 1er. — Considérations générales.

Importance du choix des matériaux dans la construction des machines. — L'importance du choix des matériaux dans la construction des machines semble n'avoir pas besoin d'être discutée. L'économie dans l'entretien et la consommation, la sécurité dans l'emploi, l'augmentation dans la durée, la valeur des matériaux après la destruction de la machine, tout engage le propriétaire d'un moteur à exiger du constructeur l'emploi de matériaux de bonne qualité, et à ne pas faire à ce sujet la plus déplorable économie.

Les différents métaux qui entrent dans chacune des principales machines locomotives que nous avons décrites, se répartissent au point de vue du poids de la manière suivante :

DÉSIGNATION	MACHINE CRAMPTON	MACHINE MIXTE	MACHINE A MARCHANDISES	MACHINE ENGERTH
Cuivre rouge.	1.214k	1.197k	1.469k	1.600k
Laiton.	2.008	1.994	2.344	4.197
Bronze.	494	592	588	749
Fonte..	2.106	3.450	3.672	7.630
Tôle.	5.275	6.610	6.670	8.840
Acier..	297	290	375	885
Fer..	12.526	11.227	13.956	17.198
TOTAUX.	23.920k	25.360k	29.074k	41.090k

Les chiffres du tableau précédent, relevés avec le plus grand soin, sur les machines en service sur le chemin de fer de la compagnie de l'Est, peuvent varier ; l'acier notamment tend à se substituer au fer et même à la fonte, mais dans tous les cas, entre des matériaux de premier choix et des matériaux de qualité médiocre, il n'y a pas en moyenne 0^{f},10 d'écart dans la valeur du kilogramme.

L'économie, pour une machine de 30 tonnes, ne peut donc dépasser 3,000 fr. De cette somme relativement minime, dépend cependant le choix à faire entre une machine excellente ou une machine détestable et dangereuse.

Comparaison entre la valeur de la matière première et de la matière fabriquée. — Dans la grande enquête faite au sujet des derniers traités de commerce, la question du rapport entre la valeur de la matière première et celle de la matière fabriquée, a été discutée pour presque toutes les industries.

On a indiqué, pour les machines, les proportions suivantes :

Prix des matières premières.	50 p. 100 du prix total.	
Main d'œuvre.	40	—
Frais généraux.	10	—

Une économie de 10 pour 100 sur le prix des matières premières, et une telle proportion est énorme, se réduit donc à une économie de 5 pour 100 sur l'ensemble. Pour moins de 5 pour 100, quelquefois pour 1 ou 2 pour 100, un fabricant s'expose à perdre tout le fruit de son travail, toute la valeur de la main-d'œuvre et des frais généraux, si la mauvaise qualité du métal employé entraîne le refus de l'objet fabriqué.

Nécessité d'avoir un excès de force dans le métal employé. Question de l'altération moléculaire. — Les notions que l'on possède sur la résistance des matériaux permettent de préciser les limites qu'il convient de ne pas dépasser dans l'effort demandé à chaque organe des machines. Nous pensons toutefois qu'on ne doit pas redouter l'emploi d'un certain excès de force dans le métal, parce qu'il faut pouvoir parer, soit aux imperfections du métal lui-même, soit aux résistances accidentelles dans le travail : les machines anglaises présentent à cet égard un caractère très-tranché que nous constaterons surtout dans les machines-outils, mais que l'on peut déjà signaler dans un grand nombre de leurs moteurs.

Dans les machines de bateau, dans les machines locomotives, l'emploi du métal avec des dimensions un peu exagérées peut conduire à des poids qui constituent un obstacle sérieux au bon fonctionnement de la machine, mais il n'en est pas de même à terre, et le bas prix des matières premières permet aux constructeurs de fournir des pièces robustes en état de résister aux plus violentes perturbations. Nous l'avons dit en parlant des cylindres : la main-d'œuvre est la même pour aléser un cylindre qui a un centimètre d'épaisseur, ou un cylindre qui en a un centimètre et demi; mais dans le second, les petites imperfections qui peuvent altérer l'homogénéité sont sans influence, tandis que dans le premier elles peuvent compromettre la résistance qu'il doit offrir.

L'importance de la masse et de l'excès de force dans un système composé de pièces métalliques ne saurait être mise en doute dans la question si obscure encore de l'altération moléculaire.

On ne peut nier le fait de l'altération moléculaire dans deux cas connus des ingénieurs :

1° Le fer, soumis à des variations de température brusques et fréquemment répétées, perd la plus grande partie de sa force, et peut être rompu sous des charges très-inférieures à celles qu'il supportait avant d'avoir été soumis à ces violents changements d'état.

2° Quand une pièce métallique est soumise à des efforts considérables, permanents et voisins de la limite d'élasticité, elle subit une altération profonde et incontestable; en démolissant un certain nombre de ponts suspendus dont les câbles travaillaient sous une charge élevée, on a trouvé les fils de fer presque complétement détruits et n'offrant plus aucune résistance, tandis que les câbles en fer ou en fils, auxquels on n'avait demandé qu'un effort moyen, ne présentaient aucune altération.

Les vibrations éprouvées par les pièces de machines peuvent-elles produire les mêmes effets que les causes que nous venons d'indiquer? C'est ce que personne n'a pu démontrer encore d'une manière péremptoire. On a constaté, à la rupture de diverses pièces des machines, des cassures d'un mauvais aspect, mais rien ne prouve que la cassure n'eût pas été la même le premier jour où la machine a fonctionné.

On a cassé des essieux qui avaient fait 100,000 kilomètres, et on n'a pas trouvé la plus légère modification dans la structure du métal: d'autres essieux ont dû être mis au rebut après 10,000 kilomètres. Ne doit-on pas reconnaître dans ces faits une différence de résistance provenant d'une différence de qualité initiale, bien plus que de l'influence de mouvements vibratoires?

Dans tous les cas et en dehors de toute théorie, si l'altération moléculaire est la conséquence d'un mouvement vibratoire, on est sûr d'en combattre les effets en augmentant les dimensions des pièces soumises au travail.

Commande et réception des machines. — L'ingénieur peut suivre deux procédés dans ses relations avec les constructeurs de machines : il peut entrer dans des prescriptions détaillées, ou se contenter de prescriptions générales.

Les prescriptions détaillées sont toujours dangereuses ; elles peuvent être contradictoires et conduire à l'annulation de la responsabilité du fabricant.

Si l'on prescrit à la fois un mode de fabrication pour une barre de fer et une condition de résistance pour cette même barre, on peut se trouver en présence d'une sérieuse difficulté : les procédés indiqués au devis ont été ponctuellement suivis, ou du moins le fabricant l'affirme, mais la résistance se trouve insuffisante. Le fabricant répond que, s'étant conformé, pour le mode de fabrication, aux conditions du devis, il n'est pas responsable des conséquences, et l'ingénieur doit accepter de mauvais matériaux ou entamer un procès avec le fabricant. C'est une difficulté identique à celle qui se présenterait dans les travaux de construction, si, après avoir prescrit d'une manière générale l'emploi de la chaux hydraulique, l'on imposait en même temps à l'entrepreneur une carrière ne produisant que de la chaux grasse.

Les prescriptions générales, au contraire, ont l'avantage de ne laisser de doute dans l'esprit de personne : le fabricant sait ce qu'il doit livrer et il peut profiter de toutes les ressources de son art, pourvu qu'il arrive au résultat demandé. L'agent chargé de la réception n'a que de simples constatations à faire; enfin, en cas de contestation, le juge se trouve en présence de stipulations nettes et précises et statue sans difficulté. Rien de plus facile d'ailleurs que de formuler des conditions générales, On peut rapporter la machine commandée à des types connus et éprouvés; il ne s'agit alors que de copier un modèle : on peut stipuler des conditions d'allure, de marche, de vitesse, de consommation, dans des conditions de travail différentes.

Ces conditions n'excluent ni les prescriptions relatives à l'emploi de bons matériaux, ni la surveillance à exercer dans l'atelier, surtout au moment du montage, mais elles laissent à chacun sa responsabilité.

En résumé, l'ingénieur doit connaître les qualités des métaux, les conditions dans lesquelles doivent s'employer chacun d'eux; il doit guider le fabricant, mais non se substituer à lui, si ce n'est dans des conditions exceptionnelles et qui ne se présentent que rarement dans la commande des machines à vapeur.

§ 2. — Développement de la production métallurgique en Europe depuis cinquante ans.

Éléments qui entrent dans la fabrication d'une tonne de fer. — Le développement de l'emploi des machines, et, on peut le dire, le développement de l'industrie dans un pays, sont intimement liés à celui de la production métallurgique. La production houillère, dont nous signalerons l'importance considérable, est un moyen d'arriver à la production métallurgique.

La fabrication d'une tonne de fer exige l'emploi de cinq à six tonnes de minerai et de combustible. On comprend, dès lors, l'influence des voies de communication sur une telle fabrication et le rôle que les ingénieurs des ponts et chaussées peuvent être appelés à remplir dans la solution de questions en apparence étrangères à leurs occupations habituelles.

Ce chiffre de cinq à six tonnes s'établit de la manière suivante :

FABRICATION D'UNE TONNE DE FONTE DE COKE :

Minerai contenant 33 à 40 p. 100 de fer.	2.500 à 3.000	kilog.
Castine, selon les qualités du minerai.	200 à 500	
Coke, selon sa qualité.	1.100 à 1.600	
Totaux.	3.800 à 5.100	kilog.

FABRICATION D'UNE TONNE DE FER ÉBAUCHÉ :

Fonte selon les qualités.	1.050 à 1.100	kilog.
Combustible..	600 à 800	

FABRICATION D'UNE TONNE DE FER MARCHAND :

Fer ébauché selon les qualités à obtenir..	1.025 à 1.050	kilog.
Combustible..	350 à 400	

En tenant compte de la conversion de la houille en coke, on arriverait pour certaines fabrications à plus de 8 tonnes de matières premières pour arriver à une tonne de fer marchand.

Pour la fonte au bois, la quantité de charbon de bois est d'environ 1,000 kilog. pour une production de 1,000 de fonte.

Nulle industrie plus que l'industrie métallurgique n'a donc besoin de transports à bon marché pour ses matières premières. Les chemins de fer ont à cet égard rendu d'immenses services au pays, et grâce aux abaissements de tarifs consentis par les compagnies, les contrées riches en minerais ont pu demander le combustible à des distances de 3 à 400 kilom.; tandis que les usines placées dans les terrains houillers se procuraient du minerai dans des régions complétement inexploitées avant l'ouverture du chemin de fer.

Nous ne citerons qu'un exemple du développement que la

mise en exploitation d'un chemin de fer imprime à l'industrie minière : le grand-duché de Luxembourg possède des gisements de minerai de fer inépuisables. Avant la création des chemins de fer, on n'extrayait qu'un tonnage très-faible transporté par chars à un petit nombre de hauts fourneaux. Dans un espace de neuf années, grâce aux chemins de fer, le bassin minier de Luxembourg a donné 3,900,000 tonnes, et le tonnage de l'année 1869 s'est élevé à 800,000 tonnes. On prévoit le temps très-prochain où l'extraction annuelle atteindra un million de tonnes.

Lorsque l'on parle de la production métallurgique d'un pays, on ne considère habituellement que le fer; en désignant sous ce nom générique la fonte, le fer et l'acier, nous bornerons donc à ce métal les indications qui vont suivre.

Production métallurgique de l'Angleterre : importance de quelques usines. — Le tableau suivant, extrait du *Traité de métallurgie* du docteur Percy (Introduction, page LXXII) et de diverses autres publications, donne une idée des progrès de la production métallurgique en Angleterre :

ANNÉES.	TONNES DE FONTE FABRIQUÉES.
1823	442.066
1825	581 367
1828	702.844
1830	653.417
1835	1.000.000
1840	1.396.400
1842	1.060.875
1847	1.999.608
1852	2.701.000
1854	3.069.858
1855	3.218.154
1856	3.586.377
1857	3.659.447
1858	3.456.064
1859	3.712.904
1860	3.826.752
1862	3.943.469

ANNÉES.	TONNES DE FONTE FABRIQUÉES.
1863.	n'ont pu être indiquées
1864.	
1865.	4.819.500
1866.	4.527.000
Sur ce dernier chiffre l'Écosse entre pour environ.	1.000.000

Enfin, les exportations de fonte et de fer s'élèvent, année moyenne, à environ 40 p. 100 de la production totale.

Certaines usines anglaises ont une part considérable dans cette énorme production. Nous citerons quelques exemples :

1° Usine de Dowlais (pays de Galles) :

Cette usine emploie 10,000 ouvriers ; elle renferme dans une même enceinte :

18 hauts fourneaux produisant chacun 196 tonnes par semaine, 12 feux d'affinage, 140 fours à puddler, 139 fours à réchauffer, 25 trains de laminoirs, savoir :

4 laminoirs à rails produisant : l'un 1,000 tonnes par semaine, l'autre 700, le troisième 500, le quatrième 1,200 ; 2 pour fers corroyés ; 5 pour fers marchands ; 5 pour accessoires de rails.

La production de l'usine, calculée sur 44 semaines de travail, est de :

3,500 tonnes de fonte par semaine, soit : 182,000 tonnes par an.

900 tonnes de fer marchand, ou 46,800 par an.

3,400 tonnes de rails, ou 149,000 par an.

Combustible. — Extraction : 12,000 à 13,000 tonnes par semaine ;

Consommation : 10,000 tonnes par semaine, 520,000 tonnes par an.

MOTEURS A VAPEUR. — 5 machines pour souffleries de 200 à 700 chevaux, soit. . . .	2,000 chevaux.
15 machines pour laminoirs et divers outils.	1,140
1 machine pour laminoir à rails.	1,000
TOTAL.	4,140 chevaux.

2° Forges d'Ebbw-Wales et Pontypool (pays de Galles) :

26 hauts fourneaux ; 165 fours à puddler.

3° Forges d'Ulverstone (Lancashire) :

6 hauts fourneaux.
Production hebdomadaire : 2,500 tonnes.

Le dernier haut fourneau construit présente les dimensions suivantes :

Hauteur.	14m,00
Diamètre au gueulard.	3 ,65
Diamètre au ventre.	5 ,05
Diamètre au creuset.	2 ,15

Produit moyen par jour : 92,750 kilog. pour un seul haut fourneau.

Les gaz du gueulard sont employés à chauffer l'air et à produire la vapeur nécessaire pour les souffleries, les monte-charges, les appareils d'exhaustion qui exigent 18 chaudières à vapeur d'une force totale de 500 chevaux.

Nous venons de citer des chiffres qui donnent une idée de la production courante de l'Angleterre ; mais les forges de ce pays sont outillées pour donner, presque aux prix ordinaires du commerce, des pièces de dimensions extraordinaires. MM. Combes et Dubocq citent, dans leur rapport sur l'Exposition de 1862, à Londres, les pièces suivantes :

Fers double T, de $12^{m},85$ de longueur.
— 0 ,30 de hauteur.
— 0 ,13 de largeur, 0,019 d'épaisseur.
— 9 ,60 sur $0^{m},38$ et $0^{m},14$.
— 14 ,60 sur 0 ,21 et 0 ,10.
— 16 ,40 sur 0 ,25 et 0 ,12.

PIÈCES DE BLINDAGE.

Longueur. . .	$12^{m},90$	$6^{m},90$	$7^{m},50$	$6^{m},60$	$6^{m},58$
Largeur. . .	1 ,09	2 ,13	1 ,12	1 ,27	1 ,90
Épaisseur. . .	0 ,028	0 ,051	0 ,127	0 ,165	0 ,159
Poids. . . .	2.728^{k}	$5,754^{k}$	$7,866^{k}$	$10,759^{k}$	15.000^{k}

Rails de $28^{k},75$ le mètre courant et ayant $27^{m},45$ de longueur.

Feuilles de tôle en fer noir, pesant $59^{gr},6$ pour une superficie de 13 décimètres, 5 grammes par décimètre carré.

Citons encore une poutre double T :

Longueur.	$9^{m},00$
Hauteur.	0 ,91
Embase.	0 ,50

Cette pièce a été obtenue à l'aide d'un foyer mobile qui glisse le long de la feuille et des bases à souder, et de deux marteaux frappant latéralement les pièces amenées au blanc soudant.

La plupart de ces pièces ne sont pas d'un usage journalier, mais il faut les considérer comme indiquant la puissance de fabrication des usines anglaises.

Production métallurgique de la France. — Les progrès réalisés par notre pays dans la production de la fonte et du fer ont été extraordinaires, et il nous paraît utile d'entrer à ce sujet dans quelques détails extraits des résumés si intéressants que publie, pour chaque période quinquennale, l'administration des Mines.

a. — **Fonte.** —

Tableau chronologique de la production des fontes en France, de 1819 jusqu'à nos jours.

ANNÉES	FONTE AU COMBUSTIBLE VÉGÉTAL			FONTE AU COMBUSTIBLE MINÉRAL SEUL OU MÉLANGÉ DE COMBUSTIBLE VÉGÉTAL			TOTAL GÉNÉRAL
	BRUTE	MOULÉE	TOTAL	BRUTE	MOULÉE	TOTAL	
	quint. métr.	quint. m.	quint. métr.	quint. métr.	quint. m.	quint. métr.	quint. métr.
1819. .	»	»	1.105.000	»	»	20.000	1.125.000
	»	»	»	»	»	»	»
1822. .	»	»	1.077.810	»	»	30.000	1.107.810
	»	»	»	»	»	»	»
1824. .	»	»	1.922.999	»	»	53.000	1.975.999
1825. .	»	»	1.941.665	»	»	44.000	1.985.665
1826. .	»	»	2.002.747	»	»	55.684	2.058.431
1827. .	»	»	2.090.538	»	»	73.674	2.164.212
1828. .	»	»	1.993.477	»	»	215.700	2.209.177
1829. .	»	»	1.899.777	»	»	271.472	2.171.249
1830. .	»	»	2.392.577	»	»	271.031	2.663.608
1831. .	»	»	1.972.200	»	»	275.854	2.248.054
1832. .	»	»	1.947.237	»	»	303.115	2.250.352
1833. .	»	»	1.968.195	»	»	392.803	2.360.998
1834. .	1.858.468	360.596	2.219.064	433.197	38.375	471.572	2.690.636
1835. .	2.082.941	381.907	2.464.848	460.222	22.927	483.149	2.947.997
1836. .	2.232.505	387.550	2.620.055	431.426	32.151	463.577	3.083.630
1837. .	2.231.133	458.237	2.689.370	592.763	34.647	627.410	3.316.780
1838. .	2.331.087	452.387	2.783.474	652.219	42.073	694.292	3.477.766
1839. .	2.391.961	445.251	2.837.212	626.584	37.922	664.506	3.501.718
1840. .	2.234.690	472.415	2.707.105	690.875	79.758	770.633	3.477.736
1841. .	2.198.582	720.220	2.918.802	613.358	239.259	852.617	3.771.419
1842. .	2.234.528	737.213	2.971.741	773.583	249.233	1.022.816	3.994.557
1843. .	2.320.684	596.509	2.917.193	1.046.445	262.583	1.309.026	4.226.219
1844. .	2.174.586	631.275	2.805.861	1.098.005	367.887	1.465.892	4.271.753
1845. .	2.057.551	591.176	2.648.727	1.331.115	409.850	1.740.965	4.389.690
1846. .	2.097.174	729.658	2.826.832	1.827.835	569.185	2.397.020	5.223.852
1847. .	2.876.978	517.549	3.394.527	2.253.191	268.384	2.521.575	5.915.902
1848. .	2.408.572	414.948	2.823.520	1.699.628	261.481	1.901.109	4.724.429
1849. .	2.146.782	366.512	2.513.294	1.448.015	180.649	1.628.664	4.141.958
1850. .	1.906.365	388.831	2.295.196	1.537.973	223.562	1.761.535	4.056.551
1851. .	2.028.531	442.552	2.471.083	1.694.781	292.217	1.986.998	4.458.081
1852. .	2.200.970	452.430	2.653.400	2.173.925	419.109	2.593.034	5.246.434
1853. .	2.424.882	499.397	2.924.279	3.268.742	416.318	3.685.060	6.609.339
1854. .	2.954.106	504.650	3.458.756	3.747.292	524.666	4.271.958	7.710.694
1855. .	3.060.870	547.310	3.608.180	4.337.538	547.244	4.884.782	8.492.962
1856. .	3.164.916	584.918	3.749.834	4.855.676	625.965	5.481.641	9.231.475
1857. .	3.186.970	545.825	3.732.795	5.548.283	642.247	6.190.530	9.923.325

ANNÉES	FONTE AU COMBUSTIBLE VÉGÉTAL			FONTE AU COMBUSTIBLE MINÉRAL SEUL OU MÉLANGÉ DE COMBUSTIBLE VÉGÉTAL			TOTAL GÉNÉRAL
	BRUTE	MOULÉE	TOTAL	BRUTE	MOULÉE	TOTAL	
	quint. métr.	quint. m.	quint. métr.	quint. métr.	quint. m.	quint. métr.	quint. métr.
1858. .	2.780.926	482.215	3.263.141	4.940.076	512.343	5.452.419	8.715.560
1859[1].	2.913.525	421.049	3.334.574	4.816.635	492.784	5.309.419	8.643.993
1860. .	2.746.586	418.420	3.165.006	5.265.336	553.191	5.818.527	8.983.533
1861. .	2.371.215	388.970	2.760.185	6.207.784	700.977	6.908.761	9.668.946
1862. .	2.394.555	344.380	2.738.935	7.366.122	803.322	8.169.444	10.908.377
1863. .	2.233.803	327.344	2.561.147	8.132.305	875.299	9.007.604	11.568.751
1864. .	2.109.736	135.361	2.245.097	9.087.483	794.927	9.882.410	12.127.507

[1] Les renseignements relatifs à l'année 1859 ne sont point exactement les mêmes que ceux qui ont été insérés dans le dernier résumé des travaux statistiques de l'administration des Mines, parce que, lors de la publication de ce document, les chiffres qui concernent l'année 1859 n'étaient point encore définitivement arrêtés, ainsi d'ailleurs que nous avons eu le soin de l'indiquer.

Dans cette longue période de 45 années, la production de la fonte s'élève de 112,500 tonnes à 1,212,500, c'est-à-dire qu'elle fait plus que décupler ; mais l'augmentation est loin de se produire d'une manière régulière : il faut 35 années pour passer de 112,500 à 660,000 tonnes, tandis que dix années suffisent, de 1854 à 1864, pour que le chiffre de la production soit à peu près doublé et atteigne 1,212,500 tonnes.

Nous n'avons pas les chiffres officiels à partir de 1865, mais nous pensons que ceux ci-après, publiés par le Comité des forges de France, méritent toute créance:

1865	12.005.205 quint. m.
1866.	12.526.556
1867.	12.225.650
1868.	12.745.554

Le développement de la production en 1869 est considérable et le chiffre est de 13 millions de quintaux.

Malgré l'énorme développement que nous venons de signaler dans la dernière période décennale, les besoins du pays ont encore été plus grands et l'importation a dû combler la différence qui a constamment existé entre la consommation et la production, ainsi que le prouvent les chiffres ci-après :

ANNÉES	IMPORTATIONS DE FONTES BRUTES		
	DÉFINITIVES AVEC ACQUITTEMENT DES DROITS	TEMPORAIRES AVEC ACQUITS-A-CAUTION	TOTALES
	quint. métr.	quint. métr.	quint. métr.
1855.	1.210.600	48.160	1.258.760
1856.	1.292.540	90.120	1.582.460
1857	986.700	125.860	1.112.560
1858.	661.050	194.150	855.160
1859.	452.910	527.760	780.670
1860.	507.150	415.060	722.190
1861.	1.245.580	466.460	1.710.040
1862.	2.171.500	204.500	2.576.000
1863.	1.726.450	245.520	1.971.950
1864.	414.790	1.150.150	1.564.920
1865.	716.565	979.011	1.695.576
1866.	795.856	859.797	1.655.654
1867.	857.201	577.285	1.434.485
1868.	217.568	985.704	1.203.272

Les importations temporaires avec acquits-à-caution sont des importations de fontes brutes qui, après avoir été transformées en fontes moulées, en fer ou en machines, en un mot travaillées en France, sont réexportées à l'étranger. Incidemment, nous dirons que le régime des importations temporaires, après avoir été très-vivement attaqué par les producteurs français et signalé comme la cause déterminante de l'avilissement du prix des fontes, a été définitivement maintenu par l'administration supérieure. Il a été établi, à la suite d'une longue enquête, que le régime des admissions temporaires de fonte et de fers avait laissé en France, pendant chacune des années 1864 et 1865, une somme très-considérable, près de cent millions, uniquement représentée par des salaires et des bénéfices. Priver le pays de la possibilité de faire une semblable opération eût été, nous ne craignons pas de le dire, une atteinte à la liberté du travail.

Si, en revenant aux chiffres de la production de la fonte, nous examinons les rapports qui existent entre la fonte au combustible végétal et la fonte au combustible minéral seul ou mélangé de combustible végétal, nous trouvons que, jusque vers 1830, il y a à peu près égalité entre ces deux natures de fonte. A partir de 1830, chaque production va croissant, mais la fonte au coke marche plus vite que la fonte au bois ; en 1856, la production de la fonte au bois arrive à son apogée (375,000 tonnes), et à partir de ce moment elle décline pour revenir, en 1864, aux chiffres de 1830 à 1835. Cette décroissance fera peut-être encore de nouveaux progrès, et la production de la fonte au bois sera limitée aux besoins de la consommation de fer de qualité supérieure.

Observons encore incidemment que la décroissance dans la production de la fonte au bois a commencé quatre ans avant le premier traité de commerce et qu'on ne peut rendre ce traité responsable des changements survenus dans les besoins de la consommation.

b. — **Fer**. —

Tableau chronologique de la production du fer en France de 1819 jusqu'à nos jours.

ANNÉES	FER FABRIQUÉ AU COMBUSTIBLE VÉGÉTAL SEUL OU MÉLANGÉ DE COMBUSTIBLE MINÉRAL	FER FABRIQUÉ AU COMBUSTIBLE MINÉRAL			TOTAL GÉNÉRAL
		FER MARCHAND AUTRE QUE LES RAILS	RAILS	TOTAL	
	quint. métr.	quint. métr.	quint. métr.	quint. métr.	quint. métr.
1819. . . .	732.000	»	»	10.000	742.000
	»	»	»	»	»
1822. . . .	711.540	»	»	150.000	861.540
	»	»	»	»	»
1824 . . .	995.885	»	»	421.011	1.416.896
1825. . . .	1.024.792	»	»	410.696	1.435.488
1826. . . .	1.049.561	»	»	405.829	1.455.190
1827. . . .	1.044.853	»	»	443.702	1.488.555

ANNÉES	FER FABRIQUÉ AU COMBUSTIBLE VÉGÉTAL SEUL OU MÉLANGÉ DE COMBUSTIBLE MINÉRAL	FER FABRIQUÉ AU COMBUSTIBLE MINÉRAL			TOTAL GÉNÉRAL
		FER MARCHAND AUTRE QUE LES RAILS	RAILS	TOTAL	
	quint. métr.	quint. métr.	quint. métr.	quint. métr.	quint. métr.
1828. . . .	1.027.903	»	»	485.975	1.513.878
1829. . . .	1.079.558	»	»	456.675	1.536.233
1830. . . .	1.016.137	»	»	468.548	1.484.685
1831. . . .	1.012.901	»	»	397.670	1.410.571
1832. . . .	991.766	»	»	443.118	1.434.884
1833. . . .	992.075	»	»	530.576	1.522.651
1834. . . .	1.020.870	»	»	750.768	1.771.638
1835. . . .	1.081.592	»	»	1.013.795	2.095.387
1836. . . .	1.109.205	»	»	996.600	2.105.805
1837. . .	1.099.956	»	»	1.146.174	2.246.130
1838. . .	1.090.853	»	»	1.151.104	2.241.957
1839. . . .	1.017.634	»	»	1.299.975	2.317.609
1840. . . .	1.033.048	»	»	1.540.741	2.573.789
1841. . .	1.103.866	»	»	1.553.604	2.657.470
1842. . . .	1.097.953	1.472.646	277.639	1.750.285	2.848.238
1843. . . .	1.147.305	1.652.215	284.930	1.937.145	3.084.450
1844. . . .	1.084.912	1.696.265	368.948	2.065.213	3.150.125
1845. . . .	1.084.785	1.872.437	465.391	2.337.828	3.422.613
1846. . . .	1.058.651	2.006.257	536.993	2.543.250	3.601.901
1847. . . .	969.558	1.909.851	887.464	2.797.315	3.766.873
1848. . . .	724.452	1.309.735	728.352	2.038.087	2.762.539
1849. . .	731.913	1.290.195	412.426	1.702.621	2.434.534
1850. . . .	734.569	1.496.518	230.873	1.727.391	2.461.960
1851. . .	820.410	1.450.183	271.080	1.721.263	2.541.673
1852. . .	740.842	1.672.122	604.616	2.276.738	3.017.580
1853. . . .	1.009.600	2.353.602	946.692	3.300.294	4.309.894
1854. . . .	939.083	2.814.634	1.357.634	4.172.268	5.111.351
1855. . . .	1.002.881	3.090.352	1.478.943	4.569.295	5.572.176
1856. . . .	1.049.701	3.006.466	1.630.527	4.636.993	5.686.694
1857. . . .	1.033.215	3.029.108	1.537.272	4.566.380	5.599.595
1858. . . .	1.024.676	2.866.288	1.410.054	4.276.342	5.301.018
1859[1]. . .	1.057.595	3.261.958	1.014.260	4.276.218	5.333.813
1860. . . .	964.155	3.144.487	1.213.477	4.357.964	5.322.119
1861. . . .	832.901	3.833.169	1.645.706	5.478.875	6.311.776
1862. . . .	878.427	4.302.399	2.161.747	6.464.146	7.342.573
1863. . . .	958.057	4.474.903	2.269.483	6.744.386	7.702.443
1864. . . .	860.328	4.900.422	2.159.831	7.060.253	7.920.581

[1] Les renseignements relatifs à l'année 1859 ne sont point exactement les mêmes que ceux qui ont été insérés dans le dernier résumé des travaux statistiques de l'administration des Mines, parce que, lors de la publication de ce document, les chiffres qui concernent l'année 1859 n'étaient point encore définitivement arrêtés, ainsi d'ailleurs qu'on avait eu le soin de l'indiquer.

Nous constatons pour le fer des résultats semblables à ceux indiqués pour la fonte dans une période de quarante-cinq ans ; la production du fer en France a décuplé : de 74,200 tonnes en 1819, elle s'est élevée à 792,000, en 1864, et, comme pour la fonte, le progrès s'est manifesté surtout dans les dix ou douze dernières années :

1852.	502.000 tonnes.
1864.	792.000

La fabrication du fer au bois n'a pour ainsi dire pas varié dans cette période de quarante-cinq ans ; elle oscille toujours entre 75,000 et 100,000 tonnes, et elle ne représente aujourd'hui que le dixième de la production totale, le fer au coke satisfaisant, ainsi que nous le dirons plus loin, à presque tous les besoins.

Le *Bulletin* du Comité des forges nous permet également de compléter jusqu'en 1868 inclusivement le tableau de la production nationale pour les fers :

1865.	8.447.548 quint. m.
1866.	8.995.752
1867.	8.486.152
1868.	9.166.450

L'année 1869 donnera très-probablement 10 millions de quintaux métriques.

La production française, sans atteindre dans la dernière période décennale les besoins de la consommation, s'en est plus approchée que n'a pu le faire la production des fontes ; et les chiffres ci-après, publiés par le Comité des forges, prouvent qu'en 1869 l'importation ne portait pour ainsi dire plus que sur des objets soumis à l'exportation et entrés à titre temporaire :

ANNÉES	IMPORTATIONS DES FERS		
	DÉFINITIVES AVEC ACQUITTEMENT DES DROITS	TEMPORAIRES AVEC ACQUITS-A-CAUTION	TOTALES
	quint. m.	quint. m.	quint. m.
1855.	583.810	»	583.810
1856.	713.610	»	713.610
1857.	537.250	»	537.250
1858.	218.950	49.890	268.840
1859.	62.780	98.430	162.210
1860.	37.440	178.290	215.730
1861.	217.980	328.480	546.460
1862.	983.010	563.530	1.546.540
1863.	232.100	486.590	718.690
1864.	126.970	430.749	557.710
1865.	138.870	584.121	522.992
1866.	236.993	623.343	860.336
1867.	188.026	566.111	754.137
1868.	153.059	502.440	655.499

Les chiffres de ce tableau, publié avant le résumé des travaux statistiques des ingénieurs des mines, diffèrent un peu des chiffres du résumé ; mais les différences sont peu importantes, et elles ne changent rien aux considérations que nous avons présentées sur l'ensemble de la production.

c. — **Acier.** — Pour compléter ce qui concerne la production métallurgique de la France, nous devons faire connaître les chiffres relatifs à la fabrication de l'acier.

Cette fabrication s'est élevée, en 1864, à 41,600 tonnes, savoir :

Aciers de forge et aciers puddlés.	24.600
Aciers de cémentation.	7.000
Aciers fondus..	10.000
TOTAL PAREIL.	41.600

Ainsi que nous le verrons plus loin, la fabrication de l'acier prend en Europe un développement extraordinaire, et nous assistons au commencement d'une révolution dans les procédés de fabrication du fer et de l'acier, révolution qui ne permet déjà plus de conserver la distinction qui existait autrefois entre ces deux substances.

La France peut maintenant citer, comme l'Angleterre, un certain nombre d'usines capables de livrer, chaque année, à la consommation des quantités énormes de fers ou de fontes, ou de produire ces pièces exceptionnelles qui n'ont de véritable valeur, nous l'avons dit pour l'Angleterre, que comme preuve de la puissance de la fabrication. Les ingénieurs anglais, dans plusieurs publications faites au sujet de l'Exposition universelle de 1867, n'ont pu s'empêcher de constater l'étonnement qu'ils avaient éprouvé en voyant les progrès extraordinaires réalisés par plusieurs établissements français, notamment par le Creuzot, par MM. Petin et Gaudet, par la Société des forges de Châtillon et Commentry, etc., etc.

En 1868, la France a produit 42,000 tonnes de rails en acier Bessemer.

Production de la Belgique et de la Prusse. — La Belgique et la Prusse ont fait, comme la France, des progrès considérables dans la production de la fonte ; nous citerons les chiffres que nous avons pu recueillir dans des documents officiels.

ANNÉES	NOMBRE DE TONNES DE FONTE PRODUITES		ANNÉES	NOMBRE DE TONNES DE FONTE PRODUITES	
	EN BELGIQUE	EN PRUSSE		EN BELGIQUE	EN PRUSSE
	tonnes.	tonnes.		tonnes.	tonnes.
1830. . .	52.090	»	**1855**. . .	294.270	265.056
1836. . .	118.000	»	**1856**. . .	321.954	321.459
1838. . .	74.525	»	**1857**. . .	302.211	333.459
1842. . .	52.500	»	**1858**. . .	324.204	381.855
1843. . .	89.688	»	**1859**. . .	318.799	371.815
1845. . .	154.565	»	**1860**. . .	319.945	370.577
1846. . .	189.518	»	**1861**. . .	311.858	420.119
1847. . .	248.587	»	**1862**. . .	356.550	499.592
1848. . .	161.581		**1863**. . .	392.078	602.548
1849. . .	148.557	100.526	**1864**. . .	449.875	674.154
1850. . .	144.452	115.895	**1865**. . .	470.767	740.222
1851. . .	167.709	127.614	**1866**. . .	482.404	776.451
1852. . .	178.796	142.292	**1867**. . .	489.526	1.005.269
1853. . .	250.124	181.255	**1868**. . .	517.895	1.156.879
1854. . .	284.855	224.555			

En Belgique et en Prusse, comme en France, la production de la fonte au bois va en diminuant pour faire place à la fonte au coke.

Le tableau suivant indique l'accroissement constant des quantités de fonte fabriquées au coke, en Prusse :

DÉSIGNATION	1837	1851	1861
Coke.	8.8 p. 100	20.5 p. 100	72.0 p. 100
Charbon de bois.	90.4 p. 100	77.2 p. 100	16.0 p. 100
Mélange.	0.8 p. 100	2.5 p. 100	12.0 p. 100

Une période de vingt-cinq années a suffi pour transformer toute la fabrication, et la fonte au bois semble disparaître en Prusse avec bien plus de rapidité qu'en France.

Production de l'Autriche. — Les chiffres ci-après donnent la production métallurgique de l'Autriche dans une période malheureusement troublée par la guerre et des difficultés politiques très-grandes.

1855.	276.000	tonnes de fonte.
1856.	287.000	—
1857.	377.000	—
1858.	355.000	—
1859.	317.000	—

Production relative des divers États. — Il est très-intéressant de comparer la production de toutes les contrées qui fabriquent la fonte ; malheureusement, il est difficile de se procurer des renseignements ayant un caractère d'authenticité suffisante. Les chiffres suivants, extraits pour l'année 1856 de l'ouvrage du docteur Percy sur la métallurgie, pour l'année 1865 des rapport du jury de l'Exposition universelle de 1867, nous paraissent aussi exacts que possible.

DÉSIGNATION	1856	1864
	tonnes.	tonnes.
Angleterre.	3.600.000	4.527.000
France.	920.000	1.215.000
Prusse.	728.000	772.000
Belgique.	306.000	450.000
Autriche.	287.000	259.000
Russie.	200.000	278.000
Suède.	150.000	227.000
États-Unis.	759.000	1.200.000

Supériorité de l'Angleterre. — L'Angleterre, en 1856 comme en 1864, produisait à elle seule la moitié de la fonte consommée dans le monde entier ; cette proportion ne se maintiendra probablement pas, parce que les États du continent européen et les États d'Amérique font de grands efforts pour développer la production d'une matière aussi utile que la fonte, mais la supériorité de l'Angleterre est encore aujourd'hui incontestable. Bien des causes concourent à cette supériorité ; nous ne pouvons que les énumérer :

1° Étendue des gisements houillers ;

2° Abondance et qualité des minerais souvent situés dans les mêmes terrains que la houille ;

3° Proximité de la mer, et emploi du cabotage pour les transports ;

4° Population ouvrière nombreuse ;

5° Spécialisation dans la fabrication ;

6° Étendue du marché pour le placement des produits fabriqués ; relations dans le monde entier facilitées par le goût de la nation pour le commerce maritime :

7° Maintien héréditaire dans les mêmes familles d'établissements industriels qui n'ont pas, comme en France, à courir tous les vingt-cinq ans les chances des partages et des liquidations judiciaires :

8° Entière et absolue liberté d'action pour l'exploitation des mines, des chemins de fer, des voies navigables ;

9° Liberté d'association et développement des institutions de crédit.

Il faudrait entrer dans des détails, mieux placés dans un cours d'économie politique et sociale que dans un cours de machines à vapeur, pour montrer combien ces diverses causes agissent puissamment sur le développement de l'industrie. Nous les résumerons en disant que les Anglais ont su réunir les avantages qui résultent d'une situation géologique exceptionnelle, du développement de l'instruction et de l'absence de toute réglementation.

Spécialisation dans la fabrication. — Nous avons mentionné la spécialisation dans la fabrication comme une des causes de la supériorité de l'Angleterre. On conçoit, en effet, qu'un industriel ne donnant qu'un seul produit et concentrant sur ce produit toutes ses ressources, capitaux et intelligence, arrive à le livrer à des conditions de bon marché que n'obtiendra pas un concurrent qui s'occupera non-seulement de la même fabrication mais de beaucoup d'autres en même temps.

On n'a pas compris cette situation en France ; on l'a même combattue comme tendant à constituer un monopole industriel. Chaque fabricant, dans la crainte de voir son voisin spécialiser à son profit une branche quelconque de la fabrication, se lance dans une quantité d'opérations dont la multiplicité même et la variété sont des obstacles aussi bien pour la perfection dans l'exécution que pour la réduction dans le prix de revient.

On a vu en France, ce qu'on chercherait vainement en Angleterre, une usine produisant à la fois de la fonte et du fer au bois et au coke, de l'acier naturel, des tôles, des fers-blancs, des plaques forgées, des cuivres laminés, des chaines, des clous, des rails, des ponts métalliques et jusqu'à des machines à vapeur. Il est impossible que des industries aussi diverses puissent être concentrées dans un seul lieu ni même dans une seule région, ou, s'il en est ainsi, on se place volontairement dans des conditions d'infériorité qui entraînent tôt ou tard la ruine d'établissements imprudemment conçus.

Sans entrer dans la discussion de tous les faits qui se présentent à la pensée lorsque l'on soulève des questions de cette importance, on peut dire qu'aujourd'hui, avec les facilités extraordinaires procurées par le perfectionnement de toutes les voies de communication, avec la suppression des barrières douanières, la localisation et la spécialisation des fabrications deviendront des faits économiques parfaitement justifiés. Pour nous borner à l'industrie métallurgique, on ne fera certainement plus de fer dans les localités où il n'y a ni minerai ni combustible; les hauts fourneaux se grouperont autour des gisements de minerais : on ne convertira avantageusement la fonte en fer que dans les localités voisines des houillères ou dans les usines en possession d'un outillage depuis longtemps amorti.

§ 3. — De la fonte.

Influence des minerais. — La fonte est un mélange de fer et de carbone réunis dans des proportions que la chimie n'a pu définir atomiquement : la proportion du carbone varie entre 2 et 6 p. 100 du poids du fer.

Des corps autres que le carbone se trouvent souvent dans la fonte ; l'analyse signale la présence :

De l'aluminium,	Du sodium,
Du silicium,	Du calcium,
Du phosphore,	Du magnésium,
Du soufre,	Du nickel,
De l'arsenic,	Du chrome,
Du manganèse,	Du titane,
Du potassium,	Du cobalt, etc., etc.

Malgré leur faible proportion, ces substances exercent une

influence caractéristique sur la qualité de la fonte : les unes, comme le phosphore et le soufre, donnent une grande fusibilité à la fonte, mais réagissent très-fortement en mal sur la qualité du fer produit avec cette même fonte ; le manganèse, au contraire, semble augmenter la qualité du fer d'une façon très-notable, et aujourd'hui les minerais manganésifères sont extrêmement en faveur dans toute l'Europe.

Le silicium, l'aluminium, le manganèse et presque tous les autres corps que nous avons désignés se trouvent habituellement dans le minerai de fer ; le phosphore et le soufre sont amenés par le combustible employé à la réduction des minerais. La nature de la fonte résulte de la nature des éléments mis en présence pour la constituer, et bien que l'on puisse souvent par des opérations préalables améliorer ces éléments constitutifs, soit en grillant les minerais, soit en convertissant la houille en coke, on semble aujourd'hui reconnaître qu'il faut avant toutes choses choisir des matières premières et surtout des minerais de bonne qualité. Le développement des voies de communication a permis, à cet égard, de réaliser des combinaisons que les anciens métallurgistes n'auraient pas même pu concevoir. Les forges du centre de la France demandent à la Corse, à la Sardaigne, à l'île d'Elbe, mais surtout à l'Algérie, des quantités de minerais chaque jour plus considérables. Des maîtres de forges de la Moselle s'occupent de faire venir des minerais d'Angleterre ; partout on cherche par le mélange des minerais à augmenter soit le rendement dans le haut fourneau, soit la qualité de la fonte produite.

Fonte au bois, fonte au coke. — La fonte s'obtient en traitant dans un haut fourneau le minerai par le charbon de bois, par le coke ou même par la houille crue et l'anthracite.

Pendant longtemps, on n'a pas songé à employer d'autre combustible que le bois, et un grand nombre de hauts fourneaux ont été construits au centre de contrées forestières, en vue même d'utiliser cette nature de richesses, le bois, pour laquelle on n'avait aucun débouché.

L'épuisement du bois dans certains pays, le développement de la production houillère, ont conduit les métallurgistes à expérimenter, pour le traitement des minerais, les combustibles minéraux, et les résultats obtenus ont dépassé toutes les espérances ; nous avons indiqué le développement énorme de la production de la fonte au coke. Nous ne reviendrons pas sur ces chiffres, nous n'insisterons que sur une question, celle de la qualité. On a longtemps dit que la fonte au coke était et qu'elle resterait toujours très-inférieure à la fonte au bois ; cela est et resterait vrai si le combustible minéral employé introduisait dans le haut fourneau les substances nuisibles, telles que le soufre et le phosphore dont nous avons parlé ; mais cela n'est plus vrai si par des lavages préalables de la houille, si par une carbonisation conduite avec soin on débarrasse le coke de toutes ces impuretés. On arrive alors à des fontes de première qualité qui, pour presque tous les usages industriels, luttent avec la fonte au bois et la remplacent sur tous les marchés.

Principales qualités de la fonte. — La fonte possède des qualités très-diverses et qui dérivent principalement de la nature des minerais traités. Ces qualités sont presque toujours accusées par l'aspect de la cassure. Nous citerons les principales divisions :

1° *Fontes miroitantes.* — Cassures indiquant des traces de cristallisation. Ces fontes sont principalement destinées à la fabrication de l'acier ou du fer aciéreux.

2° *Fontes blanches.* — Cassure blanche lisse et brillante. Ces fontes, très-cassantes, très-dures à travailler, servent à la fabrication du fer.

3° *Fontes grises.* — Cassure sombre, grenue, très-homogène. Ces fontes, douces au burin et à la lime, s'emploient pour la construction des machines ; fondues une seconde fois et refroidies brusquement, elles donnent une cassure analogue à celle de la fonte blanche.

Viennent ensuite les fontes truitées, qui se rapprochent par leurs qualités et leurs défauts soit de la fonte blanche, soit de la fonte grise; puis les fontes noires, qui sont trop douces pour être bien travaillées, et qui reçoivent sans se briser l'empreinte du marteau, etc., etc.

Divisions dans la production de la fonte. — On doit établir deux grandes divisions dans la production de la fonte :

Les fontes d'affinage destinées à la fabrication du fer et de l'acier ;

Les fontes de moulage destinées à la fabrication des objets pour lesquels les précieuses qualités de la fonte sont directement utilisées. Nous n'avons pas à parler ici des fontes d'affinage.

Fontes de moulage. — Les fontes de moulage se divisent elles-mêmes en fontes de première fusion et en fontes de deuxième fusion. Quand un haut fourneau est arrivé par l'emploi de minerais et de combustibles homogènes à ce que l'on appelle une allure très-régulière, on peut obtenir en première fusion des objets de forme simple, tels que boulets, plaques de foyers, coussinets de chemins de fer, colonnes pleines, tuyaux de conduite. Souvent même on arrive à produire en première fusion des objets d'une forme relativement délicate, tels que poêles, instruments de cuisine, etc.

Les fontes de deuxième fusion résultent du rechauffage, dans un four de forme spéciale à cuve ou à réverbère, des lingots de première fusion connus sous le nom de saumons, sapiots, gueuses.

La seconde fusion est employée pour les pièces qui exigent à la fois de l'homogénéité et de la ténacité, et qui doivent présenter assez de douceur pour être facilement travaillées, assez de dureté pour résister à des frottements constamment renouvelés.

L'Écosse produit, chaque année, des quantités immenses de fontes de première fusion qui sont exportées dans le monde entier pour le travail de la seconde fusion. Cette préférence n'est plus justifiée, et le continent commence à avoir des fontes qui, pour ce travail, peuvent lutter avec les premières marques d'Écosse.

En mélangeant des fontes de qualités différentes, en ajoutant à la fonte quelques substances étrangères, on peut obtenir les produits les plus divers et répondant aux exigences les plus variées de la fabrication. Nous ne saurions entrer dans tous ces détails, ni dans tous ceux qui se rapportent aux procédés de moulage ; ils constituent l'art difficile du fondeur, art qui a fait, au point de vue industriel, de très-grands progrès, depuis quelques années, aussi bien en France qu'en Angleterre. Les fondeurs sont arrivés à livrer des pièces d'une forme irréprochable, qui n'exigent aucune retouche, et qui sont assez parfaites pour pouvoir être immédiatement employées après un simple brossage. Nous citerons, à cet égard, les roues d'engrenage exécutées sur des modèles en métal très-bien faits ; ces roues ont la surface, *la croûte*, pour nous servir du terme d'atelier, très-dure, et elles fonctionnent, pendant plusieurs années, sans présenter la moindre trace d'usure.

Défauts de la fonte; nécessité de ne l'employer dans les pièces de machines que sous des formes simples. — Le principal défaut de la fonte est d'être cassante. Sans cause apparente, des pièces qui avaient résisté à des efforts considérables se brisent en quelque sorte spontanément : ces efforts sont presque toujours dus à un retrait inégal, produit par un refroidissement trop brusque et mal réglé. Dans les longues séries d'expériences qui ont été faites par M. Fairbairn sur la résistance des pièces métalliques, cet illustre ingénieur a constaté que des pièces de fonte fraîchement brisées ne pouvaient être exactement rapprochées, et qu'il existait un écart très-appréciable entre plusieurs points des surfaces cassées. Avant la cassure cependant, il y avait continuité dans la masse; mais cette continuité n'était obtenue qu'à l'aide de tensions intérieures excessives, tensions auxquelles il suffisait d'ajouter le plus léger effort pour produire la rupture.

Aussi, M. Fairbairn formule-t-il, à plusieurs reprises, le conseil de n'employer que des pièces en fonte de formes simples et dans lesquelles le refroidissement a pu s'opérer avec une parfaite régularité.

Nous citerons comme exemple de dispositions vicieuses adoptées pour des pièces métalliques les voussoirs du pont d'Austerlitz à Paris. Lorsque le remplacement des voûtes en fonte par des voûtes en pierres de taille a été décidé, on a trouvé que presque tous les voussoirs étaient brisés, et cela dans toutes les directions; ils étaient évidés dans tous les sens, et on semblait n'avoir voulu garder que les arêtes de chacun des cubes employés à la formation de la voûte.

L'analogie des pièces de fonte avec des voussoirs était évidente, et cette analogie avait conduit les ingénieurs à employer la fonte sous la forme la moins propre à sa résistance. On reconnaît aujourd'hui que chaque substance a des qualités propres dont il faut tenir compte : aucun ingénieur ne songerait à employer la pierre de taille sous forme de grands arcs de 5 à 6 mètres de longueur et de quelques centimètres d'épaisseur.

Expériences de M. Fairbairn sur la résistance des métaux. — Nous venons de citer les expériences faites par M. Fairbairn sur des pièces de fonte; au sujet de ces expériences et de celles faites sur des pièces de fer, cet ingénieur a formulé des considérations qui nous paraissent mériter la plus sérieuse attention.

Lorsqu'un corps est soumis à des forces extérieures qui tendent à le déchirer, à le briser ou à l'écraser, il s'établit entre ces forces et la cohésion une lutte dont l'ingénieur doit suivre toutes les phases. Il semble que tous les corps aient horreur de la séparation, de la disjonction de leurs parties constituantes, et que, pour éviter cette destruction finale, la cohésion fasse un effort qui l'épuise et qu'on ne saurait renouveler. M. Fairbairn compare la résistance qu'une pièce de métal est capable de fournir à celle que donnent les muscles des animaux. Tant qu'on n'atteint pas une limite qui est celle désignée sous le nom de *limite d'élasticité*, la fatigue n'altère point la capacité de résistance, et le métal, comme les muscles, peut travailler pour ainsi dire indéfiniment. Si, au contraire, on dépasse cette limite, le métal subit une altération persistante et se brise sous un effort très-inférieur à celui qui a produit cette altération.

Aussi, faut-il considérer comme sacrifiées les pièces soumises à des essais à outrance. Ces essais permettent bien d'apprécier la limite de résistance que présente le métal, mais ils épuisent la force des pièces expérimentées. Lorsque cette limite est connue, on peut essayer les pièces semblables aux pièces expérimentées et qui doivent être employées; toutefois il faut limiter les charges d'épreuve au tiers, au quart, souvent même au sixième des charges de rupture.

§ 4. — Du fer.

Désignations industrielles du fer. — Les désignations industrielles du fer sont très-nombreuses : quelques-unes sont fondées sur la qualité même du fer; d'autres répondent à l'aspect de la cassure; d'autres rappellent le mode de fabrication. On emploie ainsi les noms suivants :

Au point de vue de la qualité : Fer fort, divisé lui-même en fer fort et dur, et fer fort et mou;

Fer demi-fort, fer tendre, fer doux, fer fin, fer aigre ;

Au point de vue de l'aspect de la cassure : Fer à grains, fer à nerf, fer fibreux, fer lamelleux;

Au point de vue du mode de fabrication : Fer martelé, fer laminé, fer corroyé, fer fondu, fer brûlé.

Notons encore les anciennes expressions de : Fer rouverain, fer métis.

Qualités principales. — Le fer fort et dur, désigné quelquefois sous le nom de fer aciéreux, est difficile à casser à froid et à chaud. Sa cassure est à grains fins brillants ; elle présente quelquefois un mélange de grains fins et de houppes d'aspect soyeux. Il est très-résistant, très-tenace, et sert à la fabrication des pièces qui, dans les machines, doivent offrir une grande résistance. A ce point de vue, il lutte avantageusement avec des aciers de qualité médiocre, que répandent trop les nouveaux procédés de la fabrication.

Le fer fort et mou casse très-difficilement à froid et à chaud, et il plie facilement sous le marteau ; sa cassure, à grains un peu gros, brillants, ne présente aucune trace de cristallisation. Il se travaille très-bien, et on le choisit pour les organes qui, dans les machines, sont exposés à des chocs ou à des secousses continues. Dans les machines locomotives, les essieux sont faits avec du fer fort et mou ; dans l'industrie, le même fer sert à la fabrication des clous, des fers à cheval, du fil de fer.

Il n'y a pas besoin d'insister sur les qualités auxquelles répondent les désignations de fer tendre, de fer aigre, de fer doux. Le fer aigre est le plus mauvais de tous les fers ; il casse à froid sans flexion préalable, et sa cassure présente des grains plats miroitants offrant une apparence de cristallisation.

Le fer rouverain est cassant à chaud ; la cassure est terne, les fibres sont interrompues par des criques.

Insuffisance de l'aspect de la cassure pour juger des qualités du fer. — Les praticiens très-expérimentés peuvent juger de la qualité du fer par l'aspect de sa cassure ; mais il serait très-imprudent pour beaucoup de personnes de n'avoir point d'autres bases d'appréciation. Les ouvriers, dans les ateliers, savent très-bien donner au même fer une cassure fibreuse ou une cassure grenue, selon l'importance qu'ils supposent attachée par l'acquéreur à tel ou tel aspect de cassure. Nous avons fréquemment tenu dans nos mains des échantillons qui avaient été cassés de manière à indiquer, d'un côté, un fer mou essentiellement fibreux, et de l'autre, un fer à grains serrés se rapprochant de l'acier.

L'indication du mode de fabrication n'est pas non plus une garantie suffisante. On préférera du fer martelé au fer laminé; mais, si le premier provient de fontes médiocres, et le second de fontes excellentes, le fer martelé pourra valoir moins que le fer laminé.

En somme, et à part le cas où l'aspect des cassures ne laisse aucun doute sur la mauvaise qualité du fer, on ne peut se prononcer en toute sécurité sans recourir à des expériences directes.

Si l'on doit recevoir un lot de barres de fer, il faudra en prendre au hasard deux ou trois, et soumettre chacune d'elles à une série d'expériences, observer la cassure à chaud et à froid, examiner surtout comment ces barres travaillent sous les charges d'épreuve pendant les instants qui précèdent la rupture. S'il y a déformation lente et progressive, on peut hardiment conclure à la bonne qualité du métal; si, au contraire, la cassure a lieu subitement et sans que rien ne la fasse prévoir, le fer devra être rejeté au moins pour beaucoup d'emplois.

On peut, dans bien des cas, apprécier la qualité du fer par une expérience très-simple : il suffit d'en prendre un échantillon et de le faire forger en fer à cheval. Si le métal est aigre, on n'arrivera point à forger un fer convenable ; on aura des criques et des gerçures qui révéleront la nature aigre du métal expérimenté. Pour ne pas faire double emploi, nous indiquerons, dans le paragraphe suivant, relatif aux tôles, les chiffres auxquels il convient de préciser la capacité de résistance à demander au fer employé dans la construction des machines.

Le grand établissement du Creuzot a le premier en France proposé un classement méthodique des fers qui nous parait répondre à tous les besoins du commerce et de l'industrie. Nous reproduisons ci-après une note qui nous a été communiquée en vue même de ce cours par les habiles ingénieurs du Creuzot.

Classement des fers, proposé par le Creuzot. — N° 1. Fer tendre à chaud et dur à froid, très-soudant, nullement rouverain; a pour emploi spécial la fabrication des rails soit des grandes lignes, soit des chemins d'exploitation.

Applications très-restreintes sous forme de tôles, pour parquets presque uniquement.

N° 2. Qualité ordinaire ou commune, assimilable au *best* anglais. Vendu en grande quantité au commerce pour tous les usages courants : agriculture, embatages de chars, charronnage, sous formes de plats, ronds et carrés.

Sous ces formes et aussi laminé en fers profilés, cornières, fer à T, à double T, fer en U, il est d'un emploi général pour les constructions civiles, les charpentes, ponts métalliques, construction de navires dans certains cas.

Sous forme de gros ronds, il est particulièrement recherché des constructeurs secondaires pour arbres de transmission de moulins ou de pressoirs.

Sous forme de tôle, la qualité commune ou N° 2, est d'un emploi très-étendu : ponts métalliques, réservoirs; et d'une façon générale, tous emplois où les tôles n'ont à subir qu'un façonnage simple et des efforts statiques.

N° 3. Qualité ordinaire améliorée, assimilable au *best* du Staffordshire. Le fer n° 3 du Creuzot supporte un travail à chaud déjà difficile. Concurremment avec la qualité n° 2 *corroyé*, il est très-employé par les maréchaux, pour les fers de chevaux par exemple.

Les tôles n° 3 du Creuzot remplissent les conditions des tôles désignées « *communes* » par le cahier des charges, type de la marine impériale.

Elles sont employées dans les arsenaux et aussi par la construction privée ; dans ce dernier cas, pour les chaudières fixes spécialement.

N° 4. Analogue au fer fort de certains districts, au 1/2 fort d'autres contrées et au best-best du Staffordshire.

Travaux de serrurerie et de petite mécanique. Tôles pour chaudières répondant aux exigences de la marine impériale, pour les tôles dites *ordinaires*. A l'état de corroyé, on en fait des fers profilés pour les parties contournées des charpentes et des navires, et aussi les rivets et boulons pour ces mêmes emplois.

N° 5. Analogue aux bons fers forts et au best-best-best du Staffordshire. Tôles à chaudières pour les hautes pressions. Bords tombés.

N° 6. Égal aux bonnes marques au bois et aux fers du Yorkshire ; d'un emploi général dans la construction des machines, supportant un travail à chaud prolongé sans altération et prenant très-bien la trempe en paquet.

Fers à rivets et à boulons des chaudières et des machines. Tôles pour bords tombés, coups de feu, communications, bouilleurs, locomotives, etc., etc., répondant aux *tôles supérieures* de la marine impériale.

N° 7. Qualité extra, tout à fait supérieure à chaud et à froid, supérieure aux meilleures marques du Yorkshire, répondant aux *tôles fines* de la marine impériale. D'une douceur remarquable.

Les fers n° 7 du Creuzot sont d'un emploi considérable dans la construction des machines et spécialement des locomotives pour toutes les pièces de fatigue. Dans ces derniers temps, il en a été livré de grandes quantités pour la fabrication des nouvelles armes perfectionnées.

Essais sur les différentes qualités des fers du Creuzot. — La qualité à froid est appréciée au moyen d'essais à la traction ; la qualité à chaud, par un procédé empirique décrit ci-dessous.

On sait quel rôle considérable joue le degré du corroyage. Afin d'écarter l'influence des différences de dimensions, on fait porter tous les essais sur un échantillon unique, le rond de 20 millimètres fabriqué dans des conditions toujours identiques.

a. — *Essais à froid.* Le tableau ci-après donne pour les sept qualités du Creuzot :

1° La charge de rupture par millimètre carré de la section primitive.

Ce chiffre *seul* ne peut donner la mesure de la qualité ; il diffère peu d'une qualité à l'autre et souvent en raison inverse de la valeur réelle.

2° La charge de rupture par millimètre carré de la section rompue.

C'est ce chiffre, qui tient compte à la fois de la résistance du fer et de sa douceur, qu'on a pris pour mesure de la qualité à froid.

3° L'allongement avant rupture mesuré sur une tige de 200 millimètres de longueur. Il importe de noter la longueur de la tige, à cause de l'influence sur l'allongement général de l'allongement très-grand qui se produit autour du point de rupture. On comprend que ce dernier a d'autant plus d'influence sur l'allongement total que la tige sur laquelle on opère est plus courte, et que dès lors la longueur de l'étranglement soit relativement plus grande.

b. — *Essais à chaud.* La barre ronde de 20 millimètres de diamètre est chauffée au rouge vif, puis ployée rapidement à angle droit sur l'enclume, redressée, ployée en sens contraire, redressée encore, reployée et ainsi de suite, tant que l'extrémité ne s'est pas détachée.

A cette épreuve, les meilleurs fers donnent 20 crochets. On a voulu former un coefficient de qualité qui tînt compte à la fois de l'épreuve à la traction et de l'essai à chaud. Le chiffre de résistance par millimètre carré de la section rompue, adopté pour mesure de la qualité à froid, approchant de 100 comme maximum, on a, — en multipliant par 5 le nombre des crochets faits à chaud, — obtenu comme maximum du coefficient à chaud également le chiffre 100. Faisant la moyenne des deux coefficients, on a les chiffres de la dernière colonne du tableau, chiffres exprimant la qualité, dans lesquels les valeurs *à froid* et *à chaud* sont estimées au même degré.

Les essais à chaud et à froid sur ronds de 20 millimètres se font, chaque jour, sur toute les qualités. C'est par eux qu'on s'assure de la régularité du puddlage des fers.

QUALITÉS	CHARGE DE RUPTURE PAR MILLIM. CARRÉ DE LA SECTION PRIMITIVE	ALLONGEMENT P. 100 TIGE DE 200 MILLIM. DE LONGUEUR PRIMITIVE	COEFFICIENTS DE QUALITÉS		
			1° A FROID CHARGE DE RUPTURE PAR MILLIM. DE LA SECTION ROMPUE	2° A CHAUD NOMBRE DE CROCHETS A ANGLE DROIT MULTIPLIÉ PAR 5	3° A FROID ET A CHAUD MOYENNE DES DEUX COEFFICIENTS CI-CONTRE
N° 1.	41.2	8 p. 100	45k.5	40	42.75
N° 2.	39.8	12	55 .0	50	52.50
N° 3.	39.7	16	60 .0	60	60.00
N° 4.	38.08	19	65 .0	70	67.50
N° 5.	38.8	20	70 .0	80	75.00
N° 6.	38.75	22	77 .5	90	83.75
N° 7.	39.10	25	90 .0	100	95.00

Des essais à la traction sont également faits journellement sur les tôles des fabrications en cours.

L'influence du corroyage, suivant les dimensions des feuilles, est également à noter dans chaque cas. Comme renseignement général, nous donnerons les chiffres se rapportant à un échantillon pris pour type, tôles de 12 millimètres d'épaisseur sur 1 mètre de large et 2 mètres de longueur :

QUALITÉS	CHARGES DE RUPTURE PAR MILLIMÈTRE CARRÉ						ALLONGEMENT POUR 100		
	A. DE LA SECTION PRIMITIVE			B. DE LA SECTION ROMPUE			TIGE DE 200 MILLIMÈTRES DE LONGUEUR PRIMITIVE		
	EN LONG	EN TRAVERS	MOYENNE DES DEUX SENS	EN LONG	EN TRAVERS	MOYENNE DES DEUX SENS	EN LONG	EN TRAVERS	MOYENNE DES DEUX SENS
							p. 100	p. 100	p. 100
N° 1.. . .	34k.5	30k.0	32k.25	35k.0	30k.2	32k.60	2.0	1.0	1.5
N° 2.. . .	33 .2	31 .8	32 .50	35 .6	33 .2	34 .90	4.0	2.5	3.25
N° 3.. . .	33 .7	32 .0	32 .85	37 .6	34 .5	36 .05	7.0	4.0	5.5
N° 4.. . .	34 .4	32 .3	33 .35	40 .5	38 .0	39 .25	8.8	5.8	7.3
N° 5.. . .	34 .8	32 .0	33 .40	43 .0	40 .0	41 .50	12.0	8.0	10.0
N° 6.. . .	35 .6	33 .4	34 .50	48 .0	42 .5	45 .25	15.2	10.1	12.65
N° 7.. . .	36 .7	34 .7	35 .70	52 .5	47 .5	50 .00	20.0	15.5	17.75

Fabrication du fer. Fer au bois, fer au coke. — Nous ne saurions décrire les procédés de fabrication du fer ; nous rappellerons sommairement que le fer ne s'obtient généralement du minerai qu'après avoir passé par l'état intermédiaire de la fonte. Or, cette dernière ayant elle-même été obtenue, soit avec du charbon de bois, soit avec du combustible minéral, la transformation de la fonte en fer pouvant, à son tour, s'effectuer avec l'un ou l'autre combustible, il en résulte une série de combinaisons qui donnent naissance à des produits de natures fort diverses.

Les qualités et les défauts des minerais employés, les qualités et les défauts des combustibles influent d'une manière considérable sur la valeur du métal obtenu. On a longtemps attribué au fer au bois, c'est-à-dire au fer ayant passé par des élaborations dans lesquelles on n'employait pas d'autre combustible que le charbon de bois, une supériorité indiscutable sur le fer au coke. Cette assertion n'est plus exacte ; des fers provenant de minerais de qualité supérieure, traités avec des cokes débarrassés des substances nuisibles que renfermait la houille, peuvent aujourd'hui rivaliser avec les meilleurs fers au bois et être livrés au commerce dans des conditions de prix très-inférieures à celles auxquelles on a trop longtemps vendu le fer au bois.

Quand la transformation de la fonte en fer s'effectue avec du charbon de bois, cette opération porte le nom d'*affinage ;* quand on emploie la houille, elle porte le nom de *puddlage.*

Le *mazéage* est une opération préparatoire ayant pour objet de commencer la décarburation de la fonte, en la chauffant au contact de l'air ou de substances contenant de l'oxygène.

Le puddlage comprend deux périodes : le puddlage proprement dit ayant pour objet la décarburation de la fonte, l'expulsion, sous l'action du marteau pilon ou du martinet, des impuretés que renferme la fonte, et enfin la production du fer ébauché.

Dans la seconde opération, le fer ébauché, remis en paquets, est porté dans des fours à réchauffer à la température du est blanc soudant et est amené par le martelage ou le laminage à sa forme définitive. Les paquets peuvent être composés de fers ébauchés possédant des qualités différentes et disposés de façon que, dans la pièce fabriquée, on retrouve ces qualités mises à profit. C'est ainsi que, dans les rails Vignole, on aura du fer à grain pour le champignon, c'est-à-dire pour la partie soumise à des efforts de compression ; du fer à nerf pour la base, c'est-à-dire pour la partie soumise à des efforts de traction. C'est dans cet ordre d'idées que l'on s'est placé dans les diverses tentatives qui ont été faites pour juxtaposer et souder l'acier au fer ; ces tentatives ont été couronnées de succès, en France dans la fabrication des bandages mixtes de Firminy, en Autriche dans l'addition d'une mise d'acier Bessemer pour former le champignon des rails.

Nous ne pouvons que mentionner toutes les questions qui se rattachent à la métallurgie du fer, l'emploi des gaz provenant soit des hauts fourneaux, soit des feux d'affinage et de puddlage, la vulgarisation des procédés mécaniques, encore à l'essai comme dans le puddlage, définitivement admis dans le martelage par le marteau pilon. Nous l'avons dit et nous aurons occasion de le répéter souvent encore, les ingénieurs des ponts et chaussées ne doivent rester étrangers à aucune de ces questions : les unes, parce qu'elles touchent au problème si grave de l'économie du combustible ; les autres, parce qu'elles tendent à émanciper l'homme et à l'affranchir du travail qui ne demande que de la force en lui réservant celui qui exige l'intelligence.

Tableau des quatre classes d'usines à fer d'après l'administration des Mines. — L'administration des Mines a classé les usines en quatre classes différentes, selon les méthodes suivies pour la fabrication du fer.

Nous reproduisons le tableau publié à cet égard :

CLASSES	CARACTÈRES DES PRINCIPALES MÉTHODES DE FABRICATION			NOMS DES MÉTHODES DE FABRICATION
1re Classe. Fabrication de la fonte et du fer par l'emploi exclusif du charbon de bois.	Fabrication de la fonte au moyen du charbon de bois seul.			Fusion au charbon de bois.
	Conversion de la fonte en masses brutes de fer appelées massiaux dans un bas foyer à tuyère appelé feu d'affinerie, et alimenté au charbon de bois en une seule opération.	Réchauffage et étirage des massiaux	Dans le feu d'affinerie, pendant la fusion de la charge de fonte suivante.	Méthode comtoise ou allemande.
			Dans un foyer spécial au charbon de bois.	Méthode wallone presque abandonnée.
	Conversion de la fonte en massiaux en deux opérations successives.	Dans le même foyer.		Méthode bergamasque abandonnée.
		Dans deux foyers différents dont le second sert de réchauffage aux massiaux, pendant l'affinage de la charge suivante.		Méthode nivernaise presque abandonnée.
	Fabrication de la fonte au moyen du charbon de bois et de ce combustible mêlé de coke.			Fusion au bois et au coke.

CLASSES	CARACTÈRES DES PRINCIPALES MÉTHODES DE FABRICATION	NOMS DES MÉTHODES DE FABRICATION
2e Classe. Fabrication de la fonte et du fer par l'emploi simultané ou alternatif du charbon de bois et des combustibles minéraux.	Conversion de la fonte brute en massiaux au four à puddler et sans mazéage préalable. — Réchauffage dans un foyer de chaufferie à tuyère alimentée à la houille ; étirage et corroyage au marteau ; réchauffage au four à réverbère ; étirage et corroyage au laminoir.	Méthode champenoise modifiée.
	Conversion de la fonte brute en massiaux, au moyen du charbon de bois. Réchauffage des massiaux, au moyen de la houille dans les bas-foyers et les fours de chaufferie. Etirage et corroyage au marteau et au laminoir.	Méthode wallone ou comtoise modifiées.
3e Classe. Fabrication de la fonte et du fer par l'emploi exclusif des combustibles minéraux.	Fabrication de la fonte, soit au moyen du coke seul ou du coke mélangé de houille crue, soit au moyen de l'anthracite ou de la houille sèche seule.	Fusion au coke.
	Mazéage de la fonte brute, au moyen du coke, dans les bas foyers à tuyère produisant la fonte mazéée ou épurée, dite *fine métal*. Puddlage de la fonte mazéée (ou de la fonte brute). Martelage au marteau-pilon. Laminage des massiaux en barres ébauchées. Réchauffage des barres ébauchées. Laminage en fers marchands. Quelquefois deuxième laminage selon les produits à obtenir.	Méthode anglaise.
4e Classe. Fabrication directe du fer par l'emploi exclusif du charbon de bois.	Conversion de minerais réels en fer malléable, dans des bas-fourneaux alimentés au charbon de bois. Etirage au marteau avec réchauffage des massiaux, dans le même foyer.	Méthodes catalane et corse.

La méthode anglaise est aujourd'hui à peu près universellement adoptée ; mais la métallurgie du fer subit, en ce moment même, une grande transformation et l'on peut prévoir, notamment en ce qui concerne la production de l'acier, l'emploi de méthodes qui se rapprocheront beaucoup de pratiques abandonnées depuis longtemps.

Formes données au fer depuis quelques années. — Les forges, pendant longtemps, n'ont livré au commerce et à l'industrie que des barres de fer à section circulaire, carrée, rectangulaire, méplate et demi-ronde, et les constructeurs qui voulaient utiliser le fer dans leurs ouvrages, étaient forcés de se contenter de ces formes élémentaires. On peut dire qu'il s'est opéré, à cet égard, une véritable révolution. Les forges ont pu donner aux barres de fer des sections beaucoup plus compliquées, mais qui se prêtent admirablement à la réalisation des formes donnant, à égalité de matière, la plus grande résistance possible. Les usines livrent, à l'envi l'une de l'autre, des fers cornières, des fers à simple T, à double T, dont les épaisseurs et les dimensions verticales et transversales varient à l'infini; pour les épaisseurs notamment, on peut par l'écartement des cylindres obtenir des différences aussi petites que possible et répondre ainsi à tous les désirs des constructeurs.

De ces formes simples on est arrivé à des formes plus compliquées, telles que celles des fers à nervures, pour l'industrie du bâtiment, des fers en U, et l'on peut dire que l'on dispose des cylindres pour tous les profils, dès que ces derniers répondent à un besoin constaté.

Les grandes usines mettent à la disposition des constructeurs des albums dans lesquels sont indiqués les profils et les poids de tous les fers de fabrication courante.

Influence du marteau pilon sur la fabrication des pièces de machines. — Les fers dont nous venons de parler, habituellement désignés sous le nom de fers spéciaux, ne sont pas les seuls que la métallurgie mette à la disposition des constructeurs; la vulgarisation du marteau pilon a permis la fabrication courante de pièces de forge qu'il eût été impossible d'obtenir autrefois, et qui sont aujourd'hui livrées aux constructeurs de machines à des prix inférieurs à ceux que le fer brut coûtait il y a peu d'années.

§ 5. — De la tôle de fer.

Analogies et différences entre la tôle et le fer. — Au point de vue chimique, il n'y a aucune différence entre la tôle et le fer.

La tôle n'est qu'une forme particulière donnée au fer ; l'épaisseur est extrêmement faible relativement aux deux autres dimensions : on a des feuilles, au lieu d'avoir des barres. La flexibilité de ces feuilles, la facilité avec laquelle elles sont liées et pour ainsi dire cousues les unes aux autres, ont développé sur une immense échelle la production du fer sous cette forme. Il suffit de citer la construction des chaudières, celle des châssis de machines et de wagons, les grands ponts métalliques, les coques de navires, pour que l'on puisse avoir une idée de la consommation chaque jour croissante de la tôle.

Rien de plus variable que l'épaisseur de la tôle. On a par extension quelquefois donné ce nom aux plaques de blindage des navires cuirassés qui ont jusqu'à 20 centimètres d'épaisseur, mais qui doivent être plutôt considérées comme des masses de fer laminées et martelées que comme de la tôle. Dans notre pensée, on doit admettre comme limite maxima l'épaisseur de 18 à 20 millimètres. De limite minima, il n'y en a pour ainsi dire pas, et l'on est arrivé à produire des feuilles, connues sous le nom de *fer noir*, dont l'épaisseur n'est pas directement mesurable. On est forcé, pour apprécier leurs dimensions, de joindre la notion du poids à celle de la surface. A la dernière Exposition de Londres, en 1862, il y avait, nous l'avons dit ci-dessus, des feuilles de fer noir qui ne pesaient que 3 grammes par décimètre carré.

Tôle forte et tôle fine. — La tôle est fréquemment désignée sous le nom de tôle forte ou de tôle fine ; il n'y a pas de limite mathématique entre ces deux natures de tôles, et la distinction porte plutôt sur la nature de l'emploi que sur l'épaisseur. Pour les chaudières, pour les grands ponts, pour les coques de navires, la tôle employée est de la tôle forte : les industries de la serrurerie, de la fumisterie se servent, au contraire, de la tôle fine.

Pour certains constructeurs, c'est un chiffre de 3 millimètres, qui différencie les deux espèces de tôles ; d'autres constructeurs élèvent ou abaissent ce chiffre. Dans l'industrie des transports, on prend assez souvent 2 millimètres.

Les tôles fortes sont livrées aux constructeurs sur dimensions spéciales qui correspondent à des commandes bien déterminées ; les tôles fines sont fabriquées par paquets composés de feuilles d'égale dimension.

Les tôles fortes sont peu sensibles à l'action de l'air atmosphérique, au moins pendant un certain temps ; les tôles fines, au contraire, s'altèrent à l'humidité avec une extrême rapidité, et l'on doit prendre de grandes précautions pour leur conservation.

Fabrication et qualité des tôles. — Nous ne pouvons que répéter, pour les tôles, ce que nous avons dit pour le fer : elles peuvent provenir de fer au bois ou de fer à la houille, et la décarburation et l'affinage de la fonte peuvent être effectuées avec du charbon de bois ou avec du combustible minéral. On obtient ainsi de la tôle au bois ou de la tôle à la houille, dont les qualités et les défauts dérivent des qualités et des défauts des fontes et des combustibles employés.

En général, les tôles fines et les tôles fortes de qualité supérieure, destinées à la construction des chaudières, sont fabriquées au bois ; elles proviennent du laminage de plaques de fer martelé nommées *largets*. Les tôles fortes au bois sont souvent assez mal soudées, et, dans la cassure, on retrouve la trace des diverses mises. Les usines qui travaillent le fer au bois et la tôle au bois sont souvent d'anciennes usines, ne possédant qu'un outillage restreint, insuffisant pour déterminer la complète soudure des mises ; avec des marteaux pilons et des laminoirs puissants, on fera de la tôle au bois parfaitement soudée.

Les tôles fortes sont habituellement fabriquées à la houille. Ces tôles ont souvent le grave défaut d'être aigres ; elles offrent une grande résistance à l'extension, mais elles se rompent brusquement sous la charge, sans annoncer, par une déformation préalable, l'excès de tension auquel elles sont soumises. Nous pensons qu'il convient, pour les chaudières à vapeur, de proscrire d'une manière absolue l'emploi des tôles aigres.

Classification arrêtée par le ministre de la marine pour la résistance des tôles, cornières et fers à T. — M. le ministre de la marine et des colonies, dans une circulaire adressée, le 5 août 1867, à divers fonctionnaires supérieurs de son administration, a prescrit pour les tôles, cornières et fers à T, employés dans les constructions navales, une classification fondée sur les qualités à demander à ces diverses matières. Nous ne pouvons que reproduire les principaux passages de cette circulaire qui nous paraît résumer, sous une forme très-précise et très-nette, les règles que les ingénieurs de tous les services doivent suivre dans l'appréciation des métaux. On retrouvera, dans ces règles, l'ordre d'idées que nous avons signalé dans le paragraphe précédent, c'est-à-dire que la rupture doit être précédée d'une déformation sensible et l'élasticité est la première condition à demander au fer.

« L'industrie, dit M. le ministre de la marine, distingue les fers et tôles en quatre qualités principales, savoir :

« La qualité commune,

« La qualité fers forts,

« La qualité fers forts supérieurs,

« La qualité fers fins ou au bois.

« Ces quatre qualités ne sont, sans doute, pas identiques d'une forge à l'autre, et il y a entre elles des qualités intermédiaires ; mais ce sont bien là les espèces qu'on emploie le plus généralement, dont la désignation, connue de tous, ne peut donner lieu à aucun malentendu, et qui suffisent à tous les besoins ordinaires de l'industrie.

« Je crois donc devoir adopter pour la marine cette même classification, en fixant ainsi qu'il suit, d'une manière générale, la destination dans l'emploi de chacune des catégories :

1re Catégorie. Tôles communes. DÉSIGNATION COMMERCIALE : Tôles communes améliorées.	Cheminées. Cloisons. Bordé des ponts. Fontes. Ouvrages relatifs aux cuisines. Parquets. Petite tôlerie. Chalands et autres bâtiments de servitude de construction analogue.
2e Catégorie. Tôles ordinaires. DÉSIGNATION COMMERCIALE : Fers forts.	Bordé des carènes. Varangues. Tôles pour barrots. Enveloppes de chaudière. Doublage des soutes.
3e Catégorie. Tôles supérieures. DÉSIGNATION COMMERCIALE : Fers forts supérieurs.	Façades des chaudières à vapeur. Ponts — Coffres à vapeur — Sécheurs — Cendriers — Parties façonnées des chaudières à terre. Galbords. Dalots.
4e Catégorie. Tôles fines. DÉSIGNATION COMMERCIALE : Tôles forgées, tôles au bois.	Plaques de tête des chaudières à vapeur. Foyers des chaudières à vapeur. Boites à feu — Boites à fumée — Conduits de fumée —

« L'addition de la troisième catégorie correspondant aux fers forts supérieurs permettra d'abaisser un peu les conditions de recettes des tôles ordinaires, et fournira une qualité supérieure pour certaines pièces qu'on ne peut faire sûrement avec la tôle ordinaire.

« Quant aux cornières, on peut supprimer la qualité dite fine, les cornières au bois ne valant pas mieux dans l'emploi que celles faites avec des fers forts supérieurs.

« Les cornières seront par suite divisées en :

« Cornières ordinaires (en fer corroyé), pour coques, barrots et ouvrages analogues.

« Cornières supérieures (en fer fort supérieur), pour chaudières.

« Enfin, les fers à T et à double T se diviseront en fers à T et à double T :

« De qualité ordinaire, pour barrots ;

« De qualité commune, pour édifices.

« **Tôles communes**. — Pour s'assurer de la qualité des tôles, il sera fait deux sortes d'épreuves : des épreuves à chaud et des épreuves à froid.

« *Épreuves à chaud*. — Il sera exécuté, avec un morceau de tôle de dimension convenable, découpé dans une feuille prise au hasard dans chaque livraison, un cylindre ayant pour hauteur et pour diamètre intérieur vingt-cinq fois l'épaisseur de la tôle. Ce cylindre, exécuté avec le soin convenable, ne devra présenter ni fentes, ni gerçures.

« Cette expérience sera faite pour toutes les tôles d'épaisseurs différentes ; elle pourra être renouvelée, si la commission de recette le juge nécessaire.

« *Épreuves à froid*. — Ces épreuves consisteront à déterminer la force de rupture des tôles et leur faculté d'allongement tant dans le sens du laminage que dans le sens perpendiculaire.

« On établira séparément les résultats moyens de résistance et d'allongement obtenus dans chacun de ces deux sens, au moyen de cinq épreuves au moins pour chacun d'eux.

« Dans le sens qui aura donné la moindre résistance, la charge de rupture moyenne par millimètre carré de section sera d'au moins 28 kilogrammes, et l'allongement moyen correspondant d'au moins 3 1/2 p. 100.

« En outre, aucune épreuve isolée faite sur une bande reconnue saine ne devra donner un résultat inférieur à 25 kilogrammes par millimètre carré, ni un allongement inférieur à 2 1/2 p. 100.

« Pour ces épreuves, on découpera des bandes de tôle dans un certain nombre de feuilles prises au hasard dans chaque livraison, en ayant soin d'expérimenter, pour chaque feuille, un nombre égal de bandes dans le sens du laminage et dans le sens perpendiculaire. Ces bandes seront façonnées de manière à avoir pour section de rupture un rectangle dont l'un des côtés aura 30 millimètres de largeur et l'autre l'épaisseur de la tôle. Par exception, pour les tôles minces au-dessous de 5 millimètres, la largeur de la bande d'épreuve sera réduite à 20 millimètres. La longueur de la partie prismatique soumise à la traction sera toujours de 20 centimètres.

« Ces bandes seront soumises, au moyen de poids agissant directement ou par l'intermédiaire de leviers tarés avec soin, à des efforts de traction croissant jusqu'à ce que la rupture ait lieu.

« La charge initiale sera calculée de manière à produire un effort de traction de 25 kilogrammes par millimètre carré de section ; cette première charge sera maintenue en action pendant cinq minutes. Les charges additionnelles seront ensuite placées à des intervalles de temps sensiblement égaux et d'environ une minute. Elles seront calculées aussi approximativement que le permettra la division des poids en usage, à raison de un quart de kilogramme de traction par millimètre carré de section.

« On notera pour chaque charge l'allongement correspondant mesuré sur la longueur prismatique de 20 centimètres.

« Les livraisons qui ne satisferont pas à ces conditions seront rebutées.

« **Tôles ordinaires.** — Pour s'assurer de la qualité des tôles, il sera fait deux sortes d'épreuves : des épreuves à chaud et des épreuves à froid.

« *Épreuves à chaud.* — Il sera exécuté avec un morceau de tôle de dimension convenable, découpé dans une feuille prise au hasard dans chaque livraison, une calotte sphérique avec bord plat conservé dans le plan primitif de la tôle. La corde de cette calotte, mesurée intérieurement, sera égale à trente fois l'épaisseur de la tôle, et sa flèche, mesurée aussi intérieurement, sera égale à cinq fois cette même épaisseur. Le bord plat circulaire de cette pièce aura pour largeur sept fois l'épaisseur de la tôle et sera raccordé à la partie sphérique par un congé ayant pour rayon l'épaisseur même de la tôle. Ce congé sera mesuré dans l'intérieur de l'angle.

« La calotte, ainsi exécutée avec tout le soin nécessaire, ne devra présenter ni fentes ni gerçures.

« Cette expérience sera faite pour toutes les tôles d'épaisseurs différentes ; elle pourra être renouvelée si la commission de recette le juge nécessaire.

Épreuves à froid.—Ces épreuves auront pour objet de déterminer la force de rupture des tôles et leur faculté d'allongement, tant dans le sens du laminage que dans le sens perpendiculaire.

« On établira séparément les résultats moyens de résistance et d'allongement obtenus dans chacun de ces deux sens, au moyen de cinq épreuves au moins pour chacun d'eux.

« Dans le sens qui aura donné la moindre résistance, la charge de rupture moyenne par millimètre carré de section sera d'au moins 31 kilogrammes, et l'allongement correspondant d'au moins 5 p. 100.

« En outre, aucune épreuve isolée, faite sur une bande reconnue saine, ne devra donner un résultat inférieur à 28 kilogrammes par millimètre carré, ni un allongement inférieur à 4 p. 100.

« Pour ces épreuves, on découpera des bandes de tôle dans un certain nombre de feuilles prises au hasard dans chaque livraison, en ayant soin d'expérimenter, pour chaque feuille, un nombre égal de bandes dans le sens du laminage et dans le sens perpendiculaire. Ces bandes seront façonnées de manière à avoir pour section de rupture un rectangle dont l'un des côtés aura 30 millimètres de largeur et l'autre l'épaisseur de la tôle. Par exception pour les tôles minces au-dessous de 5 millimètres, la largeur de la bande d'épreuve sera réduite à 20 millimètres. La longueur de la partie prismatique soumise à la traction sera toujours de 20 centimètres.

« Ces bandes seront soumises, au moyen de poids agissant directement ou par l'intermédiaire de leviers tarés avec soin, à des efforts de traction croissant jusqu'à ce que la rupture ait lieu.

« La charge initiale sera calculée de manière à produire un effort de traction de 28 kilogrammes par millimètre carré de section ; cette première charge sera maintenue en action pendant cinq minutes. Les charges additionnelles seront ensuite placées à des intervalles de temps sensiblement égaux et d'environ une minute. Elles seront calculées aussi approximativement que le permettra la division des poids en usage, à raison de un quart de kilogramme de traction par millimètre carré de section.

« On notera pour chaque charge l'allongement correspondant mesuré sur la longueur prismatique de 20 centimètres.

« Les livraisons qui ne satisferont pas à ces conditions seront rebutées.

« **Tôles supérieures.** — Pour s'assurer de la qualité des tôles, il sera fait deux sortes d'épreuves : des épreuves à chaud et des épreuves à froid.

« *Épreuves à chaud.* — Il sera exécuté, avec un morceau de tôle de dimension convenable, découpé dans une feuille prise au hasard dans chaque livraison, une calotte sphérique avec bord plat, conservé dans le plan primitif de la tôle ; la corde de cette calotte, mesurée intérieurement, sera égale à 30 fois l'épaisseur de la tôle, et la flèche, mesurée aussi intérieurement, sera égale à dix fois cette même épaisseur. Le bord plat circulaire de cette pièce aura pour largeur sept fois l'épaisseur de la tôle, et sera raccordé à la partie sphérique par un congé ayant pour rayon l'épaisseur même de la tôle. Ce congé sera mesuré dans l'intérieur de l'angle.

« La calotte, ainsi exécutée avec tout le soin nécessaire, ne devra présenter ni fentes ni gerçures.

« Cette expérience sera faite pour toutes les tôles d'épaisseurs différentes ; elle pourra être renouvelée, si la commission de recette le juge nécessaire.

« *Épreuves à froid.* — Ces épreuves auront pour objet de déterminer la force de rupture des tôles et leur faculté d'allongement, tant dans le sens du laminage que dans le sens perpendiculaire.

« On établira séparément les résultats moyens de résistance et d'allongement obtenus dans chacun de ces deux sens, au moyen de cinq épreuves au moins pour chacun d'eux.

« Dans le sens qui aura donné la moindre résistance, la charge de rupture moyenne par millimètre carré de section sera d'au moins 32 kilogrammes, et l'allongement correspondant d'au moins 7 pour 100.

« En outre, aucune épreuve isolée, faite sur une bande reconnue saine, ne devra donner un résultat inférieur à 29 kilogrammes par millimètre carré de section, ni un allongement inférieur à 5 1/2 pour 100.

« Pour ces épreuves, on découpera des bandes de tôle dans un certain nombre de feuilles prises au hasard dans chaque livraison, en ayant soin d'expérimenter, pour chaque feuille, un nombre égal de bandes dans le sens du laminage et dans le sens perpendiculaire. Ces bandes seront façonnées de manière à avoir pour section de rupture un rectangle dont l'un des côtés aura 30 millimètres de largeur, et l'autre l'épaisseur de la tôle. Par exception, pour les tôles minces au-dessous de 5 millimètres, la largeur de la bande d'épreuve sera réduite à 20 millimètres. La longueur de la partie prismatique soumise à la traction sera toujours de 20 centimètres.

« Ces bandes seront soumises, au moyen de poids agissant directement ou par l'intermédiaire de leviers tarés avec soin, à des efforts de traction croissant jusqu'à ce que la rupture ait lieu.

« La charge initiale sera calculée de manière à produire un effort de traction de 29 kilogrammes par millimètre carré de section ; cette première charge sera maintenue en action pendant cinq minutes. Les charges additionnelles seront ensuite placées à des intervalles de temps sensiblement égaux et d'environ une minute. Elles seront calculées aussi approximativement que le permettra la division des poids en usage, à raison de 1/4 de kilogramme de traction par millimètre carré de section.

« On notera, pour chaque charge, l'allongement correspondant mesuré sur la longueur prismatique de 20 centimètres.

« Les livraisons qui ne satisferont pas à ces conditions seront rebutées.

« **Tôles fines.** — On n'a pas à stipuler de conditions d'épreuve pour ces tôles, puisqu'elles doivent être fournies aux arsenaux et aux autres établissements de la marine par les forges impériales de La Chaussade.

« **Cornières ordinaires.** — Pour s'assurer de la qualité des fers à cornières, il sera fait deux sortes d'épreuves ; des épreuves à chaud et des épreuves à froid.

« *Épreuves à chaud.* — Il sera exécuté avec un bout de cornière coupé dans une barre prise au hasard dans chaque livraison, un manchon cylindrique, tel qu'une des lames de la cornière reste dans le plan perpendiculaire à l'axe du cylindre formé par l'autre lame. Le diamètre intérieur de ce cylindre sera égal à cinq fois la largeur de la lame restée plane.

« Un autre bout, coupé dans une autre barre, sera ouvert jusqu'à ce que l'angle formé par les deux faces extérieures des lames soit de 135 degrés.

« Un troisième bout, coupé dans une troisième barre, sera

fermé, jusqu'à ce que l'angle formé par les deux faces extérieures des lames soit de 45 degrés.

« Les morceaux ainsi essayés ne devront présenter ni gerçures, ni déchirures, ni fentes longitudinales, indiquant un corroyage imparfait.

« Ces épreuves seront renouvelées autant de fois que la commission le jugera utile.

« Enfin la commission de recette s'assurera que les fers à cornières présentés en recette peuvent se souder facilement et donner lieu à de bonnes soudures.

« *Épreuves à froid.*—Ces épreuves auront pour but de déterminer la force de rupture du fer et sa faculté d'allongement. A cet effet, on découpera, dans les lames d'un certain nombre de barres prises au hasard dans chaque livraison, des bandes plates qui seront façonnées de manière à avoir une section de rupture à très-peu près rectangulaire ; l'épaisseur de ces bandes sera celle des lames des cornières : leur largeur sera de 30 millimètres pour toutes les cornières ayant plus de 5 centimètres de côté, et de 20 millimètres pour toutes celles de dimensions moindres.

« La longueur de la partie prismatique soumise à la traction sera exactement de 20 centimètres.

« Ces bandes seront soumises, au moyen de poids agissant directement ou par l'intermédiaire de leviers tarés avec soin, à des efforts de traction croissant jusqu'à ce que la rupture ait lieu.

« La charge initiale sera calculée de manière à produire un effort de traction de 30 kilogrammes par millimètre carré de section.

« Aucune bande reconnue saine ne devra rompre sous cette charge (qui sera maintenue en action pendant cinq minutes) et ne devra, sous cette même charge, s'allonger de moins de 6 p. 100 de sa longueur primitive.

« Les charges additionnelles seront ensuite placées à des intervalles de temps sensiblement égaux et d'environ 1 minute. Ces charges seront calculées, aussi approximativement que le permettra la division des poids en usage, à raison de 1/4 de kilogramme de traction par millimètre carré de section.

« On notera, pour chaque charge, l'allongement correspondant mesuré sur la longueur prismatique de 20 centimètres.

« Les résultats moyens de ces expériences, au nombre de six au moins par livraison, ne devront pas être inférieurs aux chiffres suivant :

« Charge de rupture moyenne par millimètre carré de section : 34 kilogrammes.

« Allongement correspondant à cette charge : 9 p. 100.

« Les livraisons qui ne satisferont pas à ces conditions seront rebutées.

« **Cornières supérieures**. — Pour s'assurer de la qualité des cornières, il sera fait deux sortes d'épreuves : des épreuves à chaud et des épreuves à froid.

« *Épreuves à chaud*. — Il sera exécuté, avec un bout de cornière coupé dans une barre prise au hasard dans chaque livraison, un manchon cylindrique, tel qu'une des lames de la cornière reste dans le plan perpendiculaire à l'axe du cylindre formé par l'autre lame. Le diamètre intérieur de ce cylindre sera égal à deux fois et demie la largeur de la lame restée plane.

« Un autre bout, coupé dans une autre barre, sera ouvert jusqu'à ce que les deux faces intérieures soient sensiblement dans le même plan.

« Un troisième bout, coupé dans une troisième barre, sera fermé jusqu'à ce que les deux lames arrivent au contact.

« Les morceaux ainsi essayés ne devront présenter ni gerçures, ni déchirures, ni fentes longitudinales indiquant un corroyage imparfait.

« Ces épreuves seront renouvelées autant de fois que la commission de recette le jugera utile. Enfin, la commission de recette s'assurera que les fers à cornières présentés en recette peuvent se souder facilement et donnent lieu à de bonnes soudures.

« *Épreuves à froid.* — Ces épreuves auront pour but de déterminer la force de rupture du fer et sa faculté d'allongement. A cet effet, on découpera, dans les lames d'un certain nombre de barres prises au hasard dans chaque livraison, des bandes plates qui seront façonnées de manière à avoir une section de rupture à très peu près rectangulaire ; l'épaisseur de ces bandes sera celle des lames des cornières ; leur largeur sera de 30 millimètres, pour toutes les cornières ayant plus de 5 centimètres de côté, et de 20 millimètres pour toutes celles de dimensions moindres.

« La longueur de la partie prismatique soumise à la traction sera exactement de 20 centimètres.

« Ces bandes seront soumises, au moyen de poids agissant directement ou par l'intermédiaire de leviers tarés avec soin, à des efforts de traction croissant jusqu'à ce que la rupture ait lieu.

« La charge initiale sera calculée de manière à produire un effort de traction de 32 kilogrammes par millimètre carré de section.

« Aucune bande reconnue saine ne devra rompre sous cette charge (qui sera maintenue en action pendant cinq minutes), et ne devra, sous cette même charge, s'allonger de moins de 9 pour 100 de sa longueur primitive. Les charges additionnelles seront ensuite placées à des intervalles de temps sensiblement égaux et d'environ une minute. Ces charges seront calculées, aussi approximativement que le permettra la division des poids en usage, à raison de un quart de kilogramme de traction par millimètre carré de section.

« On notera, pour chaque charge, l'allongement correspondant, mesuré sur la longueur prismatique de 20 centimètres.

« Les résultats moyens de ces expériences, au nombre de six

au moins par livraison, ne devront pas être inférieurs aux chiffres suivants :

« Charge de rupture moyenne par millimètre carré de section : 35 kilogrammes.

« Allongement correspondant à cette charge : 12 p. 100.

« Les livraisons qui ne satisferont pas à ces conditions seront rebutées.

« **Fers à T et à double T de qualité commune.** — Pour s'assurer de la qualité des fers présentés en recette, on les soumettra à des épreuves de traction.

« A cet effet, on découpera, dans les lames d'un certain nombre de barres, prises au hasard dans chaque livraison et dans le sens du laminage, des bandes plates qui seront façonnées de manière à avoir une section à très peu près rectangulaire ; l'épaisseur de ces bandes sera celle de lames de cornières : leur largeur sera de 30 millimètres, pour toutes les cornières ayant plus de 5 centimètres de côté, et de 20 millimètres pour toutes celles de dimensions moindres.

« La longueur de la partie prismatique soumise à la traction sera exactement de 20 centimètres.

« Ces bandes seront soumises, au moyen de poids agissant directement ou par l'intermédiaire de leviers tarés avec soin, à des efforts de traction croissant jusqu'à ce que la rupture ait lieu.

« La charge initiale sera calculée de manière à produire un effort de traction de 28 kilogrammes par millimètre carré de section. Aucune bande reconnue saine ne devra rompre sous cette charge (qui sera maintenue en action pendant 5 minutes), et ne devra, sous cette même charge, s'allonger de moins de 3 1/2 p. 100 de sa longueur primitive. Les charges additionnelles seront ensuite placées à des intervalles de temps sensiblement égaux et d'environ une minute. Ces charges seront calculées, aussi approximativement que le permettra la division des poids en usage, à raison de un quart de kilogramme de traction par millimètre carré de section.

« On notera, pour chaque charge, l'allongement correspondant mesuré sur la longueur prismatique de 20 centimètres.

« Les résultats moyens de ces expériences, au nombre de six au moins par livraison, ne devront pas être inférieurs aux chiffres suivants :

« Charge de rupture moyenne par millimètre carré de section : 32 kilogrammes.

« Allongement correspondant à cette charge : 6 p. 100.

« Les livraisons qui ne satisferont pas à ces conditions seront rebutées.

« **Fers à T et à double T de qualité ordinaire.** — Pour s'assurer de la qualité des fers à T et à double T présentés en recette, il sera fait deux sortes d'épreuves : des épreuves à chaud et des épreuves à froid.

« *Épreuves à chaud.* — Pour les fers à double T, on commencera par fendre à froid, au moyen de la cisaille, l'extrémité d'une barre prise au hasard dans une livraison, de manière que la fente divise longitudinalement la lame verticale en deux parties égales sur une longueur égale à trois fois la hauteur du fer, et on percera un trou à l'extrémité de cette fente, pour l'empêcher de s'étendre. Puis, on écartera, en la manchonnant régulièrement à chaud, l'une des moitiés ainsi séparées de l'autre moitié, jusqu'à ce que la distance entre les deux extrémités de la lame soit égale à la hauteur même du fer à double T.

« Pour les fers à simple T, on manchonnera l'extrémité de la barre choisie pour l'épreuve, en laissant la lame verticale dans son plan, et on formera ainsi, avec la lame transversale, un quart de cylindre d'un rayon intérieur égal à cinq fois la hauteur totale du T.

« Les fers présentés en recette devront supporter ces épreuves (qui pourront être renouvelées, si la commission de recette le juge utile), sans qu'il se manifeste ni déchirures, ni gerçures, ni fente indiquant un corroyage imparfait.

« *Épreuves à froid.* — On découpera, dans les lames verticales ou transversales d'un certain nombre de barres prises au hasard dans chaque livraison et dans le sens du laminage, des bandes plates qui seront façonnées de manière à avoir une section à très-peu près rectangulaire.

« L'épaisseur de ces bandes sera celle des lames; leur largeur sera de 30 millimètres. La longueur de la partie prismatique soumise à la traction sera exactement de 20 centimètres.

« Ces bandes seront soumises, au moyen de poids agissant directement ou par l'intermédiaire de leviers tarés avec soin, à des efforts de traction croissant jusqu'à ce que la rupture ait lieu.

« La charge initiale sera calculée de manière à produire un effort de traction de 30 kilogrammes par millimètre carré de section. Aucune bande reconnue saine ne devra rompre sous cette charge (qui sera maintenue en action pendant cinq minutes), et ne devra, sous cette même charge, s'allonger de moins de 6 p. 100 de sa longueur primitive. Les charges additionnelles seront ensuite placées à des intervalles de temps sensiblement égaux et d'environ une minute. Ces charges seront calculées, aussi approximativement que le permettra la division des poids en usage, à raison de un quart de kilogramme de traction par millimètre carré de section.

« On notera, pour chaque charge, l'allongement correspondant, mesuré sur la longueur prismatique de 20 centimètres.

« Les résultats moyens de ces expériences, au nombre de six au moins par livraison, ne devront pas être inférieurs aux chiffres suivants :

« Charge de rupture moyenne par millimètre carré de section : 34 kilogrammes.

« Allongement correspondant à cette charge : 9 p. 100.

« Les livraisons qui ne satisferont pas à ces conditions seront rebutées. »

Rivure des tôles. — Nous avons parlé de la facilité avec laquelle les feuilles de tôle étaient liées ou cousues l'une à l'autre; cette opération se nomme la *rivure*. Des trous correspondants dans les feuilles à rapprocher sont traversés par un petit cylindre à deux têtes; l'une de ces têtes est forgée à l'avance, l'autre est rabattue sur place et à chaud. Le refroidissement du rivet détermine le serrage; en faisant varier la température du rivet, on peut modifier le serrage à volonté, seulement il ne faut pas dépasser la limite d'élasticité du rivet.

L'opération de la rivure se divise en deux : le perçage des tôles et la rivure proprement dite.

Le perçage peut s'effectuer, soit à la main à l'aide d'un foret, soit à l'aide d'une machine à percer faisant marcher un ou plusieurs poinçons; la base de la rivure est la correspondance parfaite des trous. On obtient cette correspondance en superposant les pièces à réunir et en les perçant par un seul coup de poinçon. On fait aujourd'hui des machines à percer assez robustes pour que le poinçon traverse plusieurs épaisseurs de tôle ; on obtient ainsi une exactitude mathématique.

Généralement l'espacement des rivets est de $0^m,04$ à $0^m,06$ d'axe en axe; leur diamètre est égal à l'épaisseur des tôles à réunir quand on n'en réunit que deux.

Lorsque l'on veut assembler plusieurs épaisseurs de tôle, la rivure présente des difficultés; il faut employer des précautions particulières pour que les feuilles soient parfaitement en contact et que les trous se correspondent très-exactement.

Le diamètre des têtes de rivet est double de celui du corps.

La rivure peut être faite soit à la main, soit à la machine. Dans le premier cas, l'un des ouvriers soutient la tête déjà formée du rivet à l'aide d'un marteau très-lourd, et un second écrase à la bouterolle la deuxième extrémité du rivet chauffé au rouge.

La rivure à la machine tend à se substituer à la rivure à la main; elle a de grands avantages pour les pièces d'une forme simple et régulière, telles que les poutres des grands ponts métalliques, etc.; mais, dans les assemblages compliqués, la rivure à la main paraît encore préférable.

Diminution de résistance due à la rivure. — M. Fairbairn a fait des expériences dans le but de déterminer l'altération de résistance causée par la rivure. Il a trouvé qu'en représentant par 1 la résistance d'une feuille homogène, celle d'une feuille formée de deux parties assemblées par un seul rang de rivets et sans couvre-joints sera 0,50.

Avec deux rangs de rivets, cette résistance peut être portée à 0,70.

Il faut remarquer, toutefois, que la pose de la deuxième rangée de rivets peut occasionner des ébranlements dans la première; elle doit donc être faite avec précaution, et les trous de la deuxième rangée doivent être alors disposés en quinconce avec les trous de la première.

L'emploi des couvre-joints tend à se généraliser ; les feuilles, au lieu d'être réunies l'une à l'autre, sont juxtaposées et rivées à une bande longitudinale couvrant le joint : on évite ainsi, à l'intérieur des chaudières, les angles formés par les saillies des tôles l'une sur l'autre, angles dont les sommets deviennent souvent des centres d'oxydation.

Tôles courbées. Tôles embouties. — La forme cylindrique des chaudières exige l'emploi de tôles courbes. On donne cette forme aux feuilles de tôle en les faisant passer dans des cylindres où elles sont guidées par des galets qui impriment la courbure désirée. Les progrès incessants de la métallurgie permettent de supposer que, dans un avenir peu éloigné, on fabriquera couramment des anneaux de tôle sans soudure laminés circulairement, comme on le fait pour les bandages des roues de machines ou de wagons.

On a souvent aussi à employer des tôles pour construire des portions de surfaces non développables et qui ne peuvent être obtenues que par la déformation du métal sous l'action du marteau; cette opération se nomme *emboutir la tôle;* elle ne peut se pratiquer avec succès que sur des tôles douces et de bonne qualité. Nous avons vu l'administration de la marine impériale mettre au premier rang des épreuves à faire subir aux tôles la confection d'une calotte sphérique emboutie.

Emploi de la soudure. Suppression des rivets. — Tout le monde connaît l'admirable propriété que possède le fer de se souder à chaud. On a cherché à remplacer la rivure des feuilles de tôle par la soudure, et les deux dernières Expositions universelles de Londres et de Paris ont présenté des spécimens de chaudières de plus de 1 mètre de diamètre et formées de tôles de 11 millimètres d'épaisseur, qui avaient été soudées entre elles de manière à former une paroi parfaitement continue. Si la soudure peut être obtenue avec la perfection que les forgerons savent apporter à la réunion de deux barres droites, ce procédé sera évidemment très-supérieur à la rivure, puisqu'il n'entraînera aucune réduction dans la résistance du métal. Il reste à juger le procédé industriellement, au double point de vue de la perfection dans l'exécution et du prix de revient, mais l'expérience seule pourra statuer à cet égard.

Fer-blanc. — Le fer-blanc est peu employé dans la construction des machines : on ne s'en sert que dans la fabrication des pièces accessoires, telles que burettes à huile, appareils d'éclairage, etc.

Le fer-blanc s'obtient par le décapage, le polissage et l'étamage de tôles fines au bois, ou fer noir, préparé en vue de cette fabrication. Il se divise en fer-blanc brillant et en fer-blanc terne, selon la qualité de l'étain employé. On peut l'obtenir à toutes dimensions : mais il est habituellement livré au commerce en caisses de 50, 100, 150, 200 ou 225 feuilles. La dimension la plus ordinaire est 325 millimètres sur 244, et il y a 150 feuilles au paquet.

Fil de fer. — Le fil de fer s'obtient par l'étirage à froid du petit fer laminé à travers des trous de diamètres décroissants, percés dans une plaque d'acier très-dur, nommée filière. Après un certain nombre d'étirations, le fer altéré par l'écrouissage est recuit au rouge brun et remis à la filière.

Les fils de fer sont livrés au commerce recuits ou non recuits, selon l'usage auquel ils sont destinés : recuits, ils sont noirs et flexibles; non recuits, roides, élastiques et brillants.

Les fils de fer se distinguent par trente numéros non compris le zéro :

Le numéro 0 ou P	ou passe-perle	0m,0005 de diamètre.
1	—	0 ,0006
5	—	0 ,0010
10	—	0 ,0015
15	—	0 ,0024
18	—	0 ,0034
25	—	0 ,0050
30	—	0 ,0100

Le n° 18 est celui qui était généralement employé dans la construction des ponts suspendus.

Le développement continu des lignes télégraphiques a donné une impulsion extraordinaire à la fabrication du fil de fer, et on obtient aujourd'hui directement au laminoir des fils qui n'ont pas besoin d'être étirés à la filière.

§ 6. — De l'acier et de la tôle d'acier.

Substitution de l'acier à la fonte et au fer. — Dans son rapport sur l'Exposition universelle de 1862, M. Frémy, membre de l'Académie des sciences, écrivait, au sujet de l'acier, les lignes suivantes, qui résument tout ce que l'on peut dire sur la valeur extraordinaire de ce métal :

« ... L'acier, dit-il, offre à un haut degré toutes les qualités du fer et de la fonte, sans présenter leurs inconvénients.

« L'acier peut être fondu comme la fonte, laminé et étiré

comme le fer ; il devient dur par la trempe et conserve après le recuit tous les degrés d'élasticité et de dureté désirables. Il possède une résistance à l'écrasement supérieure à celle de la fonte et qui est double de celle du fer ; il oppose aux forces vives une résistance que l'on ne trouve pas dans les meilleurs fers ; sa fusion lui communique une homogénéité qui peut donner toute confiance dans l'arme et dans l'outil que l'on a fabriqués en acier fondu... » etc.

Depuis le moment où cette appréciation si complète des qualités de l'acier était formulée, il s'est passé un fait considérable. L'acier, qui n'avait été produit qu'en minimes quantités et pour des usages qui n'en comportaient l'emploi que sous des dimensions restreintes, telles que celles des armes, des outils, des instruments de ménage ou de précision, a pu être, et cela presque subitement, livré au commerce et à l'industrie en quantités pour ainsi dire indéfinies et avec des dimensions qui n'avaient été atteintes par aucune fabrication métallurgique. On fabrique aujourd'hui en acier, — et à des prix inférieurs à ceux du fer, il y a vingt-cinq ans, — des bandages pour roues de machines et de wagons, des canons, des boulets, des cylindres de machines, des tôles pour chaudières, des rails ; l'Exposition universelle de 1867 renfermait un bloc d'acier pesant 50,000 kilogrammes.

En présence de pareils résultats, on peut affirmer que l'acier se substituera à la fois à la fonte et au fer pour les usages qui comportent l'emploi des masses les plus considérables, et l'on doit prévoir dans l'industrie métallurgique une révolution plus grave que celle amenée par la substitution du fer au coke au fer au bois.

Les petites usines qui produisaient le fer au bois ont dû disparaître devant les grands établissements qui ont introduit l'usage du combustible minéral et produit le fer au coke. Ceux-ci sont, à leur tour, très-sérieusement menacés par les établissements qui produisent et produiront l'acier, et, comme leur importance est très-supérieure à celle des usines qu'ils ont remplacées, leur chute, si elle ne peut être conjurée, aura un douloureux retentissement.

Composition de l'acier. — Chimiquement, il est impossible de définir l'acier. C'est un corps intermédiaire entre la fonte et le fer pur, et dont la position relative à ces deux corps a été définie par M. Grüner, ingénieur en chef des mines (*Annales des Mines*, 1867), dans des termes que nous ne pouvons que reproduire :

« On peut appeler *fonte* le produit *brut* de la réduction des minerais de fer. C'est un fer impur qui n'est pas malléable, au moins à chaud, mais qui peut se *tremper* par refroidissement brusque.

« On donne le nom de *fer doux* au métal plus ou moins épuré, extrait de la fonte ou directement des minerais de fer, malléable à chaud et à froid, mais non susceptible de prendre la trempe.

« Et le praticien appellera *acier* tout produit intermédiaire pouvant subir la trempe, mais restant malléable à chaud et à froid s'il n'est pas trempé ; et ce métal sera de l'acier, quelle que soit d'ailleurs la méthode suivie pour l'obtenir, extraction directe du minerai, affinage partiel de la fonte ou recarburation du fer doux.

« D'après cela, par ses propriétés comme par sa fabrication, l'acier est compris entre la fonte et le fer doux. On ne peut même pas dire où commence et où finit l'acier. C'est une série continue qui part de la fonte noire la plus impure et aboutit au fer doux le plus mou et le plus pur.

« La fonte passe à l'acier dur en devenant malléable, et l'acier proprement dit passe au fer doux en devenant successivement de l'acier doux, de l'acier ferreux, du fer aciéreux, du fer à grains. »

Toutes les substances étrangères qui se trouvent dans la fonte se retrouvent dans l'acier seulement, et surtout en ce qui concerne le carbone, dans des proportions différentes; tandis que, dans les fontes noires impures, la proportion du carbone et des matières étrangères peut atteindre 10 p. 100. Cette proportion dans l'acier varie entre 8 et 15 millièmes. Les substances autres que le carbone, telles que le manganèse, le titane, l'aluminium et toutes celles que nous avons désignées en parlant des fontes, se retrouvent dans l'acier, qui, comme le fer, *semble retenir une partie de tous les éléments qui se trouvent en présence au sein des hauts fourneaux*, et elles exercent sur la qualité de l'acier une influence qu'on ne peut mesurer, mais qu'on ne saurait nier.

Quelques millièmes de substances étrangères modifient et font presque disparaître la malléabilité du zinc, de l'étain, de l'or. Il se passe des phénomènes analogues dans l'acier, plus compliqués peut-être encore et sur lesquels nous reviendrons après avoir décrit les nouveaux procédés de fabrication.

On a attribué à l'azote un rôle important dans la transformation de la fonte ou du fer en acier; il est certain que les substances azotées ont été employées dans les caisses de cémentation; mais l'analyse chimique n'a rien révélé de précis à cet égard, et elle a constaté la présence de l'azote dans le fer doux en plus grande quantité peut-être que dans l'acier.

Quelle que soit la part qu'il faille attribuer à l'azote ou aux substances dont la présence dans l'acier ne se révèle que par des traces bien plus que par des quantités pondérables, c'est le carbone qui remplit le principal rôle dans le phénomène de l'aciération, et, en se renfermant dans de certaines limites, on peut conclure avec M. l'ingénieur en chef des mines Grüner que *c'est de la teneur en carbone que dépendent surtout les qualités de l'acier.*

Les métallurgistes, en Suède et en Autriche, ont établi une classification et un numérotage des aciers analogues à ce qui a été proposé en France pour les fers par le Creuzot: nous empruntons encore ces renseignements au mémoire de M. Grüner:

« On désigne, en Suède, d'après la dureté mesurée à la suite de la trempe, neuf sortes d'acier. On les désigne par les nos 1, 1 1/2, 2, 2 1/2, etc., jusqu'à 5, en allant du plus dur au plus doux. L'analyse a donné à l'usine de Siljansfort, à très-peu près les teneurs suivantes en carbone :

Le numéro 1	2,00 p. 100.
1 1/2	1,75
2	1,50
2 1/2	1,25
3	1,00
3 1/2	0,75
4	0,50
4 1/2	0,25
5	0,05

« Le N° 1 relie la fonte blanche à l'acier le plus dur ; on peut à peine le forger, et il ne se soude pas.

« Le N° 1 1/2 commence à supporter assez bien le forgeage, mais il ne se soude pas encore.

« Le N° 2 se forge bien, mais ne se soude pas.

« Le N° 2 1/2 se forge bien et commence à se souder quoique difficilement.

« Le N° 3 se forge très-bien et se soude entre les mains d'un ouvrier habile : c'est l'acier *dur*.

« Le N° 3 1/2 se forge très-bien et se soude bien : c'est l'acier *ordinaire*.

« Le N° 4 se forge et se soude très-bien : c'est l'acier *doux*.

« Le N° 4 1/2 se forge et se soude très-bien, mais se trempe très-peu : c'est le *fer dur* ou *fer à grains*.

« Le N° 5 se forge et se soude très-bien, mais il ne se trempe pas : c'est le *fer doux fondu* ou le *fer homogène*. »

En Autriche, où l'on traite, comme en Suède, des fontes très-pures, un mode de classification semblable a été adopté. On a supprimé les deux premiers numéros suédois, qui sont plutôt de la fonte blanche, et l'on a remplacé les demi-numéros par des numéros entiers croissant de 1 à 7.

« Le N° 1 à 1,50 pour 100 de carbone est de l'acier malléable, mais non encore soudable : c'est le N° 2 de l'échelle suédoise.

« Le N° 2 à 1,25 pour 100 de carbone est de l'acier malléable, mais difficilement soudable.

« Le N° 3 à 1 pour 100 de carbone est de l'acier très-malléable qui peut se souder si l'ouvrier est habile : c'est l'acier *dur*.

« Le N° 4 à 0,75 pour 100 de carbone est de l'acier très-malléable, facile à souder : c'est l'acier *ordinaire*.

« Le N° 5 à 0,50 pour 100 de carbone est à la fois très-malléable et très-facile à souder : c'est l'acier *doux*.

« Le N° 6 renferme 0,25 pour 100 de carbone, c'est le fer à grains qui se trempe à peine.

« Le N° 7 à 0,05 pour 100 de carbone est du fer doux *homogène* qui ne se trempe pas.

« Lorsque l'affinage est poussé trop loin, on obtient un métal plus tendre encore que le N° 7. Il est court, sans ténacité : c'est le fer *brûlé* des forgerons. »

Nous avons insisté sur ces désignations, parce qu'elles caractérisent parfaitement les qualités de l'acier et de toutes les substances qui se placent entre la fonte et l'acier, et qui ont été présentées à l'industrie sous des noms divers, tels que fontes malléables, fontes tenaces, fers homogènes, etc., etc.

Principales désignations de l'acier. — L'acier est connu dans le commerce sous cinq désignations principales qui se rapportent aux procédés de fabrication :

1° Aciers naturels et aciers de forge ;

2° Aciers puddlés ;

3° Aciers Bessemer ;

4° Aciers cémentés ;

5° Aciers fondus.

L'acier fondu n'est obtenu que par la fusion au petit creuset d'aciers déjà fabriqués par d'autres procédés. Nous n'en parlerons donc pas au point de vue de la production directe.

Les autres procédés de fabrication se rattachent à deux ordres d'idées très-distinctes :

L'affinage direct de la fonte;

La recarburation du fer doux.

Dans le premier ordre d'idées auxquelles se rattache la production des aciers naturels, des aciers puddlés et des aciers Bessemer, on élimine par l'affinage une partie du carbone que contient la fonte, et on ne s'arrête que lorsqu'il n'en reste plus que la quantité qui caractérise l'état aciéreux. Dans le système de la recarburation, au contraire, qui correspond aux aciers cémentés, on poursuit l'affinage à ses dernières limites, puis on restitue au fer doux une quantité de carbone suffisante pour revenir à l'état aciéreux.

Ce second procédé est évidemment plus coûteux que les autres, mais il donne des produits plus parfaits. Dans les autres procédés, en arrêtant l'affinage on arrête l'expulsion des substances étrangères que contenait la fonte, et en conservant la proportion de carbone qui correspond à l'état aciéreux on conserve une portion de substances étrangères capable de modifier les qualités de l'acier.

L'affinage direct de la fonte s'opère lui-même de trois manières différentes, et peut être effectué :

Sur la fonte à l'état *solide*, portée à une température élevée, mais sans fusion ; on obtient ainsi la fonte malléable;

Sur la fonte à l'état *pâteux*, qui donne les aciers de forge ou les aciers puddlés;

Sur la fonte à l'état *liquide :* par cet affinage on obtient les aciers eux-mêmes à l'état liquide, et le type de cette production est l'acier Bessemer.

Dans le troisième procédé, on obtient par la fusion complète une homogénéité parfaite que les modes d'affinage à l'état solide et à l'état pâteux ne sauraient évidemment assurer, et à ce point de vue la découverte due à M. Bessemer est évidemment le point de départ d'une transformation de toute la fabrication du fer.

Maintenant nous examinerons chaque nature d'acier en suivant plutôt l'ordre historique que l'ordre que nous venons d'indiquer, et qui était fondé sur les méthodes de fabrication. Nous ne parlerons pas des aciers produits par l'affinage de la fonte à l'état solide, parce que ces aciers se rapprochent plus de la fonte que de l'acier proprement dit.

Aciers naturels et aciers de forge. — Les aciers naturels s'obtiennent ou plutôt s'obtenaient dans des forges catalanes par le traitement direct au charbon de bois des minerais de qualité particulière. Forgé et étiré, cet acier est principalement employé à la fabrication des faulx et faucilles.

Les aciers de forge, souvent désignés sous le nom d'*aciers naturels*, s'obtiennent par le traitement des fontes provenant de minerais spathiques et manganésifères dans un foyer d'affinerie au charbon de bois.

Les loupes affinées sont étirées en barres carrées sous l'action d'un gros marteau.

Ces barres carrées sont amincies et aplaties sous un martinet ou sous un laminoir ; cette opération se nomme le *lanquetage*.

Les barres lanquetées sont divisées par fragments. On réunit les morceaux dont la cassure indique la qualité uniforme; ces morceaux, groupés en paquets ou trousses de 25 à 30 kilogrammes, sont chauffés au blanc soudant et étirés par des martinets de 70 à 80 kilogrammes battant 3 à 400 coups par minute. Cette opération, désignée sous le nom de *corroyage*, peut être répétée deux ou trois fois, de manière à pétrir en quelque sorte l'acier et à lui donner une composition parfaitement homogène.

Les aciers de Styrie, de Carinthie, de Thuringe et de Westphalie sont les meilleurs aciers de forge connus. En France, nous n'avons que les aciers de l'Isère qui puissent leur être comparés.

On fabrique, dans les Indes, un acier très-dur, connu sous le nom d'acier Wootz, laminé et forgé avec des feuilles de fer intercalées, qui s'acièrent par contact ; il constitue ce que l'on appelle l'*étoffe* et est employé à la fabrication des lames de Damas.

Acier de cémentation. — L'acier de cémentation s'obtient par la recarburation du fer doux.

On chauffe, en vase clos, des barres de fer doux, isolées les unes des autres et séparées par du fraisil de charbon de bois de chêne, auquel on ajoute des substances azotées, telles que déchets de cuir, et dont l'emploi a été longtemps un secret.

Les caisses de cémentation contiennent de 25 à 40,000 kilog. de fer; elles sont chauffées pendant un espace de temps qui varie entre 5 et 9 jours, selon la grosseur et la nature des fers employés. Le refroidissement doit s'effectuer très-lentement et durer plusieurs jours.

La transformation subie par le fer est extraordinaire : la cassure grenue est devenue lamellaire ; la surface est couverte de pailles, de cloches, d'ampoules ; c'est ce dernier mot qui a servi par abréviation à caractériser cet état de l'acier : on le nomme *acier poule.*

L'acier poule est très-fragile ; il se brise sous le plus léger choc de marteau et ne pourrait être employé à aucun usage. Les barres sont coupées ; les fragments de même nature sont réunis par paquets chauffés, laminés et forgés, souvent à 2 ou 3 reprises différentes.

La qualité des aciers cémentés dépend surtout de la qualité des fers employés ; les meilleurs fers connus pour cet usage sont ceux de Dannomora en Suède, et ceux des Pyrénées. C'est en accaparant la production des forges suédoises que les manufacturiers anglais ont eu, pendant de longues années, le monopole de la fabrication des aciers supérieurs ; mais, grâce aux progrès de la métallurgie sur le continent, ce monopole est aujourd'hui disparu. L'Allemagne et la France produisent des aciers qui peuvent lutter avec les meilleures marques de Sheffield.

Acier fondu. — La découverte de l'acier fondu, due à Benjamin Hunstmann, en 1740, a eu une influence considérable sur la production de ce métal précieux ; elle a permis d'obtenir rapidement et d'une manière certaine une des principales qualités de l'acier, l'homogénéité, que n'assurait pas toujours l'affinage suivi d'un double ou même d'un triple corroyage. La fusion des aciers cémentés provenant des fers de Suède a donné des produits supérieurs à tout ce que l'on connaissait auparavant.

On a pu également, au moyen de la fusion, mélanger des aciers de forge et obtenir par des réactions réciproques des qualités répondant aux divers besoins de l'industrie. Enfin, la fusion est devenue un moyen de cémentation par la mise en présence, dans un creuset, de fer aciéreux et de fonte, ou de fer aciéreux et de charbon et d'oxyde de manganèse.

La fabrication des creusets destinés à la fusion de l'acier comporte d'assez grandes difficultés : il faut, en effet, trouver des matières en état de résister aux plus hautes températures et ne contenant aucune substance capable de s'incorporer à l'acier et d'en modifier la nature.

Nous avons dit que des quantités à peine pondérables de matières étrangères suffisaient pour altérer les qualités de l'acier ; il faut donc que le creuset reste vis-à-vis du métal absolument inerte.

Les creusets sont chauffés, soit au coke, soit à la flamme perdue des hauts fourneaux ou des fours à puddler, soit enfin au gaz des fours Siemens. Il faut également veiller à ce que ces flammes n'apportent point à la masse de l'acier en fusion des substances nuisibles. Les creusets, qui étaient ordinairement brisés après chaque opération, peuvent être conservés pour une seconde et même une troisième fusion ; on économise à la fois le prix du creuset et le combustible nécessaire à son échauffement.

Acier puddlé. — L'emploi de la houille a imprimé à la production de l'acier une impulsion analogue à celle que nous avons signalée pour le fer ; le puddlage à la houille, dans les fours à réverbères, des fontes aciéreuses a donné naissance à des aciers puddlés qui ont pu être employés directement, c'est-à-dire qu'après le puddlage il suffisait de faire ressuer la loupe dans le four et de l'étirer sous le martinet ou le laminoir. Pour avoir des aciers homogènes, il est nécessaire de leur donner un corroyage.

Dans tous les cas, les aciers puddlés ont pu être livrés à l'industrie pour des usages entièrement nouveaux, tels que bandages de roues de machines et de wagons, ressorts, rails, tiges de piston, bielles, etc.

Enfin, les aciers puddlés sont venus apporter un puissant contingent à la fabrication des aciers fondus, presque à la veille de manquer de matières premières en présence des demandes toujours croissantes du commerce.

Progrès réalisés dans la fabrication de l'acier par M. Krupp. — Nous avons dit que pendant longtemps l'Angleterre avait eu le monopole de la grande fabrication de l'acier ; elle est aujourd'hui complétement dépassée par un manufacturier allemand, M. Alfred Krupp, d'Essen en Westphalie, qui a créé la plus grande aciérie qui existe au monde.

L'usine d'Essen se composait, en 1826, d'une petite maison dans laquelle M. Alfred Krupp travaillait avec deux ouvriers. L'usine couvre aujourd'hui une superficie de terrain de 204 hectares, cinq fois l'étendue du champ de Mars à Paris, cinq fois l'étendue du terrain occupé par l'Exposition universelle de 1867. Sur ces 204 hectares, 52 sont couverts de toitures.

8,000 ouvriers travaillent dans l'enceinte de l'usine.

2,000 sont occupés aux charbonnages d'Essen ou aux hauts fourneaux du Rhin et du Nassau.

En 1866, l'usine a produit 62 millions de kilogrammes d'acier fondu au creuset, d'une valeur d'environ 38 millions de francs.

L'outillage de l'usine comprend :

412 fours à fondre l'acier, à recuire, à cémentation ;

195 machines à vapeur alimentées par 120 générateurs, transformant chaque jour en vapeur à 4 atmosphères 5,500 mètres cubes d'eau ;

49 pilons à vapeur dont le mouton pèse de 50 à 50,000 kilogrammes ;

110 forges ;

318 tours ;

111 machines à raboter ;

256 machines-outils diverses.

La consommation journalière de la houille est de 1 million de kilogrammes.

Les ateliers sont réunis par des voies ferrées d'une longueur de 27 kilomètres sur lesquelles circulent 6 locomotives et 200 wagons.

Les envois faits par M. Krupp aux Expositions universelles donneront une idée des progrès de sa fabrication. On a successivement admiré :

A Londres,	en 1851,	un lingot de	2.000 kilog.
A Paris,	en 1855,	—	5.000
A Londres,	en 1862,	—	20.000
A Paris,	en 1867,	—	40.000

Ces lingots énormes sont obtenus avec des creusets qui ne contiennent pas plus de 25 kilogrammes d'acier fondu : et ces creusets sont amenés ensemble à la température convenable et vidés dans l'espace de quelques minutes dans une lingotière centrale. Nous avons eu deux fois l'honneur d'assister à ces grandes opérations ; nous ne connaissons pas de plus beau spectacle. A la voix d'un chef expérimenté, 1,000, 1,200, 1,600 hommes même, pour les gros lingots, se rangent devant les fours, dégagent le combustible, enlèvent les creusets et les portent à la lingotière, avec un ordre, une promptitude, une précision admirables.

Toute la fabrication de M. Krupp est fondée sur un double principe : donner à l'acier par la fusion l'homogénéité, puis par le martelage et le forgeage la ténacité et le nerf que les lingots ne possèdent pas encore.

Le forgeage des lingots de 40 à 50,000 kilogrammes se fait avec un marteau pilon de 50,000 kilogrammes ayant une hauteur de chute de 3 mètres. Sous les coups de cet appareil gigantesque, les lingots s'étirent et sont amenés aux formes brutes les plus voisines de la forme définitive cherchée. Pour le canon envoyé à l'Exposition de 1867, le martelage a duré plusieurs mois.

Les matières premières employées par M. Krupp sont des aciers puddlés provenant des fontes du pays de Siegen, du Nassau, de la Styrie et de la Carinthie.

Acier Bessemer. — La méthode d'affinage de la fonte, proposée et réalisée après de nombreux essais par M. Bessemer, est fondée sur le passage d'un courant d'air introduit sous forte pression dans un bain de fonte liquide. On fait en quelque sorte bouillir la fonte pendant 15 à 20 minutes dans une cornue désignée sous le nom de *convertisseur* et qui peut contenir jusqu'à 10,000 kilogrammes de fonte liquide.

L'air oxyde une grande partie des substances étrangères et brûle le carbone de la fonte. On peut arrêter l'opération quand il ne reste que la quantité de carbone qui correspond à la qualité de l'acier que l'on veut produire, mais on préfère pousser la décarburation à sa dernière limite et rendre au métal liquide le carbone qui lui est nécessaire, en versant dans la cornue une certaine quantité de fonte aciéreuse très-pure. Les fontes miroitantes, *spiegeleisen* des Allemands, sont très-employées pour cet usage.

Dans le premier cas, le procédé Bessemer est une méthode d'affinage; dans le second, il y a à la fois affinage et recarbu ration.

Les résultats donnés par les apparails Bessemer ont excité l'étonnement universel, et la conversion au bout de 20 minutes en lingots d'acier d'une masse de fonte de 8 à 10,000 kilogrammes était, à coup sûr, comme nous l'avons dit, le point de départ d'une transformation de l'industrie métallurgique.

Développement de la fabrication de l'acier Bessemer. — Aucune fabrication n'a pris un développement plus rapide que celle de l'acier par la méthode Bessemer. M. Goldenberg, propriétaire de la grande fabrique d'outils du Zornhoff, près Saverne, dans l'excellent rapport qu'il a publié sur les aciers envoyés à l'Exposition universelle de 1867, a indiqué le nombre des convertisseurs en service en 1867, c'est-à-dire quatre ans après le moment où l'apparail a été connu d'une manière à peu près complète. Ce nombre était de 111, savoir :

France.	15
Angleterre.	54
Prusse.	14
Autriche.	14
Suède.	14

Il est probable que ce nombre est déjà de beaucoup augmenté et que le nombre des fours dans lesquels on affinera la fonte à l'état liquide dépassera, dans peu d'années, le nombre des fours dans lesquels on agit sur la fonte à l'état pâteux pour la production des aciers puddlés ordinaires. Nous ajouterons avec M. l'inspecteur général des mines de Billy qu'une des qualités saillantes de la nouvelle méthode de fabrication de l'acier est de mettre en œuvre plus l'intelligence que les forces physiques. Des réactions chimiques remplacent le pénible travail du forgeron et du puddleur, et on opère d'ailleurs sur des masses en face desquelles on ne saurait concevoir aucun travail exécuté par des hommes.

Économie dans l'emploi du combustible. — Le succès de la méthode Bessemer pour la conversion de la fonte en acier fondu est assuré par un fait de la plus haute importance. Nous voulons parler de l'énorme économie de combustible que l'emploi de ce procédé permet de réaliser. A ce sujet, nous trouvons dans le travail de M. Goldenberg les chiffres les plus intéressants relatifs aux dépenses qu'entraînent les diverses méthodes de fabrication de l'acier.

En ne comparant que la méthode d'affinage pour l'acier puddlé et la méthode Bessemer, on trouve que les deux opérations exigent à peu près la même quantité de fonte : 1,150 à 1,200 kilogrammes de fonte brute. Mais, au point de vue du combustible, la différence est extraordinaire : tandis que l'affinage, suivi de la fusion au creuset, exige — en tenant compte de la conversion de la houille en coke — une quantité de houille qui atteint 8,000 kilogrammes, la méthode Bessemer n'exige pour fusion de la fonte, marche de la machine soufflante, chauffage préalable des convertisseurs, que 1,600 kilogrammes, c'est-à-dire *cinq fois moins*.

Mais, si l'on fait passer la fonte directement du haut fourneau dans le convertisseur, on évite la dépense de la fusion de la fonte, et la dépense de la houille se réduit à 1,200 kilogrammes, c'est-à-dire près de *sept fois moins*.

On voit immédiatement les conséquences d'une pareille modification dans la métallurgie de l'acier, et probablement dans celle du fer. Les pays qui contiennent des minerais de fonte aciéreuse, mais qui sont éloignés du combustible, voient s'amoindrir dans le rapport de 7 à 1 la dépense que leur occasionnait l'achat du combustible, et ils vont pouvoir entrer en lutte avec des contrées qui semblaient avoir jusqu'ici le monopole de la fabrication.

Baisse dans le prix de l'acier. — Une énorme baisse dans le prix de l'acier devait suivre un si grand développement donné à la production ; cette baisse ne s'est point fait attendre, et elle a atteint, surtout en France, des proportions inespérées pour les consommateurs. Les forges de Terre-Noire livrent, en ce moment, au chemin de fer de Paris à Lyon et la Méditerranée des rails d'acier à 31 fr. 50 les 100 kilogrammes, et le dernier mot de la fabrication n'est pas dit. Le même chemin de fer payait, il y a vingt ans, des rails en fer 35 fr. les 100 kilogrammes ; jamais il n'y a eu une transformation plus grande et plus rapide.

Le prix des appareils convertisseurs Bessemer, que l'on n'évaluait pas à moins de 300,000 fr., il y a quatre ans, est déjà réduit de plus des deux tiers, et les constructeurs de la Westphalie offrent des appareils complets à 60,000 fr., non compris les frais de pose et de maçonnerie.

Employés pour la construction des machines et des chaudières, pour les voies de chemins de fer, pour l'artillerie de plusieurs peuples, les nouveaux aciers n'ont pas encore été admis d'une manière courante dans une industrie (l'agriculture) qui peut en faire une large consommation ; mais ils ne tarderont pas à l'être et cette augmentation dans la consommation amènera infailliblement une diminution dans le prix de revient.

Nouveaux procédés de fabrication de l'acier. Procédé P. Martin. — L'affinage des fontes amenées à l'état liquide ne s'effectue, dans la méthode Bessemer, que dans des cornues spéciales dont l'installation sera toujours coûteuse. On a cherché à réaliser cet affinage dans les fours à réverbère ordinaires ou peu modifiés, et à le combiner avec le mode d'aciération au creuset, fondé sur le mélange de la fonte et du fer.

MM. Verdié et Cie, de Firminy, qui ont fait faire à la fabrication de l'acier, en France, les plus grands progrès, ont installé dans leurs usines les appareils proposés par M. P. Martin. Ces appareils sont simples; nous en empruntons la description à une note publiée par M. Henri Mathieu dans les *Bulletins de la Société des ingénieurs civils :*

« Les appareils employés à la fabrication se composent :

« 1° D'un four à chaleur régénérée de Siemens ;

« 2° D'un four à réverbère, dit four à fondre, et 3° d'un four à réchauffer, destiné à chauffer préalablement les blocs de fonte et les riblons de fer et d'acier, avant leur introduction dans le four à fondre.

« On procède de la manière suivante :

« Tous les fours étant allumés et chauffés, on commence par réchauffer dans le four spécial les blocs de fonte, de manière à y entretenir un chargement de 900 kilog.

« Ces blocs, chauffés au blanc, sont ensuite jetés sur la sole du four à fondre ; la fusion s'y opère rapidement ; la fonte y est recouverte d'un bain de laitiers, qu'on compose avec des laitiers de haut fourneau au bois, mélangés avec du sable siliceux. Ce bain doit empêcher la décarburation de la fonte.

« Ce premier chargement de fonte fait, on charge ensuite des riblons de fer ou d'acier (chauffés aussi préalablement dans le four spécial), et par portions de 200 kilog. par chaque demi-heure ; l'opération entière dure environ huit heures, non compris deux heures environ pour préparer la sole.

« Lorsque toute la quantité de riblons a été chargée comme nous venons de le dire, on arrive entre la sixième et la septième heure, et alors la masse, se composant de 900 kilog. de fonte, 2,400 kilog. de riblons, fer ou acier, arrive à un état pâteux très-voisin du fer. La fonte a abandonné une partie de son carbone au fer, qui successivement a été transformé en un métal semi-liquide qui n'est ni du fer, ni de l'acier. Pour constituer l'acier, on ajoute, par portions de 200 kilog. à la fois, de la fonte de même nature que celle employée déjà et préalablement chauffée, jusqu'à ce qu'on ait introduit dans le four environ 800 kilog.

« Cette fonte additionnelle abandonne une partie de son carbone à la masse métallique en fusion, et quand on s'est assuré que tout le bain est arrivé au degré d'aciération qu'on veut obtenir, ce qu'on vérifie par des éprouvettes retirées vers la huitième heure, on procède à la coulée, qui s'opère dans des lingotières.

« Le bain peut rester en fusion, sous la couche de laitiers, aussi longtemps qu'on veut.

« Si l'on trouve qu'il donne une éprouvette d'une dureté trop grande, on ajoute quelques lingots de riblons, jusqu'à ce qu'on arrive au degré qu'on désire.

« Ce bain donne-t-il une éprouvette trop ferreuse, on ajoute quelques charges de fonte.

« Dans tout le cours de cette opération, les ouvriers n'ont d'autre travail à faire que celui de conduire le feu, de charger la fonte et les riblons de fer ou d'acier dans le four à réchauffer et dans le four à fondre : il n'y a ni travail pénible de brassage, ni travail de réduction par l'agitation de la masse en fusion.

« L'acier se fait, pour ainsi dire, tout seul comme dans le creuset.

« Le seul travail pénible réside dans la préparation de la sole.

« Les matières employées sont des fontes obtenues exclusivement avec le minerai de Mokta (Algérie), et des riblons de fer ou d'acier fabriqués avec des fontes de même origine, afin de n'avoir dans le bain que des éléments de même provenance.

« Les minerais de Mokta renfermant une quantité suffisante de manganèse, on n'en ajoute aucune autre quantité, ni dans le bain, ni dans les laitiers. »

Les aciers ainsi obtenus sont d'excellente qualité, mais il ne faut pas perdre de vue qu'ils proviennent de très-bons minerais.

En faisant varier la qualité des matières premières, M. P Martin espère obtenir, dans ces fours à réverbère, toutes les variétés de l'acier fondu qui n'ont été jusqu'à ce jour produites que dans les creusets, et, par conséquent, à des prix beaucoup plus élevés que ceux auxquels les nouveaux appareils permettront d'arriver.

L'acier fabriqué par les nouveaux procédés a-t-il la même valeur que l'acier fabriqué par les procédés anciens ? — L'acier employé par les anciens constructeurs pour outils, tranchants, coins monétaires, ressorts, etc., etc., l'acier possédant toutes les qualités réunies de pureté, de dureté, de finesse dans le taillant, l'acier pouvant se tremper, se recuire, reprendre la trempe après de nombreux retours au feu, l'acier d'il y a vingt-cinq ans, en un mot, est-il l'acier d'aujourd'hui ? Évidemment, non.

En cherchant pour les canons et les boulets, pour les pièces des machines, pour les essieux, pour les bandages, pour les croisements de voies, pour les arbres des grandes machines, pour les rails enfin, un métal plus résistant que le fer, on a trouvé, par le puddlage des fontes aciéreuses, par le développement des procédés de fusion, et en dernier lieu par le procédé Bessemer, un métal ayant quelques-unes des propriétés de l'acier, mais n'en ayant que quelques-unes.

Si l'on se rappelle, d'ailleurs, combien sont variables les qualités de l'acier, on reconnaîtra qu'il était impossible de demander à un seul mode de fabrication des produits ayant à répondre à des besoins extrêmement différents et auxquels il est possible aujourd'hui de donner complète satisfaction. La fusion au creuset donnera, avec le martelage et le corroyage, les aciers fins, tenaces, ayant du tranchant, du mordant, l'acier des outils, des instruments. Les méthodes Bessemer donneront le métal destiné à être employé en masse et à résister par son homogénéité et sa ténacité.

Erreurs commises au sujet des méthodes Bessemer. Influence

des minerais. — Au moment où le procédé Bessemer a été vulgarisé, en Angleterre et sur le continent, il s'est engagé une très-vive polémique. Quelques métallurgistes ont pensé qu'à l'aide de ce procédé ou de ceux qui en sont dérivés, on pouvait convertir en acier des fontes quelconques et arriver ainsi à une production indéfinie de l'acier. D'autres ont manifesté l'opinion contraire avec une grande énergie : ils ont affirmé que la méthode Bessemer ne donnerait de l'acier que si elle était appliquée à des fontes aciéreuses qui, provenant de minerais carbonatés, spathiques et manganésifères, eussent donné de l'acier si elles eussent été traitées par les anciennes méthodes. Selon nous, la vertu aciérive ou aciérative existe ou préexiste dans les minerais et eux seuls peuvent la donner.

L'expérience paraît jusqu'ici donner gain de cause à cette seconde manière de voir : les fontes provenant de minerais phosphoreux et sulfurés n'ont donné, dans l'apparail Bessemer, que des résultats sans valeur, et il a fallu revenir aux fontes aciéreuses. Dans une étude très-intéressante sur les aciers, publiée en 1865, un ingénieur des mines, M. de Cizancourt, déclare que l'on doit ranger au nombre des axiomes métallurgiques les mieux établis l'influence dominante des minerais sur la qualité des aciers.

Pour avoir de l'acier par la méthode Bessemer, il faut donc employer des fontes aciéreuses de première qualité; mais, entre ces fontes et les fontes sulfureuses ou phosphoreuses, absolument impropres à l'aciération, il y a une échelle presque indéfinie de qualités intermédiaires qui, convenablement choisies et traitées par la méthode Bessemer, donneront un produit qui ne sera pas de l'acier, mais qui ne sera pas non plus du fer, et auquel il conviendrait de donner un nom spécial. On a proposé de donner à ce métal intermédiaire le nom de M. Bessemer, et cette désignation ne tardera pas à être adoptée.

Nécessité absolue d'épurer la fonte. — La méthode Bessemer est encore trop nouvelle pour que l'on connaisse tout le parti qu'il est possible d'en tirer. On a bien résumé la discussion dont nous venons de parler en disant que les convertisseurs Bessemer décarburaient bien la fonte, mais qu'ils ne l'épuraient point ; le problème à résoudre reste donc ce qu'il a été pour le fer : épurer, affiner la fonte. Or les immenses progrès qui ont été réalisés dans la métallurgie du fer permettent d'espérer que l'on en réalisera de semblables dans la métallurgie de l'acier. Sans aucun doute, il sera toujours avantageux de se servir de minerais de bonne qualité ; mais les localités privées de ces minerais ne doivent pas perdre tout espoir de les utiliser un jour à la production de l'acier, si l'on parvient, par des réactions ménagées, soit dans la période de réduction des minerais, soit dans celle de l'affinage de la fonte, à diminuer les substances nuisibles.

M. Henri Sainte-Claire Deville a fait, dès 1855, une expérience qui peut, au point de vue de la purification des fontes, donner de grandes espérances. La fonte, placée dans un creuset de chaux vive, était mise en fusion par la combustion d'un mélange de gaz hydrogène et de gaz oxygène ; en augmentant la proportion de ce dernier, le carbone, le silicium, le soufre, le phosphore et toutes les substances étrangères s'oxydaient et se perdaient dans l'atmosphère, ou formaient un laitier absorbé par la matière du creuset, et il ne restait qu'un culot de fer parfaitement pur.

Emploi de la tôle d'acier. — Pendant longtemps, l'acier n'a été livré au commerce que sous forme de lingots de barres carrées ou méplates, de fils de divers diamètres : mais, dès que la production s'est développée, on a cherché à employer l'acier sous forme de tôle. Il était, en effet, très-intéressant de pouvoir augmenter d'une manière notable la résistance des chaudières, sans augmenter l'épaisseur des tôles ; car, pour le fer, on était arrivé à des limites au delà desquelles la rivure ne pouvait s'effectuer avec sécurité.

Une circonstance particulière compliquait singulièrement

en France, la question de la substitution de l'acier au fer : l'épaisseur des chaudières était prescrite par l'Ordonnance sur les machines, et l'Ordonnance n'avait pas prévu l'emploi de substances plus résistantes que la tôle de fer. Incidemment, nous ne pouvons nous empêcher de faire remarquer combien une réglementation minutieuse peut devenir un obstacle à tout progrès. Si l'Ordonnance de 1843 n'eût pas été rapportée et remplacée par le régime de la liberté de fabrication, l'Europe entière aurait eu des chaudières d'acier, tandis qu'il eût été impossible d'en avoir une seule en France.

A la suite d'expériences très-intéressantes, l'administration supérieure française accorda aux constructeurs l'autorisation de réduire de moitié l'épaisseur des tôles d'acier fondu employées à la construction des chaudières à vapeur, toutes les fois que celles-ci posséderaient *à la fois* une résistance à la rupture de 60 kilogrammes par millimètre carré de section et un allongement proportionnel de 1/15 au moins. Ces prescriptions étaient prudentes; elles écartaient l'emploi des tôles vives, c'est-à-dire des tôles qui se brisent sous les charges d'épreuve, sans annoncer par une déformation préalable l'effort auquel elles sont soumises ; mais elles étaient d'une exécution difficile. et la tôle d'acier n'est entrée dans la pratique que depuis la suppression de la réglementation.

La tôle d'acier a été essayée pour les foyers de machines locomotives, mais les expériences faites aux chemins de l'Est et de Lyon n'ont pas été couronnées de succès. Après une marche de quelques mois, les foyers se sont fendus subitement, et l'on a dû les démonter pour les remplacer par le cuivre rouge, qui paraît seul posséder assez de douceur pour se prêter aux incessants changements de forme qui résultent de l'échauffement et du refroidissement journalier des machines locomotives.

§ 7. — Du cuivre et des divers alliages employés dans les machines. Doublage des métaux.

Nous ne dirons que peu de mots du cuivre et des divers alliages employés dans les machines; leur usage est assez restreint pour que les ingénieurs n'aient point à se préoccuper des conditions générales de la production. Nous nous bornerons à une simple nomenclature.

Cuivre rouge.—Le cuivre rouge est employé pour la construction des foyers des machines locomotives : la marque dite *Corocoro* est la plus fréquemment adoptée. Quelques chaudières de machines marines ont été en entier construites en cuivre, mais cette dépense ne peut être faite que pour des navires de luxe, des yachts de plaisance.

Laiton ou cuivre jaune. — Le cuivre, allié à d'autres métaux, fournit les tubes pour les machines locomotives, les coussinets, les paliers, les colliers d'excentriques. Le but poursuivi par tous les fondeurs a été de trouver des alliages qui fussent à la fois doux au frottement et résistants à la rupture.

Le cuivre jaune ou laiton est un alliage de cuivre et de zinc dans les proportions suivantes :

Cuivre.	65 à 70 p. 100.
Zinc.	35 à 30

L'addition de 2 à 3 pour 100 de plomb, et de quelques millièmes d'étain, augmente beaucoup la résistance du laiton. Cet alliage jouit d'une propriété singulière, la trempe le rend malléable.

Bronze.—Le bronze est un alliage de cuivre et d'étain, ou de cuivre, d'étain et de zinc.

Quelque soit le perfectionnement auquel soit arrivé aujourd'hui l'art du fondeur, on n'a point retrouvé les procédés employés par les Grecs et les Romains pour la fabrication des armes d'airain ; l'analyse chimique donne bien la composition de ces alliages, mais cette notion est insuffisante pour reconstituer des alliages semblables. La dureté de l'airain, accrue encore par une trempe spéciale, était probablement due à la qualité des minerais employés et à quelque artifice de fabrication analogue à ceux usités dans les caisses de cémentation.

Sans parler des bronzes pour statues, monnaies, canons, cloches, cymbales, miroirs, nous donnerons la composition des alliages employés pour les coussinets :

	FRANCE.	FRANCE.	BELGIQUE.
Cuivre.	88 à 80	80	90
Étain.	12 à 20	18	1
Zinc.	0	2	9

Bronze d'aluminium. — Le bronze d'aluminium n'est pas encore employé dans les machines ; mais la finesse de son grain, sa ténacité, sa douceur, le feront très-certainement rechercher dès que le prix de l'aluminium s'abaissera. Sa composition est la suivante :

Cuivre.	85 à 90 p. 100
Aluminium.	15 à 10

Alliages blancs. — Les alliages blancs sont destinés à la fabrication des coussinets ; ils ont une extrême douceur, mais manquent souvent de résistance.

En Allemagne, l'étain est la matière dominante ; en France, c'est le plomb qui joue le principal rôle.

Composition des alliages blancs allemands :

Cuivre.	2 à 4 p. 100.
Étain.	90 à 88
Antimoine.	8 à 8

Les alliages employés par les chemins de fer français sont les suivants :

	EST.	LYON.	ORLÉANS.
Cuivre.	10 p. 100	0 p. 100	0 p. 100
Plomb.	65	80	40
Antimoine.	25	20	20
Étain.	0	0	20

L'alliage du chemin de l'Est revient à 1f,10c le kilogramme.

Doublage des métaux. — Le doublage des métaux a permis de résoudre le problème, si souvent posé, d'avoir des pièces résistantes et douces à la fois. On a obtenu ce résultat, en formant les pièces de deux parties, l'une en métal très-dur, en fer ou en fonte, par exemple, l'autre en alliage très-doux. Les premiers essais de juxtaposition et d'association de ces deux substances n'ont pas réussi ; mais on est arrivé à vaincre toutes les difficultés de détail, et l'on a aujourd'hui pour les coussinets de wagons, pour les colliers d'excentriques, des pièces doublées très-résistantes : la partie extérieure est en fer ; la partie frottante est un alliage blanc. La partie en fer, l'âme de la pièce, est amenée à la température à laquelle l'alliage est bien liquide ; on couvre la surface d'applique d'une couche de soudure de plombier, et on coule l'alliage blanc.

Les alliages blancs et les métaux doublés n'ont pu être employés pour les coussinets des essieux moteurs. On continue à faire ces derniers en bronze.

CHAPITRE X

ORGANISATION DES ATELIERS DE RÉPARATION ET DE CONSTRUCTION DES MACHINES. MACHINES-OUTILS. PRIX DES MACHINES A VAPEUR.

§ 1er. — Organisation des ateliers de réparation et de construction des machines.

Nous n'avons pas abordé l'étude détaillée des machines, et nous avons, à plusieurs reprises, exprimé l'opinion que, sans demeurer étrangers à la construction des machines, les ingénieurs des ponts et chaussées devaient s'abstenir de toute intervention dans le travail, en laissant au constructeur toute la responsabilité qui lui incombe. Il nous parait toutefois indispensable de parler des ateliers, parce que, dans la répartition de la tâche générale à accomplir, les compagnies de chemins de fer ont confié aux ingénieurs la construction des ateliers de réparation ; il importe dès lors de faire connaître les conditions très-multiples auxquelles doivent satisfaire ces grands établissements.

Analogie entre les ateliers de réparation et les ateliers de construction. — Aux débuts de l'exploitation des chemins de fer, les ateliers de réparation étaient beaucoup moins importants que les ateliers de construction. Aujourd'hui il n'en est plus ainsi, et à part deux ou trois exceptions, les ateliers de réparation organisés par les compagnies françaises peuvent être, au point de vue de leur outillage et du nombre des ouvriers qu'ils occupent d'une manière permanente, placés au premier rang de l'industrie des machines.

Plusieurs circonstances ont amené ce résultat: le développement inespéré du trafic d'abord, mais surtout la division du réseau français en un nombre de groupes très-restreint. Chaque groupe possède alors un matériel immense dont l'entretien et la conservation exigent des ateliers très-considérables.

L'entretien du matériel roulant comprend non-seulement la conservation des pièces dont se composent primitivement une machine, un tender, une voiture, un wagon, mais aussi le remplacement de ces pièces lorsqu'elles ont été brisées dans un accident, ou lorsqu'elles sont arrivées à une usure complète. Souvent même, les besoins toujours croissants de l'exploitation indiquent la nécessité de transformer une machine en augmentant sa puissance de vaporisation. Cette transformation doit être accomplie dans l'atelier. Dans un service bien organisé, et nous pensons que tous les chemins français peuvent citer avec orgueil leur organisation intérieure, le matériel ne doit pas diminuer de valeur. Chaque jour on remplace les pièces usées ou on amortit par des comptes spéciaux les objets que l'on juge ne pas pouvoir être conservés [1]. Or, si l'on prend chacune des grandes compagnies, on voit que la valeur de son matériel roulant atteint et dépasse même cent millions de francs, dont l'emploi et la conservation présentent des problèmes imprévus il y a peu d'années.

Les ateliers de réparation doivent posséder un outillage considérable et conserver pour leurs besoins un personnel expérimenté. Or les réparations à faire ne constituent pas un travail complétement régulier; les transports sont en quelque sorte intermittents, et une partie du matériel reste inoccupée : les

[1] Une machine, une voiture qui, pour une cause quelconque, ne peuvent plus être réparées, doivent être complétement amorties, c'est-à-dire remplacées par une machine ou une voiture exactement semblable et dont la dépense est imputée au compte annuel de l'exploitation, et non pas au compte de premier établissement.

voitures pendant l'hiver, les wagons pendant l'été. Pour ne pas dégarnir leurs ateliers et se priver du concours d'ouvriers qui pourraient faire défaut à un moment urgent, presque toutes les compagnies ont été conduites à joindre à la réparation du matériel la construction annuelle d'un certain nombre de machines et de wagons.

La nature du travail à effectuer a introduit une grande division dans les ateliers des compagnies, et l'on distingue :

Les ateliers pour les machines et les tenders ;

Les ateliers pour les voitures et les wagons.

Chacun de ces ateliers exige un outillage spécial, et il serait sans intérêt de tout concentrer dans une même localité ; cela présenterait, au contraire, de graves inconvénients au point de vue du recrutement du personnel.

Dans plusieurs compagnies, les ateliers s'occupent de la fabrication et de l'entretien des appareils de la voie, changements et croisements, qui s'usent avec une si grande rapidité, des pompes à incendies, du mobilier et du menu matériel de l'exploitation. En augmentant ainsi le travail des ateliers, on diminue l'importance des frais généraux.

Division des ateliers sur plusieurs grands réseaux. — Les grands réseaux de chemins de fer français se composent d'un certain nombre de lignes qui ont fait, à l'origine, l'objet de concessions distinctes. Des vues d'ensemble n'ont donc pas pu présider à l'organisation des ateliers de ces premières lignes. Chaque compagnie a dû utiliser des constructions faites par les sociétés primitives, et l'on ne saurait rechercher les considérations qui ont déterminé l'emplacement de la plupart des ateliers actuels.

Nous nous contenterons d'indiquer la manière dont le travail est réparti sur les lignes de trois grandes compagnies françaises, Est, Nord, Paris-Lyon-Méditerranée.

CHEMIN DE FER DU NORD.

Le chemin de fer du Nord avait, au 1er janvier 1869, une longueur totale en exploitation de 1,434 kilomètres.

Le réseau achevé doit avoir une longueur de 1,614 kilomètres, non compris 200 kilomètres environ de lignes exploitées en Belgique.

Le nombre des ateliers possédés par la compagnie du Nord est de 5, savoir :

1° Grand atelier central à la *Chapelle Saint-Denis*, pour la réparation des machines et tenders, la fabrication des pièces de rechange, l'entretien général des voitures et celui d'une partie des wagons.

Cet atelier renferme le magasin général de l'exploitation.

2° *Amiens*. Atelier secondaire affecté à la réparation des machines et tenders, et à celle des wagons de marchandises.

3° *Lille*. Atelier secondaire pour la réparation des machines et tenders.

4° *Tergnier*. Atelier principal, succursale de l'atelier de Paris.

5° *Charleroi*. Atelier spécial affecté au matériel circulant sur les lignes belges.

CHEMIN DE FER DE L'EST.

Ce chemin avait, au 1er janvier 1869, une longueur totale en exploitation de 2,682 kilomètres.

Le réseau total achevé doit avoir une longueur de 3,159 kilomètres, non compris 250 kilom. environ dans le grand-duché de Luxembourg et en Belgique.

Le nombre des ateliers possédés par la compagnie de l'Est est de 5, savoir :

1° *Paris-la-Villette*. Atelier central. Construction de wagons. Réparations de voitures et wagons. Magasin général.

2° *Épernay*. Atelier principal de réparation et construction de machines et tenders.

3° *Charleville*. Atelier créé par la compagnie des Ardennes; succursale de l'atelier d'Épernay.

4° *Montigny*, près Metz. Grand atelier pour la construction et la réparation des wagons, la fourniture du mobilier. Il y a également un atelier secondaire pour la réparation des machines et tenders.

L'atelier de Montigny possède un outillage suffisant pour pouvoir livrer couramment 100 wagons par mois.

5° *Mulhouse*. Atelier secondaire pour la réparation des machines et tenders.

CHEMIN DE FER DE PARIS A LYON ET A LA MÉDITERRANÉE.

La compagnie de Paris à Lyon et à la Méditerranée avait, au 1er janvier 1869, en exploitation 4,040 kilomètres.

Le réseau total, formé de la réunion d'un grand nombre de lignes autrefois distinctes, auxquelles, lors de chaque traité avec le gouvernement, sont venues se joindre des concessions nouvelles, aura une longueur totale de 6,256 kilomètres.

Les ateliers sont au nombre de huit, savoir :

1° Ateliers pouvant faire les grandes réparations et les constructions neuves de machines et de wagons :

Paris-Bercy, *Oullins près Lyon*, *Arles*.

2° Ateliers pouvant faire les réparations moyennes des machines, voitures et wagons :

Dijon, *Lyon-Perrache 2*, *Clermont-Ferrand*, *Nimes*.

3° Atelier pour l'entretien des voitures :

Lyon-Guillotière.

Le petit entretien des wagons, menuiserie et ferrage, s'effectue en outre sur dix autres points du réseau :

Paris-Bercy, *Lyon-Vaise*, *Lyon-Perrache* 1, *Saint-Étienne*, *Genève*, *Grenoble*, *Privas*, *Tarascon*, *Alais et Marseille*.

Conditions relatives à l'établissement d'un grand atelier. — Nous avons vu que l'emplacement des ateliers que possèdent aujourd'hui les grandes compagnies a été déterminé par des conditions particulières, et l'on ne saurait tirer de leur nombre ou de leurs positions relatives un enseignement utile. On peut cependant formuler un certain nombre de questions qui ont, à coup sûr, été examinées au moment de l'établissement de chacun de ces ateliers, et qui ne sauraient être négligées par l'ingénieur chargé de déterminer l'emplacement d'un grand atelier.

Nous diviserons ces questions en deux groupes contenant, l'un les conditions physiques, l'autre les conditions morales de la question.

Conditions physiques. — Ces conditions sont au nombre de trois, savoir :

1° Superficie ;

2° Nature du sol ;

3° Nature des eaux.

Superficie. — L'atelier projeté doit pouvoir donner satisfaction non-seulement aux besoins du présent, mais encore aux plus larges prévisions de l'avenir. Il est indispensable d'acquérir immédiatement un périmètre notable ; sans cela on est exposé à payer, si l'on veut s'agrandir, une plus-value considérable déterminée par la construction même de l'atelier primitif.

Le niveau du sol à acquérir, par rapport au niveau du rail, doit être soigneusement étudié, et l'on commettrait une faute en achetant des terrains qui ne pourraient être utilisés qu'au prix de terrassements considérables, soit en déblai, soit en remblai.

Dans certains cas, on a placé les ateliers au bas du remblai sur lequel est établi le chemin de fer, et la communication s'établit à l'aide d'une rampe. Le grand atelier du chemin de Paris à Lyon, à Bercy, présente un exemple de cette disposition.

Quant à la superficie proprement dite, on ne saurait mieux faire que de comparer l'établissement projeté à un établissement ancien, placé dans des conditions aussi semblables que possible.

Nous donnons, à cet effet, la superficie de 16 ateliers de réparation :

1° CHEMIN DE FER DU NORD.

Paris-la-Chapelle.	15h,76a,98c
Amiens.	2 ,59 ,75
Lille.	4 ,54 ,04
Tergnier.	8 ,95 ,45
Charleroi.	4 ,90 ,85
ENSEMBLE.	36h,57a,07c

2° CHEMIN DE FER DE L'EST.

Paris-la-Villette.	12h,64a,14c
Épernay.	12 ,20 ,92
Mohon (Charleville).	8 ,65 ,52
Montigny-les-Metz.	4 ,45 ,84
Mulhouse.	1 ,80 ,62
ENSEMBLE.	39h,72a,84c

3° CHEMIN DE FER DE PARIS A LYON ET A LA MÉDITERRANÉE.

Paris-Bercy.	11h,65a,52c
Dijon.	2 ,17 ,66
Oullins.	9 ,81 ,56
Arles.	9 ,77 ,60
Clermont-Ferrand.	1 ,85 ,87
Nîmes.	2 ,65 ,80
ENSEMBLE.	37h,90a,01c

Rappelons comme terme de comparaison, ainsi que nous

l'avons fait au sujet des gares dans le *Cours d'Exploitation*, la superficie d'un certain nombre de places publiques :

Champ-de-Mars.	40h ,50a ,00c
Place de la Concorde.	4 ,10 ,67
Jardin du Palais-Royal.	2 ,30 ,00
Place Royale.	2 ,07 ,36
Esplanade des Invalides.	8 ,61 ,00
Entrepôt des vins..	13 ,44 ,00
Jardin des Tuileries..	16 ,40 ,16
Place du Carrousel.	7 ,60 ,32
Pièce d'eau des Suisses (Versailles).	14 ,40 ,00

D'après les nombres cités plus haut, on voit qu'une superficie égale à celle du Champ-de-Mars est à peine suffisante pour contenir les ateliers nécessaires à l'exploitation d'un grand réseau. L'Esplanade des Invalides, la place du Carrousel correspondent à un atelier moyen ; une superficie égale à celle du Palais-Royal ne permet que l'établissement d'un petit atelier pour l'entretien.

Nature du sol. — Un grand atelier comporte un nombre considérable de machines-outils, de colonnes pour transmissions de mouvement, d'appareils élévatoires qui tous exigent des points d'appui inébranlables. Le terrain choisi pour un atelier ne doit donc pas présenter des fondations difficiles. S'il reposait sur un sous-sol tourbeux ou argileux, on serait obligé de faire des dépenses énormes pour l'installation du moindre outil, sans jamais encore obtenir une sécurité parfaite. On se placera dans les conditions les plus favorables en choisissant un terrain qui, déblayé d'un mètre environ, présentera une couche de gravier ou des roches faciles à travailler au pic.

Nature des eaux. — Nous exposerons dans le chapitre consacré aux consommations des machines l'indispensable nécessité d'avoir, pour l'alimentation, des eaux de bonne qualité. Nous ne faisons qu'indiquer ici cette question. Les outils d'un atalier exigent toujours au moins une machine à vapeur, et il importe que sa marche soit assurée par l'emploi d'une eau convenable; puis, avant d'être remises en service, toutes les machines locomotives réparées doivent être allumées et essayées. On commettrait une grande faute en exposant leurs tubes à être empâtés de sédiments, pour ainsi dire dès le premier jour.

Conditions morales. — Nous réunissons sous ce nom de conditions morales l'ensemble des conditions qui ne tiennent ni à l'étendue du terrain disponible, ni au mode de fondation des outils ou à la nature de l'eau, en un mot à aucun des faits inhérents au sol lui-même ou aux bâtiments qui le recouvrent; nous avons en vue l'ensemble des conditions qui font qu'un atelier *recevra et conservera* un personel nombreux. On n'aurait en effet qu'une œuvre bien imparfaite si, l'atelier une fois construit, il était impossible d'y attirer et surtout d'y fixer des ouvriers.

Il est donc indispensable de réunir à l'étude des conditions physiques que nous avons énumérées, l'étude de conditions dans lesquelles on pourra assurer le logement et la vie des ouvriers qui doivent travailler dans l'atelier projeté, et cette étude touche à de nombreux problèmes.

Il importe d'abord de noter la différence extrême qui existe entre les ouvriers qui exécutent les terrassements et les ouvrages d'art et les ouvriers des ateliers. Les premiers, véritables nomades, laissent, selon l'expression consacrée, leur famille au pays; ils vivent dans des cantines, dans des abris improvisés par des industriels qui suivent les grands chantiers et qui cumulent souvent le métier de tâcheron et celui de logeur. Les ouvriers des ateliers, au contraire, vivent en famille; il faut qu'ils puissent trouver un logement suffisant et à un prix en rapport avec le prix de leurs journées.

Placer un grand atelier dans un village sans ressources serait commettre une grande faute, et jamais on ne pourrait y retenir, nous ne dirons pas 5 à 600 ouvriers, mais peut-être même une centaine. Dans une grande ville, on n'a pas à craindre cette difficulté, mais il s'en présente une autre d'un autre ordre : il ne s'établit aucune relation entre le patron et l'ouvrier ; la journée faite et le salaire payé, ces deux hommes demeurent étrangers l'un à l'autre, et nous jugeons cette situation mauvaise pour les deux. Dans notre pensée, les ateliers de construction seront convenablement placés dans une petite ville : les ressources locales suffisent pour les débuts de l'atelier, et, quand celui-ci se développe, on a le temps et les moyens de réaliser en dehors de l'atelier les installations que réclament les ouvriers.

Les propriétaires des grands établissements métallurgiques, généralement éloignés des villes, connaissent les énormes difficultés qu'ils ont dû vaincre pour fixer les ouvriers autour de leurs usines. Nous ne pouvons que passer très-sommairement en revue les questions qui ont dû être successivement abordées et qui se présentent chaque fois qu'il s'agit d'une organisation industrielle.

Logement des ouvriers. — Il faut qu'en quittant l'atelier l'ouvrier trouve à proximité un logement. Dans une ville, la chose est encore possible quoique souvent difficile et chère ; dans un village, il n'y faut pas songer, et les chefs d'industrie ont dû pourvoir, par des constructions spéciales, à ce premier besoin des ouvriers. Deux systèmes ont été adoptés :

Les grands bâtiments, les cités ouvrières, véritables casernes qui présentent les plus grands inconvénients ;

Les maisons isolées pour un, deux ou quatre ménages.

Nous pensons que l'expérience a prononcé et qu'elle a condamné sans retour les casernes. Les chiffres ci-après indiquent les prix auxquels reviennent les divers types de maisons isolées construites sur divers points de la France :

DÉSIGNATION	SURFACE TOTALE D'UN LOGEMENT	PRIX DE REVIENT TOTAL D'UN LOGEMENT	PRIX PAR MÈTRE CARRÉ DE LOGEMENT
MAISONS A UN SEUL LOGEMENT :			
Maison Japy.	54mq.50	2.000f	36f.70
Maisons du Creuzot (Saône-et-Loire).	51 .60	1.895	37 »
MAISONS A DEUX LOGEMENTS :			
Maisons des mineurs de Blanzy. .	62 .38	2.200	35 .25
MAISONS A QUATRE LOGEMENTS :			
Maisons ouvrières de Mulhouse. .	81 .00	3.300	40 .75
Maisons du Creuzot.	54 .70	2.080	37 .80

Ces maisons une fois faites sont mises à la disposition des ouvriers, qui les occupent en payant un petit loyer. Nous sortirions des bornes de notre sujet en indiquant les mesures excellentes prises pour qu'au bout d'un certain nombre d'années l'ouvrier devienne propriétaire de la maison qu'il a louée ; nous nous contenterons de dire qu'il n'y a pas de question sociale plus importante que celle de la transformation de l'ouvrier industriel en propriétaire d'une maison suffisante pour le recevoir, après le travail, lui, sa femme, ses enfants et les vieux parents. Ajoutons que, dans notre pensée, la femme ne doit accomplir d'autre travail que celui qu'il lui est possible de faire en restant dans cette maison à côté de ses jeunes enfants.

Hôpitaux, églises, écoles. — Le logement ne suffit pas : il faut prévoir les maladies, les accidents trop fréquents dans les industries ; il faut que les ouvriers célibataires puissent recevoir des secours. Il faut assurer la prédication régulière de l'Évangile et de la loi morale ; il faut que les enfants soient élevés et instruits avant l'âge où ils pourront entrer à l'atelier à côté de leurs parents ; il faut donc construire des hôpitaux, des églises ou des chapelles, des écoles pour les garçons et les filles, et partout où l'industrie est prospère, nous trouvons que la satisfaction la plus large a été donnée à ces besoins moraux.

Approvisionnement des denrées. — Nous ne pensons pas que, dans les temps ordinaires, les chefs d'industrie aient à veiller directement à l'approvisionnement des denrées. C'est au chef de chaque famille qu'il appartient d'étudier les moyens de se procurer les choses nécessaires à son ménage, et nous signalons, à ce sujet, le succès d'un assez grand nombre de sociétés coopératives d'alimentation. Dans les années de cherté exceptionnelle, les chefs d'industrie peuvent, par leurs conseils et leur crédit, faciliter à leurs ouvriers les moyens de s'approvisionner; mais là encore l'action doit être indirecte.

Institutions en faveur des ouvriers. — Nous ne pouvons que nommer les caisses de secours et de prévoyance pour les malades, les blessés, les veuves et les orphelins, les caisses de retraite pour les ouvriers âgés et infirmes.

L'ingénieur digne de ce nom doit faire de ces questions économiques le but de ses constantes préoccupations.

L'État, les grandes sociétés industrielles, les chefs d'industrie ont déjà fait beaucoup pour améliorer la situation affreuse des ouvriers que l'âge ou la maladie éloigne de l'atelier; mais il reste, il restera toujours beaucoup à faire, et, nous ne craignons pas de le dire, les ingénieurs placés à la tête d'un grand service ont charge d'âmes. *Que celui qui est à la tête des autres,* disait saint Paul il y a dix-huit cents ans, *soit plein de sollicitude.*

Divisions à réaliser dans un grand atelier. — L'emplacement une fois choisi pour un atelier de réparation, il faut établir les grandes divisions qui répondent aux diverses tâches à accomplir, et ici encore on ne peut que s'en rapporter à l'expérience acquise.

Un grand atelier doit comprendre les ateliers spéciaux ci-après :

1° Atelier de forge, divisé lui-même en plusieurs groupes suivant l'importance du travail à exécuter, soufflerie, marteau-pilon et martinet à vapeur.

2° Atelier de chaudronnerie. Construction des chaudières et des foyers. Machines à percer et à river, etc.

3° Atelier d'ajustage comprenant les machines-outils et le moteur à vapeur (la chaudière de ce dernier laissée en dehors, conformément aux ordonnances).

4° Bâtiment de montage, travail d'ensemble. Ce bâtiment doit être éloigné des forges à cause de la poussière.

5° Atelier spécial pour les roues. Opérations autres que le tournage.

6° Ateliers accessoires de charronnage, menuiserie, peinture, etc.

7° Magasin. Pièces de rechange et de consommation.

8° Bureaux. Logement du chef de l'atelier et des principaux agents.

Moyens de desservir un atelier, extérieurement et intérieurement. — Les grandes divisions dont nous venons de parler étant arrêtées, les bâtiments qui leur sont affectés ne sauraient être jetés au hasard sur le terrain; leur position relative doit être étudiée avec soin, et il faut s'assurer les moyens de les desservir extérieurement et intérieurement, à l'aide d'un faisceau de voies raccordées aux voies principales du chemin de fer.

Une disposition assez habituellement suivie consiste à avoir un premier faisceau de voies parallèles sur lesquelles stationne le matériel réparé ou amené pour être réparé. Des voies transversales, reliées aux premières par des plaques tournantes, pénètrent dans les ateliers et conduisent, soit les machines, soit les voitures et wagons, aux grues et aux outils dont l'emploi est nécessaire.

Ces voies accessoires se ramifient, et l'on ne doit pas perdre un instant de vue que tous les objets à travailler étant très-lourds, il est indispensable d'assurer les moyens de les manœuvrer rapidement et facilement.

Le nombre des roues que possède un grand chemin de fer est considérable. Un atelier doit posséder un emplacement spécial pour leur réception et leur emmagasinement. Cet emplacement, désigné sous le nom de *parc à roues*, reçoit une très-grande longueur de voies, pour lesquelles il suffit d'employer des rails du plus petit modèle, ou même de simples barres de fer pesant quelques kilogrammes le mètre courant.

Machines accessoires. Grues de toute nature. — Nous venons de dire que toutes les pièces à travailler étaient généralement lourdes; un atelier doit, dès lors, comprendre un grand nombre de machines élévatoires. Nous citerons les principales.

A l'extérieur des bâtiments :

Grues à pivot pour soulever une machine ou un tender et remplacer une paire de roues ;

Grues à chariot et à fosse pour le même travail. On évite, au moyen de ces appareils, de soulever des fardeaux aussi lourds qu'une machine ; mais il faut creuser de grandes fosses, dont la présence dans un atelier est toujours une cause d'accidents. Avec les machines de montagne qui pèsent 50 à 56,000 kilogrammes, il vaut mieux employer les fosses que les grues.

A l'intérieur des bâtiments :

Grues tournantes à pivot pour présenter les pièces sous les machines-outils ;

Grues roulantes parcourant l'atelier dans toute sa longueur;

Chariots roulants sans grue ;

Treuil universel.

Le treuil universel est un instrument dont l'emploi se généralise dans les grands ateliers ; il permet le mouvement d'une pièce à travailler dans tous les sens, longitudinal, transversal et vertical.

Cet appareil se compose essentiellement de deux poutres

transversales qui peuvent glisser sur des galets placés à la partie supérieure des murs longitudinaux de l'atelier; sur ces poutres roule un chariot qui lui-même porte un treuil. On conçoit dès lors qu'un objet suspendu à la corde de ce treuil puisse occuper un point quelconque dans l'atelier.

Une seule machine à vapeur suffit pour imprimer le mouvement à ces divers organes, et nous avons vu un treuil universel assez puissant pour manœuvrer un poids de 25,000 kilogrammes.

Dispositions à prendre pour combattre les incendies. — La proximité des chaudières à vapeur, des forges, des fours à souder ou à réchauffer, les approvisionnements de matières grasses, de fagots pour l'allumage des machines, en un mot l'emploi de la chaleur comme force place, au point de vue des chances d'incendie, les ateliers de construction et de réparation des machines dans une situation particulièrement défavorable, et il importe de prendre des dispositions spéciales pour combattre ce genre de sinistres, et surtout pour en empêcher le développement.

Autant que possible, les bâtiments des chaudières doivent être séparés des bâtiments principaux. Il en est de même des dépôts de matières combustibles : il faut les isoler, et, dans certains cas, les mettre aussi loin de l'atelier que le permettent les superficies acquises. Des murs en maçonnerie de briques ou de moellons doivent être construits de façon à établir un certain nombre de séparations dans l'ensemble des constructions. Enfin un réseau de conduites d'eau en communication constante avec un réservoir élevé doit sillonner toutes les cours et présenter sur son parcours un nombre suffisant de bouches à incendie.

Il est indispensable aussi que les hommes des ateliers soient familiarisés avec l'usage des pompes à incendie; et il convient à cet égard de les répartir en brigades et de les exercer assez fréquemment pour qu'à la moindre alerte chaque homme soit à son poste et sache ce qu'il a à faire. Les bouches à incendie, les pompes, les seaux, les agrès, doivent être constamment visités et entretenus. Nous avons vu de grands ateliers dans lesquels les robinets sont manœuvrés chaque jour.

Orientation et ventilation des ateliers. — L'orientation des ateliers ne saurait être négligée, surtout pour les ateliers d'ajustage. Il faut, autant que possible, qu'une lumière régulière tombe sur la pointe de l'outil ; de larges fenêtres ouvertes sur le nord répondent le mieux à ce besoin. Dans tous les cas, rien ne saurait être négligé pour assurer la clarté des ateliers. Si les fenêtres sont un peu élevées, il faut que l'appui intérieur soit coupé en biseau très-allongé, de manière à ne laisser dans l'ombre qu'un angle très-petit.

Le chauffage au moins partiel et la ventilation des ateliers demandent à être étudiés avec grand soin ; dans les ateliers qui donnent des poussières nuisibles, dans les aiguiseries de cuivre ou d'acier, il importe de prendre des mesures pour l'entraînement rapide à l'extérieur des parcelles métalliques dont l'inspiration cause de graves désordres chez les hommes qui vivent dans un semblable milieu.

Enfin, il faut donner aux cours de grandes dimensions, et cette disposition n'entraîne généralement aucune dépense, parce que ces cours peuvent être utilisées pour les grues extérieures, les parcs à roues, les approvisionnements de certaines matières premières, l'emmagasinement des déchets, etc.

En résumé, on trouvera toujours un avantage certain à placer les ouvriers d'un atelier dans les meilleures conditions possibles d'espace, de lumière, d'aération ; le travail sera mieux surveillé et tout naturellement mieux fait que dans les anciens ateliers, où les ouvriers pressés les uns contre les autres se gênent mutuellement.

§ 2. — Machines-outils.

Considérations générales sur les machines-outils. — L'emploi des machines-outils a fait depuis quelques années des progrès considérables dans toutes les industries, et on ne saurait méconnaître la révolution qui se fait chaque jour dans le travail. Les machines font mieux, plus vite et à meilleur marché que l'homme ; mais, contrairement à toutes les craintes qui ont été plusieurs fois formulées, l'introduction des machines, loin de diminuer la quantité de travail, l'a augmentée dans une proportion que personne n'avait su prévoir : le labeur ingrat et mécanique, autrefois demandé à l'ouvrier, est exercé aujourd'hui par une machine, et, dans la tâche à accomplir, l'homme conserve ce qui exige l'intelligence et la volonté, souvent l'adresse et toujours le goût[1].

Sans aucun doute, l'introduction subite d'une machine dans un atelier cause souvent une perturbation temporaire et donne naissance à des chômages dignes de la plus grande commisération ; aussi cette introduction doit-elle être accompagnée de nombreuses précautions. Mais si l'on n'envisage que le résultat général, il est incontestable que la vulgarisation des machines-outils est un bienfait, et que leur nombre ira toujours en croissant.

On ne saurait d'ailleurs, dans beaucoup de cas, comparer le travail effectué par une machine-outil au travail effectué à la main par des ouvriers. Les pièces énormes qui entrent aujourd'hui dans la construction des machines ne pourraient pas être fabriquées par des hommes réduits à l'emploi de la lime et

[1] « Les hommes ne travailleront pas moins ; mais ils seront entrés dans le travail vraiment humain, qui consiste à conduire les forces, à diriger en maîtres le mouvement des serviteurs inanimés de l'homme. » (P. Gratry, *la Morale et la loi de l'histoire*, t. I, p. 183.)

du marteau. L'alésage des grands cylindres des machines transatlantiques, le tournage des roues de machines locomotives seraient des opérations pour ainsi dire incompréhensibles, si on les demandait à la main de l'ouvrier, et on peut dire des machines-outils ce que nous avons dit des machines à vapeur en général, c'est qu'elles ont créé un mode de travail absolument nouveau et donné à l'homme sur la matière une puissance qui n'existait pas auparavant.

Caractère des machines-outils. Spécialisation.—Les machines-outils se présentent sous deux caractères distincts : tantôt elles peuvent exercer un certain travail dans des conditions assez différentes, tantôt elles ne l'exercent que dans une condition déterminée. Ainsi une machine à plier les tôles pourra être disposée de façon à plier des feuilles de dimension et d'épaisseur très-diverses ; mais elle pourra aussi être disposée de façon à ne plier qu'une feuille de dimension et d'épaisseur invariables pour produire toujours le même objet.

Sans aucun doute, la première machine peut rendre des services plus variés, mais la seconde livrera des produits à meilleur marché. Ces dernières machines, désignées sous le nom d'*outils spéciaux*, sont employées en Angleterre sur une échelle de jour en jour plus grande, et sur les prospectus des constructeurs anglais l'on voit sans cesse annoncées des machines destinées à la fabrication des objets les plus divers.

Ces outils spéciaux sont souvent d'un prix élevé, et il faut, pour payer les frais d'installation et d'entretien, que le fabricant puisse compter snr une large consommation ; aussi le développement des marchés anciens, la recherche de marchés nouveaux sont-ils la préoccupation constante du commerce et du gouvernement anglais.

On admirait avec raison, à la dernière Exposition universelle de Paris, une machine à fabriquer des charnières. Que l'on suppose la consommation des charnières faible sur un marché, une semblable machine ne pourra être utilisée.

Pendant plusieurs années, les machines-outils fabriquées en Angleterre ont eu une supériorité marquée sur les mêmes appareils fabriqués en France. Il n'en est plus de même aujourd'hui, et, sauf quelques modèles, nos constructeurs livrent des machines aussi bonnes que celles que fabriquent les Anglais. Nous pouvons même revendiquer pour notre pays les ingénieuses machines inventées par les grands horlogers du dix-huitième siècle pour le travail des métaux, et l'on peut retrouver dans ces appareils les dispositions réalisées par les constructeurs étrangers dans un grand nombre d'outils présentés comme des découvertes nouvelles.

Sur un point cependant, les machines-outils anglaises diffèrent de celles construites sur le continent : elles sont généralement plus puissantes, plus en état de vaincre une résistance accidentelle que les nôtres. Cette augmentation de puissance s'obtient souvent même sans augmentation de dépense : on emploie pour les supports, pour l'ensemble de l'outil, des masses de métal venues à la fonte ou forgées au pilon ; ces masses offrent une résistance extrême, et elles coûtent souvent moins cher que des pièces plus élégantes, mais qui ne peuvent s'obtenir qu'au prix d'une certaine main-d'œuvre.

Des considérations analogues ont conduit les constructeurs à substituer, dans beaucoup de cas, les pièces creuses aux pièces pleines. On obtient ainsi, à égalité de poids, une stabilité plus grande et une meilleure répartition sur les points d'appui.

Tous les travaux exécutés autrefois à la main peuvent aujourd'hui être exécutés par les machines, et les dernières Expositions de Londres et de Paris contenaient des appareils à vapeur du plus grand modèle, dont toutes les pièces avaient été ajustées par des machines avec une précision et un fini aussi parfaits que possible.

Règles à suivre pour l'examen et l'appréciation des machines-outils. — Nous ne saurions donner une description des machines-outils. Leur nombre croît chaque jour ; nous indiquerons seulement les règles qui nous paraissent devoir être suivies si l'on veut rapidement se rendre compte de la valeur d'un de ces appareils.

Dans toute machine-outil on doit distinguer :

1° Le mode de transmission de la force motrice ;

2° Le mode de fixation à la machine de l'objet à travailler ;

3° Le mode de travail de l'outil ;

4° La continuité ou la discontinuité du travail.

Mode de transmission de la force motrice. — Le plus généralement, la force motrice est donnée par un arbre longitudinal placé à la partie supérieure de l'atelier et garni de poulies de transmission : l'arbre tourne toujours, et quand on veut faire marcher l'outil, on met une courroie en prise avec une poulie de marche en avant ou de marche en arrière ; la succession de ces deux mouvements s'opère ensuite d'elle-même par le jeu d'organes spéciaux. Mais, ainsi que nous le verrons dans le paragraphe suivant, on a une grande tendance à joindre une machine à vapeur à chaque machine-outil.

Mode de fixation à la machine de l'objet à travailler. — Le problème à résoudre, simple en apparence, est très-difficile en réalité, si l'on songe aux dimensions et au poids des pièces qui doivent être travaillées :

Une paire de roues de machine locomotive à grande vitesse, de 2m,30 à 2m,50 de diamètre à tourner;

Un cylindre de 2m,50 de diamètre et 3 mètres de hauteur, à aléser intérieurement;

Un arbre de machine transatlantique à tourner;

Un bloc d'acier de 20 à 25,000 kilog. à aléser, etc., ne peuvent être assujettis sur les bancs ou les plateaux d'une machine-outil qu'avec des peines inouïes, si l'on se rappelle surtout que la plus rigoureuse précision doit être conservée dans le mode d'attache pendant le travail souvent fort énergique de l'outil.

Pour économiser les dépenses toujours considérables de mise

en place des pièces à travailler, et avoiren même temps la plus grande perfection possible dans l'ajustage de ces pièces importantes, on a imaginé de monter deux et quelquefois trois outils sur le même bâti, de manière à façonner deux ou trois faces d'une même pièce, sans avoir à la changer de place.

Souvent aussi la machine est assez puissante pour façonner à la fois plusieurs pièces similaires. Ainsi les longerons d'une machine locomotive, qui doivent être en tout semblables, sont poinçonnés, percés, rabotés sur deux lames de tôle superposées; quatre, six, huit plaques de garde sont obtenues de la même manière par la superposition d'un nombre égal de feuilles brutes.

On ne saurait trop insister sur les avantages qu'assure pour le montage une pareille précision obtenue à l'ajustage.

Mode de travail de l'outil.—Deux dispositions sont employées pour le mode de travail de l'outil.

L'outil peut être mobile et la pièce à travailler immobile;

L'outil, au contraire, peut être immobile, et la pièce à travailler mobile.

Le rabot à main et le rabot monté sur un banc sont les spécimens les plus simples de ces deux modes de travail.

Dans les machines à percer, les tôles à percer sont immobiles, tandis que le poinçon s'élève et s'abaisse.

Dans les machines à tourner, l'outil est rendu fixe, soit par une disposition spéciale de la machine, soit par la main de l'ouvrier, et c'est l'objet à travailler qui tourne devant l'outil.

Quand un outil, un burin, par exemple, dans une machine à raboter, a creusé son sillon dans la pièce qui lui est présentée, il faut que cette pièce s'avance pour qu'un sillon parallèle au premier soit creusé dans une seconde course de la machine. Ce déplacement progressif est réglé par des organes particuliers, vis sans fin, crémaillère, roues à déclic, etc., quelquefois par la main de l'ouvrier; mais le plus souvent, tous les mouvements sont réglés par la machine, et l'ouvrier se contente d'exercer une surveillance attentive sur la marche de l'outil. Quelquefois même un seul ouvrier peut suivre deux machines-outils placées l'une près de l'autre.

Nous venons d'indiquer comment l'outil proprement dit est mis en action par son déplacement ou par celui de la pièce à travailler; il reste à faire connaître deux circonstances très-différentes du travail.

L'outil peut avoir une grande puissance, marcher lentement en s'attaquant à des épaisseurs de métal relativement fortes ; il existe ainsi des poinçons de 4 centimètres de diamètre, perçant des pièces métalliques de 4 à 5 centimètres d'épaisseur.

L'outil peut, au contraire, être réduit à d'assez faibles proportions et mis en prise sur des épaisseurs très-faibles; mais on lui imprime alors une excessive rapidité : c'est ainsi que l'on a des scies circulaires faisant 240 tours par minute.

Dans tous les cas, il importe de n'employer pour la fabrication de l'outil que des matières premières excellentes et capables de la plus grande résistance. L'expérience a conduit tous les ouvriers à donner aux burins, aux poinçons, etc., des formes robustes que n'altèrent point les résistances accidentelles, et qui fournissent une durée de travail considérable.

Enfin, l'outil peut être guidé par la main de l'homme, par la machine elle-même, ou par un modèle. Dans les machines qui font des bois de fusil, des formes pour les souliers, l'outil est commandé par un modèle; tous les appareils qui reproduisent mécaniquement des objets en relief ou en creux sont fondés sur l'emploi d'un modèle pour guider l'outil.

Continuité ou discontinuité du travail. — Nous n'avons pas besoin de définir ce que l'on doit entendre par les mots de continuité et discontinuité du travail; ces mots se comprennent immédiatement.

Une scie droite travaille d'une manière discontinue.

Une scie circulaire, une scie à rubans travaillent d'une manière continue.

Dans l'action de tous les outils qui travaillent le fer ou le bois, il y a une production de chaleur énergique, et l'on doit constamment rafraichir l'outil, soit à la main, soit à l'aide de vases pleins d'eau dont l'écoulement est réglé de manière à faire arriver une ou deux gouttes à chaque course de la machine.

Nomenclature des principales machines-outils. — Nous ne saurions donner une nomenclature de toutes les machines-outils; mais la liste ci-après fait connaître tous les outils placés dans un grand atelier d'ajustage de chemin de fer :

1 machine à percer les boites à feu ;
2 tours à roues de Crampton ;
4 tours à roues de $1^{m},60$ de diamètre ;
8 tours à roues de wagons ;
1 tour parallèle ;
1 tour sphérique ;
9 tours à chariot ;
1 tour à grain d'orge ;
2 tours à bidet ;
2 tours coupés ;
1 tour à fileter ;
3 tours à main ;
13 machines à raboter ;
3 machines à mortaiser ;
1 machine à aléser ;
12 machines à percer, ordinaires et doubles ;
1 machine à percer radiale ;
4 machines à percer les bandages ;
2 machines à tarauder ;
1 machine à tailler les écrous ;
5 limeuses ;
1 presse à décaler les roues ;
2 marbres ;
5 meules ;
85 machines diverses.

Comme spécimen de l'outillage d'un atelier de construction, nous citerons un des grands ateliers de la marine impériale à Indret, qui comprend les machines ci-après :

DÉSIGNATION DES MACHINES	GRANDES	MOYENNES	PETITES	TOTAUX
Machines à aléser les cylindres.	2	1	1	4
Machines à percer et à aléser horizontalement.	1	2	3	6
Machines à percer.	7	8	10	25
Machines à buriner.	5	4	7	16
Machines à raboter.	8	5	8	21
Machines à raboter, dites limeuses, diverses grandeurs.	»	»	»	21
Machines à tarauder.	5	5	4	14
Tours à surface.	9	10	»	19
Tours à pointes.	8	20	42	70
Machines à fraiser.	2	»	»	2
Machines à tourner les tourillons.	1	»	»	1
TOTAL GÉNÉRAL.				199

Disposition des machines-outils dans un grand atelier d'ajustage. — La disposition des machines-outils dans un grand atelier d'ajustage demande à être faite avec le plus grand soin.

L'orientation de tous les appareils doit d'abord être étudiée avec soin. Il faut de l'air et du jour pour chaque outil.

L'accès doit être facile pour toutes les machines.

Il faut ménager des moyens de levage pour les pièces à travailler, souvent d'un grand volume et d'un grand poids. De grandes grues soulèvent les gros fardeaux ; de petites grues roulantes, montées sur chariot, transportent les menues pièces.

Enfin l'ingénieur ne saurait prendre trop de précautions pour éviter les accidents : pour empêcher, par exemple, que les vêtements des ouvriers soient saisis par des pièces en mouvement, on placera autour de chaque machine une balustrade et on conseillera aux ouvriers l'usage de vêtements serrés et boutonnés n'ayant aucune partie flottante. Des échelles avec rampe, des passerelles solides, également munies de rampes, permettront l'accès facile de tous les paliers, qui doivent être visités et graissés; l'usage des graisseurs automatiques ne saurait dispenser de prendre ces précautions, très-peu dispendieuses quand elles sont prévues au moment de la construction de l'atelier et qu'il est difficile au contraire de réaliser plus tard.

Choix du moteur. — Nous avons dit qu'il existait aujourd'hui une tendance assez générale à multiplier les moteurs. On conçoit en effet que, si la moindre avarie survient dans un moteur unique qui commande tout un atelier, tous les outils chôment à la fois et le travail est désorganisé.

Avec plusieurs moteurs, au contraire, un arrêt ne frappe qu'une partie de l'atelier; souvent même les moteurs peuvent se suppléer l'un l'autre. Nous avons parlé des distributions portant la vapeur dans toutes les parties d'un atelier et permettant de mettre en marche chaque outil. Avec ce système, non-seulement on ne dépense de vapeur que quand l'outil travaille, mais surtout on le fait marcher à la vitesse qui convient le mieux au travail demandé à l'outil, travail essentiellement variable. Un poinçon, qui doit traverser trois ou quatre épaisseurs de tôle, doit marcher plus lentement que lorsqu'il n'en a qu'une seule à percer.

Les industries autres que les ateliers de construction apprécient également les avantages que présente l'adjonction d'un moteur à chaque outil. Dans les machines à imprimer les étoffes, on sait que les dessins s'obtiennent à l'aide de cylindres qui viennent déposer sur l'étoffe unie des couleurs différentes en suivant des contours très-délicats, il importe, à un haut degré, de surveiller la marche de la machine, surtout au moment où chaque cylindre commence à travailler pour ajouter un trait et une couleur au trait et à la couleur laissés sur l'étoffe par le cylindre précédent. On obtient bien plus facilement ce résultat avec une prise de vapeur spéciale ouverte peu à peu, qu'avec une courroie mue par un arbre de couche qui commande tout l'atelier et dont on ne peut modifier la vitesse.

Marteau-pilon à vapeur. Révolution introduite dans le travail du fer par le marteau-pilon. — Anciennement le fer se travaillait uniquement à la forge par les marteaux à main ; il fallait, pour cette opération, des ouvriers très-robustes, très-expérimentés, très-longs à former et par conséquent peu nombreux.

Un premier progrès a été réalisé par la création des martinets mus par une roue hydraulique ou par la vapeur ; mais on peut dire que la découverte du marteau-pilon a causé une véritable révolution dans le travail du fer. Il fut imaginé, en 1840, par M. Bourdon, du Creuzot, lors de la construction des premiers appareils transatlantiques de 450 chevaux [1]. Le but proposé était de forger les arbres et manivelles de ces appareils, dont les proportions dépassaient tout ce qui avait été forgé jusqu'alors.

Le marteau-pilon a produit deux grands résultats :

1° Il a apporté une notable économie dans les travaux de forge.

2° Il a permis de fabriquer à la forge directement des pièces presque impossibles à obtenir en fer jusque-là, en exigeant un nombre considérable de chaudes.

a) Réduction de prix. Il est bien difficile de chiffrer exactement la réduction de prix que l'usage du marteau-pilon a apportée dans les travaux de forge. Ce qu'on peut dire, c'est que les pièces forgées qui, en 1840, coûtaient 110 fr. p. 100 kilog. avec du fer à 35 fr. p. 100 kilog., valent aujourd'hui 65 fr. avec du fer à 25 fr. Dans le premier cas, la main-d'œuvre et les

[1] L'invention du marteau-pilon en Angleterre est attribuée à Nasmyth, ingénieur très-distingué ; le brevet anglais ne porte cependant qu'une date postérieure celle du brevet français et postérieure aussi à un voyage fait par M. Nasmyth au Creuzot. On peut admettre que les mêmes besoins ont conduit, des deux côtés du détroit, à la réalisation d'une même idée.

menus frais s'élevaient à 75 fr. Dans le second cas, ils ne comptent que pour 40 fr., soit une différence en moins de 35 fr., qui tient en partie au progrès général de l'industrie, mais dans laquelle le marteau-pilon doit avoir sa large part.

b) *Fabrication des grosses pièces*. Le marteau-pilon permet d'obtenir avec la plus grande facilité les énormes pièces de bordage des navires cuirassés, les arbres d'hélice, les arbres de relevage des locomotives, des essieux coudés, etc.

On n'avait d'abord employé le marteau-pilon qu'à des travaux de forge exceptionnels; mais la facilité avec laquelle il se manœuvre a fait bien vite reconnaître qu'on pouvait y forger les pièces les plus petites et d'un usage journalier.

Deux systèmes de marteau-pilon sont employés :

1° Marteau attaché au piston et cylindre immobile.

La vapeur sert à remonter le marteau qui redescend par l'action de la pesanteur.

2° Piston immobile et marteau faisant corps avec le cylindre.

La vapeur s'ajoute à la gravité pour lancer le marteau sur l'objet à travailler; elle est emmagasinée dans le bâti de la machine ou dans un cylindre spécial.

La marche de la machine peut être commandée par un ouvrier ou par la machine elle-même.

Jusqu'à ce jour le premier mode a été généralement suivi. L'ouvrier qui tient le régulateur dirige le coup à la demande du travail; cette opération exige de l'attention, mais on arrive à guider les coups de marteau avec la plus grande précision.

Le second mode a été proposé par certains constructeurs pour les ouvrages ordinaires de forme simple, et qui peuvent être forgés avec des coups d'égale intensité.

L'emploi du marteau-pilon a généralisé le mode de forgeage à la matrice. Les matrices sont des moules en fonte ou en acier à l'aide desquels on imprime, sous les coups du marteau-pilon, une forme déterminée au fer. En faisant succéder plusieurs matrices les unes aux autres, on arrive en quelque sorte à mouler le fer et à lui donner des formes que les anciens forgerons n'auraient point osé concevoir.

Il n'y a, du reste, presque point d'ouvrage de forge dans lequel on ne réclame aujourd'hui l'emploi du marteau-pilon, et on s'en sert à chaque instant. A l'aide d'une tranche, on divise une grosse pièce en fragments de longueur ou de poids déterminés; avec des coins on ouvre une pièce pleine, et on la transforme en anneau. Sous le marteau-pilon, le fer prend toutes les formes et la matière obéit à la volonté de l'ouvrier. Ajoutons enfin que, grâce à la fréquence et à l'intensité des coups, le forgeage marche beaucoup plus rapidement qu'avec les anciens procédés, et que l'on peut diminuer le nombre des chaudes.

Aussi on ne conçoit plus un atelier sans un ou plusieurs marteaux-pilons; plusieurs usines en Angleterre possèdent 20, 30, 50 et même, dit-on, 100 de ces appareils. En parlant des aciéries Krupp, nous avons mentionné à la fois le nombre des marteaux et l'existence de l'un d'eux pesant 50,000 kilog., et à l'aide duquel on forge les énormes blocs d'acier produits dans cet immense établissement.

On ne sait véritablement pas où s'arrêteront, au point de vue des dimensions, ces puissants appareils. L'exposition anglaise de 1867 en donnait trois spécimens :

Le premier est grand comme une maison ; le bâti est en tôle : on n'a pas jugé la fonte capable de résister aux réactions considérables que donne le martelage des grandes pièces.

Le second est un marteau-pilon horizontal, composé de deux masses également horizontales de 30,000 kilog. chacune, mises en mouvement par une machine à vapeur placée sous le sol.

Le troisième, désigné sous le nom de *frappeur mécanique*, est un marteau à manche, dont un mouvement de va-et-vient est déterminé dans un plan variable à volonté par une machine à vapeur qui tourne sur un anneau horizontal formant bâti. Le frappeur qui peut, au moyen d'une pression d'eau, être élevé à des niveaux différents, fait tant de travail qu'on le place habituellement au centre de huit enclumes qu'il suffit à desservir.

Enfin le marteau-pilon subit une nouvelle transformation : le choc est remplacé par la pression. Les pilons hydrauliques de la société des Forges et chantiers de la Méditerranée permettent d'exercer des efforts de 120 tonnes, tout en faisant varier la pression d'une manière continue, ce qui était impossible avec les appareils à choc. Les marteaux hydrauliques, dus également à Bourdon, ne sont qu'une des formes du travail que l'on peut demander à l'eau comprimée, et ces appareils se vulgariseront avec l'emploi encore si peu connu en France de l'eau comprimée.

Graissage à l'eau. — La réunion de ces deux mots semble, à coup sûr, extraordinaire. Nous nous en servons cependant pour exprimer ce fait, que l'eau a été substituée à l'huile sur une très-grande échelle dans l'opération du graissage et de la lubrifaction des surfaces au contact. Dans presque toutes les machines-outils, au lieu de faire tomber de l'huile goutte à goutte sur la pointe de l'outil, on fait tomber de l'eau mélangée d'un peu de savon.

Les tourillons des volants des forges sont constamment arrosés d'eau coulant à côté d'un morceau de suif; l'eau agit d'abord comme réfrigérant, et c'est le rôle important qu'elle remplit, puis comme véhicule de la matière grasse.

Tant que les machines sont en mouvement, l'emploi de l'eau pure ou savonneuse n'a aucun inconvénient ; mais dès que les machines s'arrêtent, l'action de la rouille semble se développer avec une énergie spéciale ; il importe donc d'essuyer fortement les portions d'outil sur lesquelles on a fait couler de l'eau.

Dans la composition des graisses, l'eau entre pour une grande proportion : elle sert à augmenter le volume du mélange en favorisant l'émulsion des matières grasses.

Machines-outils produisant des objets complétement achevés. — Les machines-outils dont nous venons de parler sont de véritables outils. Toutes sont destinées à exécuter un travail que l'homme exécutait autrefois : percer, couper, limer, raboter, etc. On voit apparaître maintenant un nouveau groupe de machines plus perfectionnées dans lesquelles s'effectue non plus une opération distincte, mais une succession d'opérations, dans lesquelles on introduit une matière brute et qui fournissent un objet complétement fabriqué et propre à entrer immédiatement dans la consommation.

Le nombre de ces machines va sans cesse croissant, et quelques-unes exécutent de véritables tours de force. L'Exposition universelle de 1867 renfermait une machine à fabriquer les charnières en cuivre qui produisait un véritable courant de charnières, complétement achevées, de 100 à 120 par minute.

Une machine américaine livrait par minute 1,500 clous découpés dans de la tôle; une autre tournait des bâtons de chaises.

Le caractère de ces machines est l'automaticité : la matière brute se dégrossit, se transforme, se polit sous les yeux de l'homme, qui n'a plus qu'une surveillance à exercer, et qu'à remplacer le travail musculaire par le travail intelligent.

§ 3. — Prix des machines.

Différence entre le prix d'acquisition et la dépense journalière d'une machine. — La question du prix de revient des machines n'a pas l'importance que plusieurs personnes lui attribuent. Sans aucun doute, il est avantageux de pouvoir diminuer la dépense de premier établissement d'une usine; mais il est, à notre avis, bien plus important d'avoir une machine qui ne s'arrête jamais et dont la dépense journalière en combustible est faible. On dit vulgairement *qu'on n'en a jamais que pour son argent* : jamais proverbe n'a été plus vérifié dans l'application qui a pu en être faite aux machines, et il n'y a pas de pire économie que celle que l'on serait tenté de réaliser au moment où on fait une acquisition de cette nature. Nous ne conseillons donc pas aux constructeurs français de s'engager dans la voie ouverte par quelques constructeurs anglais ou américains, qui est de poursuivre à outrance l'abaissement du prix de vente au détriment de la qualité et de l'économie dans l'emploi.

Établissement du prix de revient en général. — Le prix de revient des machines dépend de trois éléments différents :

Le prix des matières premières ;

Le prix de la main-d'œuvre ;

Les frais généraux.

Nous avons, dans le chapitre précédent, parlé des matières premières, de la convenance pour le constructeur de ne choisir que des matières premières d'excellente qualité. Nous ne reviendrons par sur ce sujet : nous chercherons seulement le rapport qui existe entre les trois éléments que nous venons d'indiquer, ou au moins entre le premier et les deux autres réunis.

Le tableau ci-après, publié par la grande commission d'enquête chargée de recueillir tous les faits relatifs aux traités de commerce avec l'Angleterre et la Belgique, donne une répartition très-intéressante de la valeur de la matière première et de la main-d'œuvre pour tous les types de machines à vapeur. Toufefois, le prix des matières premières s'étant généralement abaissé, à la suite même des traités de commerce, il y aurait une légère correction à apporter aux chiffres suivants :

DÉSIGNATION DES OBJETS	RAPPORT ENTRE LES MATIÈRES DOMINANTES PAR POIDS			RELATION ENTRE LA VALEUR DES	
	FONTE	FER	CUIVRE	MATIÈRES BRUTES	MAIN-D'ŒUVRE ET FRAIS GÉNÉRAUX
A. Machines à vapeur pour fabriques s'arrêtant inclusivement au volant, avec 8 mètres de tuyaux de chaque espèce, sans chaudière :					
1° A balancier sans condensation. . . .	87.4	11.3	1.3	60	40
2° A balancier et condensation.	86.7	11.8	1.5	61	39
3° Sans balancier, cylindre vertical ou horizontal.	86.0	12.7	1.3	58	42
B. Machines à vapeur pour navigation maritime :					
1° Pour navires de commerce.	39.1	57.5	34.0	57	43
2° Pour bâtiments de guerre..	26.0	57.0	17.0	69	31
C. Machines à vapeur pour navigation fluviale :					
1° A haute pression (faible tirant d'eau).	18.4	74.3	11.3	57	43
2° A condensation (service de remorque)..	20.9	70.2	8.9	55	45
D. Chaudières à vapeur pour machines de fabriques, à bouilleurs ou réchauffeurs, avec armature et ferrements de forge.. .	32.4	67.3	0.3	71	29
E. Machines locomotives..	14.9	66.6	18.5	58	42
F. Tenders.	15.4	83.3	1.3	53	47

Importance des frais généraux. — Les frais généraux comprennent l'intérêt des capitaux employés pour la construction de l'usine, la fourniture des outils, les frais d'entretien des bâtiments et de renouvellement de l'outillage, enfin le bénéfice du fabricant.

La part proportionnelle que les frais généraux représentent dans le prix de revient d'une machine varie singulièrement avec le nombre de machines semblables que peut produire un établissement. Si dans une année l'établissement livre dix machines, chaque machine devra supporter un dixième des frais généraux; mais si la production est doublée, triplée, quadruplée, l'importance des frais généraux sera réduite au vingtième, au trentième, au quarantième.

On conçoit dès lors combien la question du débouché ou de la vente régulière et normale influe sur le prix de revient. En supposant le prix des matières premières et celui de la main-d'œuvre identiques dans deux établissements : l'un prospérera s'il a une large clientèle, l'autre ne pourra pas vivre s'il n'a devant lui qu'un marché restreint.

L'importance des frais généraux décroît donc rapidement quand la production se développe; mais la valeur de ces frais généraux est influencée par une circonstance dont on ne tient pas assez compte en France, lorsque l'on cherche à comparer l'industrie française à l'industrie étrangère : nous voulons parler de l'amortissement du capital de premier établissement et du renouvellement de l'outillage.

Considérons deux établissements placés dans des conditions aussi semblables qu'on pourra le supposer : mêmes facilités pour se procurer la matière première ou la main-d'œuvre, même production annuelle et mêmes débouchés; chacun d'eux a coûté un million il y a dix ans. On peut croire qu'ils sont placés sur le pied de la plus parfaite égalité : il n'en est rien si l'amortissement n'a pas fonctionné de même dans les deux établissements. Si l'un par exemple a, par des prélèvements, faits chaque année sur ses bénéfices, amorti tout ou partie du capital de premier établissement, si l'autre s'est contenté de prélever seulement l'intérêt, le premier peut être en pleine prospérité, tandis que le second sera voisin de la ruine. Dans l'industrie, les jours se suivent et ne se ressemblent point. Qu'une crise survienne et force nos deux établissements à réduire leurs prix de vente, le premier pourra se contenter d'un faible bénéfice sur le remboursement de ses dépenses de matière première et de main d'œuvre; le second, forcé d'ajouter à ce remboursement la dépense qui représente l'intérêt du capital, ne pourra lutter et il succombera.

On ne comprendra jamais assez en France combien est profonde la différence qui existe entre deux établissements dont l'un a amorti tout son capital de premier établissement et qui, chaque année, ne perfectionne et ne complète son outillage qu'avec une partie des bénéfices réalisés, et dont l'autre n'a rien amorti et souvent même a emprunté pour développer un atelier.

En Angleterre, l'industrie travaille avec un capital et un outillage amortis; en France, au contraire, l'industrie trop souvent supporte le fardeau de ce capital, et elle le supportera longtemps par suite du partage incessant des héritages et de la liquidation permanente des industries. Comment amortir des établissements qui seront licités tous les quinze ou vingt ans? Espérons que nous saurons résoudre ces graves questions; mais si tous les peuples sont appelés à lutter sur les mêmes marchés, il importe de connaître l'influence que peut exercer sur la capacité industrielle de chacun d'eux l'ensemble des lois sociales qui le régissent.

Comparaison entre le prix des machines en Angleterre et en France. — Les dépositions entendues dans l'enquête relative au traité de commerce permettent de comparer les prix des machines en Angleterre et en France vers 1860. Toutes les fois que les constructeurs des deux pays se trouvent en présence de marchés d'égale importance, ils livrent des machines à des prix sensiblement les mêmes; dès que pour une nature de machines un marché s'agrandit, les prix s'abaissent.

Pour les machines locomotives, la France et l'Angleterre en produisent, chaque année, des quantités à peu près égales : M. Kœchlin, de Mulhouse, M. Robinson, de Manchester, déclarent que le prix de 210 fr. les 100 kilogrammes représente la valeur courante des machines. Nous verrons ce prix bien abaissé.

Pour les machines destinées à la marine militaire, c'est-à-dire pour des appareils de dimensions exceptionnelles, les constructeurs français luttent avec les constructeurs de l'amirauté.

M. Penn demande, par force de cheval, 1,550 à 1,600 fr.; M. Maudslay, 1,400; le Creuzot, 1,450; les Forges et chantiers, 1,420.

Il y a égalité presque complète; mais si de la marine militaire on passe à la marine marchande, les constructeurs de Newcastle et de Glascow descendent à 1,200, à 1,000, à 900 fr. même par cheval.

Pour les chaudières de machines fixes, pour les machines fixes elles-mêmes, pour les appareils de transmission, les prix anglais en 1860 sont inférieurs de 25 à 40 p. 100 aux prix français.

Depuis le traité de commerce conclu entre la France et l'Angleterre, l'écart des prix diminue entre les deux pays; en 1868, on peut compter en France sur les prix ci-après :

Grosses chaudières à bouilleurs de 55 à 65 fr. les 100 kilog.

Chaudières tubulaires y compris tubes en laiton. 120 à 140 fr.

Machines verticales avec condenseur. . . . . . 100 à 120 fr.

Machines horizontales sans condenseur. . . . . 100 à 110 fr.

Lorsque l'on fait des comparaisons de prix, il importe de bien préciser la nature des pièces fournies. On conçoit que l'adjonction des appareils alimentaires, des appareils de sûreté, de pièces de rechange, peut notablement augmenter un prix moyen.

Variations dans le prix des locomotives et des tenders en France dans une période de vingt-trois ans. — Les deux tableaux ci-après indiquent les variations notables survenues en France sur le prix des machines locomotives et des tenders dans une période de vingt-trois ans (de 1845 à 1868). Dans les treize premières années, de 1845 à 1858, les prix sont stationnaires : 2 fr. 10 le kilogramme pour les machines avec une tendance à la hausse; 2 fr. 46 en 1854. Mais à partir de 1860, la baisse fait de rapides progrès, et les marchés de 1868 sont conclus à 1 fr. 36, c'est-à-dire à 44 p. 100 au-dessous des prix de 1864.

Pour les tenders, on est descendu de 1 fr. 35 à 0 fr. 80 c. le kilogramme, comme l'indique le second tableau ci-après.

Ces deux tableaux se rapportent au chemin de l'Est, mais les autres réseaux donneraient des résultats exactement semblables.

Tableaux indiquant les variations survenues dans le poids et le prix des machines locomotives au chemin de fer de l'Est, de 1845 à 1868.

1° LOCOMOTIVES.

ANNÉES	DÉSIGNATION DES MACHINES	POIDS DES MACHINES	PRIX TOTAL	PRIX AU KILOGRAMME	MOYENNES
1845..	16 Montereau. . . / Troyes. . . .	18.480k	39.000f	2f.110	2f.110
1846..	78 Roues libres..	22.060	47.100	2 .135	2 .135
1850..	22 Marchandises.	21.106	42.000	2 .000	2 .000
1851..	10 Marchandises.	23.726	41.950	1 .770	1 .822
	10 Mixtes. . . .	22.250	41.950	1 .874	
1852..	12 Crampton. . .	23.920	52.000	2 .174	2. 129
	15 Mixtes. . . .	22.900	50.000	2 .144	
	20 Marchandises.	23.720	45.950	1 .938	
	45 Marchandises.	23.800	53.000	2 .260	
1853..	14 Mixtes. . . .	22.900	54.000	2 .358	2 .217
	10 Mixtes. . . .	25.360	55.000	2 .168	
	44 Marchandises.	25.860	55.000	2 .127	
1854..	15 Crampton.. .	23.920	59.800	2 .50	2 .466
	40 Mixtes. . . .	25.360	60.864	2 .40	
	25 Engerth. . .	45.770	115.000	2 .50	
1856..	18 Mixtes. . . .	25.790	57.000	2 .210	2 .210
1857..	40 Mixtes. . . .	25.790	58.500	2 .270	2 .355
	50 Marchandises.	28.500	69.500	2 .440	
1858..	10 Mixtes. . . .	22.250	50.000	2 .247	2 .247
1859..	16 Marchandises.	29.000	55.000	1 .900	1 .900
1860..	12 Mixtes. . . .	22.250	47.500	2 .134	2 .067
	12 Marchandises.	29.000	54.500	1 .880	
1862..	16 Mixtes. . . .	22.250	48.100	2 .162	2 .162
1866..	16 Engerth.. . .	38.970	67.028	1 .720	1 .720
1867..	20 Marchandises.	29.000	47.000	1 .621	1 .621
1868..	16 Engerth.. . .	39.000	53.450	1 .370	1 .365
	20 Mixtes. . . .	26.300	35.850	1 .363	

2° TENDERS.

ANNÉES	POIDS	PRIX TOTAL	PRIX AU KILOGRAMME
1847	8.200k	11.070f	1f.35
1850	8.200	9.548	1 .14
1852	10.000	11.000	1 .10
1853	10.200	13.260	1 .30
1854	10.200	13.770	1 .35
1856	10.200	13.770	1 .35
1858	10.200	13.260	1 .30
1859	10.200	11.016	1 .08
1861	10.200	10.506	1 .03
1866	10.200	9.180	0 .90
1867	10.200	9.180	0 .90
1868	10.200	8.160	0 .80

CHAPITRE XI

SURVEILLANCE DES MACHINES A VAPEUR — LÉGISLATION APPAREILS DE SURETÉ

§ 1er. — Surveillance des machines à vapeur. — Législation.

Question générale de la surveillance des machines à vapeur. — La question de la surveillance des machines à vapeur peut être abordée sous deux points de vue très-différents : l'intérêt privé du propriétaire, l'intérêt public au nom duquel il y a lieu de prendre certaines mesures.

Nous ne parlerons pas de l'intérêt privé : il est toujours suffisamment éveillé. Chaque propriétaire de machine sait exercer une surveillance suffisante pour obtenir de sa machine tout le travail qu'elle peut rendre; souvent même on peut redouter que la chaudière ne soit en quelque sorte surmenée et qu'elle n'arrive à un état où elle devient un danger, non-seulement pour le propriétaire et les ouvriers qu'il emploie, mais encore pour le public.

La machine à vapeur est incontestablement un appareil dont l'emploi comporte l'intervention de pouvoirs publics agissant au nom de tiers.

Mode de surveillance adopté en France et en Angleterre. — L'administration française n'a pas hésité sur le rôle qu'elle avait à remplir au sujet des machines à vapeur, et elle a édicté une série de mesures que nous ferons connaitre, et qui ont toutes pour but d'éclairer le constructeur sur les dispositions les plus utiles à prendre et de prévenir autant que possible les accidents qui ne se produisent que trop souvent dans les machines à feu.

On n'a point manqué de reprocher à l'administration française sa sévérité. On a dit que, dans son amour de la réglementation, elle avait compromis le développement de l'industrie, et on a réclamé la liberté absolue de construire et d'employer les machines à vapeur.

Nous pensons que ces reproches ne sont pas fondés : les chiffres que nous avons fait connaitre au commencement de ce Cours montrent quel a été en France l'accroissement des appareils à vapeur, et on ne saurait dire que cet accroissement a été gêné par l'accomplissement d'un certain nombre de formalités.

En second lieu, la réglementation n'a pas été immuable. L'administration française a su tenir grand compte de tous les progrès réalisés, et on est arrivé aujourd'hui, par le décret du 25 janvier 1865, à un régime qui ressemble fort à celui de la liberté.

Nous pensons qu'on ne saurait faire plus ; si la réglementation a enlevé pendant plusieurs années quelque chose à l'initiative individuelle, elle a donné la sécurité et complétement rassuré le public. Dans l'état actuel des habitudes françaises, on ne comprendrait point que l'État pût abandonner d'une manière complète et absolue la surveillance des machines à vapeur.

Ce qui se passe d'ailleurs en Angleterre, depuis quelques années, montre combien le système français avait d'avantages et combien il répondait mieux que le système anglais à ce premier besoin de l'atelier, la sécurité, aussi bien pour les ouvriers que pour les voisins.

En tenant compte du nombre total des appareils à vapeur qui existent en France et en Angleterre, le nombre des accidents de machines était bien plus considérable dans ce dernier pays, et on avait à déplorer le retour presque incessant de véritables catastrophes.

Dans les lectures si intéressantes faites à l'association de Manchester, lectures dont nous avons déjà parlé, M. Fairbairn a constaté ce douloureux état de choses, et, en présence de la gravité du mal, il est arrivé à formuler une opinion bien en dehors des habitudes anglaises et à réclamer l'intervention de la loi : il s'est exprimé en ces termes :

« Je ne suis pas partisan de l'intervention de la loi, soit dans la construction, soit dans l'usage des chaudières; mais en voyant les conséquences désastreuses qui résultent de l'abandon de ces appareils à des mains incapables, je passerais par-dessus bien des considérations pour arriver à l'emploi d'une classe d'hommes plus instruits et plus intelligents que ceux qui ont été employés jusqu'à ce jour à la direction des chaudières.

« Si un code plus rigide et plus strict était promulgué dans l'emploi des machines, nous verrions dans quelque temps une diminution, si ce n'est une disparition, de ces événements désastreux qui plongent si fréquemment les familles dans la douleur par des morts inattendues et subites. »

Association de Manchester. — Les Anglais ont su éviter ce qu'ils redoutent, l'intervention de l'État dans leurs affaires, et, à la voix même de M. Fairbairn, s'est formée à Manchester une association puissante, ayant pour objet de prévenir les explosions des chaudières de machines à vapeur.

Tous les appareils appartenant aux membres de l'association sont l'objet d'une surveillance incessante exercée par des agents ou inspecteurs convenablement rétribués ; les rapports de ces inspecteurs sont résumés et publiés chaque mois, et on est arrivé ainsi à des résultats inespérés.

En France, le public, habitué à l'intervention de l'autorité, ne songe pas à faire ses affaires lui-même, et les institutions semblables à l'association de Manchester n'existent pour ainsi dire pas chez nous. Nous ne pouvons citer comme une heureuse exception à cette indifférence native, que la société industrielle de Mulhouse, dont tout le monde connait l'heureuse organisation et l'intelligente activité.

En ce moment même, la société de Mulhouse élabore un projet qui consisterait à charger un ou plusieurs inspecteurs de visiter fréquemment les ateliers des personnes qui formeraient à cet égard une association spéciale. Ces inspecteurs étudieraient tous les accidents qui se produisent malheureusement toujours dans les ateliers, et l'association étudierait les moyens d'en prévenir le retour.

Tentative des industriels de la province de Liége. — A l'exemple des industriels de Manchester, ceux de la province de Liége ont essayé de former une association ayant pour but de remédier aux deux principales causes d'accidents pour les appareils à vapeur, savoir : la négligence et l'ignorance des personnes chargées de leur conduite. A cet effet, des inspecteurs rétribués au moyen d'une redevance annuelle payée par les membres de l'association, auraient été chargés de la surveillance des chaudières et de l'instruction des mécaniciens et des chauffeurs. Cette tentative louable n'a pas eu autant de succès qu'en Angleterre; bien peu d'adhérents ont répondu à l'appel du comité.

L'association des ingénieurs sortis de l'école de Liége n'a pas voulu rester étrangère à une œuvre aussi utile, et elle a confié à quelques-uns de ses membres le soin de rédiger un traité élémentaire de la conduite des chaudières et des machines à vapeur. Ce *Catéchisme des chauffeurs et des conducteurs de machines* contient sous forme de demandes et de réponses les règles à suivre pour éviter les causes les plus fréquentes d'accident, et pour obtenir la production économique de la vapeur dans les chaudières; il renferme aussi la description des principaux organes des machines et celle des opérations les plus importantes de leur montage. L'introduction de cet ouvrage dans les ateliers ne peut avoir que d'excellents résultats au point de vue de la sécurité, du bon entretien des machines et de leur fonctionnement régulier.

Législation française antérieure au décret du 25 janvier 1865. — Pendant plusieurs années, les appareils à vapeur n'ont point été l'objet d'une réglementation spéciale ; les établissements qui employaient ces appareils étaient compris parmi les ateliers dangereux et insalubres.

Le décret du 15 octobre 1810 place les pompes à feu dans la deuxième classe, c'est-à-dire parmi les établissements « dont l'éloignement des habitations n'est pas rigoureusement nécessaire, mais dont néanmoins il importe de ne permettre la formation qu'après avoir acquis la certitude que les opérations qu'on y pratique seront exécutées de manière à ne pas incommoder les propriétaires du voisinage ni à leur causer des dommages. » (Aucoc, *Cours de droit administratif.*)

Ces dispositions générales furent jugées insuffisantes, et l'ordonnance royale du 14 janvier 1815 divisa les pompes à feu en deux groupes.

Les pompes à feu qui ne brûlaient point leur fumée furent rangées dans la 1re classe des établissements insalubres, c'est-à-dire parmi ceux qui doivent être éloignés des habitations particulières.

Les pompes à feu qui brûlaient leur fumée étaient placées dans la 3e classe, c'est-à-dire parmi les établissements qui peuvent rester sans inconvénient auprès des habitations, mais qui doivent être soumis à la surveillance de la police.

On ne tarda pas à reconnaître que la question de la fumée était secondaire et que les machines à vapeur présentaient des inconvénients bien autres que ceux que pouvait occasionner la fumée. Une série d'ordonnances royales, édictées du 29 octobre 1823 au 22 mai 1843, formulèrent les règles à suivre pour la construction des chaudières, leur emplacement, les épreuves à leur faire subir, les autorisations, les visites annuelles dont elles devaient être l'objet.

Le système dont l'ordonnance royale du 22 mai 1843 était la dernière et complète expression, et qui subsiste encore pour les machines de bateau, était un système préventif. L'administration indiquait aux constructeurs ce qu'ils devaient faire pour éviter les explosions, soumettait toutes les machines à la formalité absolue de l'autorisation, et, il faut le reconnaître, assumait en agissant ainsi une grande responsabilité. En cas d'accident en effet, le propriétaire, qui avait scrupuleusement obéi aux prescriptions des ordonnances royales, ne pouvait être accusé d'imprudence et il était complétement abrité par l'administration.

Décret du 25 janvier 1865. — Un rapport, adressé à l'Empereur et publié en tête du décret du 25 janvier 1865, fait connaître les modifications profondes que ce nouveau décret a pour but de réaliser.

Sous l'empire de l'ancienne législation « toutes les pièces d'une machine sont réglementées : non-seulement les chaudières et les tubes dans lesquels la vapeur se produit sont soumis à des épreuves pour constater la résistance du métal dont ils se composent, mais encore toutes les pièces qui sont destinées seulement à contenir la vapeur produite, les cylindres en fonte des machines, les enveloppes même de ces cylindres doivent subir ces épreuves; pour le fer, l'acier ou le cuivre, l'épreuve est du triple de la pression à laquelle la vapeur doit fonctionner ; pour la fonte cette épreuve atteint jusqu'au quintuple.

« Ce n'est pas tout : le constructeur, quel que soit le métal qu'il doive employer, que ce soit du fer de qualité ordinaire ou de l'acier le plus solide, est assujetti à des conditions d'épaisseur dans lesquelles il doit obligatoirement se renfermer. »

En second lieu, l'accomplissement de toutes ces formalités ne suffit pas ; il faut que la machine soit autorisée par un arrêté préfectoral qui, dit M. le ministre, « ne pouvait malgré toute la célérité possible intervenir le plus souvent qu'après un intervalle de plusieurs mois. »

Enfin, dans le régime ancien, les chaudières sont, au point de vue de leur emplacement à proximité des habitations, divisées en trois catégories pour chacune desquelles l'ordonnance royale de 1843 stipule des dispositions très-précises et souvent très-onéreuses.

Le décret du 25 janvier 1865 a singulièrement tempéré cet état de choses.

Le constructeur est absolument libre : il peut choisir le métal qui lui convient, lui donner telle forme, telle épaisseur; il doit uniquement faire soumettre à l'épreuve sa chaudière, et l'intensité même de cette épreuve est diminuée : les cylindres et les pièces accessoires sont dispensés de l'épreuve.

La demande d'autorisation est supprimée; elle est remplacée par une simple déclaration à faire au préfet du département.

Enfin les conditions relatives à l'emplacement des chaudières sont adoucies.

Il n'était pas possible de faire plus, et nous estimons que le décret du 25 janvier 1865 concilie dans une sage mesure la liberté que peut réclamer chaque constructeur et le droit que possède l'État de veiller à la sécurité publique.

Nous analyserons maintenant les principales dispositions du décret du 25 janvier 1865.

Le titre Ier indique les dispositions relatives à la fabrication, à la vente et à l'usage des chaudières fermées destinées à produire la vapeur.

Les chaudières sont soumises à des épreuves faites chez le constructeur ou le vendeur, sous la direction des ingénieurs des mines, ou, à leur défaut, des ingénieurs des ponts et chaussées ou des agents sous leurs ordres.

Les épreuves sont faites au moyen de presses hydrauliques. Les pressions sont évaluées en défalquant la pression atmosphérique.

Les chaudières sont soumises à une pression effective double de celle qui ne doit pas être dépassée dans le service, toutes les fois que celle-ci est comprise entre un demi-kilogramme et 6 kilogrammes par centimètre carré.

La surcharge d'épreuve est constante et égale à $0^k,50$ par centimètre carré pour les pressions inférieures, et à 6 kilogrammes par centimètre carré pour les pressions supérieures aux limites ci-dessus.

Un timbre poinçonné indique la pression limite de la chaudière.

Chaque chaudière doit être munie de deux soupapes de sûreté, laissant échapper la vapeur dès qu'elle atteint la pression limite.

Toute chaudière est munie d'un manomètre placé en vue du chauffeur et indiquant la pression effective.

Le niveau habituel de l'eau dans la chaudière doit dépasser d'au moins $0^m,10$ la partie la plus élevée des conduits de la flamme et de la fumée dans le fourneau. Ce niveau est indiqué par une ligne apparente sur la chaudière et le fourneau. Chaque chaudière est munie de deux tubes de niveau, dont un au moins est en verre.

Des exceptions au sujet du niveau obligatoire de l'eau sont faites en faveur des surchauffeurs distincts de la chaudière, des surfaces peu étendues et placées de manière à ne jamais rougir, même lorsque le feu est poussé à son maximum d'activité, des générateurs dits à production instantanée, et de tous ceux qui contiennent une quantité d'eau trop petite pour être dangereuse. Le ministre se réserve, du reste, le droit d'accorder en tous cas des dispenses, sur le rapport des préfets et des ingénieurs.

Le titre II contient les dispositions relatives à l'établissement des chaudières à vapeur placées à demeure.

Ces chaudières ne peuvent être établies qu'après déclaration faite au préfet.

Elles sont distinguées en trois catégories, fondées sur la capacité de la chaudière et sur la tension de la vapeur.

La capacité de la chaudière est exprimée en mètres cubes, en y comprenant les tubes bouilleurs et réchauffeurs, mais à l'exclusion des surchauffeurs de vapeur. Ce nombre est multiplié par le numéro du timbre augmenté de 1. Les chaudières sont de la première catégorie quand le produit est plus grand que 15; de la deuxième, si ce même produit surpasse 5 et n'excède pas 15 ; de la troisième, s'il n'excède pas 5.

Les chaudières de la première catégorie doivent être établies en dehors de toute maison et de tout atelier surmonté d'étages. Elles ne peuvent être placées à moins de 3 mètres de distance du mur d'une maison d'habitation appartenant à un tiers. Pour une distance de 3 à 10 mètres, l'axe longitudinal de la chaudière ne doit pas rencontrer cette maison sous un angle supérieur au sixième d'un angle droit. Dans le cas où la chaudière n'est pas installée suivant ces conditions, un mur de défense de 1 mètre d'épaisseur au moins au sommet protége la maison. Sa hauteur dépasse de 1 à 2 mètres le niveau des parties les plus élevées de la chaudière. Pour une distance supérieure à 10 mètres, les sujétions sont supprimées. Les limites de 3 mètres et 10 mètres sont réduites à $1^{m},50$ et 5 mètres, lorsque la chaudière est enterrée à 1 mètre au moins en contre-bas du sol.

Les chaudières de la deuxième catégorie peuvent être placées dans l'intérieur de tout atelier, pourvu que cet atelier soit situé dans une maison habitée par le manufacturier seul ou par ses employés.

Les chaudières de la troisième catégorie peuvent être établies dans une maison quelconque.

Le foyer des chaudières de toute catégorie doit brûler sa fumée. Un délai de six mois est accordé pour l'application de cette disposition.

Les machines employées dans les usines restent soumises à une législation spéciale.

Titre III. Dispositions relatives aux machines locomotives et locomobiles.

Les chaudières des locomobiles ou locomotives sont soumises aux mêmes épreuves et munies des mêmes appareils de sûreté que les générateurs établis à demeure ; elles peuvent cependant n'avoir qu'un tube de niveau.

Elles sont l'objet d'une déclaration adressée au préfet.

Aucune locomobile ne peut être employée sur une propriété particulière à moins de 5 mètres de tout bâtiment d'habitation et de tout amas découvert de matières inflammables appartenant à des tiers, sans le consentement formel de ceux-ci.

Le titre IV contient les dispositions générales ; il confère aux ingénieurs des mines, ou, à leur défaut, aux ingénieurs des ponts et chaussées, la surveillance relative aux mesures prescrites par le décret.

Les conditions d'emplacement, prescrites pour les chaudières à demeure par le nouveau décret, ne sont point applicables aux chaudières pour l'établissement desquelles il a été satisfait à l'ordonnance du 22 mai 1843.

Exécution du décret du 25 janvier 1865. — On ne peut encore juger d'une manière absolue les conséquences du décret du 25 janvier 1865. La liberté laissée aux constructeurs a-t-elle diminué la sécurité, et le nombre des accidents va-t-il croissant ? Il s'est écoulé trop peu de temps pour que l'on puisse répondre d'une manière formelle à ces questions. Dans notre pensée, on n'a qu'à se louer du nouveau régime : le nombre des machines va sans cesse croissant, des ateliers se fondent sur tous les points du territoire, et le nombre des accidents, toute rtion gardée, demeure stationnaire, ainsi que le démontre le tableau ci-après.

Bulletin des explosions. — L'administration supérieure a pris une excellente mesure ; elle publie, dans les *Annales des mines* et dans *le Moniteur universel*, un bulletin semestriel portant à la connaissance du public les accidents survenus aux machines à vapeur dans chaque semestre. Ce bulletin, dont nous parlerons plus en détail dans le chapitre consacré à l'étude des explosions de machines, fait connaître le nom des constructeurs des machines qui ont éprouvé des accidents. On comprend que la répétition du nom d'un constructeur dans des tableaux de cette nature entraînerait la ruine de son établissement, et la publicité a une sanction pénale bien supérieure à celle que pouvait édicter la réglementation la plus sévère.

Les tableaux insérés au *Moniteur* ont signalé, pour chacun des quatre derniers exercices, les nombres d'accidents ci-après; à côté de ces chiffres nous indiquons le nombre des machines à vapeur en service.

ANNÉES	NOMBRE D'APPAREILS A VAPEUR EN SERVICE	NOMBRE D'ACCIDENTS	PROPORTION PAR 10,000 MACHINES
1865.	26.400	13	5
1866.	28.045	18	6
1867.	29.435	19	6
1868.	31.000	23	7

Surveillance des bateaux à vapeur. — Le décret de 1865 n'est pas applicable aux machines de bateaux, qui restent soumises aux prescriptions de l'ordonnance royale du 23 mai 1843. Cette ordonnance sera probablement modifiée, et une plus grande liberté pourra être laissée aux constructeurs; mais la gravité des conséquences qu'entraine l'explosion d'une machine placée sur un bateau ne permettra pas à l'administration de prendre des mesures aussi libérales que celles qu'elle a pu prendre pour les machines à terre : en présence d'un danger plus grand, la vigilance doit être plus grande.

Nous n'analyserons pas l'ordonnance de 1843, dont le texte est parfaitement clair, et que les ingénieurs trouveront dans toutes les collections. Nous rappellerons seulement aux ingénieurs des ponts et chaussées qu'ils sont appelés à faire partie des commissions de surveillance des appareils à vapeur, et qu'à cet égard ils ont à remplir un rôle actif et important.

§ 2. — Appareils de sûreté.

Prescriptions réglementaires. — Le décret de 1865 prescrit l'emploi sur chaque chaudière, d'appareils de sûreté destinés à :

Indiquer le niveau de l'eau;

Indiquer la pression de la vapeur;

Permettre l'écoulement spontané de la vapeur produite en excès.

Tous les appareils de sûreté se divisent naturellement en trois groupes dont chacun correspond à l'une de ces prescriptions réglementaires. Nous ne chercherons pas à décrire tous les appareils successivement proposés par les constructeurs, et dont le nombre est considérable, nous n'indiquerons que les appareils types en insistant à l'avance sur les avantages que présentent les appareils simples. Si un perfectionnement ingénieux peut compromettre la marche d'un instrument, nous n'hésitons pas à dire que cet instrument doit être rejeté.

Indicateurs de niveau. — Nous constaterons, dans le chapitre consacré à l'étude des accidents, qu'une des principales causes des accidents est l'abaissement prolongé du niveau de l'eau au-dessous d'un plan déterminé dans chaque chaudière par la nature de ses dispositions intérieures. Il importe donc excessivement de connaître à tout instant la situation du niveau de l'eau à l'intérieur de la chaudière; son niveau normal est indiqué par une ligne apparente tracée à l'extérieur, et la relation entre ces deux niveaux doit être accusée par deux tubes, dont au moins un en verre, dit le décret de 1865.

Tubes en verre. — Les tubes en verre, en communication

par une garniture métallique avec la partie supérieure et la partie inférieure de la chaudière constituent le meilleur des appareils indicateurs de niveau. Les moindres oscillations sont accusées, et le mécanicien reconnaît en même temps si l'eau se maintient claire dans la chaudière. On a longtemps reproché à ces tubes leur fragilité, qui exposait les mécaniciens à de graves brûlures, lorsqu'au moment de la rupture d'un tube, ils cherchaient à fermer les robinets des garnitures métalliques.

On a proposé un appareil automatique ingénieux qui déterminait la fermeture de ces robinets ; mais l'emploi de tubes en cristal fabriqués avec un soin particulier a fait disparaître les ruptures et a rendu inutile l'emploi de ces appareils automatiques.

Robinets indicateurs. — En plaçant trois robinets à des hauteurs différentes dans la chaudière, et en les manœuvrant fréquemment, on peut reconnaître les variations du niveau de l'eau ; il faut, il est vrai, une certaine habitude pour reconnaître si ce qui s'écoule est de l'eau ou de la vapeur, mais on arrive rapidement à cette habitude.

Les tubes indicateurs et les robinets ont été quelquefois placés sur les mêmes communications avec la chaudière. Cette disposition est vicieuse parce que, si une de ces communications vient à être bouchée, les deux appareils indicateurs sont inutilisés simultanément ; il faut au contraire qu'ils soient complétement isolés l'un de l'autre, de manière à se contrôler, et au besoin à se remplacer mutuellement.

Indicateurs de niveau d'eau dans les grandes chaudières verticales. — Les constructeurs des grandes chaudières verticales alimentées par les gaz des hauts fourneaux ont demandé à être autorisés à supprimer les indicateurs de niveau d'eau, qu'ils représentaient comme difficiles à installer et à observer, à cause de la très-grande hauteur de ces chaudières au-dessus du sol. L'administration supérieure n'a pas cru devoir faire droit à cette demande ; elle a jugé que les prescriptions du décret de 1865 étaient absolues, et que les indicateurs de niveau devaient être maintenus sans aucune exception sur toutes les chaudières à vapeur. Les variations que subit le niveau de l'eau dans les chaudières verticales étant très-grandes, il semble convenable de placer plusieurs indicateurs à des hauteurs différentes; il faut en outre prendre des mesures pour que ces indicateurs soient constamment à la vue du mécanicien; on a proposé à cet égard l'emploi de miroirs, mais cette solution nous paraît peu pratique.

Flotteurs et sifflets d'alarme. — Les tubes indicateurs, les robinets ne peuvent être utiles qu'à la condition d'être observés ou manœuvrés facilement; si le chauffeur vient à s'endormir, ces appareils deviennent inutiles. On a imaginé d'accuser les oscillations du niveau de l'eau par le jeu d'un corps flottant équilibré dans l'eau qui, en s'abaissant, agit sur le levier d'un sifflet à vapeur.

On a proposé un grand nombre de flotteurs qui tous ont à triompher d'une difficulté : c'est le passage de la tige du flotteur à travers la paroi de la chaudière. Si la tige passe facilement, il y a perte de vapeur; si elle passe avec un frottement un peu énergique, ses indications peuvent être faussées.

L'appareil proposé par la commission centrale des machines à vapeur ne donne des indications que dans le cas où le niveau de l'eau s'abaisse. Il consiste simplement en une boule servant de flotteur, venant agir sur un levier coudé qui peut, à un instant donné, découvrir un orifice par lequel la vapeur s'échappe en venant faire vibrer un timbre de cuivre.

L'appareil Résal fait marcher le sifflet également quand l'eau est trop basse ou trop haute. La tige du flotteur est munie d'une coulisse qui saisit un bouton relié lui-même à un levier.

Quand le niveau monte ou baisse suffisamment, le bouton entre en prise; le levier se meut et vient, à l'aide d'une petite fourche métallique, agir sur le sifflet indicateur. Les oscillations du contre-poids indiquent du reste également la position intermédiaire du flotteur. Pour éviter les fuites de vapeur par le passage laissé à la tige de l'indicateur, on lui fait traverser une boîte à étoupes.

Indicateurs magnétiques. — La difficulté de faire passer une tige à travers la paroi d'une chaudière disparaît dans les indicateurs magnétiques. Un flotteur en tôle porte une tige verticale qui monte sans frottement dans un tube fermé placé sur la chaudière ; l'extrémité de la tige est aimantée, et à mesure qu'elle s'élève dans le tube, elle attire une aiguille aimantée placée sur un disque extérieur.

Les variations de température auxquelles est soumis un appareil de cette nature peuvent exercer une certaine influence sur l'aimantation de ses diverses parties, aimantation qui peut en même temps être troublée par les masses métalliques de la chaudière ; aussi nous ne saurions certifier la parfaite régularité des indications données par les appareils magnétiques, surtout après un usage un peu prolongé.

Indicateurs de pression. — Les indicateurs de pression comprennent les manomètres décrits dans tous les traités de physique et que nous ne pouvons en quelque sorte qu'énumérer.

Manomètre à air libre. — Le manomètre à air libre est un véritable baromètre où le mercure s'élève de $0^{m},76$ par atmosphère. Pour apercevoir la colonne liquide, on emploie des tubes en cristal qui s'appliquent avec la plus grande facilité contre le mur voisin de la chaudière. Ces manomètres sont excellents pour les pressions variant entre 4 ou 5 atmosphères. Mais, quand la pression augmente, la hauteur à laquelle il faut soutenir les tubes en cristal rend leur emploi difficile. On y a pourtant remédié en employant des tubes en fer qui ne sont terminés que vers leur extrémité par un tube de cristal ; on a également employé de petits flotteurs servant d'indicateurs. La grande sensibilité de ces appareils est un avantage très-considérable ; leur emploi est fréquent pour les basses pressions.

Manomètre à air comprimé. — Le manomètre à air comprimé

obvie, en permettant d'avoir un appareil de peu de hauteur, à l'inconvénient que présentaient les grandes dimensions des manomètres à air libre. Il consiste simplement en un tube fermé, où une certaine quantité d'air se comprime au-dessus d'une colonne de mercure.

La graduation se fait en calculant les pressions à l'aide de la loi de Mariotte.

Les indications du manomètre à air comprimé sont rendues confuses par l'oxydation du mercure qui encrasse la surface du cristal ; aussi cet appareil est-il presque complètement abandonné.

Manomètres métalliques. — Le jeu des manomètres métalliques est basé sur la propriété que possèdent les pièces courbes et creuses de se dresser sous l'action d'une pression intérieure. Les manomètres métalliques consistent tous en une pièce métallique creuse courbée à peu près circulairement ; une extrémité est fixe, l'autre porte une aiguille dont les indications amplifiées par un jeu de leviers se lisent sur un cadran divisé. La vapeur introduite à l'intérieur du tube produit une déformation dont l'intensité croît avec la pression.

La graduation s'effectue par comparaison avec un manomètre à air libre.

Les manomètres métalliques sont d'un usage universel. Il importe cependant de les soumettre à des vérifications assez fréquentes, parce que les tubes creux s'énervent sous l'action d'oscillations incessantes.

Thermo-manomètres. — Les thermo-manomètres sont des appareils fondés sur la relation qui existe entre la pression et la température.

En regard de la température	100°	on met	1	atmosphère.
	121	—	2	—
	134	—	3	—
	144	—	4	—
	152	—	5	—
	159	—	6	—

La graduation s'effectue à l'aide de substances liquides telles que des huiles, des graisses, dont le point d'ébullition est connu.

Les indications du thermo-manomètre sont lentes ; le verre en outre est encrassé par l'oxyde de mercure et les divisions se lisent mal.

Soupapes de sûreté. — On conçoit toute l'importance des soupapes ; elles sont destinées à donner issue à la vapeur lorsque la production de cette vapeur dans la chaudière est supérieure à la consommation faite par la machine, et, si leur bon fonctionnement était assuré, on conjurerait la plupart des accidents dus à l'élévation de la pression dans les chaudières.

Les soupapes, nous n'avons pas besoin de le dire, doivent être ajustées sur leur siége avec une grande précision ; leur ajustage est désigné par un nom particulier, le *rodage*. Cette opération consiste à faire mouvoir circulairement les deux surfaces l'une sur l'autre et à les user jusqu'à ce qu'elles arrivent à un contact parfait.

On place habituellement deux soupapes sur chaque chaudière.

Le diamètre des orifices des soupapes de sûreté a été fixé par les ordonnances royales de 1843 et de 1846 et par les instructions ministérielles complémentaires de ces ordonnances. La formule donnée aux constructeurs est la suivante :

$$D = 2,6 \sqrt{\frac{s}{n - 0,412}}$$

dans laquelle

D est le diamètre cherché exprimé en centimètres ;
s la surface de chauffe de la chaudière en mètres carrés ;
n la pression de la vapeur en atmosphères.

Le décret de 1865 ne contient aucune formule et les constructeurs sont libres de donner à leurs soupapes les dimensions qui leur conviennent ; mais ils sont responsables du bon fonctionnement de ces appareils.

La charge de la soupape, augmentée de la pression atmosphérique, doit être égale à la pression que la vapeur exerce en sens inverse sur la face intérieure de la soupape ; on aura par conséquent la valeur de la charge en multipliant la section de la soupape exprimée en centimètres carrés par le timbre de la chaudière (on compte 1 kilogramme par atmosphère au lieu de $1^k,033$).

Dans les anciennes chaudières travaillant à des pressions peu élevées, on chargeait directement la soupape de poids plus ou moins bien équilibrés ; mais on n'a pu conserver cette disposition dès que l'on a augmenté la pression, et on a eu recours à un levier portant, à son extrémité, un poids dont la valeur est déterminée par la formule

$$P = \frac{1.033 \times n \times s \times l'}{l} - p$$

dans laquelle

P est le poids cherché exprimé en kilogrammes ;
s la surface de la soupape en centimètre carrés ;
n le timbre de la chaudière ;
p le poids de la soupape ;
l la longueur du grand bras de levier ;
l' la longueur du petit bras de levier ;

ces deux dernières longueurs exprimées en mètres.

Précautions à prendre pour assurer le jeu des soupapes. — Les chauffeurs ayant une propension funeste à charger les soupapes, on a proposé une série de dispositions ayant pour objet d'assurer le libre jeu de ces appareils. Tantôt on a voulu placer les poids à l'intérieur même de la chaudière, tantôt on a enveloppé les soupapes avec leurs leviers et leurs poids dans une cage fermée à clef. Nous pensons qu'il y a lieu de repousser toutes ces dispositions qui ne permettent point de parer aux petits dérangements qui peuvent se produire dans une soupape, et qui excitent plutôt qu'elles ne retiennent les chauffeurs dans la recherche d'un moyen de caler les soupapes.

Il faut, à notre avis, laisser les soupapes bien à découvert, bien accessibles, et s'appliquer à instruire les chauffeurs en leur faisant comprendre la gravité de la faute qu'ils commettent en cherchant à entraver le jeu d'un appareil destiné à les protéger plus que toute autre personne.

Balances. — Il n'est pas possible de placer des poids sur une machine locomotive ; on les remplace par des ressorts à boudin attachés à l'extrémité des leviers des soupapes, et à un point fixe de la chaudière. La première attache a lieu au moyen d'une tige taraudée, traversant un œil qui termine le levier et portant un écrou. En manœuvrant cet écrou, on tend ou on détend à volonté le ressort, et on donne au levier la charge qui correspond à celle que la soupape doit supporter.

Le ressort à boudin est enfermé dans une boîte cylindrique en cuivre, portant une fente qui donne passage à un index qui suit les oscillations du ressort. Cet appareil a reçu le nom de *balances*. On détermine par expérience les allongements du ressort sous des charges connues, mais, comme les variations incessantes de température auxquelles ces ressorts sont soumis altèrent leur énergie, il importe de les soumettre à de fréquentes vérifications.

Pour éviter les fraudes tentées par les mécaniciens, on a proposé de disposer, sur la tige qui relie le ressort à boudin à l'extrémité du levier de la soupape, un arrêt qui limite la charge que le mécanicien peut donner à la balance au moyen de l'écrou.

Une disposition spéciale a été imaginée par MM. Lemonnier et Vallée pour obvier à cet inconvénient. La tige qui agit sur le ressort présente un système de levier tel que, lorsque le serrage donné à la main ou la pression exercée par la vapeur dépasse une certaine limite, un déclic part et permet à la tige de s'allonger subitement d'une certaine quantité; la soupape s'ouvre in stantanément d'une quantité très-notable et fournit un large échappement à la vapeur.

Quelques constructeurs ont demandé à remplacer par des ressorts, sur les machines de bateau, les poids qui chargent les leviers des soupapes. Nous ne pensons pas que, dans les conditions ordinaires au moins, il y ait lieu d'autoriser cette dérogation aux prescriptions réglementaires; l'action des ressorts est difficile à mesurer, les vérifications fréquentes qu'ils exigent se font mal dans des voyages dont la durée peut être longue, et leur emploi doit être limité aux machines locomotives et aux appareils exposés à de violentes trépidations.

Jeu des soupapes.—Les soupapes doivent être incessamment visitées. Si on s'aperçoit qu'un commencement d'oxydation fait adhérer la soupape à son siége, il faut roder de nouveau les surfaces l'une sur l'autre.

Du reste, le jeu des soupapes donne lieu à des phénomènes d'élévation de pression qu'il importe de connaître et que Clapeyron a décrits dans des termes que nous ne pouvons que reproduire.

« Pour qu'une soupape atteignît parfaitement le but qu'on se propose, il faudrait qu'à la pression voulue elle laissât échapper une quantité de vapeur égale à celle qui se produit en excès dans la chaudière. Il y aurait alors une espèce d'équilibre et la pression resterait constante. Mais il n'en est pas ainsi. Quand une soupape a été calculée de façon à s'ouvrir sous une pression donnée, elle ne se soulève sous cette pression qu'à *une hauteur insuffisante pour laisser échapper tout l'excès de vapeur qui se produit*, la tension s'accroît et finit par soulever assez la soupape pour laisser échapper toute la vapeur en excès. La pression est alors constante, mais n'est pas celle sur laquelle on avait réglé la soupape. »

Avec les balances, l'inconvénient que nous signalons est

encore plus grand qu'avec les poids ; avec les ressorts, en effet, la charge des soupapes augmente au fur et à mesure qu'elles s'ouvrent pour livrer passage à la vapeur, et, comme l'a dit Clapeyron, l'équilibre ne s'établit qu'à une pression supérieure à la pression prévue. L'expérience a souvent montré que, depuis le moment où les soupapes commencent à *cracher* jusqu'à celui où toute la vapeur produite s'écoule librement, le manomètre monte de près d'une atmosphère.

Rondelles fusibles. Bouchons de plomb. — En tenant compte de la relation qui existe entre l'élévation de la température et l'élévation de la pression, on a eu l'espoir de combattre les dangers que présente l'élévation de la pression, en ménageant dans le ciel de la chaudière des orifices fermés par des rondelles composées d'un alliage fusible à une température connue. Ces rondelles, composées de bismuth, de plomb et d'étain, n'ont point réalisé les espérances conçues par leur inventeur Darcet : l'alliage des trois métaux n'est pas stable, et il se produit un phénomène de liquation : le bismuth se sépare des autres métaux, et le surplus de l'alliage reste solide à une température supérieure à la température prévue.

Les rondelles fusibles sont aujourd'hui à peu près complètement abandonnées ; dans les chaudières de machines locomotives, elles sont remplacées par des bouchons en plomb refoulés au marteau dans le ciel du foyer. Quand la température s'élève trop, le plomb fond et la vapeur trouve une issue dans le foyer.

Robinets de vidange. — Des robinets de vidange, placés sur divers points de la chaudière, permettent, en cas de prévision d'accident, de vider rapidement la chaudière, et ils peuvent, à ce titre, être considérés comme des appareils complémentaires des appareils de sûreté.

CHAPITRE XII

EXPLOSIONS, ACCIDENTS DE MACHINES

§ 1er. — Explosions de chaudières.

Gravité des accidents causés par les explosions de chaudières. — Nous n'avons pas besoin d'insister sur la gravité des accidents causés par les explosions des chaudières à vapeur ; chaque année, souvent même plusieurs fois dans une année, l'opinion publique est douloureusement émue par le récit d'accidents qui ont déterminé la mort d'un nombre considérable d'ouvriers (l'explosion d'une chaudière dans les premiers mois de 1864 a causé la mort de vingt-quatre personnes), et l'on demande aux ingénieurs d'indiquer les moyens de prévenir le retour de pareils malheurs.

De nombreuses théories ont été formulées au sujet des explosions ; on a fait intervenir l'électricité, la formation de mélanges explosibles et détonants. Aucune de ces théories ne nous paraît satisfaisante, et nous pensons que la seule étude des moyens de prévenir les explosions doit consister dans la recherche des causes qui ont amené les explosions connues. Cette recherche est d'ailleurs suffisamment difficile : l'état d'une chaudière est inconnu au moment où elle va éclater ; l'aspect des débris donne souvent des indications erronées, telle rupture de pièce pouvant être la conséquence et l'effet de l'explosion et non la cause ; les dépositions des témoins de l'accident sont incertaines et contradictoires, quelquefois même mensongères. Un mécanicien qui a chargé ses soupapes ne l'avouera jamais ; souvent enfin les témoins qui pourraient donner des indications précises ont été les premières victimes.

Cinq causes principales d'explosions. — L'appréciation des causes des explosions est donc très-délicate ; nous pensons cependant que ces causes peuvent se rapporter à cinq groupes de faits distincts, savoir :

1° Production d'une quantité de vapeur supérieure à la quantité dépensée ou dépensable ;

2° Abaissement prolongé du niveau de l'eau et altération des surfaces du foyer ;

3° Incrustations, eaux acides ou grasses ;

4° Échauffement des parois de la chaudière en contact avec la maçonnerie, déplacements subits de masses de vapeur formées dans certaines parties des chaudières. Production instantanée de vapeur ;

5° Usure de la chaudière ou dispositions vicieuses adoptées dans la construction.

Nous étudierons successivement chacune de ces causes et nous montrerons que l'origine de toutes les explosions connues peut être rapportée à l'une d'elles.

Production d'une quantité de vapeur supérieure à la quantité dépensée. — La production d'une quantité de vapeur supérieure à la quantité de vapeur dépensée ou dépensable détermine immédiatement l'élévation de la pression dans la chaudière, et cette pression peut, dans un délai souvent assez court, dépasser la limite de résistance offerte par la chaudière, qui éclate alors infailliblement.

Le jeu régulier des soupapes devrait prévenir ces accidents, puisque les soupapes ont précisément pour but de donner issue à la vapeur dès que la pression dépasse la limite fixée pour la pression. Malheureusement les soupapes n'ont pas toujours été bien calculées et leur diamètre est insuffisant. Souvent aussi pour augmenter temporairement la pression dans la chaudière, quelquefois pour remédier au rodage imparfait d'une soupape ou de son siége, le chauffeur ne craint pas de surcharger ses soupapes et de se priver ainsi du seul moyen de sécurité qui ait été prévu par le constructeur.

La surcharge des soupapes est un fait malheureusement fréquent; elle est quelquefois poussée à un point tel que le jeu de la soupape est entièrement arrêté par une clavette ou par un clou chassé dans les guides du levier de la soupape.

La surveillance des soupapes doit donc être la préoccupation de tout chef d'atelier, de tout propriétaire de machine à vapeur, et les plus grands efforts doivent être faits pour éclairer les ouvriers chargés de la conduite d'une chaudière sur les conséquences qui peuvent résulter de toute entrave apportée au jeu des soupapes.

Une soupape surchargée ne fonctionne plus, d'ailleurs, comme une soupape réglée en vue d'une pression déterminée, et elle peut devenir tout à fait insuffisante pour évacuer la quantité de vapeur produite en excès dans la chaudière.

Abaissement prolongé du niveau de l'eau et altération des surfaces du foyer. — L'eau doit occuper dans toutes les chaudières un niveau déterminé, et nous avons décrit les nombreux appareils imaginés pour que le mécanicien connaisse à tout instant le niveau de l'eau dans sa chaudière ; souvent même ces appareils donnent une double indication à l'œil et à l'oreille, de façon que l'attention du mécanicien soit forcément commandée.

On conçoit, en effet, la gravité des faits qui se produisent dans une chaudière : si, le niveau de l'eau venant à s'abaisser, des surfaces métalliques sont d'un côté exposées à un feu ardent sans être de l'autre côté refroidies par un contact continu avec l'eau, la résistance de ces surfaces peut être singulièrement diminuée, et à un point tel qu'elles cèdent sous la pression de la vapeur. Les surfaces planes notamment, dès qu'elles arrivent à la température du rouge, peuvent se déformer et se déchirer dans un court intervalle de temps.

En supposant que l'altération produite par une trop grande élévation de température ne soit pas suffisante pour entraîner le ramollissement et la déchirure du métal, cette altération suffit souvent pour amener l'oxydation partielle de la surface et une diminution notable dans l'épaisseur du métal résistant. On dit alors que la chaudière a reçu un coup de feu ou qu'elle est brûlée; dès que l'on s'aperçoit de cet état, il n'y a pas de remède, il faut enlever la partie oxydée et la remplacer par une partie saine.

L'abaissement du niveau de l'eau dans la chaudière est peut-être la cause la plus fréquente d'explosion, parce que souvent le mécanicien, pour remédier à cette insuffisance d'eau, ouvre en grand les robinets d'alimentation : l'eau froide arrive sur des plaques métalliques chauffées au rouge et se vaporise dans des conditions tout à fait anormales. Les phénomènes constatés lorsque l'on jette l'eau sur une plaque rouge et qui sont désignés sous le nom de *phénomènes de l'état sphéroïdal*, se développent sur une échelle énorme, et la pression atteint rapidement une intensité qui dépasse la résistance de la chaudière.

Quand donc le niveau de l'eau s'est abaissé au-dessous du niveau prescrit, le mécanicien doit, par tous les moyens en son pouvoir, diminuer la pression; il doit ouvrir largement la porte du foyer pour introduire de l'air froid, enlever le feu et ne recommencer l'alimentation que lorsque les parois de la chaudière sont suffisamment refroidies. Si dans une machine locomotive l'eau vient à baisser au-dessous du ciel du foyer, il faut jeter le feu immédiatement; la résistance du cuivre diminue très-rapidement quand la température s'élève, et la déchirure d'un foyer que ne recouvre plus l'eau est imminente.

Incrustations. — Nous avons, en parlant de la nécessité d'avoir de l'eau de bonne qualité pour l'alimentation des machines, fait ressortir tous les inconvénients et tous les dangers qui résultent de l'emploi des eaux incrustantes, des eaux acides ou des eaux grasses ; nous ne pouvons que renvoyer à ce chapitre en rappelant :

1° Que la puissance de vaporisation des surfaces métalliques propres est essentiellement différente de la puissance de vaporisation des surfaces métalliques couvertes de sédiments calcaires, concrétionnés, pulvérulents ou savonneux ;

2° Que les parties métalliques empâtées de sédiments n'étant plus baignées par l'eau, passent facilement au rouge, et que si, dans cet état, elles viennent à être mises par la chute d'une partie des inscrustations en contact immédiat et subit avec l'eau, on se trouve placé dans les conditions désastreuses dont nous venons de parler dans le paragraphe précédent.

Les organes d'un grand nombre de chaudières qui ont fait explosion étaient couverts d'incrustations épaisses, et nous avons cité la chaudière du remorqueur à haute pression *le Quillebœuf*, qui, après avoir marché convenablement dans les eaux relativement douces du port du Havre et de la baie de Seine, n'a pu résister aux eaux salées de la Méditerranée.

L'emploi d'une eau de bonne qualité, le nettoyage incessant, dans le cas où l'on ne peut se procurer de bonne eau, doivent être considérés comme des mesures de première nécessité.

Échauffement des parois de la chaudière et déplacement subits de masses de vapeur. Production instantanée de vapeur. — Un certain nombre d'explosions ont lieu dans une circonstance particulière ; les soupapes sont en bon état ; elles ne sont pas chargées ; le niveau de l'eau est convenable ; l'eau est de bonne qualité ; le métal de la chaudière est très-sain, et cependant la chaudière éclate au moment où, après un certain intervalle de repos, on reprend le travail.

Les *Annales des mines* mentionnent plusieurs explosions survenues, soit le matin, au moment où le travail commence, soit après un repos d'une heure consacré au repas des ouvriers.

On a pensé que ces explosions pouvaient être dues à deux causes : d'une part, les massifs de maçonnerie qui enveloppent les chaudières de machines fixes s'échauffent et emmagasinent, pour ainsi dire, plus de chaleur qu'elles ne peuvent le faire lorsque la vapeur est dépensée au fur et à mesure de sa production; lorsqu'on alimente à nouveau une chaudière placée dans ces conditions la vaporisation peut être beaucoup plus rapide que dans les conditions ordinaires et déterminer une augmentation de pression supérieure à la résistance de la chaudière.

En second lieu, les courants de vapeur qui se produisent dans l'intérieur d'une chaudière peuvent être en quelque sorte intermittents. M. Wye William, dans l'ouvrage que nous avons déjà cité sur les phénomènes de la combustion, mentionne un grand nombre d'expériences entreprises pour rechercher la marche des courants que l'ébullition détermine dans un vase rempli d'eau ; ces courants varient beaucoup, avec la forme du vase, avec l'intensité de l'ébullition, avec la pression qui existe dans le vase. M. Wye William rappelle des exemples de vases étroits dans lesquels la vapeur s'accumulait à la partie inférieure et ne se dégageait pour gagner la partie supérieure que lorsqu'elle avait acquis un volume déterminé et une pression suffisante pour vaincre la résistance offerte à sa marche.

Des phénomènes semblables ne peuvent-ils pas se produire dans certaines parties étroites des chaudières, dans l'espace compris par exemple entre le foyer et les faces verticales d'une chaudière de locomotive ou de bateau ? Au repos, des masses de vapeur s'accumulent dans ces espaces resserrés ; mais dès que la machine s'ébranle, dès que l'ouverture du régulateur a modifié la pression de la chambre de vapeur, ces masses de vapeur s'élancent dans la partie supérieure de la chaudière et viennent changer subitement les conditions de la pression.

Les chaudières ne doivent donc pas être abandonnées à elles-mêmes lorsqu'elles sont en pression ; il est prudent de voir de temps en temps si les soupapes fonctionnent bien, et, lorsqu'on ouvre de nouveau le régulateur, il convient à tous égards de ne le faire que graduellement.

Enfin, l'attention publique a été récemment appelée sur des phénomènes qui peuvent jouer un rôle important dans les explosions; *l'eau privée d'air* ne se comporte pas, au point de vue des changements d'état, comme l'eau ordinaire. Tandis que celle-ci à 0° passe à l'état solide et à 100° à l'état gazeux, l'eau privée d'air peut rester liquide de — 12° à + 188° pendant un intervalle thermométrique de 200°, au lieu de 100.

Lorsque cette eau privée d'air est chauffée au delà de 100° et demeure liquide, il suffit de remuer le vase qui la contient ou de la toucher avec une pointe de bois retenant à sa surface une quantité d'air impondérable pour déterminer sa vaporisation immédiate.

En mettant une goutte d'eau privée d'air dans un mélange d'huile de même densité, on peut élever la température à 150 ou 160°, sans qu'elle quitte l'état liquide; si on touche cette goutte avec une pointe, il y a explosion.

Quand une machine conserve un repos complet et prolongé, l'eau, qui par l'élévation de la température a perdu presque tout l'air qu'elle contenait, ne peut-elle pas se trouver dans un état physique semblable à celui que nous venons de décrire et rester liquide? mais qu'une secousse quelconque soit imprimée à la machine, la vaporisation se produit avec une rapidité et une puissance à laquelle aucune enveloppe ne peut résister.

Les explosions au moment de la mise en marche, le matin ou après une période de repos, ont peut-être une cause plus simple que celles que nous venons d'indiquer, le *défaut d'alimentation pendant le repos* et, par suite, l'abaissement du niveau de l'eau, puis, au moment où la machine est remise en marche, l'arrivée de l'eau sur des surfaces rougies.

Souvent des chaudières ont des fuites qui ne sont pas connues, l'eau se vaporise dans le foyer même, et, lorsque le chauffeur allume son feu, la chaudière ne contient qu'une quantité d'eau insuffisante. Si en même temps la chaudière n'a pas d'appareil alimentaire spécial indépendant de la machine, elle ne reçoit pas d'eau tant que la machine est au repos et le niveau s'abaisse de plus en plus.

Usure de la chaudière. Coups de feu et dispositions vicieuses adoptées dans la construction des machines. — Il n'est pas besoin d'insister sur les dangers que peut occasionner, soit l'usure de la chaudière, soit l'adoption de dispositions vicieuses dans la construction. Les chaudières, surtout lorsque l'on emploie des eaux de qualité médiocre, s'usent rapidement, et il importe de constater par des essais à la presse hydraulique si elles ont conservé la résistance qui convient à la pression sous laquelle elles doivent travailler. L'altération des chaudières se manifeste habituellement soit dans la partie qui correspond aux variations du niveau de l'eau, soit à la jonction des bouilleurs avec le corps cylindrique. Quelquefois l'altération du métal se manifeste sous une forme très-remarquable ; le métal est couvert de piqûres circulaires dont l'aspect ne saurait mieux se comparer qu'à celui des traces laissées par la petite vérole sur le corps humain. Ces piqûres vont en s'approfondissant et arrivent à traverser la tôle. Nous rappellerons ce que nous avons dit au sujet des épreuves : on commettrait une grande faute en cherchant, par des épreuves à outrance, à préciser la résistance absolue d'une chaudière ; on dépasserait infailliblement la limite d'élasticité du métal et on amènerait la rupture de la chaudière sous des efforts relativement très-faibles.

Nous avons parlé des coups de feu qui se produisent quand, par suite d'un arrêt dans l'alimentation, une partie de la chaudière s'échauffe rapidement et s'oxyde ; cette usure, nous dirons même cette destruction de la chaudière, se manifeste aussi dans des circonstances au sujet desquelles il y a lieu d'appeler l'attention des ingénieurs. Quand les gaz enflammés circulent à peu près parallèlement aux bouilleurs et aux chaudières, le métal n'a point à redouter d'action destructive en un point plutôt qu'à un autre ; mais il n'en est pas de même quand les gaz enflammés arrivent normalement à la surface d'une partie de la chaudière ; ils agissent comme le ferait le dard d'un chalumeau et ils amènent la destruction rapide du métal. Ces effets ont été constatés sur des chaudières chauffées avec des gaz provenant, soit de hauts fourneaux, soit de fours à puddler ou à réchauffer. Lorsque l'on ne peut diriger l'arrivée des gaz, il faut protéger la surface de la chaudière, soit par une surépaisseur donnée au métal, soit même par un revêtement en briques réfractaires.

M. Fairbairn a conseillé l'emploi de la tôle d'acier dans toutes les parties de chaudière exposées à recevoir des coups de feu.

Le choix des métaux a aussi une très-grande influence sur la durée des chaudières ; des tôles aigres, des tôles douces mais mal soudées, ne résistent pas longtemps, et, lorsqu'un premier accident se manifeste dans une chaudière, il importe de bien examiner la nature du métal employé. Rien de plus dangereux que l'emploi des tôles aigres, nous le répéterons souvent ; les tôles trop douces peuvent aussi devenir dangereuses, elles sont attaquées par le burin lorsque l'on veut matter un joint et on creuse dans le métal un sillon qui, quelques mois après, détermine une déchirure dans la chaudière.

Les fuites qui se produisent quelquefois à la jonction des tubes des bouilleurs avec le corps cylindrique des chaudières de machines fixes, sont très-dangereuses ; le métal s'oxyde rapidement à l'extérieur et son épaisseur devient insuffisante pour résister aux pressions.

Quant aux dispositions vicieuses dans la construction, l'étude des faits observés dans les chaudières qui ont fait explosion est la seule chose à conseiller. On est quelquefois confondu de l'ignorance des constructeurs et surtout des propriétaires d'appareils à vapeur. Une explosion a eu lieu récemment à

Paris dans un cylindre sécheur construit en fer-blanc et fonctionnant avec une soupape fermée.

Dans les chaudières à surfaces planes, des explosions ont eu lieu par la rupture des entre-toises destinées à consolider ces surfaces et qui étaient d'un diamètre insuffisant; dans d'autres cas, les joints des tôles forment des lignes continues de moindre résistance qu'il eût été facile d'éviter. Des bouilleurs intérieurs ne sont pas suffisamment consolidés pour résister à la pression de la vapeur qui tend à les comprimer et à les aplatir. Souvent aussi des incrustations s'accumulent dans des parties de la chaudière impossibles à visiter et à nettoyer, etc.

Nous le répétons, l'étude des chaudières en service, et surtout de celles qui ont fait défaut, est la seule chose à faire pour éviter les inconvénients qui peuvent résulter d'une construction vicieuse.

Appréciation des ingénieurs anglais sur les causes des explosions. — Le nombre des machines à vapeur est beaucoup plus considérable en Angleterre qu'en France, et de l'aveu d'un des ingénieurs les plus illustres de la Grande-Bretagne, M. Fairbairn, le nombre des accidents est relativement plus grand en Angleterre qu'en France. L'absence de toute réglementation, de toute surveillance, est une des causes de cette situation regrettable, et nous avons vu, à la voix même de M. Fairbairn, se former l'association de Manchester *for the prevention of steam boiler explosions*.

Dans les lectures faites à Manchester, lectures qui ont précédé la formation de cette société, M. Fairbairn a indiqué quelles étaient les principales causes des explosions des machines; nous analyserons rapidement son beau travail en constatant que les conclusions sont presque identiquement les mêmes que celles que nous venons de présenter d'après les travaux des ingénieurs français.

1° *Accumulation de pression intérieure.*

Neuf fois sur dix l'explosion résulte de l'augmentation de la pression intérieure; les soupapes sont insuffisantes ou surchargées. Le métal commence par résister à ces pressions exagérées, mais peu à peu il perd ses conditions d'élasticité, et un jour la chaudière éclate sous une charge relativement faible.

2° *Danger des incrustations.*

Mêmes faits que ceux constatés en France, mêmes conseils sur l'indispensable nécessité de n'employer que de l'eau de bonne qualité.

3° *Explosions par manque d'eau.*

Après avoir montré comment la résistance du métal diminue quand il est exposé au contact du foyer sans être baigné du côté opposé par l'eau, après avoir insisté sur le danger que présente l'arrivée subite de l'eau sur un métal chauffé au rouge, M. Fairbairn examine la question, soulevée par plusieurs physiciens, de la formation de mélanges détonants dus à la décomposition de l'eau. Sans repousser absolument cette hypothèse, M. Fairbairn considère comme improbable la formation d'un mélange détonant qui aurait besoin, pour s'enflammer, du contact de l'oxygène ou de l'air atmosphérique, dont la présence dans l'intérieur de la chaudière s'explique mal.

Les ingénieurs doivent s'appliquer à perfectionner les moyens d'alimenter les machines, et à cet égard la découverte de l'injecteur Giffard répond parfaitement au désir exprimé par M. Fairbairn.

4° *Accidents produits par suite d'affaissements.*

Ces accidents sont causés par la déformation des tubes intérieurs soumis à des pressions agissant à l'extérieur; il importe de consolider ces parties de la chaudière par des cornières et des armatures spéciales.

5° *Explosions par suite de constructions vicieuses.*

Mêmes considérations que celles indiquées ci-dessus.

6° *Explosions provenant de manque de soins et d'ignorance.*

Aucune cause d'explosion n'est signalée avec plus d'énergie

par M. Fairbairn que l'ignorance. Un mécanicien qui assujettit ses soupapes, s'écrie-t-il, est comparable à l'insensé qui se précipite dans un magasin à poudre, une torche à la main. M. Fairbairn proclame avec une ardente conviction la double nécessité d'instruire les ouvriers mécaniciens et d'avoir pour la conduite des machines un code plus rigide et plus strict ; nous ne saurions trop conseiller aux ingénieurs la lecture de ces pages intéressantes du livre de M. Fairbairn.

Rôle de l'électricité dans les explosions. — En présence des effets extraordinaires produits par les explosions, plusieurs personnes ont pensé qu'il fallait chercher ailleurs que dans les phénomènes de la pression des gaz et des vapeurs, les causes des explosions, et elles ont fait intervenir l'électricité, sans cependant rien préciser ; une polémique assez vive s'est engagée à ce sujet en Belgique, mais aucun fait précis ne ressort des mémoires publiés. Il est possible que, dans un phénomène aussi complexe, l'électricité joue un rôle ; mais ce rôle est-il cause ou effet ? C'est ce qu'il est difficile d'établir, et, comme presque toutes les explosions connues se sont manifestées dans l'une des cinq conditions que nous avons indiquées, on peut en conclure avec certitude qu'en évitant la production de ces conditions incontestablement défavorables, on diminuera dans la plus large proportion la probabilité des accidents.

Règles à suivre dans l'étude des explosions. — Les ingénieurs des ponts et chaussées, qui, par les règlements relatifs aux machines à vapeur, sont appelés à remplacer les ingénieurs des mines, doivent se préoccuper de la tâche qu'ils ont à remplir, lorsqu'ils ont à faire une enquête sur les faits qui ont amené l'explosion d'un générateur à vapeur. Ils trouveront à cet égard, dans les *Annales des mines* et dans les *Annales des ponts et chaussées*, des rapports qui leur indiqueront la marche suivie dans des circonstances analogues. Nous pensons qu'en se conformant à l'ordre ci-après, ils ne négligeront aucune des questions sur lesquelles doit être appelée l'attention soit de l'administration publique, soit des tribunaux.

1° État de la chaudière avant l'accident.

Nature du service que la chaudière était appelée à faire.

Dimensions principales. Timbre. Durée du service.

Date de la réception, de la dernière visite par les agents de l'État, nom du fournisseur.

2° Accident et conséquences de l'accident.

Heure à laquelle l'accident a eu lieu, immédiatement après la reprise ou à un moment quelconque du travail.

Effets produits par l'accident.

Noms et états des victimes. Savoir si les soins nécessaires ont été donnés aux blessés.

État de la chaudière, croquis exact de ses diverses parties, position des débris, lancés souvent à une grande distance, poids de ces débris.

État des bâtiments voisins de la chaudière.

Position des murs renversés ou ébranlés par rapport à l'axe longitudinal de la chaudière.

3° Recherche des causes qui ont pu amener l'explosion.

Nature des eaux employées, importance et nature des sédiments.

Aspect des soupapes ou de leurs débris, ainsi que de tous les appareils de sûreté prescrits par les règlements ou ajoutés par le constructeur. Désignation des appareils de sûreté omis.

Nature du métal employé dans la chaudière. État des rivures. Examen des parties de la chaudière exposées à recevoir un coup de feu. Mode d'assemblage des tôles.

Habitudes du chauffeur, sa capacité, ses défauts.

Témoignages sur l'accident.

Tous les points qui précèdent, établis aussi bien que possible, confirmés en ce qui concerne la qualité du métal par des expériences directes faites sur sa résistance, nous pensons que l'on pourra toujours rapporter l'explosion à l'une des cinq causes énumérées au commencement de ce chapitre. Nous présentons comme vérification de cette conclusion l'analyse sommaire de plus de 30 accidents d'explosions survenus dans une période de 25 ans, soit sur des machines fixes, soit sur des machines de bateau, soit enfin sur des locomotives. Nous suivrons l'ordre dans lequel nous avons classé les causes d'explosion, en faisant remarquer toutefois que souvent plusieurs causes agissent à la fois, qu'il y a des causes primitives et des causes consécutives, et qu'il est souvent difficile de faire la part qui revient à chacune d'elles.

Exemples d'explosions causées par une production de vapeur supérieure à la quantité dépensée ou dépensable. Soupapes chargées. — Nous avons dit que la surcharge des soupapes et la production d'une quantité de vapeur supérieure à la quantité dépensée ou dépensable était la cause la plus fréquente d'accident; aussi, à ce sujet, les exemples abondent et on n'a que l'embarras du choix :

1. Accident de Bolton, 1845 :

16 à 18 personnes tuées.

Destruction complète du bâtiment.

Soupapes insuffisantes et très-probablement chargées.

2. Accident d'Ashton-under-Lyne :

5 personnes tuées.

Soupapes chargées.

3. Accident de Rochdale, 1854 :

10 personnes tuées.

Débris de chaudière lancés à 250 pieds de distance.

Sur cinq soupapes, trois étaient en mauvais état et deux étaient surchargées.

Abaissement du niveau de l'eau et immense production de vapeur à la suite d'une ouverture subite du robinet d'alimentation.

Il était impossible de trouver réunies plus de preuves de négligence, et l'opinion publique en Angleterre a ratifié le verdict sévère prononcé par le jury dans ce déplorable événement.

4. Machine locomotive *Irk* en Angleterre, 1845 :

3 personnes tuées.

Soupapes attachées.

La machine du poids de 20 tonnes fut lancée verticalement à une hauteur de 9 mètres; elle passa à travers le plancher du bâtiment sous lequel elle était remisée et vint tomber à 54 mètres de distance du point où elle séjournait.

5. Machine locomotive à Wegen, en Hanovre, 1856.

Il fut, au premier abord, impossible de découvrir la cause de cet accident, tout paraissant en ordre dans la machine; mais, en démontant le dôme, on découvrit une clavette en bois qui avait été chassée avec force de manière à limiter le jeu du levier des soupapes; il était impossible de soupçonner une pareille préméditation d'imprudence.

6. Machine locomotive à marchandise sur le chemin du Bourbonnais, 10 novembre 1862.

La gravité de cet accident a été augmentée par une circonstance bien extraordinaire : la chaudière a fait explosion au moment même où elle passait sous un pont établi par-dessus la voie et dont elle détermina la chute; les wagons de marchandises vinrent s'accumuler sur les débris de la machine et sur ceux du pont. Le mécanicien fut tué, le chauffeur et les agents du train, grièvement blessés. Une polémique très-vive fut engagée sur les causes de cet accident, que personne ne pouvait expliquer; elle fut tranchée par la déclaration d'un agent du train, qui avait trouvé dans les débris les soupapes attachées et qui avait gardé plusieurs mois, sans oser le dire, la corde placée par le mécanicien, victime de son imprudence.

7. Explosion d'un tambour sécheur à Kingersheim (Haut-Rhin), 9 septembre 1856.

8. Explosion d'une cuve à lessive à Saint-Amarin (Haut-Rhin), 1866.

Dans ces deux accidents, on ne s'était pas préoccupé des moyens de donner issue à la vapeur qui pouvait être accumulée dans les appareils. A Saint-Amarin, la vapeur destinée à la cuve à lessive était prise à un générateur capable de fournir de la vapeur à 5 atmosphères, pression très-supérieure à celle à laquelle pouvait résister la cuve à lessive. Les robinets destinés à réglementer l'introduction de la vapeur dans la cuve avaient probablement donné passage à une quantité de vapeur supérieure à celle que pouvaient dépenser les soupapes de cette cuve, et l'explosion avait eu lieu.

Dans des circonstances semblables, il faut se préoccuper autant des moyens d'évacuer la vapeur que des moyens de l'amener. Si le générateur a une grande puissance, il faut disposer de larges moyens d'évacuation et placer notamment sur le parcours que doit effectuer la vapeur à sa sortie du générateur un réservoir de détente garni de soupapes qui se lèvent dès que la pression devient supérieure à celle que l'on veut obtenir dans les cuves ou les tambours de séchage.

Exemples d'explosions causées par l'abaissement prolongé du niveau de l'eau. — A un certain point de vue, les explosions causées par l'abaissement prolongé du niveau de l'eau peuvent être confondues avec les explosions produites par un développement subit de vapeur, parce que presque toujours les chauffeurs croient pouvoir conjurer le danger que présente l'abaissement du niveau de l'eau en alimentant brusquement.

9. Explosion de Saint-Louis (Bouches-du Rhône), 2 juin 1863.

Chauffeur tué.

La chaudière avait été complétement vidée et le métal était arrivé au rouge, lorsque le chauffeur voulut ouvrir en grand le robinet d'alimentation ; un enfant qui travaillait à côté de cet ouvrier le prévint du danger qu'ils allaient courir tous deux ; mais le chauffeur ne se rendit point à ces justes observations et périt victime de son imprudence ; quant à l'enfant, il eut le temps de se sauver et il quittait le local de la chaudière au moment même où celle-ci éclatait.

10. Explosion du bateau *l'Éclaireur*, n° 2 :

Chauffeur tué.

Le petit cheval destiné à l'alimentation de la chaudière marchait à sec et la chaudière était complétement vide lorsque le chauffeur voulut alimenter. Le bateau sombra à pic dans une profondeur de 8 mètres d'eau.

11. Explosion à Cotatay (Loire), 4 juillet 1864 :

2 hommes tués, 3 blessés.

12. Explosion à Strasbourg, bateau dragueur, 15 juillet 1864 :

2 hommes tués, 3 blessés.

Le bateau coupé en deux et coulé immédiatement.

13. Explosion à Tournus (Saône-et-Loire), 26 novembre 1864 :

3 hommes tués.

14. Explosion à la Meilleraye (Seine-Inférieure) :

5 personnes tuées, 8 blessés.

15. Explosion d'une machine Engerth, le 9 avril 1861, sur le chemin de Vienne à Trieste.

M. l'ingénieur Lebleu, dans les *Annales des mines*, de 1862, a rendu compte des effets véritablement extraordinaires de cette explosion.

Pendant que le bâti, le mécanisme, les soutes à eau, en un mot toute la partie roulante, déraillait et ne s'arrêtait qu'après avoir parcouru une distance de 58 mètres, la chaudière s'élançait verticalement dans l'espace, décrivait un arc considérable, passait par-dessus les fils télégraphiques et venait tomber à une distance de 158 mètres ; de là elle rebondissait pour décrire un second arc et tomber à 36 mètres du lieu de sa première chute. Le mécanicien et le chauffeur, lancés en l'air, ne reçurent que des contusions.

L'aspect des tubes du premier rang et du ciel du foyer prouvèrent qu'on avait laissé baisser le niveau de l'eau et qu'on avait voulu alimenter brusquement.

Exemples d'explosions dues aux eaux incrustantes, aux eaux acides, aux eaux grasses. — 16. Explosion du remorqueur *le Quillebœuf*, à Marseille.

17. Explosion à Paris, 2 janvier 1864 :

Chauffeur tué.

Projection de la moitié du générateur à une hauteur de 50 mètres.

18. Explosion à Aubin, le 1er juillet 1864 :

4 ouvriers tués, 2 blessés.

Emploi d'eaux acides non neutralisées provenant de l'épuisement des mines d'Aubin.

Les eaux contenaient jusqu'à $1^k,6$ d'acide sulfurique par litre et elles attaquaient profondément la partie des chaudières dans laquelle s'effectuaient sur une hauteur maxima de $0^m,40$ les changements de niveau du liquide; 59 chaudières à Aubin étaient alimentées avec ces eaux, les seules que l'on possédât. Pour conjurer le danger que leur emploi présentait, on doublait l'épaisseur des chaudières et la compagnie d'Orléans dépensait environ 75,000 fr. par an pour cet entretien absolument exceptionnel. Aujourd'hui, la compagnie d'Orléans a établi une prise d'eau à 9 kilomètres d'Aubin; l'altitude à franchir est de 120 mètres, et la dépense s'est élevée à 400,000 fr. environ.

19. Accidents survenus aux machines Borsig :

Nous avons décrit, dans le chapitre relatif aux consommations des machines, les phénomènes extraordinaires produits par l'emploi des eaux grasses. Ces phénomènes, constatés aujourd'hui sur un grand nombre de points, ne peuvent plus être mis en doute et ils permettent de se rendre compte d'accidents dont la cause était restée inconnue.

Exemple d'explosion survenue au moment de la reprise du travail. — 20. Explosion d'une machine locomotive sur le chemin de fer de l'Est à Vesoul, 2 juillet 1864 :

Mécanicien et chauffeur tués.

La machine était au repos, aucun bruit des soupapes n'accusait une production de vapeur anormale ; à peine le mécanicien avait-il ouvert le régulateur pour se remettre en marche, que la partie supérieure de l'enveloppe du foyer de la chaudière était arrachée et lancée dans l'espace.

La qualité des tôles laissait à désirer au point de vue de la malléabilité, la ligne de rivure était fatiguée; on constata aussi que le mécanicien augmentait souvent la pression : mais ces faits n'expliquent pas cette circonstance singulière que c'est au moment précis où la machine passait de l'état de repos à l'état de mouvement que l'explosion se produisait. Dans notre pensée, il y a eu production instantanée de vapeur; *la capacité vaporisatrice de l'eau était comme endormie*, et la secousse imprimée par l'ouverture du régulateur a donné naissance aux phénomènes constatés sur l'eau privée d'air.

Exemples d'explosions dues à l'usure des chaudières, ou aux mauvaises dispositions adoptées dans la construction. — Là encore, nous n'avons que l'embarras du choix ; nous devons cependant dire que de grands progrès ont été faits, et que l'on sait maintenant éviter des dispositions dont l'expérience a fait reconnaître le danger.

21\. Explosion de la chaudière de la machine d'extraction à Carmeaux (Tarn), 15 décembre 1855 :

Chauffeur tué.

La chaudière était en fonte et en service depuis quinze ans : les bouilleurs étaient fermés par un tampon en fonte scellé au mastic de limaille et qui fut projeté par la vapeur.

22 et 23. Explosions mentionnées dans les rapports mensuels faits à l'association de Manchester :

Rupture d'une chaudière en service depuis vingt ans, parois corrodées profondément, épaisseur du métal réduite à $3^{mm},2$.

Affaissement d'un bouilleur intérieur d'une chaudière de Cornouailles, tellement corrodé que l'épaisseur du métal était réduite à $1^{mm},6$.

Cet affaissement des bouilleurs intérieurs des chaudières de

Cornouailles est un fait malheureusement fréquent en Angleterre. Nous en avons indiqué les causes, et nous avons fait connaître les dispositions proposées pour consolider ces tubes.

24. Explosion de Coppenanfort (Nord), 13 février 1864 : 14 personnes tuées, 2 blessées.

Affaissement d'un tube intérieur de retour de flamme.

La vapeur de trois grands générateurs formant batterie s'est répandue subitement dans le local des chaudières, les murs ont cédé, et celui qui séparait ce local d'un atelier voisin dans lequel des ouvriers prenaient leur repas est tombé sur ces malheureux, qui ont succombé, en partie écrasés, en partie brûlés par la vapeur.

25. Explosion de la chaudière du *Citis*, sur la Saône, 17 février 1841 :

26 personnes à bord, 11 tuées, 9 blessées.

Surfaces planes non consolidées.

26. Bateau *Parisien* n° 5, 4 février 1853 ; explosion à Andance, sur le Rhône :

6 à 7 personnes tuées.

Chaudière à faces planes, 1 atmosph. 1/2.

Pas d'épreuves.

Chambre de vapeur réunie à la chaudière proprement dite par des faces planes consolidées par des armatures.

Rupture des armatures, déchirure de la jonction de la chambre de vapeur.

Si la chaudière eût été essayée, cette insuffisance eût été constatée.

27. Explosion de la chaudière du *Creuzot*, n° 2, sur le Rhône, 12 mars 1864 :

Les rapports publiés sur cette explosion dans les *Annales des ponts et chaussées* peuvent être cités au point de vue de la clarté de l'exposition des faits et de la netteté des conclusions ; il est regrettable seulement qu'ils ne soient pas accompagnés de planches.

La chaudière tubulaire se composait de quatre massifs de tubes correspondant aux quatre foyers. Les fonds de la chaudière étaient mal disposés et consolidés par un nombre considérable de tirants qui supportaient un effort de 11 kilogrammes par millimètre carré, et qui rompirent sous cette charge.

La chaudière est sortie violemment du bateau en brisant la carène, emportant les fragments du pont, et elle est allée à 20 mètres de distance s'implanter sur la rive du Rhône.

Un aide chauffeur, qui était assis sur le pont, a été projeté dans le Rhône et noyé.

Nous retrouvons dans les dispositions insuffisantes adoptées dans cette chaudière le défaut que nous avons signalé d'une manière générale dans un assez grand nombre de machines. On ne s'était pas rendu compte de la continuité des efforts qui se transmettaient dans les diverses parties de la chaudière pour consolider la face plane ; on avait reporté l'effort sur des tirants sans calculer l'intensité de cet effort.

28. Explosion d'une machine Engerth sur le chemin de fer du Midi, à Agen, 1859 :

La chaudière était formée de cinq anneaux de tôle de $0^{m},015$ d'épaisseur; mais la qualité des tôles, ainsi que l'exécution de la rivure, laissait à désirer ; les couvre-joints étaient trop faibles, et les déchirures ont eu lieu aux lignes circulaires des rivets.

29. Explosion d'une locomotive sur le chemin d'Entre-Sambre-et-Meuse, en Belgique, en 1864 :

Une explosion de machine locomotive a eu lieu en 1864 sur le petit chemin de fer de Sambre-et-Meuse ; le mécanicien et le chauffeur furent tués. L'aspect de la cassure des tôles a montré que les épaisseurs étaient extrêmement réduites par les corrosions, et toutes les machines appartenant au même type durent être retirées du service.

Exemples d'explosions survenues pendant les épreuves. — Les épreuves des chaudières doivent être faites avec beaucoup de prudence ; nous terminerons notre triste énumération en citant deux explosions survenues au moment des épreuves.

30. Explosion d'une locomotive chez MM. Sharp Stewart et Cie (Atlas Works, à Manchester) :

9 personnes furent tuées par les débris de la chaudière projetés dans tout l'atelier.

31. Explosion de Chauny (Aisne), 24 juin 1864 :

8 personnes tuées, 6 blessées.

Ce grave accident a été causé par une succession d'imprudences. Il s'agissait d'essayer une cuve à parois planes destinée à la macération de la paille entrant dans la fabrication du papier ; les faces planes étaient très-incomplétement armées, et l'épreuve fut faite avec de la vapeur au lieu d'eau. Le manomètre marquait à peine deux atmosphères, quand la caisse s'ouvrit suivant deux arêtes en projetant de l'eau et de la vapeur sur 14 victimes.

Formation de mélanges explosifs dans le foyer. — On a quelquefois cherché à expliquer la violence des accidents éprouvés par les chaudières à vapeur par la formation de mélanges explosifs dus à la décomposition de l'eau dans les foyers, par conséquent à l'extérieur de la chaudière. L'aspect des débris après une explosion prouve que, sauf le cas d'affaissement des bouilleurs, l'action destructive s'est exercée de l'intérieur à l'extérieur, et a fait condamner dans la presque totalité des cas la théorie de la formation de mélanges explosifs à l'extérieur ; du reste cette théorie elle-même ne repose pas sur des preuves bien concluantes.

La quantité d'eau qui peut se trouver dans un foyer est très-faible, et l'on ne conçoit pas qu'elle puisse y arriver autrement qu'à l'état hygrométrique et contenue dans le combustible. Quelquefois, on introduit à dessein de la vapeur d'eau pour activer le brassage et le mélange des gaz combustibles ; mais on n'a pas observé que cette méthode sur laquelle sont fondés plusieurs appareils fumivores favorisât les explosions.

En second lieu, l'appel incessant des gaz du foyer dans la cheminée rend bien peu probable le séjour, dans ce même foyer, des quantités de gaz nécessaires pour constituer un mélange explosif.

Enfin, si on a constaté dans quelques foyers des soubresauts assez forts pour ouvrir la porte, pour déplacer quelques barreaux, amener un certain désordre dans la cheminée, on n'a point, à notre connaissance, constaté de véritables explosions entraînant les destructions que l'on a eu trop souvent à déplorer.

Rareté des explosions dans les machines locomotives. — Nous avons, dans l'analyse sommaire des relations d'accidents de machines, à peu près indiqué toutes les explosions de machines locomotives connues en France. Ce nombre est très-restreint, au moins en Europe, et on ne peut attribuer cet heureux résultat qu'à la surveillance incessante dont les machines locomotives sont l'objet. Si des soins semblables étaient apportés aux machines fixes et aux machines de bateau, on arriverait très-certainement à rendre très-faible le nombre des accidents. Tandis que le nombre des machines va sans cesse croissant, celui des accidents en France est stationnaire et va peut-être même en décroissant; le jour où les chauffeurs comprendront tous que la surcharge des soupapes, que l'alimentation brusque sur des surfaces rougies constituent un danger aussi grand que celui qui résulte de la présence d'une torche allumée dans un magasin à poudre, comme le dit M. Fairbairn, ce jour-là, l'emploi des chaudières à vapeur présentera une sécurité presque absolue.

Publicité donnée aux accidents de machines à vapeur. — La publication dans plusieurs journaux des rapports des agents de l'association de Manchester a produit de grands résultats : tous les industriels ont compris la honte qui s'attacherait à leurs noms si, dans le récit d'accidents survenus dans leurs usines, on lisait qu'il y a eu défaut absolu de surveillance, que les chaudières n'avaient ni soupapes ni indicateurs de niveau, que les tôles étaient corrodées sur les neuf dixièmes de leur épaisseur, etc., etc.

L'administration française a imité l'association de Manchester : un tableau inséré tous les six mois au *Moniteur* donne pour chaque accident de machines :

La date de l'accident;

La nature, la situation de l'établissement;

Le nom des propriétaires et celui des constructeurs;

La nature, la forme et la destination de l'appareil;

Les circonstances de l'explosion;

Les suites de l'explosion;

La cause présumée.

Malheureusement *le Moniteur* n'a pas beaucoup de lecteurs, et les journaux reproduisent peu ces tableaux, qui seraient bien plus utiles à l'éducation de tout le pays que les collections de nouvelles diverses et les récits de crimes que l'on imprime chaque jour.

La lecture des tableaux publiés au *Moniteur* constitue à elle seule une étude de tous les faits relatifs aux explosions, et on ne saurait trop la recommander à toutes les personnes qui s'intéressent au développement de l'industrie dans notre pays.

§ 2. — Accidents autres que les explosions.

Machines fixes. — Les accidents autres que les explosions, déjà bien rares elles-mêmes, sont extrêmement peu fréquents dans les machines fixes. Quand une machine a été bien construite, avec des matériaux de bonne qualité et employés sans parcimonie, on peut dire que sa durée est presque indéfinie; la rupture d'une pièce est un fait très-anormal et qui n'occasionne qu'un temps d'arrêt.

La rupture du volant peut exceptionnellement causer de

grands malheurs; les fragments lancés tangentiellement à la circonférence sont projetés avec violence. On est parvenu cependant à faire disparaître presque complétement cette cause de danger, et les volants sont aujourd'hui composés de pièces ajustées avec une grande perfection et une entente parfaite des efforts auxquels ces pièces doivent résister.

Nous l'avons dit en parlant des régulateurs, les machines sont exposées à deux causes de destruction que les régulateurs les plus ingénieux ne peuvent pas toujours conjurer : une aggravation subite de la résistance à vaincre, ou une suppression également subite de toute résistance. Nous avons cité comme exemple de ces deux causes de destruction, dans une machine servant à élever les eaux, la fermeture ou la rupture subite du tuyau de refoulement. Dans le premier cas, la machine s'arrête ne pouvant vaincre l'obstacle, et tout en conservant dans tous ses organes une tension extrême ; dans le second, elle s'affole et prend une vitesse désordonnée. Il n'y a qu'un remède, la prompte fermeture de l'admission de la vapeur.

Machines de bateau. — Les chances d'usure et de destruction des machines de bateau sont augmentées par une cause générale, l'oxydation due à l'humidité, oxydation qui s'exerce à l'extérieur. On ne peut la combattre que par une surveillance très-active, et il serait désirable de voir s'introduire dans les machines marines les habitudes de nettoyage et d'entretien incessants qui sont pratiqués sur les locomotives.

Accidents autres que les explosions : machines locomotives. — Les machines locomotives sont exposées à des accidents graves déterminés par des causes étrangères à la machine elle-même ; nous ne parlons pas des collisions d'une machine et d'un train ou de deux machines entre elles, mais bien des ruptures d'essieu, de bandages, enfin des déraillements.

Difficultés que présente l'appréciation des causes ou des conséquences d'un accident. — Rien de plus difficile que d'apprécier d'une manière certaine les causes ou les conséquences d'un accident éprouvé par une machine locomotive.

En se rendant sur le lieu où vient de se passer un accident, on trouve souvent un essieu cassé ou tordu, des rails, des coussinets brisés. Est-ce la rupture de l'essieu qui a entraîné la chute de la machine et la rupture des rails, ou bien est-ce la rupture du rail qui a entraîné le déraillement de la machine et la rupture de l'essieu? Chaque accident donne lieu à de vives controverses, dans lesquelles les agents inférieurs de chaque service apportent souvent, sans motif, une vivacité intéressée, et la vérité est difficile à découvrir; dans beaucoup de cas, il est absolument impossible de déterminer les causes d'un accident. En parlant des actions perturbatrices qui s'opposent au mouvement régulier de translation d'une machine locomotive, nous avons indiqué les divers faits qui donnent naissance à ces mouvements de galop et de lacet dont l'intensité croît avec l'état de la voie, le mode d'attelage, l'équilibre des divers organes de la machine. Chacune de ces causes perturbatrices peut être insuffisante pour déterminer le déraillement d'une machine, mais leur concordance peut entraîner ce résultat. Qu'une machine, par une cause qui ne dépend que d'elle-même, prenne un mouvement de lacet, si la voie est parfaitement assise, ce mouvement s'arrête de lui-même et la machine reprend sa marche normale. Mais si, au contraire, un rail fléchit au moment où la machine a déjà une tendance à sortir de la voie, le déraillement a lieu; tandis que la flexion de la voie n'eût entraîné aucune conséquence fâcheuse si la machine s'était trouvée dans des conditions de marche régulière.

Le déraillement d'une machine en un point peut donc être occasionné par des faits qui ont commencé à se produire 5 ou 600 mètres en arrière de ce point, et tout concourt souvent à augmenter les difficultés d'une appréciation qui a besoin d'être extrêmement pesée et réfléchie.

Gaz délétères dans les chaudières. — En parlant des chaudières de machines locomotives, nous avons dit qu'avant de laisser un ouvrier s'introduire dans un foyer pour les réparations à faire au dépôt, il fallait veiller au complet refroidissement de toutes les parties de la chaudière et s'assurer qu'il ne restait pas dans ce foyer de gaz irrespirables. Un cruel accident survenu au mois de septembre 1869 dans une sucrerie à Anzin a démontré l'existence dans une chaudière de gaz méphitiques qui ont amené l'asphyxie et la mort d'un ouvrier chargé de nettoyer un des bouilleurs. La chaudière était au repos depuis plusieurs mois, et au moment de la reprise de la campagne d'hiver, on procédait au nettoyage des bouilleurs; un de ces appareils contenait à une de ses extrémités un peu d'eau ; cette eau, probablement chargée de matières organiques fermentescibles, avait donné naissance à des gaz délétères qui déterminèrent la mort immédiate de l'ouvrier qui s'était introduit dans le bouilleur ; un second ouvrier, ayant voulu porter secours à son camarade, tomba également sans connaissance, mais on put heureusement le ramener à la vie.

Toutes les chaudières dans lesquelles on emploie des eaux d'alimentation qui peuvent contenir des substances organiques ou animales, telles que pommes de terre, fécules, sucres, graisses, doivent être l'objet d'une surveillance spéciale au moment de la vidange, et on doit veiller au complet écoulement de l'eau qu'elles peuvent contenir.

QUATRIÈME PARTIE

CONSOMMATIONS DES MACHINES

CHAPITRE XIII

DE L'EAU

§ 1er. — Qualités de l'eau au point de vue de son emploi dans les machines.

Importance de la question de la qualité de l'eau. — Il n'existe peut-être pas, dans l'emploi des machines à vapeur, de question plus importante que celle de la qualité de l'eau. Avec de mauvais combustible la vaporisation peut diminuer, mais rien n'est compromis; avec de mauvaise eau, la chaudière peut être rapidement détruite, et des accidents épouvantables n'ont eu d'autre cause que l'emploi d'une eau chargée de sels ou d'une eau acide. Aux débuts de l'exploitation des chemins de fer, le service a été plusieurs fois entravé sans raison apparente, et ce n'est qu'après de longues recherches que l'on a trouvé la cause du trouble apporté à la puissance des chaudières. L'attention de tous les ingénieurs est maintenant éveillée sur ces faits, mais on est encore loin de tout savoir.

Formation des dépôts. — Sauf l'eau de pluie, la nature ne présente pas d'eau chimiquement pure. Toute eau transformée en vapeur laisse donc, sur les parois du vase, les matières étrangères qu'elle contenait en suspension ou en dissolution. Si la quantité d'eau vaporisée dans le même vase est considérable, ou si on renouvelle cette eau pendant une longue période, ce qui est le cas des chaudières, l'épaisseur des dépôts s'accroît très-rapidement. Rien de plus variable que la forme de ces dépôts : les uns sont adhérents aux parois des chaudières et semblent faire corps avec elles ; les autres sont pulvérulents et se détachent facilement ; quelques-uns sont concrétionnés comme des stalagmites ; d'autres sont feuilletés avec ou sans apparence de cristallisation. Les dépôts adhérents sont une cause permanente de destruction pour les chaudières ; les dépôts pulvérulents sont quelquefois entraînés par la vapeur, et ils viennent alors rayer les tiroirs et les cylindres ; mais les dépôts adhérents sont bien plus dangereux que les dépôts pulvérulents, et nous verrons que l'on fait de grands efforts pour modifier la nature du dépôt et l'obtenir sous forme de poudre, dont on se débarrasse par le nettoyage.

Les métaux et les substances calcaires n'ayant point le même pouvoir calorifique, la puissance vaporisatrice d'une chaudière décroît à mesure qu'augmente l'épaisseur des sédiments.

MM. Morin et Tresca ont expérimenté, au Conservatoire des Arts et Métiers, un générateur dont les parois étaient incrustées. Il exigeait pour vaporiser la quantité d'eau nécessaire à la marche de la machine une quantité de combustible double de celle qui était nécessaire lorsque les parois étaient propres. La plus mince couche de tartre suffit pour diminuer de 10 à 15 p. 100 la puissance vaporisatrice des surfaces métalliques.

En second lieu, les parties métalliques et les substances calcaires qui les recouvrent se dilatent très-inégalement, et, au bout de quelque temps, les dilatations et les contractions successives du métal déterminent des fissures et des déchirements dans la croûte calcaire qui se détache subitement et tombe par éclats au fond de la chaudière ; le métal qui, enveloppé de calcaire, avait atteint une température très-élevée, se trouve subitement au contact de l'eau et donne lieu à la formation instantanée d'une quantité de vapeur suffisante pour entraîner l'explosion de la chaudière.

La formation des dépôts est loin d'être régulière : elle dépend beaucoup de la forme de la chaudière, de la rapidité de vaporisation, des courants qui s'établissent dans la masse liquide. Généralement, les dépôts s'accumulent dans tous les angles ; quelquefois ils se forment en boules, en conglomérats isolés, dont le poids atteint 7 à 8 kilogrammes. On a beaucoup discuté l'origine de ces conglomérats, et il est probable qu'ils se forment autour d'un corps étranger introduit dans la chaudière ; une parcelle détachée et oubliée dans un nettoyage précédent peut devenir le centre de la formation d'un conglomérat.

Matières en suspension. — Les corps étrangers existent dans l'eau à deux états différents :

En suspension,

En dissolution.

Les matières en suspension sont faciles à éliminer,

Soit en filtrant l'eau,

Soit en la laissant reposer dans des réservoirs d'où on la distribue au moyen de tubes munis de pommes d'arrosoirs et dont l'orifice s'élève à 10 centimètres au moins au-dessus du fond.

Nous n'avons pas besoin d'insister sur l'importance de ces précautions : introduire de l'eau trouble dans une chaudière, c'est en préparer volontairement la destruction.

Matières en dissolution. — Les matières en dissolution sont plus difficiles à enlever que celles en suspension : les matières le plus généralement répandues sont les carbonates et les sulfates à base de chaux, de magnésie, d'alumine, de fer.

Les sulfates sont bien plus dangereux que les carbonates : ils donnent presque toujours des dépôts cristallins fibreux adhérents au métal, tandis que les dépôts carbonatés sont souvent amorphes et pulvérulents.

Eaux acides et eaux de tourbières. — Les eaux acides exercent sur les parois métalliques des chaudières une action trop facile à comprendre, et l'on a eu à déplorer plusieurs explosions dues à des corrosions profondes qui s'étaient produites à la hauteur du niveau habituel de l'eau dans les chaudières ; elles se rencontrent beaucoup plus fréquemment qu'on ne le croit. Les eaux extraites des puits de mines entre autres présentent souvent ce caractère ; les eaux de tourbières, les eaux marécageuses saturées de dissolutions de débris organiques amènent aussi la destruction rapide des chaudières.

Eaux grasses. — La présence de la graisse dans l'eau des chaudières a donné lieu à des accidents très-sérieux et dont on a été longtemps à découvrir la véritable origine ; ce n'est même qu'en 1867 qu'on a eu des données certaines sur ces phénomènes. Six chaudières d'un haut fourneau, appartenant à M. Borsig, dans la haute Silésie, furent mises hors de service au bout de deux ou trois semaines d'emploi. Trois furent réparées, trois autres complétement remplacées ; elles furent allumées de nouveau, mais au bout de quarante-huit heures on vit apparaître les mêmes causes de destruction : des fuites aux joints, des soubresauts de toute la masse métallique, et des détonations intérieures. On eut enfin l'idée que par une cause quelconque l'eau ne mouillait pas la chaudière et que le métal était échauffé sans être refroidi par le contact de l'eau.

Des expériences suivies furent faites sur la vaporisation de l'eau mêlée d'huile ou de graisse en très-petite quantité, et on reconnut que les points du métal auxquels la matière grasse adhérait transmettaient mal la chaleur et se surchauffaient, que le liquide se boursouflait et donnait lieu à des soubresauts énergiques. En ajoutant un sel de chaux aux matières grasses, on avait des effets plus énergiques encore : il se formait un savon à base de chaux qui adhérait aux parois et modifiait la capacité vaporisatrice dans une proportion extraordinaire.

On reconnut alors que les chaudières de M. Borsig étaient alimentées avec des eaux prises dans des bassins où se rendaient les eaux de purge et de condensation, et que ces dernières amenaient assez de matières grasses pour former avec le carbonate de chaux que contenait l'eau d'alimentation un savon qui produisait tous les désordres signalés. En supprimant ce mélange des eaux et en conduisant directement aux chaudières l'eau d'alimentation, on fit disparaître tout trouble.

Des phénomènes entièrement semblables ont été observés par M. Farcot sur une chaudière tubulaire établie par lui à Pont-Remy. Au bout de deux mois, cette chaudière donna lieu à des fuites considérables. Toutes les précautions prises pour remédier à cet accident furent sans résultat, et on s'était résigné à remplacer la chaudière lorsque, dans une dernière expérience faite après avoir changé l'eau d'alimentation, on reconnut que la chaudière ne présentait plus aucune défectuosité. Par une étude attentive du mode d'alimentation primitif, on reconnut que la pompe alimentaire puisait son eau dans la bâche de sortie du condenseur ; et en examinant les sédiments qui se trouvaient sur le toit du foyer, on trouva une poudre blanche très-onctueuse, mais qui, mêlée à de l'eau, ne mouillait ni les mains ni les parois du vase. Cette poudre était évidemment un savon calcaire qui produisait les effets signalés par les ingénieurs allemands.

§ 2. — Procédés pour remédier à la mauvaise qualité de l'eau.

On a tenté de remédier aux inconvénients résultant de la mauvaise qualité de l'eau par des procédés qui se rattachent à cinq ordres d'idées différents, savoir :

1° Procédés chimiques ;

2° Procédés physiques ;

3° Formation des dépôts dans des parties spéciales de la chaudière faciles à visiter et à nettoyer ;

4° Recherche et emploi d'eau de bonne qualité ;

5° Emploi de l'eau distillée provenant de la condensation de la vapeur.

Procédés chimiques. — Les procédés chimiques, excellents en théorie, sont difficilement réalisables en pratique, à cause du prix élevé des substances chimiques propres à décomposer les sels de chaux, principalement les sulfates, et de la masse de ces sels.

Les substances qui ont été proposées sont les suivantes :

a. — *Chlorure de baryum.* L'action des sels de baryum sur le sulfate de chaux est très-connue des chimistes. Malheureusement ces sels ne se présentent point dans des conditions de prix acceptables par l'industrie et l'on ne peut en considérer l'emploi que comme une ressource de laboratoire.

b. — *Soude caustique, carbonate de soude, chlorure de sodium.* Toutes ces substances ont été indiquées comme amenant la décomposition partielle des carbonates de chaux. La soude caustique ne peut être employée à cause de son prix élevé. Quant aux deux autres substances, elles ne présentent pas cet inconvénient, mais leur action est contestée ; dans certains cas même, le carbonate de soude peut donner naissance à des savons plus nuisibles que les dépôts calcaires purs.

c. — *Tannin.* Le tannin exerce une action chimique et une action physique assez mal expliquées : les dépôts, au lieu d'être cristallins et adhérents, deviennent amorphes et pulvérulents.

d. — *Vinaigre de bois brut.* Essayée en Allemagne, cette substance a paru agir comme le tannin ; mais nous ne saurions conseiller l'introduction dans la chaudière d'un véritable acide.

e. — *Chaux.* L'emploi de la chaux pure n'est possible que lorsque l'on se trouve en présence d'eaux chargées de bicarbonate ; l'addition d'une certaine quantité de chaux transforme ce bicarbonate en carbonate insoluble qui se précipite.

Réservoir d'Aigrefeuille. — L'emploi de la chaux a été fait sur une grande échelle à Aigrefeuille (chemin d'Orléans), et c'est le seul exemple que nous connaissions d'un procédé chimique appliqué pour modifier industriellement la qualité de l'eau. Le succès doit être considéré comme complet : l'eau, avant d'être soumise à l'action de la chaux, marque 26° à l'hydrotimètre ; après l'opération, elle ne marque plus que 5°.

Les dépenses courantes sont faibles : mais les frais de premier établissement ont été considérables et très-supérieurs à ceux d'une prise d'eau ordinaire.

Dans un premier réservoir de 100 mètres cubes, l'eau est mêlée au lait de chaux, et la réaction s'opère à la faveur de l'agitation incessante due à l'eau refoulée.

Après filtration sur des éponges et de la laine, l'eau est reçue dans un deuxième bassin d'où on la refoule enfin au bassin de distribution.

Un réservoir d'eau non épurée sert au lavage des machines, au nettoyage du dépôt, etc.

30 kilogrammes de chaux suffisent à l'épuration de 100 mètres cubes d'eau.

Procédés physiques. — Les procédés physiques principaux sont les suivants :

a. — Introduction de copeaux de bois dur, de bois de Campêche, etc., sur lesquels les dépôts se forment de préférence. Certains lichens ou varechs ont été recommandés très-récemment pour cet emploi.

b. — Argile, craie pulvérisée, pommes de terre râpées, stéatite. Résines.

Tous ces procédés ont pour but d'empêcher la formation des dépôts cristallins adhérents, et de convertir les sédiments en dépôts boueux, faciles à enlever par le lavage.

Leur seul inconvénient est de donner une eau mousseuse, facilement entraînable par la vapeur : de là résulte le « crachement » des machines et par suite la perte d'une quantité notable d'eau *déjà échauffée ;* de là, enfin, la nécessité de lavages incessants, qui entraînent, avec une perte d'eau et une dépense de main-d'œuvre, le chômage des machines.

c. — Lavage des machines au moyen d'eau sous une pression aussi grande que possible exercée par des pompes foulantes.

Le brossage, le raclage, l'emploi du burin, sont des procédés pénibles, exigeant le plus souvent le démontage partiel de la machine.

On a proposé l'emploi d'un jet d'eau froide sur la chaudière chaude, pour *étonner* le tartre et produire sa rupture par une contraction subite ; quelquefois la chaudière est échauffée par un feu de copeaux.

Tous ces procédés sont dangereux ; ils déterminent une altération rapide des chaudières.

Enfin, la chaudière étant pleine d'eau et de vapeur, on ouvre les robinets de vidange ; l'eau est expulsée avec une violence suffisante pour entraîner les dépôts, mais on perd naturellement le combustible qui a été employé à chauffer l'eau.

d. — Chauffage préalable de l'eau avant son introduction dans la chaudière. Cette solution, plus théorique que pratique, repose sur l'observation d'un fait exact. En approchant de l'ébullition, l'eau abandonne sur les parois du vase qui la contient la plus grande partie de ses sels. On a proposé alors de faire arriver dans les réservoirs qui reçoivent l'eau d'alimentation une quantité de vapeur suffisante pour déterminer l'élévation de sa température à 70 ou 80° ; débarrassée de ces sels, l'eau serait introduite alors dans la chaudière.

On n'a pas tenu compte de l'énorme quantité de chaleur que nécessiterait une pareille combinaison : il faudrait convertir d'abord en vapeur une certaine quantité d'eau, et l'on sait ce que coûte ce passage de l'état liquide à l'état gazeux ; puis cette vapeur revenant à l'état liquide devrait élever la température du volume d'eau considérable que consomme une machine un peu puissante.

Anti-incrustateur magnétique. — Si les résultats signalés par l'inventeur et les propagateurs de l'anti-incrustateur magnétique sont confirmés d'une manière authentique, cet appareil est appelé à rendre les plus grands services. Non-seulement, placé dans une chaudière neuve, il préviendrait la formation de dépôts adhérents et maintient à l'état pulvérulent les sels que l'eau abandonne en se vaporisant, mais encore, introduit dans une chaudière déjà chargée d'incrustations, il désagrégerait les sédiments anciens et les transformerait en boue dont on se débarrasse par un simple nettoyage.

Ajoutons toutefois que ce second résultat est nié par quelques personnes, mais le premier serait déjà bien remarquable.

L'anti-incrustateur magnétique se compose d'une couronne métallique garnie de vingt pointes légèrement inclinées au-dessous de l'horizontale; cette couronne ou étoile est attachée par un isolateur à la partie la plus élevée du dôme de vapeur; un fil métallique, soutenu par des isolateurs, part de la couronne et est conduit jusqu'à l'extrémité opposée de la chaudière à laquelle il est fixé.

On a dit que cette disposition suffisait pour donner naissance à des courants magnétiques sous l'influence desquels les sédiments nouveaux seraient maintenus à l'état de perpétuelle agitation, et les sédiments anciens désagrégés. La vapeur, en s'écoulant autour de l'étoile, en électriserait les pointes; l'étoile communiquerait cette électricité à la chaudière et à toute la masse liquide.

La présence du courant a été constatée par des expériences faites chez MM. Kitson, en Angleterre, et il ne semble pas que l'on puisse conserver à cet égard le moindre doute. Il reste seulement à bien préciser l'action du courant. La vulgarisation de l'anti-incrustateur donnera, nous l'espérons, à cet égard des indications suffisantes pour concilier les résultats de l'expérience avec les notions que l'on possède sur les phénomènes électriques. Déjà on a reconnu que, pour assurer à l'anti-incrustateur magnétique une action régulière, il était indispensable de remplacer les pointes en fer de la couronne par des pointes en platine, les pointes en fer se détruisant rapidement ou se couvrant de tartre; on a essayé sans succès de les dorer, le platine seul a résisté.

Formation des dépôts sur des parties spéciales de la chaudière. — On conçoit que si les dépôts sont dirigés sur des parties de la chaudière faciles à démonter, à visiter et à nettoyer, les inconvénients dérivant des incrustations seront atténués dans une très-large proportion. Les recherches des constructeurs n'ont peut-être pas été dirigées suffisamment dans cet ordre d'idées. Nous citerons cependant trois appareils qui nous paraissent, le premier surtout dû à M. Duméry, avoir résolu le problème d'une manière très-satisfaisante; les deux autres, proposés par MM. Cail et Cie et par M. Wagner, ne s'appliquent guère qu'aux locomobiles et sont à cet égard inférieurs à l'appareil Duméry, qui peut être installé sur les plus grandes chaudières de machines fixes.

a. — **Déjecteur anti-calcaire Duméry.** — Si dans de l'eau enfermée dans un vase de verre et soumise à l'action de la chaleur, on introduit des corps qui demeurent en suspension, on ne tarde pas à observer que tous ces corps obéissent à des courants sensiblement réguliers : ils descendent et remontent d'une manière à peu près continue.

L'appareil de M. Duméry est fondé sur l'existence de ces courants. Deux trous sont percés dans une chaudière : l'un un peu au-dessous du niveau de l'eau, l'autre au niveau du bouilleur inférieur; un tube métallique réunit ces deux orifices, entre lesquels s'établit un circuit d'eau latéralement à la chaudière, mais dans des conditions de calme plus grand que dans l'intérieur même de la chaudière. Si à la partie inférieure de ce circuit on place une capacité métallique, divisée elle-même à l'intérieur par des cloisons retardatrices, les corpuscules qui seront entraînés par l'eau tomberont au fond de cette capacité et ne rentreront pas dans la chaudière.

La Société industrielle d'Amiens a fait sur le déjecteur anticalcaire de M. Duméry des expériences qui paraissent très-concluantes.

Après 540 heures de marche d'une machine, on a démonté l'appareil, vidé les chaudières et pesé les substances pulvérulentes que contenait le déjecteur. On a trouvé 59^{k},516.

Une seconde expérience faite après une durée de marche égale a donné 54^{k}, 884.

Comparés à la quantité absolue de sels calcaires que contenait toute l'eau d'alimentation introduite dans la chaudière, ces poids représentaient 88 p. 100. On pouvait donc dire qu'on avait travaillé avec de l'eau presque pure puisqu'on avait fait sortir de la chaudière les neuf dixièmes des substances qui auraient donné naissance aux incrustations; aussi les bouilleurs avaient-ils conservé la plus grande netteté.

b. — **Réchauffeur Cail.**

c. — **Appareil Wagner.**

Ces deux appareils reposent sur un fait dont nous avons parlé plus haut, l'échauffement préalable de l'eau.

Le réchauffeur alimentaire Cail se compose d'un réservoir latéral contenant l'eau d'alimentation, et traversé par des tubes dans lesquels est dirigée la vapeur d'échappement des cylindres. On réalise ainsi un double avantage, une partie de la chaleur que conserve la vapeur est absorbée par l'eau d'alimentation, et les sels que contient cette dernière se déposent en partie sur un faisceau tubulaire facile à démonter et à nettoyer.

L'appareil Wagner suppose l'existence sur la chaudière d'un dôme d'assez grandes dimensions. Dans ce dôme on place des vasques étagées. L'eau amenée à la vasque supérieure tombe en

pluie d'une vasque à l'autre, laissant sur chacune de ces dernières une partie des sels.

Ces vasques sont d'un nettoyage facile, mais il faut reconnaître que la vapeur, prise au milieu même de l'eau d'alimentation transformée en pluie, se charge d'autant d'humidité qu'elle en peut absorber, et il doit y avoir un entraînement mécanique d'eau assez considérable.

L'appareil à cascades proposé par M. Wagner pour le dépôt des sels que l'eau abandonne à mesure que sa température s'élève, a une grande analogie avec la chaudière à diaphragmes de M. Boutigny. En faisant arriver l'eau goutte à goutte sur des vasques superposées, M. Boutigny se proposait d'obtenir une vaporisation rapide; mais les vasques se couvrant de dépôts, le pouvoir calorifique du métal était très-rapidement diminué. M. Wagner a tenté de tirer parti de ce qui, dans la chaudière Boutigny, était un inconvénient et un obstacle à la vaporisation.

§ 3. — Recherches et emploi de l'eau de bonne qualité. — Service de l'eau sur un chemin de fer.

Différentes natures des eaux dans une même localité. — Toutes les solutions que nous venons d'indiquer ne sont que des palliatifs, et il ne faut y recourir que lorsqu'on a reconnu l'impossibilité de se procurer de l'eau de bonne qualité.

Les recherches qui doivent être faites à cet égard méritent donc toute l'attention des industriels et des ingénieurs, ceux-ci devant mettre au premier rang de leurs devoirs le soin de renseigner l'industrie sur une question aussi importante que celle de l'eau.

Trois natures d'eaux très-différentes se rencontrent presque toujours dans une même localité :

Eaux de fleuve, rivière ou ruisseau ;

Eaux de source ;

Eaux de puits.

Nous ne parlons pas de l'eau de pluie qui peut être recueillie et conservée dans des citernes ; elle constitue bien une solution de la question d'approvisionnement d'eau de bonne qualité; mais c'est une solution exceptionnelle et chère, à laquelle on ne doit avoir recours que si le pays ne présente aucune autre ressource.

Les eaux de puits diffèrent essentiellement des eaux de rivière ; toutes les ménagères dans une ville le savent parfaitement et signalent cette différence de qualité, même dans les puits des maisons les plus rapprochées de la rivière, bien que le niveau des eaux dans le puits oscille souvent avec celui des eaux de la rivière. Il est facile de se rendre compte de ces faits : les fleuves et rivières sont alimentés non-seulement par lse ruisseaux qu'ils rencontrent dans leur cours, mais surtout par les eaux qui coulent sur les terrains imperméables et arrivent au thalweg des vallées d'une manière continue. Lorsque, sur le bord d'un fleuve, on découpe les fouilles d'une culée de pont, on voit à des niveaux souvent inférieurs à l'étiage se dessiner des sources qui par leur continuité forment de véritables nappes. Ce sont ces nappes qui remplissent les puits, et la composition de leurs eaux n'a souvent aucun rapport avec celle des eaux du fleuve ou de la rivière qu'elles viennent alimenter.

Appareils hydrotimétriques. — La nature des eaux ne peut être révélée d'une manière complète que par des analyses chimiques; mais pour des reconnaissances sommaires, on peut se contenter d'un appareil très-simple connu sous le nom d'*hydrotimètre* et qui permet d'apprecier en quelques minutes la quantité de sels calcaires que contient un volume d'eau déterminé.

L'hydrotimètre inventé par MM. Boutron et Boudet repose sur l'observation de deux faits :

L'eau pure dans laquelle on fait dissoudre du savon devient, dès qu'on l'agite, mousseuse.

Si l'eau, au lieu d'être pure, contient un sel de chaux, l'addition de savon ne donne généralement point naissance à la mousse, le savon est décomposé, la soude est prise par les acides du sel de chaux et est transformée en carbonate ou en sulfate de soude soluble, tandis que les acides gras, stéarique, oléique, margarique, s'alliant avec la chaux, donnent des stéarates, des oléates, des margarates de chaux insolubles qui se précipitent sous forme de grumeaux.

Tant que l'eau dans laquelle on introduit du savon contient des sels calcaires, il se forme des grumeaux, et la mousse n'apparait point ; mais dès que tous les sels calcaires sont décomposés, on voit naître la mousse. En opérant alors avec des liqueurs titrées et des quantités d'eau déterminées, on peut, par le nombre de gouttes employées avant la formation de la mousse, mesurer la quantité de sels que contenait l'eau expérimentée.

Il importe de multiplier les expériences hydrotimétriques pour se rendre un compte exact de la nature des eaux d'un cours d'eau. Cette nature varie beaucoup avec le débit de ce cours d'eau ; les crues ou les sécheresses des affluents, des nappes souterraines, peuvent en effet exercer une influence considérable sur la composition des eaux.

Recherche d'eaux souterraines. — Les ingénieurs doivent également se préoccuper de l'existence de nappes d'eaux souterraines, souvent intarissables, qui existent dans un grand nombre de contrées ; les procédés à l'aide desquels M. l'abbé Paramelle et diverses autres personnes ont pu découvrir des sources reposent sur des faits scientifiques certains et qui méritent d'entrer dans la pratique journalière de l'art de l'ingénieur.

Service de l'eau sur un grand réseau de chemin de fer. — L'importance de la nature des eaux pour le service des machines locomotives n'a pas besoin d'être discutée. L'immense surface de chauffe concentrée dans un volume restreint favorise la production des sédiments et des incrustations, et, avec de l'eau de mauvaise qualité, les tubes s'empâtent avec une extrême facilité. On a trouvé, en démontant certaines chaudières, des sédiments qui enveloppaient l'extrémité des tubes comme l'eût fait une véritable maçonnerie de béton ou de ciment.

Il est donc indispensable de chercher, pour le service des chemins de fer, de l'eau de bonne qualité, et de se préoccuper des moyens d'en avoir chaque jour des quantités très-importantes. Les chiffres ci-après indiquent la consommation journalière de quelques dépôts du chemin de fer de l'Est :

Paris. . . .	260^{mc}	Châlons. . .	150^{mc}	Troyes. . .	150^{mc}
Lagny. . .	120	Bar-le-Duc.	200	Chaumont..	220
Meaux. . .	110	Nancy. . .	240	Belfort. . .	180
Épernay. .	240	Strasbourg.	200	Mulhouse. .	240

Espacement des prises d'eau. — Le nombre des prises d'eau sur un chemin de fer est très-considérable. Il faut assurer l'alimentation des machines dans toutes les gares de formation des trains, dans toutes celles où s'arrêtent et se garent les trains à marche lente devant les trains à marche rapide. Il faut également avoir des prises d'eau de secours sur les points où l'expérience révèle des consommations exceptionnelles d'eau occasionnées par le patinage.

Les trains de marchandises en marche régulière doivent prendre de l'eau tous les 25 ou 30 kilomètres ; un train express faiblement chargé peut parcourir 80 à 90 kilomètres sans s'arrêter.

On peut noter comme chiffres d'espacement moyen les chiffres ci-après empruntés à quelques grandes lignes :

Paris à Marseille, 53 prises d'eau, espacement moyen 16^{k}.
Paris à Strasbourg, 25 prises d'eau, espacement moyen 20^{k}.
Paris à Mulhouse, 25 prises d'eau, espacement moyen 19^{k}.

Les locomotives présentent, sous le rapport de l'alimentation, un avantage sur les machines fixes : comme elles se déplacent, elles peuvent, là où l'eau est de mauvaise qualité, n'en prendre que des quantités assez faibles et la mélanger avec de l'eau meilleure provenant d'une prise d'eau précédente. Sur la ligne de Paris à Mulhouse, il existe trois prises d'eau successives bien différentes par leur qualité :

A Chalindrey, le degré hydrotimétrique est de.	19°
A la Ferté-Bourbonne.	87°
A Port-d'Atelier.	4°

En partant de Chalindrey ou de Port-d'Atelier, les mécaniciens emplissent complétement leur tender et ne prennent de l'eau à la Ferté-Bourbonne que s'ils jugent ne pas pouvoir atteindre le relais suivant. Dans tous les cas, ils n'en prennent qu'une faible quantité qui, mêlée à l'eau de la gare précédente, perd la plus grande partie des inconvénients qu'elle eût présentés si on l'avait employée seule.

Organisation des prises d'eau. — Les travaux d'organisation des prises d'eau dans un chemin de fer sont habituellement confiés aux ingénieurs chargés de la construction. Les ingénieurs des ponts et chaussées peuvent donc avoir fréquemment à résoudre les problèmes dont nous venons de signaler l'importance.

Quand les études hydrotimétriques ont indiqué quelle était dans une localité la meilleure eau disponible, — généralement ce sont les eaux des rivières et des ruisseaux ; — il faut compléter par des analyses chimiques les renseignements sommaires donnés par l'hydrotimètre et ne s'occuper de l'organisation définitive de la prise d'eau qu'après avoir acquis la certitude que les dépôts donnés par l'évaporation de l'eau seront sans danger sérieux pour les machines.

Dans toute installation de prise d'eau, il faut distinguer la prise d'eau elle-même ;

La machine de refoulement ;

La canalisation ;

La construction du réservoir.

La prise d'eau proprement dite exige l'emploi de précautions spéciales, et il faut avoir soin de faire déboucher l'extrémité du tuyau de prise d'eau au milieu même du lit du ruisseau ou de la rivière, loin des berges ; sans cette disposition, on risque d'aspirer les eaux des nappes souterraines dont nous avons parlé précédemment. A ce point de vue, les puits d'aspiration creusés sur le bord des rivières ne présentent aucune garantie, et nous avons vu des puits creusés à quelques mètres du chemin de halage de la Seine ou de l'Yonne, foncés dans le gravier et en communication parfaite avec le fleuve, ne donner au bout de peu de temps que des eaux très-différentes de celles du cours d'eau.

Si, par des considérations spéciales, on se décide à faire un puits d'aspiration, il faut le faire communiquer avec le fleuve, non par un simple tuyau, mais par une véritable galerie.

Dans le cas où la prise d'eau est installée sur une rivière navigable, il faut protéger par des pieux en patte d'oie l'extrémité du tube d'aspiration ; ce tube est lui-même terminé par une crapaudine, de manière à prévenir l'aspiration des herbes et autres corps solides.

La force des machines de prise d'eau dépend évidemment du travail à effectuer. Dans quelques cas, pour des réservoirs de secours, une pompe à bras posée sur un puits suffit largement ; mais pour les réservoirs des gares de formation de trains, il faut employer une machine à vapeur de 2, 3, 4 ou 6 chevaux.

Il y a quelques années, on installait de véritables machines fixes avec chaudières établies dans des massifs de maçonnerie ; la vulgarisation des locomobiles et des appareils mi-fixes permet aujourd'hui de recourir à des installations plus économiques.

Un même chauffeur peut surveiller deux ou trois machines,

en réglant leur travail à des heures différentes. Quand les machines sont à proximité des gares, on pourrait se passer d'ouvriers spéciaux, et un agent du service de l'exploitation allumerait la machine et en surveillerait la marche.

L'alimentation du réservoir n'exigeant pas habituellement le travail continu de la machine, on a pu, lorsque l'eau était demandée à un puits, réaliser une combinaison avantageuse. Le puits, sa machine et son réservoir sont juxtaposés au dépôt des machines, et, outre l'arbre des pompes, la machine fait tourner un arbre de couche et donne une force motrice suffisante pour la marche de quelques outils d'un emploi journalier dans les dépôts, une raboteuse, un tour, une machine à percer, par exemple. On a ainsi, sans augmentation de dépense appréciable, un outillage qui facilite beaucoup l'exécution des réparations courantes qui doivent s'effectuer dans les dépôts.

On peut concentrer toute l'installation d'une prise d'eau dans une seule tour montée sur le puits; le moteur est placé dans l'intérieur de la tour et le réservoir est posé sur le sommet de cette tour. Quand le puits est profond, nous pensons qu'il vaut mieux placer la tour latéralement au puits. On donne aux tubes d'apiration une double inflexion, mais on évite les chances de tassement pour la tour du réservoir.

Les détails relatifs à la disposition des bâtiments de prise d'eau, à la canalisation, à la construction des réservoirs, des grues hydrauliques appartiennent au cours de construction de chemin de fer. Nous ne pouvons que recommander l'emploi des dispositions les plus simples. Les grues hydrauliques à bras rigides tournants sont aujourd'hui remplacées par un tuyau vertical terminé par un boyau en toile : le passage de l'eau suffit pour roidir le boyau pendant la durée de l'alimentation du tender.

Remplissage du tender en marche. — On a songé à emplir les tenders en marche de manière à économiser le temps d'arrêt à une prise d'eau. Cette disposition est réalisée sur le chemin de Chester à Holyhead, où le train franchit sans arrêt une distance de 140 kilomètres. On a ménagé dans une tranchée une rigole pleine d'eau, de 300 mètres environ de longueur, dans laquelle le mécanicien dirige une espèce de pelle, et le long de celle-ci l'eau se précipite en remontant jusqu'au tender. Nous avouons ne pas attacher une grande importance pratique à des combinaisons de cette nature. En perdant cinq minutes pour l'alimentation d'une machine, on ne modifie pas beaucoup les conditions de durée dans lesquelles on effectue un grand parcours, et ces quelques minutes de repos sont souvent bien appréciées par les voyageurs.

§ 4. — Incrustations dues à l'emploi de l'eau de mer.

Composition de l'eau de mer. — Nous avons déjà parlé du danger qu'entraîne l'emploi de l'eau de mer ; celle-ci contient en dissolution une quantité de matières salines bien autre que celles dissoutes dans les eaux douces. Tandis que, dans ces dernières, la proportion des matières en dissolution varie entre 0,25 et 0,60 pour 1,000, moins de 1 pour 100, cette proportion s'élève sur mer à 3,50 pour 100, en variant du reste d'une mer à l'autre, ainsi que le prouvent les chiffres ci-après :

Mer Rouge	4,3 p. 100
Méditerranée	3,8
Manche	3,5
Océan Atlantique	2,8
Mer Noire	2,1
Mer Baltique	0,66

En prenant le rapport moyen de 3,5 pour 100, la composition de l'eau de mer est la suivante :

Eau pure.	96,50
Chlorure de sodium.	2,65
Sulfate de chaux.	0,15
Chlorure de magnésium, sulfate de chaux et substances diverses.	0,70
Total.	100 »

Chaque fois que l'on introduit dans la chaudière 1 kilogramme d'eau, on introduit 35 grammes de matières que l'évaporation, si elle était complète, ferait passer à l'état solide.

Il est probable que sur des mers dont le degré de salure est excessif, sur la mer Caspienne et sur la mer Morte, la navigation à vapeur serait absolument impossible.

Systèmes proposés pour empêcher les dépôts salins. — Tous les systèmes proposés pour empêcher les dépôts salins se réduisent à deux :

Emploi de l'eau de condensation ;

Évacuation des eaux en dehors de la chaudière, au moment où elles atteignent un degré de concentration dangereux.

Le premier moyen, au point de vue théorique, devrait donner une complète satisfaction : malheureusement la pratique n'a pas répondu à toutes ces espérances. On n'a point de condenseur à surfaces répondant à tous les besoins, et nous avons fait connaître les phénomènes dangereux auxquels donnaient naissance les eaux grasses et les eaux qui circulent constamment, soit à l'état liquide, soit à l'état gazeux, entre la chaudière : les cylindres et le condenseur ne tardent pas à se charger de substances grasses.

Nous croyons cependant que ces obstacles seront surmontés et que l'on arrivera à l'emploi facile des eaux de condensation.

Le système des extractions est aujourd'hui pratiqué sur la plus large échelle ; il s'effectue de deux manières différentes : à intervalles périodiques, ou d'une façon continue.

Les extractions périodiques, désignées quelquefois sous le

nom d'*extractions à la main*, sont commandées par les indications des appareils dont nous parlerons quelques lignes plus bas. On élève l'eau à quelques centimètres au-dessus de son niveau normal et on arrête l'évacuation dès qu'elle s'est abaissée à 2 ou 3 centimètres au-dessous de ce niveau.

L'extraction continue s'effectue par un tuyau maintenu constamment ouvert ; on modifie et on peut arrêter au besoin, à l'aide d'un robinet, la sortie de l'eau. On n'est point d'accord sur la question de savoir en quel point de la chaudière il convient de placer l'orifice du tuyau d'évacuation. L'expérience semble indiquer que c'est à la surface que se tiennent les substances qui sont en quelque sorte à l'état solide naissant ; elles y seraient amenées par les courants ascensionnels de vapeur, et nous avons décrit l'appareil Duméry, fondé précisément sur l'existence de ces courants dans la masse liquide.

Dans tous les cas, l'évacuation doit se faire de manière à éviter les dénivellations brusques dans la chaudière et les coups de feu qui pourraient en être la conséquence.

On a reproché au système de l'évacuation la perte de chaleur que ce système entraîne. Il est certain qu'en jetant à la mer de l'eau chaude, le combustible qui a servi à échauffer cette eau est perdu. On atténue cette perte en faisant circuler l'eau d'évacuation dans un serpentin placé dans une bâche contenant l'eau d'alimentation ; cette dernière reprend une partie de la chaleur de l'eau d'évacuation et la restitue à la chaudière.

Appareils destinés à reconnaître le degré de salure des eaux. — Il importe de savoir à quel moment précis la concentration des eaux exige l'ouverture des robinets d'évacuation ; on se sert à cet effet d'instruments désignés sous le nom de *salimètres*, *saturomètres*, *salinomètres*, qui dérivent tous de l'aréomètre de Baumé. La tige de ces appareils émerge à mesure qu'augmente la densité de l'eau dans laquelle ils sont plongés, et un point très-apparent marqué sur la tige indique au mécanicien le moment où doit commencer l'évacuation.

On a proposé l'emploi d'appareils à 2 boules métalliques creuses : l'émersion de la première boule indique un premier degré de concentration, l'émersion de la seconde commande l'évacuation. Les incrustations salines qui s'attachent à ces boules en ralentissent la marche, et il importe de veiller avec le plus grand soin au bon état d'entretien de tous ces appareils indicateurs.

CHAPITRE XIV

DE LA COMBUSTION, DES COMBUSTIBLES ET DE LA FUMIVORITÉ

Au sujet de ce chapitre, nous devons faire, une réserve sembalble à celle que nous avons faite au commencement du chapitre IX relatif aux métaux employés dans la construction des machines. Nous ne saurions rappeler tous les faits relatifs au grand phénomène de la combustion, ni traiter toutes les questions qui se rattachent, soit à la recherche, soit à la préparation des combustibles ; nous n'avons pu que réunir les notions les plus élémentaires et les plus simples, en nous plaçant au point de vue déjà plusieurs fois spécifié dans ce cours, *l'emploi des machines à vapeur*.

§ 1er. — Phénomène général de la combustion.

Définition de la combustion. — La combustion est le phénomène de la combinaison d'un corps avec l'oxygène, cet oxygène étant pris, soit à l'état naissant dans des réactions chimiques, soit simplement dans l'air atmosphérique. Habituellement la combustion est accompagnée de chaleur et de lumière, et dans l'étude des machines à vapeur, c'est ce point de vue secondaire qu'il importe d'étudier en recherchant quel est, à égalité de prix, le corps dont la combustion dégage la plus grande quantité de chaleur possible.

Les produits de la combustion sont toujours plus lourds que le poids primitif du corps combiné, ou, pour nous servir du mot usuel, du combustible consommé, puisqu'il y a addition, incorporation du poids de l'oxygène absorbé. Il importe à cet égard de faire une distinction entre les produits et les résidus. Quand il n'y a pas formation de gaz, le résidu se confond avec le produit : du plomb brûlé au contact de l'air donne de l'oxyde de plomb plus lourd que le plomb employé, et l'ignorance de ce fait si simple a retardé, pendant des siècles peut-être, les progrès de la chimie. Mais quand il y a formation de gaz, il faut recueillir avec soin ces produits et en joindre le poids à celui des résidus pour vérifier la loi que nous venons d'indiquer.

Combustion complète. — La chimie mesure les quantités d'oxygène qu'il est nécessaire et suffisant d'ajouter à un corps pour en obtenir la complète combustion.

Faire affluer cette quantité d'air nécessaire est donc le premier problème à résoudre dans l'étude des moyens d'utiliser divers combustibles que nous possédons ; mais comme on ne cherche pas dans un foyer à produire de l'acide carbonique, et comme on veut uniquement recueillir la chaleur qui accompagne la production de l'acide carbonique, il importe beaucoup de ne pas dépasser la quantité d'air suffisante pour produire la combustion, parce que l'air froid introduit en excès refroidit le foyer et conduit à un résultat diamétralement contraire à celui que l'on désirait. Nous verrons que, dans certains cas, une combustion imparfaite, et par conséquent accompagnée de beaucoup de fumée, est plus avantageuse qu'une combustion complète accompagnée d'un refroidissement de la chaudière.

Les combustibles peuvent se diviser en combustibles chimiques et en combustibles industriels.

Les combustibles chimiques utilisés sont :

Le carbone,

L'hydrogène.

Les combustibles industriels sont des corps qui contiennent

les combustibles chimiques, isolés ou combinés de différentes manières, et presque toujours réunis à des substances siliceuses qui, après la combustion opérée, constituent les résidus ou les cendres.

Presque toujours les combustibles sont mélangés d'eau à l'état hygrométrique, dont la présence modifie beaucoup les pouvoirs calorifiques de chacun de ces combustibles.

Les combustibles industriels sont très-nombreux ; ils peuvent être rapportés à quatre groupes :

1° Combustibles minéraux :

Anthracite, houilles et cokes, lignites, tourbes et charbons de tourbes ;

2° Combustibles végétaux :

Bois, charbon de bois, tannée ;

3° Combustibles liquides :

Huiles de pétrole et autres hydrocarbures ;

4° Combustibles gazeux :

Gaz des hauts fourneaux, gaz de l'éclairage, oxyde de carbone.

Nous nous conformons à l'usage, en nous servant des désignations de *combustible minéral* et de *combustible végétal.* Aujourd'hui il ne saurait subsister aucun doute sur l'origine commune de ces combustibles (la vie organique développée sous l'influence de la lumière et de la chaleur solaires). Les couches d'anthracite, de houille, sont des amoncellements de végétaux qui ont vécu aux époques anté-historiques et qui ont été enfouis au moment où notre globe a subi les transformations géologiques qui lui ont donné son relief actuel. Dans la houille, on découvre des empreintes de feuilles appartenant surtout à la grande famille des fougères et des débris assez rares de troncs arrivés à leur entier accroissement. Dans certains gisements de lignites, il semble que les bois aient été amoncelés, empilés les uns sur les autres à une époque récente. Enfin, dans la tourbe, on reconnait les traces d'une végétation qui semble d'hier, de sorte que la tourbe marque le trait d'union entre les combustibles anciens provenant des végétaux morts et enfouis depuis longues années, et les combustibles que nous tirons des végétaux modernes qui couvrent nos forêts.

Les couches de combustible minéral peuvent donc être considérées comme des accumulations providentielles de chaleur et de lumière enfouies dans le sein de la terre avant l'existence de l'homme et destinées à son usage. Nous nous chauffons aujourd'hui avec le soleil des anciens jours.

Quantités d'air nécessaires à la combustion. — Tout l'oxygène nécessaire à la combustion des corps est, dans la marche des machines, demandé à l'air atmosphérique : ce sont donc les quantités d'air à employer qu'il importe de mesurer.

En volume, l'air contient :

Oxygène.	$0^{mc},213$
Azote.	$0^{mc},787$

Pour avoir 1 mètre cube d'oxygène, il faut donc employer $4^{mc},694$ d'air.

En poids, la composition de 1 kilogramme d'air est la suivante :

Oxygène.	$0^{k},236$
Azote.	$0^{k},764$

Il faut donc, pour avoir 1 kilogramme d'oxygène, employer $4^{k},246$ d'air.

Le tableau A ci-après indique les quantités d'air nécessaires pour brûler, soit 1 mètre cube, soit 1 kilogramme des divers combustibles chimiques et de leurs composés chimiques, c'est-à-dire du carbone, de l'hydrogène, de l'oxyde de carbone, de l'hydrogène protocarboné et de l'hydrogène bicarboné. Ces tableaux et les trois qui suivent sont empruntés à l'ouvrage de MM. Morin et Tresca sur les machines à vapeur.

Tableau A.

NOMS DES COMBUSTIBLES	PRODUITS DE LA COMBUSTION	VOLUME DU KILOGR. DU GAZ COMBUSTIBLE	VOLUME D'OXYGÈNE NÉCESSAIRE POUR BRULER 1 VOLUME DU COMBUSTIBLE	VOLUME D'OXYGÈNE NÉCESSAIRE POUR BRULER 1 KILOG. DU COMBUSTIBLE	VOLUME D'AIR NÉCESSAIRE POUR BRULER 1 VOLUME DU COMBUSTIBLE	VOLUME D'AIR NÉCESSAIRE POUR BRULER 1 KILOGR. DU COMBUSTIBLE
		m. c.	m. c.	m. c.	m. c.	m. c.
Carbone, C.	Acide carbonique. .	0,9131	2,00	1,8260	9,388	8,22
Carbone, C.	Oxyde de carbone. .	0,9131	1,00	0,9131	4,694	4,2861
Oxyde de carbone, CO.	Acide carbonique. .	0,7927	0,50	0,3964	2,347	1,8605
Hydrogène, H. . .	Eau.	11,1623	0,50	5,5816	2,347	26,2002
Hydrogène protocarboné, C^2H^4. .	Acide carb. et eau. .	1,3756	2,00	2,7512	9,388	12,9141
Hydrogène bicarboné, C^4H^4.	Acide carb. et eau. .	0,7846	3,00	2,3538	14,082	11,0487

Produits de la combustion. — Nous avons défini la combustion, le « phénomène de la combinaison d'un corps avec l'oxygène ; » pour le carbone, le phénomène est multiple, en ce sens qu'il existe deux combinaisons chimiquement définies de l'oxygène avec le carbone :

L'oxyde de carbone,

L'acide carbonique.

Si l'air est en excès, le gaz produit sera de l'acide carbonique, si, au contraire, le carbone domine, on aura de l'oxyde de carbone; et si ce dernier gaz s'échappe du foyer sans avoir été converti en acide carbonique, on aura perdu un combustible précieux dont la dernière transformation eût donné lieu à une nouvelle quantité de chaleur. Il faut donc, comme nous l'avons déjà dit, faire arriver dans le foyer assez d'air pour obtenir la transformation complète du carbone en acide carbonique. Ajoutons que les additions de combustible froid que l'on est forcé de faire dans le foyer compliquent encore la question en déterminant des productions alternatives d'oxyde de carbone et d'acide carbonique.

La combustion de l'hydrogène donne de l'eau, et ce phénomène serait simple, si les deux principaux combustibles, le carbone et l'hydrogène, n'étaient pas habituellement en présence et dans les conditions où ils peuvent s'unir chimiquement.

Les produits de la combustion d'un mélange de carbone et d'hydrogène peuvent donc être fort compliqués, et comprendre tous les gaz dont nous donnons ci-après le poids du mètre cube et le volume du kilogramme.

Tableau B.

DÉSIGNATION	POIDS DU MÈTRE CUBE	VOLUME DU KILOGRAMME
Oxygène	1k,429,802	0mc,6994
Azote	1 ,256,167	0 ,7961
Air atmosphérique	1 ,293,187	0 ,7735
Hydrogène	0 ,089,578	11 ,1633
Vapeur d'eau	0 ,804,579	1 ,2429
Oxyde de carbone	1 ,262,513	0 ,7927
Acide carbonique	1 ,977,414	0 ,5057
Hydrogène protocarboné	0 ,726,968	1 ,3756
Hydrogène bicarboné	1 ,274,780	0 ,7846

La chimie déterminant les proportions simples suivant lesquelles le carbone et l'hydrogène se combinent entre eux et avec l'oxygène, on peut calculer quels seront les poids des divers produits de la combustion, et, à l'aide du tableau B qui précède, obtenir la conversion de ces poids en volumes.

TABLEAU C, indiquant les produits de la combustion d'un kilogramme des différents combustibles par l'oxygène et l'air atmosphérique

NOMS DES COMBUSTIBLES	PRODUITS DE LA COMBUSTION	COMBUSTION PAR L'OXYGÈNE		COMBUSTION PAR L'AIR ATMOSPHÉRIQUE	
		POIDS DE L'OXYGÈNE FIXÉ	POIDS DES PRODUITS DE LA COMBUSTION PAR KILOGRAMME	POIDS D'AIR CORRESPONDANT AU POIDS D'OXYGÈNE	POIDS TOTAL DES GAZ APRÈS LA COMBUSTION PAR KILOGRAMME
Carbone.	Acide carbonique.	2k,66	3k,66	11k,29	12k,29
Carbone.	Oxyde de carbone.	1 ,33	2 ,33	5 ,65	6 ,65
Oxyde de carbone.	Acide carbonique.	0 ,57	1 ,57	2 ,42	3 ,42
Hydrogène. . . .	Eau.	8 ,00	9 ,00	33 ,97	34 ,97
Hydrogène protocarboné. . . .	Acide carb. et eau.	4 ,00	5 ,00	16 ,99	17 ,99
Hydrogène bicarboné.	Acide carb. et eau.	3 ,43	4 ,43	14 ,57	15 ,57

Les produits de la combustion de 1 kilogramme de carbone par l'air atmosphérique sont donc considérables, puisqu'ils s'élèvent à plus de douze fois le poids du combustible : la différence entre les poids indiqués dans la dernière colonne et les chiffres indiqués dans la seconde représente les poids d'azote entraîné avec l'acide carbonique, seul *produit* chimique de la combustion.

Pouvoirs calorifiques des combustibles simples. — Bien que nous ayons déjà donné ces notions au commencement du cours, nous rappellerons que la puissance calorifique d'un combustible est le nombre d'unités de chaleur que 1 kilogramme de ce corps détermine, par sa combustion, l'unité de chaleur ou calorie étant la quantité de chaleur nécessaire pour élever de 1 degré centigrade la température de 1 kilogramme d'eau.

On comparera, dès lors, le pouvoir calorifique des divers combustibles, en recherchant le nombre de kilogrammes d'eau que pourrait élever de 1 degré la combustion supposée complète de 1 kilogramme de chacun de ces combustibles.

Nous n'avons pas à décrire les appareils inventés par les physiciens pour déterminer ces pouvoirs calorifiques. Ces appareils ont eu pour point de départ la caisse de Rumford, caisse cubique que traverse un serpentin dans lequel circulent les gaz produits par la combustion du corps expérimenté.

Les physiciens qui ont fait ces recherches sont : Laplace, Lavoisier, Despretz, Dulong, et, dans ces derniers temps, MM. Fabre et Silbermann.

Les chiffres donnés par ces physiciens sont les suivants :

Hydrogène à 15°..	34462 calories.
Charbon se transformant en acide carbonique.. .	8080
Oxyde de carbone se transformant en acide carbonique.	1029
Hydrogène protocarboné.	13063
Hydrogène bicarboné..	11857
Charbon passant à l'oxyde de carbone.	5678

On peut retenir ces nombres ronds pour les deux principaux combustibles :

Hydrogène.	34000 calories.
Carbone.	8000

Lois de Dulong. — Dulong a formulé sur les pouvoirs calorifiques des corps simples et des corps composés deux lois très-importantes, et dont l'expérience a constaté l'exactitude.

1° La quantité totale de chaleur dégagée par un corps simple pour arriver à sa combustion complète est la même, soit qu'il arrive directement à l'état d'oxydation le plus élevé, soit qu'il n'y parvienne qu'après avoir passé par les états d'oxydation intermédiaires.

Exemple : C	passant	à CO^2, 1k à 3k,66	donne	8080 calories.
C	—	à CO, 1k à 2k,33	—	5678
CO	—	à CO^2, 2k,33 à 3k,66	—	2402
		Total pareil. . . .		8080 calories.

2° Dans la combustion d'un corps composé, la quantité de chaleur dégagée est peu différente de la somme de celles qui seraient dégagées séparément par la combustion des corps qui le composent.

Composition des combustibles industriels. — En donnant des notions détaillées sur chacun des combustibles industriels, nous indiquerons la composition exacte des principaux types de chacun de ces combustibles. Nous donnerons d'abord les compositions moyennes, de manière à en déduire les renseignements relatifs à leur combustion et à leur capacité calorifique.

Anthracites. — Les anthracites contiennent habituellement :

Carbone.	90 p. 100.
Hydrogène.	3,5
Oxygène et azote.	3
Cendres.	3,5

Houilles. — Les houilles contiennent :

Carbone.	82 p. 100.
Hydrogène.	5
Oxygène et azote.	8
Cendres.	5

Lignites. — Les lignites contiennent :

Carbone.	70 p. 100.
Hydrogène.	5
Oxygène et azote.	20
Cendres.	5

Tourbes. — Les tourbes contiennent :

Carbone.	55 p. 100.
Hydrogène.	5
Oxygène et azote.	30
Cendres.	10

Les chiffres qui précèdent ne comprennent pas l'eau hygrométrique, toujours mêlée aux combustibles, et dont la présence modifie les produits de la combustion.

Quantités d'air nécessaires à la combustion, produits de la combustion et pouvoirs calorifiques des combustibles industriels. — La quantité d'air nécessaire à la combustion d'un combustible industriel est égale à la somme des quantités d'air nécessaires à la combustion des combustibles simples ou composés qu'il contient. A l'aide des tableaux A, B, C, donnés ci-dessus, on peut déterminer les quantités d'air théoriquement nécessaires, ainsi que les volumes ou les poids des produits de la combustion, en ayant soin, pour faire ces calculs, de tenir compte des produits intermédiaires, tels que l'oxyde de carbone et les hydrogènes carbonés qui peuvent se produire pendant l'opération. On trouve ainsi que 1 kilogramme de houille exige, pour être complétement brûlé, 9 mètres cubes d'air; mais, dans la pratique, il faut en employer habituellement des quantités beaucoup plus considérables.

M. Péclet avait indiqué les chiffres ci-après :

Bois sec..	6mc,75
Charbon de bois.	16mc,40
Coke.	15mc
Houille ordinaire.	18mc

Des expériences récentes indiquent que ce dernier chiffre est exagéré et que l'on peut faire marcher des chaudières en introduisant sous le foyer des quantités d'air peu supérieures à celles indiquées par la théorie.

Pour les machines locomotives, on dispose d'une quantité d'air indéfinie affluant sous le foyer avec la plus grande facilité. Pour les machines de bateau, souvent descendues à une grande profondeur, et pour les machines fixes, il y a lieu de prendre des précautions particulières pour assurer une bonne arrivée de l'air.

Pour le chauffage domestique, les chiffres qui précèdent montrent combien le système des cheminées est défectueux et combien il faut compter sur les courants d'air dus aux imperfections du mode de fermeture des portes et fenêtres pour trouver le nombre de mètres cubes nécessaire à la combustion du bois ou du charbon entassé dans une cheminée.

Tableau D. — Pouvoirs calorifiques moyens des divers combustibles industriels, et comparaison avec la houille.

NOMS DES COMBUSTIBLES	NOMBRE DE CALORIES	COMPARAISON AVEC LA HOUILLE
Houille	8.000	1.00
Anthracite	7.500	0.95
Coke	7.000	0.90
Lignite	6.500	0.80
Charbon de bois	6.000	0.75
Tourbe	5.000	0.60
Tourbe carbonisée	5.000	0.60
Tourbe à 20 p. 100 d'eau	4.000	0.50
Bois sec	4.000	0.50
Bois à 20 p. 100 d'eau	3.000	0.38
Gaz des hauts fourneaux	900	0.11
Gaz d'éclairage	10.000	1.25

Ces chiffres, extraits du dernier ouvrage de MM. Morin et Tresca, sont supérieurs à ceux indiqués dans plusieurs autres ouvrages ; ils paraissent cependant devoir être adoptés parce qu'ils résument les derniers travaux faits sur un sujet très-difficile à traiter et présentant de très-nombreuses chances d'erreur.

La houille et le coke ont un pouvoir calorifique très-supérieur à celui des autres combustibles solides : ils constituent, par conséquent, le véritable combustible industriel, et ce n'est qu'à défaut de la houille que l'on peut employer pour les machines à vapeur des combustibles secondaires comme le bois, ou imparfaits comme les tourbes et les lignites. L'utilisation de ces dernières substances est toutefois un problème de la plus haute importance et digne de fixer l'attention des ingénieurs, qui ne doivent jamais perdre de vue que tout moyen de produire de la chaleur est un moyen d'avoir de la force et du travail, et que la puissance industrielle d'un pays peut se mesurer par la quantité de combustible qu'il utilise.

§ 2. — Rapport entre les consommations d'eau et de combustible. — Surfaces de chauffe et de grille.

Quantité d'eau vaporisée par la combustion de 1 kilogramme de houille. — En comparant la quantité de chaleur que développe la combustion de 1 kilogramme de houille, 8000 calories, à celle qui est nécessaire pour convertir en vapeur saturée à la température t° 1 kilogramme d'eau prise à 0°, on aura la quantité d'eau que peut vaporiser théoriquement 1 kilogramme de houille.

La formule de M. Regnault $L = 606^{cal},5 + 0,305\,t$, si nous supposons $t = 150^{\circ}$ et, par suite, la pression de la vapeur saturée $4^{atm},75$, donnera $L = 652^{cal},25$.

Le nombre de kilogrammes d'eau cherché sera donc

$$\frac{8000}{652.25} = 12^{me},26.$$

Théoriquement, 1 kilogramme de houille peut vaporiser 12 kilogrammes d'eau prise à 0°, 1 kilogramme d'hydrogène en vaporiserait 44 kilogrammes.

Des expériences très-nombreuses ont été faites en Angleterre et en France pour déterminer exactement le rapport qui existait *industriellement* entre la quantité de houille consommée et la quantité de vapeur produite. Jamais on n'est arrivé au chiffre indiqué par la théorie, parce qu'il y a toujours de la chaleur perdue, soit qu'elle s'échappe dans la cheminée avec les produits de la combustion, soit qu'elle demeure absorbée par le massif des maçonneries ou par le rayonnement des surfaces métalliques. Nous devons, au sujet des expériences de cette nature, faire une recommandation : il ne faut pas, pour mesurer le volume d'eau envoyée à une chaudière, se contenter d'une appréciation basée sur le débit d'une vanne ou d'un tuyau ; il faut employer un compteur hydraulique parfaitement exact, ou mieux encore, faire passer l'eau dans des tonneaux jaugés et compter le nombre de tonneaux dépensés. On a quelquefois indiqué le chiffre de 10 kilogrammes, mais on ne saurait l'admettre comme normal ; celui de 9 kilogrammes peut à peine être obtenu dans des conditions exceptionnelles. La Société industrielle de Mulhouse, dans un concours ouvert pour reconnaître le meilleur type de chaudière, avait indiqué $7^k,500$ comme le chiffre minimum à obtenir. Les concurrents ont fourni des appareils vaporisant en moyenne $7^k,34$, $7^k,40$, $7^k,56$. Les houilles employées étaient de qualité médiocre. Avec des houilles d'excellente qualité, on n'a pas dépassé 8 kilogrammes. Dans des expériences faites en Angleterre, M. Wicksteed a obtenu $8^k,35$, $8^k,42$, $8^k,45$. Dans la pratique générale, on doit conclure que 1 kilogramme de houille ne vaporise pas plus de 7 à 8 kilogrammes d'eau.

Nous devons rappeler, d'ailleurs, ce que nous avons dit en parlant de la génération de la vapeur. Il ne faut pas confondre la vapeur produite avec l'eau enlevée à la chaudière, parce qu'une partie de cette eau peut avoir été entraînée mécaniquement avec la vapeur. Une chaudière peut consommer beaucoup d'eau et être détestable. Ce qu'il faut mesurer dans chaque cas, c'est la vapeur sèche, utilisable dans les cylindres, et non point la vapeur humide et saturée d'eau.

Surface de chauffe directe et indirecte. — La surface de chauffe directe et indirecte est la partie de la surface de la chaudière directement exposée au rayonnement du foyer ; la surface de chauffe indirecte est la partie qui n'est que léchée longitudinalement par les flammes du foyer et les gaz qui font suite à ces flammes.

Ces deux surfaces n'ont point la même valeur au point de vue de leur faculté vaporisatrice ; mais dans beaucoup de chaudières il est très difficile d'établir le point précis où cesse la surface de chauffe directe et où commence la surface de chauffe indirecte. Un bouilleur environné de flammes doit vaporiser autant qu'une partie de chaudière directement exposée au rayonnement du foyer ; mais quand la flamme devient fumée, la puissance de vaporisation doit être très-modifiée.

Dans les locomotives, il n'y a pas d'hésitation à avoir : le foyer constitue la surface de chauffe directe ; le faisceau tubulaire, la surface de chauffe indirecte.

Expériences de M. Graham. — M. Graham a fait en Angleterre des expériences pour déterminer le rapport des pouvoirs vaporisateurs des deux natures de surfaces de chauffe. Il a placé à la suite l'une de l'autre trois chaudières cylindriques exactement semblables : la première était placée au-dessus du foyer et représentait la chauffe directe ; les deux autres, léchées par la flamme du foyer, représentaient la chauffe indirecte.

Une série de onze expériences a permis d'établir que les pouvoirs de vaporisation des trois chaudières étaient, entre eux, dans le même rapport que les trois chiffres ci-après :

100, 34,70 et 16:

En ramenant ces chiffres à l'unité de surface, on a trouvé que :

La première chaudière avait vaporisé par mètre carré de surface de chauffe et par heure. . . . . 74^k,50 d'eau.
La seconde chaudière . . . . 25 ,85
La troisième chaudière. . . . . 11 ,92

On voit que la loi de décroissance est rapide.

En réunissant ensemble la surface de chauffe directe et la

surface de chauffe indirecte, on admet qu'un mètre carré de surface de chauffe vaporise par heure, avec un feu lent, 15 à 20 kilogrammes d'eau ; avec un feu vif, 20 à 30 kilogrammes.

D'autres expériences, faites en vue de déterminer la loi de décroissance dans la puissance de vaporisation des chaudières, ont donné des résultats semblables, qu'on a pensé pouvoir formuler d'une manière géométrique en disant que :

Les quantités d'eau vaporisées par les différentes sections d'une chaudière tubulaire vont en diminuant suivant les termes d'une progression géométrique, lorsque les distances de ces sections à la plaque du foyer croissent en progression arithmétique.

Ils resterait à déterminer les raisons de ces progressions.

En fait, la décroissance est probablement plus rapide encore, et, ainsi que nous l'avons dit en décrivant les organes des machines locomotives, on a reconnu que l'on ne pouvait sans inconvénient allonger le faisceau tubulaire, et qu'au delà de 4 mètres cubes à partir de la plaque du foyer, la puissance de vaporisation était à peu près nulle. Nous indiquerons dans le chapitre XV les résultats d'expériences faites au chemin de fer du Nord pour déterminer la valeur de vaporisation des diverses parties d'une chaudière de locomotive.

Quantité de houille par force de cheval et par heure. — On a pris l'habitude d'apprécier la valeur d'une chaudière par la notion de la quantité de combustible dépensé par force de cheval et par heure. Nous ne pouvons que répéter ce que nous avons dit au sujet de la valeur de la force du cheval-vapeur. Rien n'étant plus arbitraire que cette évaluation, il est évidemment mauvais de la prendre pour point de départ et pour terme de comparaison ; dans tous les cas, il faut avoir soin d'indiquer tout d'abord quelle valeur en kilogrammètres on entend donner au cheval-vapeur. En prenant le chiffre de 75 kilogrammètres, on peut noter les chiffres ci-après pour la consommation moyenne par cheval et par heure :

MACHINES DE CORNOUAILLES.

Période antérieure à 1780.	10 à 12 kilog.
Travaux de Watt.	4 à 5
1815.	2^k,5
Période actuelle.	1 à 2

On a même indiqué pour certaines machines 0^k,60 par cheval et par heure. Nous ne croyons pas à cette consommation minima ; on doit s'estimer heureux de ne dépenser que 1 kilogramme.

MACHINES ORDINAIRES. — PÉRIODE ACTUELLE.

Grands moteurs au-dessus de 100 chevaux.	1 à 2 kilog.
Machines moyennes au-dessus de 30 à 50 chevaux. .	2 à 4
Petites machines au-dessus de 2 à 10 chevaux. . .	3 à 6

Les chiffres cités pour la consommation des machines ne doivent jamais être acceptés sans examen, et il est indispensable de savoir dans quelles circonstances ont été faites les observations. On doit considérer comme insuffisantes, au point de vue pratique et presque toujours comme exagérées en moins, les indications résultant des observations faites par un ingénieur dans une courte expérience. En pareille occurrence, la machine est l'objet de soins exceptionnels ; le feu est conduit avec de grandes précautions ; le graissage des paliers est irréprochable ; bref, on est en dehors des conditions de la pratique. Pour avoir des résultats concluants et utiles, il faut prendre la consommation pendant un long espace de temps, pendant plusieurs mois si la chose est possible. Il faut aussi savoir quel a été le mode d'appréciation de la quantité du combustible, au volume ou au poids ; les appréciations à la mesure sont très-inexactes, et cependant c'est souvent à l'hectolitre qu'on apprécie la quantité de houille consommée tandis qu'on parle d'un rendement en kilogrammes.

Enfin, lorsque l'on parle de la consommation d'une machine,

il faut encore préciser la nature et la provenance du combustible; une chaudière qui brûlera 1 kilogramme de houille anglaise de première qualité pourra être très-inférieure à une autre chaudière qui consommera 2 kilogrammes de houille, mais se contentera du *tout venant* d'un charbonnage de qualité inférieure.

C'est lorsqu'un industriel change la nature du combustible qu'il emploie, que la nécessité de choisir pour la conduite des foyers des hommes intelligents apparaît tout entière. Un chauffeur ignorant, habitué à des houilles anglaises ou belges, déclarera presque impossible la conduite du feu si on lui donne certains charbons français ou allemands; la consommation augmentera, le foyer donnera naissance à une fumée abondante, et il faudra beaucoup de temps pour que ce nouveau combustible soit en quelque sorte acclimaté.

Ces difficultés ont donné naissance à une industrie particulière. Les propriétaires d'un charbonnage qui n'a pas encore été accepté dans un groupe industriel offrent quelquefois de fournir un chauffeur habitué à ce combustible, et ils prennent à forfait la fourniture et la conduite du feu des chaudières d'une usine.

Quantité d'eau dépensée par force de cheval et par heure. — Nous venons de voir que les machines à vapeur de force moyenne brûlaient de 1 à 2 kilogrammes de houille par force de cheval et par heure. Chaque kilogramme de houille vaporisant ou entraînant 8 kilogrammes d'eau, la quantité d'eau dépensée par force de cheval et par heure varie entre 8 et 16 kilogrammes, mais pour la vaporisation seulement. Si la machine marche avec condensation, la quantité d'eau exigée par le condenseur est bien autrement considérable et dépend naturellement de la température de la vapeur à condenser et de la température de l'eau dont on dispose.

Il faut compter encore l'eau employée pour le remplissage de la chaudière, les pertes de vapeur, les nettoyages, si bien que l'on arrive à compter pour les machines à condensation jusqu'à 5 ou 600 litres d'eau par force de cheval et par heure.

Surface de grille. — Il est très-difficile de préciser des règles au sujet de la dimension à donner aux grilles des chaudières ; dans une question de cette nature tout dépend du charbon dont on dispose. Si le charbon est en gros morceaux non collants, on peut sans inconvénient avoir une couche épaisse de combustible et par conséquent une grille assez restreinte ; si au contraire il contient beaucoup de menu, s'il se soude facilement, il est indispensable de l'étendre en couche mince que l'air traverse facilement et il faut avoir une grille de grandes dimensions.

On a indiqué le chiffre de 1 mètre carré de surface de grille pour une consommation de 50 à 60 kilogrammes de houille par heure ; mais, nous le répétons, il faut avant tout consulter l'expérience et savoir les résultats obtenus avec les charbons dont on peut disposer.

Rapports des surfaces de chauffe et des surfaces de grille dans les machines locomotives. — Dans les principaux types des machines locomotives de l'Est, on a les valeurs suivantes pour les surfaces de grille et de chauffe.

TYPES DE MACHINES	SURFACE DE GRILLE	SURFACE DE CHAUFFE	RAPPORT DE LA GRILLE A LA SURFACE DE CHAUFFE
Crampton..	1mq.29	91mq.26	0.014
Mixte, type 14..	1 .15	100 .42	0.011
Mixte, type 7.	1 .05	88 .52	0.011
Machines-types 20.	1 .30	121 .00	0.011
Engerth (8 roues).	1 .94	195 .62	0.010

§ 3. — Combustibles autres que la houille et le coke. — Huiles de pétrole.

Anthracites. — La combustion de l'anthracite fournit une assez grande quantité de chaleur, car ce corps contient une très-forte proportion de carbone ; mais elle présente beaucoup de difficultés provenant de la propriété qu'a ce minéral de décrépiter lorsqu'on élève sa température, et de se diviser en fragments assez petits pour encombrer les grilles et empêcher l'arrivée de l'air.

Il est cependant employé dans les hauts fourneaux de l'Angleterre, et en particulier du pays de Galles. Pour cela, l'anthracite est chauffé préalablement à une température inférieure au rouge avant d'être jeté dans le haut fourneau.

On l'utilise aussi en Amérique dans des foyers très-larges de machines locomotives ; la couche de combustible, n'ayant que $0^{m},10$ d'épaisseur, est rasée par une lame d'air entrant à l'avant du foyer sous la première rangée des tubes.

Lignites. — La nature des lignites est extrêmement variable. Dans certains cas, la carbonisation du bois est presque complète ; les lignites ont alors la plus grande analogie avec les houilles maigres. Dans d'autres cas, les lignites conservent la structure des végétaux.

Leur combustion est rendue difficile par la production de gaz empyreumatiques très-abondants et très-désagréables, et accompagnés d'une énorme quantité de flammèches et de cendres.

Malgré ces inconvénients, ces combustibles incomplets sont employés pour les locomotives sur le chemin de fer de l'Impératrice-Élisabeth, entre Munich et Vienne, et sur presque tout le réseau des chemins de fer Sud-Autrichiens.

D'après une note communiquée par M. Keissler, directeur du chemin de fer de l'Impératrice-Élisabeth, le lignite servant de combustible, tiré des mines de la haute Autriche (vallée de la Traw), aurait un pouvoir calorifique égal à un peu moins de la moitié de celui des houilles autrichiennes dites houilles noires. Il exige l'emploi du bois pour l'allumage des feux.

195 livres de lignite sont nécessaires pour le déplacement de 1,000 quintaux sur une longueur de 1 mille.

Il y a un déchet d'incinération assez considérable dans les cendriers et dans la boîte à fumée ; ce dernier résidu peut encore servir comme combustible dans des chaudières fixes avec des grilles à gradins.

Le réseau Sud-Autrichien ne consomme pour ainsi dire que des lignites à des degrés divers de carbonisation, provenant de la basse Styrie et de la haute Autriche. Sans l'emploi de ces substances, les chemins de fer étaient impossibles dans la plus grande partie de l'empire austro-hongrois.

Tourbes. Tourbes comprimées. Charbon de tourbe. — L'aspect de la tourbe est celui d'une agglomération spongieuse de débris végétaux ; aussi est-elle d'une grande légèreté, car avec 20 pour 100 d'eau elle pèse 210 à 230 kilogrammes le mètre cube.

Extraite des tourbières, elle contient une forte proportion d'humidité qui exige sa dessiccation avant l'emploi ; en raison de sa grande légèreté, elle serait d'un transport encombrant, si on ne la comprimait fortement jusqu'à porter son poids à 500 ou 600 kilogrammes par mètre cube.

C'est sous la forme de briquettes ainsi comprimées qu'elle a pu être utilisée sur plusieurs chemins de fer suisses et allemands.

On se sert aussi de tourbes carbonisées par un procédé analogue à celui de la fabrication du charbon de bois et du coke, et de tourbes desséchées à 20 p. 100 d'eau.

La tourbe éprouve alors un retrait considérable de 25 à 40 p. 100 du volume primitif, et le poids du produit varie de 200 à 380 kilogrammes le mètre cube.

Elle est, du reste, plus employée dans l'industrie métallurgique que pour le chauffage des machines à vapeur.

Des expériences comparatives faites sur les chemins de fer de l'Union suisse, Rorschah-Coire et Rorschah-Saint-Gall, de 1860 à 1863, ont donné les résultats suivants :

Bois de sapin.	$10^k,62$	par kilomètre.
Tourbe naturelle.	$15^k,80$	—
Tourbe comprimée.	$11^k,05$	—
Houilles..	5 à $6^k,7$	selon les provenances.

Bois. Charbon de bois. — Ce combustible, le premier qui se soit présenté à l'homme, devient d'un emploi chaque jour plus restreint dans le chauffage des machines en France et en Angleterre. Il ne sert guère dans ces deux pays qu'aux usages domestiques.

Son extrême abondance le fait largement employer en Amérique pour la navigation fluviale.

Nous donnerons la composition moyenne de plusieurs bois desséchés.

DÉSIGNATION	CARBONE	OXYGÈNE	HYDROGÈNE	CENDRES
Hêtre.	0.481	0.061	0.449	0.008
Chêne.	0.489	0.059	0.451	0.002
Pin.	0.506	0.063	0.426	0.005

On peut admettre que les bois contiennent, en moyenne, moitié de leur poids de carbone, et en eau hygrométrique les proportions suivantes :

30 p. 100 après l'abatage ;
20 p. 100 après deux ans ;
10 p. 100 après la dessiccation la plus prolongée.

La distillation des bois produit en moyenne :

Carbone..	15 p. 100.
Produits volatils.	84,5
Cendres..	0,5

La fraction considérable de produits volatils montre combien l'emploi du bois comme combustible présente de chances de perte de chaleur, car la combustion complète de ces divers produits volatils offre d'assez grandes difficultés.

Le charbon de bois est employé dans l'industrie métallurgique pour la production de la fonte de qualité supérieure, le bois n'introduisant point dans le métal d'éléments minéraux nuisibles, tels que le soufre et le phosphore souvent contenus dans la houille.

Il contient : carbone, 79 ; matières volatiles, 14 ; cendres, 7.

Combustibles fabriqués. Emploi des déchets, de la sciure. — L'étude des combustibles fabriqués se rattache à la question si importante dans l'industrie de l'utilisation des débris, copeaux, déchets, etc. Il ne doit point y avoir de déchets, a-t-on dit, et tout objet doit trouver industriellement son emploi ; cette assertion se justifie chaque jour, et, en ce qui concerne la production de la chaleur, rien ne doit être perdu.

Les grosses écorces, les souches, les dosses, les copeaux presque abandonnés dans les exploitations forestières, sont très-soigneusement recueillis et servent à alimenter des locomobiles qui facilitent dans une large mesure le travail lui-même.

La sciure de bois même, qu'on perdait autrefois, a été utilisée d'une manière fort ingénieuse pour les locomobiles et les machines mi-fixes ; il suffit d'avoir recours à quelques précautions particulières.

Un foyer spécial est établi latéralement au foyer proprement dit de la locomobile ; ces deux foyers sont séparés par une cloison faite à claire-voie avec des briques réfractaires ; la sciure arrive par une trémie longitudinale de $0^m,08$ de largeur environ;

son arrivée est ralentie par l'emploi de dosses ou de débris de planches.

Dans le cas où le feu gagne la masse de sciure, on l'arrête assez facilement en accumulant de nouvelle sciure qui empêche le contact de l'air ; ce mode de foyer exige toutefois une surveillance continue.

Aux Colonies, les batteries de chaudières à sucre sont chauffées avec des bagasses, produits de la compression des cannes à sucre.

Nous ne parlerons que pour mémoire de la tannée, conglomérat d'écorce pilée, moulée en briquettes cylindriques. Après avoir servi au tannage des cuirs, ces substances, vendues sous le nom de *mottes*, brûlent lentement et donnent un combustible très-recherché dans les ménages à cause de son bas prix.

Charbon de Paris. — Le charbon de Paris peut être considéré comme le type le plus perfectionné des combustibles fabriqués pour l'usage domestique. Il se compose de petits rondins cylindriques de 10 centimètres de longueur et de 5 centimètres 1/2 de diamètre, faits avec de la tannée et du poussier de charbon de bois agglomérés par un mastic de goudron ou de brai. Ces briquettes sont calcinées en vases clos dans des cornues analogues à celles qui servent à la fabrication du gaz, et elles constituent un combustible léger, poreux, brûlant lentement et avec beaucoup de régularité. La quantité de poussier de charbon de bois disponible est assez limitée, et cette fabrication sera toujours assez restreinte.

Briquettes belges. — Les briquettes belges, désignées quelquefois sous le nom de *hochets*, se composent de poussière de houille, agglutinée avec de l'argile. Ce combustible donne naturellement beaucoup de cendres ; mais il brûle très-lentement, et en Belgique, ainsi que dans tout le nord de la France, la classe pauvre n'emploie guère d'autre combustible.

Industriellement, la fabrication des divers combustibles que nous venons d'énumérer n'a d'autre valeur que celle de l'utilisation des déchets. Nous verrons dans le paragraphe suivant cette fabrication entrer dans une voie toute différente et s'efforcer de produire avec des charbons de qualité médiocre des combustibles de première qualité ; nous voulons parler des agglomérés qui entrent dans la consommation des machines dans une proportion chaque jour plus grande.

Hydrocarbures liquides. Huiles de pétrole. — On connaissait depuis longtemps en Europe des gisements de schistes bitumineux qui, par la distillation, donnaient des huiles employées dans l'éclairage ; mais l'attention n'a été appelée d'une manière sérieuse sur cette substance que depuis la découverte des huiles de pétrole du Canada et de la Pensylvanie. Expédiées en Europe par masses de plus en plus considérables, ces huiles sont employées sur la plus large échelle dans l'éclairage, et la question de savoir si elles pourraient être utilisées pour le chauffage des machines à vapeur est aujourd'hui résolue.

Au premier abord, il peut sembler souverainement dangereux de placer à côté d'une chaudière un liquide aussi facilement inflammable que l'huile de pétrole ; et, en présence des accidents qui se produisent si souvent dans les magasins où cette substance est simplement manutentionnée, on ne conçoit pas la pensée de s'en servir pour l'alimentation continue d'un foyer.

Ces reproches seraient fondés, si l'on cherchait à employer pour le chauffage des machines toutes les huiles de pétrole sans distinction et sans préparation. Rien de plus variable que la qualité de ces huiles, rien de plus inexact dès lors que d'attribuer à toutes des qualités ou des défauts qui n'appartiennent qu'à quelques-unes d'entre elles.

Les recherches les plus approfondies sur ces substances ont été faites au laboratoire de l'École normale, aux frais de l'Empereur, par M. Henri Sainte-Claire Deville, et l'on peut aujourd'hui préciser les conditions dans lesquelles l'emploi des huiles au chauffage des machines ne présentera pas le moindre danger.

Analyse industrielle des huiles de pétrole. — En distillant lentement et successivement à des températures croissantes toutes les huiles de pétrole, on peut en retirer en quantités variables quatre produits qui ont des usages industriels très-différents :

1° L'essence de pétrole très-inflammable : ce sont ces matières gazeuses et volatiles qui peuvent rendre explosible l'atmosphère dans laquelle elles se répandent. Ces essences sont employées à dissoudre le caoutchouc et quelques autres substances ;

2° L'huile d'éclairage, qui ne doit pas donner de vapeur aux températures les plus élevées de l'été ;

3° L'huile jaune, dont on peut se servir pour le graissage des machines ;

4° Enfin l'huile brune ou l'huile lourde ; cette huile est si peu inflammable que, chauffée à 100°, *elle ne prend pas feu lorsque l'on y plonge une torche allumée.*

Ce sont ces huiles lourdes seules qu'il est possible d'employer pour le chauffage des machines.

Capacité calorifique des huiles. — On a donné sur la capacité calorifique des huiles des renseignements fort inexacts. On a dit qu'en Amérique on avait, avec 1 kilogramme d'huile, vaporisé 18 kilogrammes d'eau ; qu'en Angleterre, on était arrivé à 39 kilogrammes d'eau, cinq fois plus qu'avec 1 kilogramme de houille.

Les expériences nombreuses de M. Sainte-Claire Deville mettent à néant toutes ces appréciations, et l'on sait aujourd'hui que la capacité calorifique des huiles lourdes varie entre 10,000 et 10,700 calories.

La capacité calorifique de la houille étant de 8000 calories, la différence n'est pas très-considérable ; mais, comme il est infiniment plus facile de régler la combustion des huiles que celle de la houille, on arrive à des résultats industriels supérieurs à ceux que l'on pourrait déduire de ces chiffres. M. Sainte-Claire-Deville estime qu'avec 1 kilogramme d'huile on vaporisera de 15 à 16 kilogrammes d'eau, c'est-à-dire le double de ce qu'on obtient avec la houille.

Dilatabilité des huiles de pétrole. — Les huiles de pétrole possèdent une propriété qu'il importe de connaître, c'est leur extrême dilatabilité : de 0° à 100° elles se dilatent de 1 pour 100. Si on emplit complétement les tonneaux dans lesquels elle est enfermée, une augmentation de température de 20 pour 100 suffira pour déterminer des suintements qui, à leur tour, provoqueront des vaporisations et des chances d'incendie. Il est donc indispensable de laisser dans chaque baril un vide de 2 ou 3 litres au moins pour permettre au liquide de se dilater librement.

Emploi de l'huile de pétrole pour le chauffage des chaudières. — En Amérique, les tentatives faites pour l'emploi de l'huile de pétrole dans les chaudières ont été principalement faites sur des machines fixes et dans les lieux mêmes de production des huiles. Le liquide répandu sur des soles cannelées était réduit en vapeur, et cette vapeur, dirigée sur la chaudière s'enflammait en se mêlant avec un courant d'air. Le jet de vapeur de pétrole était dirigé sur une voûte en briques réfractaires qui le forçait à se diviser et à se mêler en tourbillons avec l'air.

On s'est ensuite préoccupé en Amérique, aussi bien qu'en Europe, de l'emploi des huiles pour le chauffage des machines de bateau. Nous avons assez insisté sur la question de l'énorme approvisionnement de combustible que doit charger un navire transatlantique, pour que l'on comprenne tous les avantages que présenterait l'emploi d'une substance avec laquelle l'approvisionnement pourrait être réduit de 50 pour 100.

Les expériences faites par M. Sainte-Claire Deville sur les chaudières du bateau à vapeur *le Puebla* ne donnent lieu à aucun doute sur le succès de l'emploi des huiles lourdes. Il reste à trouver une disposition qui permette d'employer à volonté, dans un même foyer de machine de bateau, soit de la houille, soit de l'huile. On irait d'Europe en Amérique en brûlant de la houille et on reviendrait en brûlant de l'huile.

Essais au chemin de fer de l'Est sur les machines locomotives. — M. Sainte-Claire Deville a fait sur les machines locomotives, au chemin de fer de l'Est, des essais qui ont eu un grand retentissement et qui ont été couronnés du plus grand succès.

L'huile, renfermée dans un réservoir supérieur, arrive sur une grille verticale dont chaque barreau porte une cannelure dans laquelle coule l'huile; avec un seul robinet à vis, on en règle l'arrivée dans ces cannelures avec une régularité mathématique. Cette grille, placée en avant du cendrier, repose sur une base en fonte munie d'un rebord suffisant pour empêcher le déversement de l'huile. Le cendrier est remplacé par un dallage en briques réfractaires.

Un clapet au-dessous de la grille règle l'introduction de l'air; enfin, deux voûtes en briques réfractaires produisent le tourbillonnement des gaz et leur mélange intime avec l'air.

La flamme est très-vive et très-courte; elle n'a pas plus de $0^{m},25$ de longueur; au delà de la flamme, les produits de la combustion sont invisibles, mais ils forment une masse gazeuse à une température suffisante pour rougir un gros fil de platine.

Cette transformation d'une machine ordinaire en machine à pétrole est très-simple. Effectuée par les soins d'un ingénieur de la compagnie de l'Est, M. Dieudonné, elle n'a pas coûté plus de 900 francs par machine.

Quand les mécaniciens savent manœuvrer le robinet d'introduction de l'huile et le clapet d'introduction de l'air, on obtient des résultats véritablement extraordinaires. Aucune fumée ne sort de la cheminée, la vaporisation marche avec une grande facilité et augmente avec la vitesse de la machine.

Gisements d'huile de pétrole. — La question de l'emploi de l'huile dans les machines est donc résolue scientifiquement ; il reste à la résoudre industriellement, c'est-à-dire à trouver à un prix convenable les quantités d'huile lourde nécessaires à l'alimentation, nous ne dirons pas d'un réseau, mais d'une ligne de chemins de fer d'une certaine étendue.

1 kilogramme d'huile vaporisant une quantité d'eau double de celle que peut vaporiser 1 kilogramme de houille, on pourra employer l'huile tant que son prix sera inférieur au double de celui de la houille, c'est-à-dire à 44 ou 45 francs les 1,000 kilogrammes. Au delà, on aurait un excédant de dépense que ne contre-balanceraient pas les économies procurées par l'emploi du pétrole, soit sur l'entretien des machines, soit sur le nettoyage des voitures soustraites à l'action de la fumée.

Les sources de pétrole trouvées dans l'Ohio, la Pensylvanie, la Virginie, le Canada, sont très-abondantes et elles rendent probable l'existence de lacs souterrains de pétrole d'une immense étendue ; mais en ce moment, elles peuvent à peine suffire à toutes les demandes de l'Amérique et de l'Europe. On ne peut donc compter sur aucune baisse de prix ; il faut espérer que des recherches nouvelles montreront que l'Europe possède des richesses en huile comparables à celles du Nouveau-Monde. Les suintements que l'on connait en Alsace, dans les Basses-Alpes, en Hanovre, dans le Holstein, dans les Karpathes, sont des indices certains de l'existence de l'huile ; en faisant des sondages d'une profondeur suffisante, on arriverait très-probablement aux nappes liquides qui existent au-dessous du terrain houiller. Si l'esprit d'entreprise était développé chez nous comme il l'est en Amérique, la question serait depuis longtemps résolue.

Emploi de l'huile de phoque. — L'emploi de l'huile pour le chauffage d'une machine de bateau a été prévu dans des conditions exceptionnelles qui méritent d'être citées : *le Diana*, parti en 1869 du port de Glascow pour les mers polaires, possède deux machines à condenseur *de 20 chevaux nominaux de force chacune*. Mais pour ne pas se charger d'une quantité de houille qui eût absorbé tout l'espace disponible, on a ménagé dans la partie centrale deux compartiments étanches de grande dimension pour l'emmagasinement des huiles de phoque et de baleine, qui serviront à l'alimentation des chaudières.

L'homme, dans les régions désolées des mers polaires, transformera la chaleur emmagasinée par la vie animale en un véritable combustible industriel.

Combustibles gazeux. — L'oxyde de carbone est un produit en quelque sorte involontaire de la combustion imparfaite du charbon; pour le transformer en acide carbonique, il faut le traiter comme un véritable combustible et lui fournir l'oxygène nécessaire.

On a essayé de le produire en vases clos, puis de le diriger sous forme de jet sur la surface de chauffe d'une chaudière à vapeur. Ces tentatives n'ont pas été couronnées de succès : l'oxyde de carbone ne doit être considéré au point de vue industriel que parce qu'il constitue une grande partie des gaz perdus des hauts fourneaux.

Le gaz d'éclairage a pour composition moyenne :

	EN VOLUME.	EN POIDS.
Hydrogène protocarboné	0,59	0,702
Hydrogène bicarboné	0,09	0,041
Oxyde de carbone	0,07	0,144
Hydrogène	0,21	0,031
Azote	0,04	0,082
	1,00	1,000

Tous ces gaz, sauf l'azote, sont combustibles; leur combustion complète exige 1,62 d'oxygène, soit 47,50 d'air atmosphérique.

La combustion du gaz d'éclairage présente un phénomène très-intéressant, c'est que le volume des produits de la combustion est inférieur au volume du gaz employé.

Gaz employé.	1,00
Oxygène.	1,59
	2,59
Volume des gaz produits.	2,45
Diminution.	0,16 ou 0,054 p. 100.

En employant l'air atmosphérique, la réduction absolue est la même, mais proportionnellement elle se réduit à 0,018, soit environ 2 pour 100.

Les gaz produits contiennent de la vapeur d'eau et de l'acide carbonique ; si on liquéfie la première et que l'on absorbe le second, on augmentera la condensation dans une énorme proportion.

Il serait peut-être possible d'augmenter le rendement des machines à gaz, en faisant communiquer les gaz à expulser du cylindre avec un réservoir rempli d'eau de chaux.

La réduction de volume dans la combustion du gaz d'éclairage est mesurée par les chiffres suivants :

	COMBUSTION PAR L'OXYGÈNE.	COMBUSTION PAR L'AIR ATMOSPHÉRIQUE.
La vapeur et l'acide carbonique restant gazeux.	0,054	0,018
La vapeur seule étant condensée.	0,661	0,202
La vapeur et l'acide carbonique condensés.	0,980	0,300

L'emploi du gaz comme moyen de chauffage a pris un certain développement ; il présente cet avantage qu'on ne consomme que quand on utilise et qu'on a de grandes facilités d'allumage et d'extinction.

Gaz des hauts fourneaux. — Leur composition est difficile à bien constater ; pour un four à coke, on admet la moyenne suivante en poids :

Azote, acide carbonique, acide sulfureux, produits non combustibles, ensemble.	0,82
Hydrogène.	0,02
Hydrogène carboné.	0,03
Oxyde de carbone..	0,13
	1,00

Les seuls gaz combustibles étant l'hydrogène et l'oxyde de carbone, le huitième seulement des gaz des hauts fourneaux est utilisable.

On a essayé, en Angleterre, l'emploi de fours à gaz dans lesquels la chaudière est enveloppée d'une flamme longue et persistante, obtenue par la combustion de tourbes ou de houille. Ces gaz sont un mélange d'oxyde de carbone et d'hydrocarbures.

Fours Siemens. — Nous ne saurions, dans les limites étroites qui sont assignées à nos leçons sur les machines, entrer dans les détails que comporterait l'étude détaillée des fours Siemens dont la vulgarisation nous paraît devoir exercer une influence considérable sur les procédés de la métallurgie. Ces fours reposent sur deux ordres d'idées distincts :

1° La transformation préalable du combustible, quel qu'il soit, en gaz avant son emploi ;

2° L'utilisation complète de la chaleur développée par la combustion ou sa régénération.

La transformation des combustibles en gaz permet l'emploi des combustibles imparfaits et l'élimination par des réactions chimiques des substances nuisibles, telles que le soufre, qui se transforme en acide sulfureux en présence de l'oxygène produit soit par la décomposition de l'eau, soit par celle de l'acide carbonique.

En réglant les mélanges de gaz et d'air, on modifie leur composition chimique, l'intensité de leur action calorifique, et on en dirige l'emploi comme on le fait dans un laboratoire avec un chalumeau.

Les régénérateurs de chaleur consistent en chambres remplies de briques réfractaires disposées par lits horizontaux entre lesquels circulent les gaz qui se refroidissent au contact de ces briques et arrivent dans la cheminée presque complétement dépouillés de la chaleur qu'ils possédaient. En établissant un courant de gaz en sens inverse, ce nouveau courant reprend aux briques toute la chaleur que celles-ci avaient absorbée, et il atteint une température que l'on a évaluée à 16 ou 1700°.

Action de la vapeur d'eau dans les foyers. — L'injection de quelques gouttes d'eau dans un foyer paraît donner à celui-ci une certaine animation ; on en a conclu que l'eau pouvait être considérée comme un combustible. Nous n'avons pas besoin d'insister sur cette erreur ; l'eau deviendrait une source de combustible, si on pouvait la décomposer et rendre libre l'hydrogène qu'elle contient. En supposant que cette décomposition s'effectue partiellement dans un foyer, elle absorberait autant de chaleur que celle qui serait régénérée ultérieurement par la combustion de l'hydrogène obtenu.

L'action de la vapeur d'eau cependant n'est pas douteuse, mais c'est une action mécanique : il se produit au-dessus du foyer des tourbillonnements au milieu desquels s'effectue d'une manière plus intime le mélange des gaz combustibles avec l'air, et nous verrons les jets de vapeur rendre de bons services dans la question de la fumivorité.

§ 4. — Houilles et cokes.

Nous arrivons au combustible par excellence, à la source industrielle de la chaleur et de la force. On n'a rien exagéré en appelant la houille le pain de l'industrie, et, à notre avis, ce n'est pas assez dire. Nous avons cherché à montrer ce que deviendrait la société moderne sans la machine à vapeur. Or, sans houille, le nombre des machines à vapeur serait bien restreint;

il n'y a donc pas, à notre avis, d'affaire plus importante pour un pays que celle de son approvisionnement en combustible, et nous ne pouvons qu'indiquer très-sommairement la nomenclature des questions qu'il importe d'étudier à ce sujet.

Nature et qualités diverses de la houille. — Les houilles, au point de vue industriel, se divisent en quatre classes :

1° Houilles grasses maréchales.

Les houilles maréchales de Saint-Étienne et fine forge de Mons sont le spécimen le plus connu de ce groupe. Elles éprouvent au feu une fusion pâteuse et développent une chaleur extrême. Brûlées sur la grille, elles empâtent les barreaux et arrêtent le courant d'air ; elles donnent des cokes boursouflés et ne sont pas bonnes pour le chauffage des locomotives.

2° Houilles grasses à longue flamme.

Ces houilles donnent un coke très-dur et n'empâtent pas la grille ; elles sont très-bonnes pour le chauffage des locomotives.

3° Houilles sèches à longue flamme.

Ces houilles sont très-bonnes pour la grille, mais leur coke est fritté et pulvérulent.

4° Houilles sèches sans flammes ou houilles maigres.

Ces houilles brûlent mal sur les grilles et ne peuvent pas donner de coke. On les emploie dans l'industrie à la cuisson de la chaux.

Dans presque tous les bassins houillers, on trouve à la fois la houille maréchale, la houille grasse et la houille maigre, ou du moins des houilles se rapprochant par leurs qualités de chacun de ces trois types.

Composition de la houille. — M. Regnault a donné un tableau qui indique la composition d'un grand nombre de houilles. Chaque échantillon expérimenté a été desséché pendant 30 minutes, à une température de 120°. Nous n'indiquerons que les houilles les plus connues en France.

DÉSIGNATION DES COMBUSTIBLES	CARBONE	HYDROGÈNE	OXYGÈNE ET AZOTE	CENDRES	CARBONE FIXE RESTANT DANS LE RÉSIDU APRÈS LA CALCINATION COKE
1° Houilles anglaises.					
Hartley.	78.55	5.55	14.60	1.50	60.04
Hanwich.	86.80	5.51	5.86	1.83	69.51
Byers Grean.	85.57	5.24	8.49	1.48	70.62
2° Houilles belges.					
BASSIN DE MONS.					
Fine forge Agrappe. . .	86.68	4.78	6.10	2.44	76.37
Flenu grasses; grand Hornu.	83.30	5.63	8.54	2.53	65.78
Flenu sèches, haut Flenu.	82.95	5.42	10.93	0.70	62.88
BASSIN DU CENTRE.					
Grasses, bois du Luc. .	85.82	4.49	7.29	2.49	79.23
1/2 grasses, bois du Luc.	88.72	4.48	5.70	1.70	75.90
BASSIN DE CHARLEROI.					
Grasses, Saint-Martin. .	86.25	4.62	5.81	3.84	76.14
1/2 grasses, Lodelinsart.	86.29	4.26	4.41	5.04	81.98
Maigres, Braellet. . . .	90.87	3.65	3.98	1.48	89.38
3° Houilles françaises.					
VALENCIENNES.					
Grasses, longue flamme.	82.55	5.47	7.68	4.30	62.38
Grasses, courte flamme.	85.90	5.03	6.57	2.50	73.41
1/2 grasses.	85.98	4.61	4.91	4.50	77.08
Maigres.	91.16	3.85	3.61	1.40	90.88

Les houilles maigres contiennent une plus forte proportion de carbone et leur composition se rapproche de celle des anthracites.

Altérabilité des houilles exposées à l'air. — L'altérabilité des houilles exposées à l'air est un fait industriel incontestable et d'une grande importance. L'exposition à l'air d'approvisionnements non vendus peut entraîner une perte de 10 à 20 p. 100 de la valeur de la houille : ce phénomène est facile à comprendre. Il est probable qu'il y a une déperdition des parties volatiles de la houille. M. de Marsilly a fait à ce sujet des expériences sur des houilles provenant des mines exposées au feu grisou. Les houilles extraites de la mine et placées sous une cloche donnaient au bout de douze heures un gaz inflammable ; mais, après avoir séjourné un assez long espace de temps à l'air, elles ne donnaient plus aucun gaz. L'aspect des houilles qui ont séjourné longtemps au contact de l'air est du reste très-différent de celui des houilles que l'on vient de retirer du sol ; les surfaces dans le premier cas sont ternes et mates, tandis que dans le second elles sont vives et brillantes et comme lubrifiées par une substance huileuse.

Présence des schistes. — Les houilles sont très-fréquemment mêlées de schistes qu'il importe d'enlever, soit par des triages à la main, soit par des lavages après broyage. Nous ne saurions décrire tous ces procédés ni entrer dans les détails relatifs à l'exploitation des mines de houille. Cette exploitation constitue un art très-important ; nous restons au point de vue spécial de l'acheteur de combustible.

Désignations industrielles de la houille. — Dans une même extraction, on divise le charbon en :

gros, — moyen, — menu, — tout-venant.

Dans le bassin de la Loire, on donne au gros le nom de *pérat*, et au moyen le nom de *grèle*.

Dans le Nord, le moyen se nomme *gaillette* et *gailleteries*.

Poids de l'hectolitre et prix moyen de la houille. — Dans le commerce de détail, la houille se vend à l'hectolitre. Le poids de l'hectolitre varie entre 79 et 88 kilogrammes, en moyenne on peut compter 85 kilogrammes. Mais dans la grande industrie, la houille s'estime et se vend à la tonne, et il est désirable de voir se généraliser ce mode d'appréciation, car avec la mesure à l'hectolitre on ne sait véritablement pas ce que l'on achète.

Sur le carreau de la mine, la valeur de la houille varie beaucoup, selon qu'il s'agit de houille en gros morceaux, de houille moyenne, de tout-venant ou de menu. On peut admettre comme terme de comparaison les chiffres ci-après :

La houille en gros morceaux triés valant 15 à 18 fr. la tonne, le moyen pourra se payer 12 fr., tandis que l'on ne trouvera du menu qu'à 6 à 8 fr.

Si l'on peut brûler le menu ou le tout-venant sur les grilles, il faut évidemment lui donner la préférence dans les lieux voisins des usines ; mais à mesure que l'on s'éloigne de ces dernières, les frais de transport, d'octroi, de camionnage, sont les mêmes, qu'il s'agisse de gros charbon ou de tout-venant, et la différence relative dans les prix s'efface sur la mine. On n'hésitera pas à prendre du charbon à 6 fr. au lieu de charbon à 15 fr. A quatre cents kilomètres de la mine, avec 17 ou 18 fr. de frais accessoires, on pourra hésiter entre du menu valant 25 ou 26 fr., et du gros charbon ne coûtant que 35 fr.

Le gros charbon, nous n'avons pas besoin de le dire, est bien plus facile à employer sur une grille que le menu : il laisse passage aux courants d'air ; il ne se tamise pas entre les barreaux ; aussi est-il à tous égards recherché avec ardeur dans tous les bassins houillers. Malheureusement, les houillères françaises et belges sont, à cet égard, dans une infériorité notable par rapport aux houillères anglaises. Tandis que nos houillères ne donnent que 10 à 12 p. 100 de gros, on trouve des houillères anglaises qui donnent 90 p. 100 : dans certains districts de Newcastle, les menus ont été pendant longtemps jetés au remblai comme ne valant pas la peine d'être employés. L'énorme consommation de la houille, en Angleterre, l'épuisement de certains bassins ne permettent plus cette prodigalité, et l'on cherche, même en Angleterre, à tirer parti de ces menus.

Production houillère de l'Europe. — Il est très-difficile de se procurer des chiffres authentiques pour la production houillère des diverses contrées de l'Europe. Nous avons trouvé les chiffres ci après dans des documents dignes de créance ; ils ne se rapportent malheureusement qu'aux années 1860 et 1865 :

	1860.	1865.
Angleterre.	83.208.581 T	98.000.000 T
Prusse.	10.656.000	18.500.000
Belgique.	8.925.700	12.000.000
France.	8.390.000	11.300.000
Autriche.	2.169.987	4.500.000
Saxe.	1.250.000	2.500.000
Bade.	300.000	4.000.000
Bavière.	264.000	
Hesse Électorale.	178.000	
Espagne..	160.000	
Russie et Turquie.	100.000	

La supériorité de la production houillère de l'Angleterre est véritablement écrasante : sur ce chiffre de 83,210,000 tonnes, en 1860, 7,800,000 étaient exportées, mais il restait pour la consommation locale près de 75,000,000 de tonnes.

On n'a pas de données bien exactes sur les quantités de houilles extraites en Amérique, et, dans les autres contrées du globe, il doit exister des masses énormes de combustible encore inconnues. Les formations géologiques qui constituent la si faible partie du globe terrestre qu'on nomme l'Europe se retrouvent partout, et les dépôts carbonifères que nous exploitons avec tant d'ardeur se sont très-certainement effectués sur toute la surface du globe, dans des conditions analogues à celles que nous connaissons. Chaque année, les voyageurs et les géologues signalent l'existence de terrains houillers inexploités qui assurent à l'homme un inépuisable champ d'activité.

Production houillère de la France. — Nous avons dans les leçons sur les chemins de fer indiqué les chiffres de la production houillère en France de 1820 à 1865 et montré le rapport qui existait entre cette production et le développement des réseaux des chemins de fer. Nous reproduirons seulement, en la complétant jusqu'en 1869, les chiffres relatifs aux dernières années.

ANNÉES	PRODUCTION INDIGÈNE	IMPORTATION	EXPORTATION	CONSOMMATION
1860. . . .	8.392.000	5.707.000	519.000	13.590.000
1861. . . .	8.400.000	5.913.000	445.000	13.868.000
1862. . . .	9.400.000	5.722.000	488.000	14.634.000
1863. . . .	10.000.000	5.602.000	536.000	15.166.000
1864. . . .	11.100.000	6.225.000	618.000	16.707.000
1865. . . .	11.300.000	6.981.000	709.000	17.572.000
1866. . . .	12.000.000	7.839.000	783.000	19.056.000
1867. . . .	12.360.000	7.635.000	707.000	19.288.000
1868. . . .	12.800.000	7.658.000	821.000	19.637.000
1869. . . .	13.100.000	7.134.000	700.000	19.534.000

Il ressort de ce tableau la preuve que la France fait depuis quelques années de grands efforts pour augmenter le chiffre de sa production houillère; mais malheureusement ce chiffre est encore très inférieur à celui de ses besoins, qui semblent croître plus rapidement encore.

En nombres ronds, la France consomme aujourd'hui 19 à 20 millions de tonnes de houille, et elle n'en trouve dans son territoire que les deux tiers. Elle demande le dernier tiers à l'Angleterre, à la Belgique et à la Prusse, et paye à ces nations un tribut qui s'élève de 72 à 80 millions de francs par an.

L'augmentation de la production houillère en France est donc un des premiers besoins, nous dirons presque le premier besoin du pays, et nous ne saurions indiquer aux ingénieurs un plus noble but à leurs recherches et à leurs préoccupations. On se rapprochera de ce but en suivant quatre ordres d'idées que nous ne pouvons qu'indiquer sommairement.

a. — **Recherches géologiques**. Il y a à faire à cet égard beaucoup plus qu'on ne le suppose ; on connait les principaux bassins houillers de notre pays, mais on n'en connait pas exactement l'étendue : les bassins en exploitation se prolongent bien au delà des zones dans lesquelles on travaille aujourd'hui, et la récente découverte des houillères du Pas-de-Calais doit encourager les recherches à faire à proximité d'autres bassins.

On donnerait à l'activité des ingénieurs des mines un stimulant énergique en mettant à leur disposition des fonds à l'aide desquels ils pourraient, dans des séries de sondages, préciser la limite des bassins houillers. En cas de succès, les concessionnaires seraient trop heureux de rembourser à l'État le prix de ces sondages, et leurs ressources s'appliqueraient au fonçage immédiat de puits d'extraction, tandis qu'aujourd'hui, et surtout avec le système des concessions morcelées, on hésite à entreprendre ces travaux de recherche préliminaire.

b. — **Utilisation des combustibles réputés imparfaits ou de combustibles nouveaux.** Nous l'avons déjà dit et nous ne saurions trop le répéter, tout corps dont la combinaison avec l'oxygène est accompagnée de chaleur est un élément de richesse et doit être recueilli avec soin. Il faut donc faire disparaître les difficultés qui arrêtent la vulgarisation et l'emploi de ces substances; il faut que les anthracites, les lignites, les tourbes entrent dans la consommation industrielle ou ménagère du pays. Des modes d'extraction ou de préparation, des appareils spéciaux pour la combustion, feront disparaître les inconvénients longtemps attachés à l'emploi de ces substances.

Nous avons parlé des déchets. Nous devons répéter le mot : *Il ne doit pas y avoir de déchets en industrie;* et bien des substances dont on semble avoir épuisé la valeur rendront, par leur combustion, un dernier service à l'homme.

Il faut aussi s'appliquer sans relâche à l'utilisation des gaz qui s'échappent de tant de cheminées dans un nombre considérable d'industries. Ce n'est pas la faible partie de combustible que contient la fumée qu'il faut regretter, c'est la quantité de chaleur qui existe dans les gaz colorés par cette fumée.

Enfin, l'emploi des huiles de pétrole et des hydrocarbures liquides est peut-être appelé à fournir à l'industrie une puissante source de chaleur et de force.

c. — **Développement des voies de communication de toute nature.** Ici, nous rentrons dans les attributions dévolues aux ingénieurs des ponts et chaussées. Si dans l'étendue de la circonscription territoriale à laquelle ils sont attachés se trouvent, nous ne dirons pas des bassins, mais seulement des gisements de substances combustibles, ils doivent étudier par quelles voies de communication, — chemin de fer, canaux, routes, — ces gisements peuvent être mis à la disposition du commerce, de l'industrie, du simple consommateur; et, si ces voies de communication sont insuffisantes, les ingénieurs doivent, par des rapports incessants, signaler cet état de choses et indiquer les travaux à l'aide desquels on augmentera les ressources du pays.

d. — **Constitution de la propriété minière.** Sans aborder les nombreuses questions qui se présentent à l'esprit au seul mot de *propriété minière*, nous croyons que de grandes réformes sont à faire dans le mode de constitution de cette propriété, au moins dans le sens de la liberté d'association.

Quand une région industrielle ne pouvait être desservie que par un bassin, l'attribution de ce bassin à une seule personne ou à une seule association de personnes pouvait faire naître des appréhensions de monopole, et on a eu recours aux concessions morcelées. Mais, aujourd'hui, il n'y a pas de région industrielle dans laquelle ne puissent arriver les charbons de deux ou trois bassins ; aucun monopole n'est donc à craindre et il n'y aurait que des avantages à laisser les concessions morcelées se grouper et réunir leurs ressources, tandis que dans l'état actuel elles restent isolées et impuissantes.

Nous ne terminerons pas ces considérations sommaires sur la question de l'approvisionnement des houilles nécessaires à la France sans dire un mot de l'emploi de la houille comme fret de sortie pour la marine marchande. On a souvent signalé, comme une condition d'infériorité de la marine française comparativement à la marine anglaise, l'absence ou la rareté du fret de sortie, et on a exprimé l'espoir que la houille pourrait remplir ce rôle. Nous pensons que, sauf certains cas particuliers, il est impossible de compter sur la houille. Comment, en effet, espérer que la France, qui demande à l'étranger le tiers de sa consommation en houille, puisse devenir un pays exportateur? on n'exporte que ce que l'on a en excès, et la France n'arrivera probablement jamais à avoir trop de combustible.

Coke. — Le coke ne diffère chimiquement de la houille que par l'absence de matières volatiles enlevées par une distillation préalable ; le coke peut donc être considéré comme un résidu.

Seulement, ce résidu est produit dans deux conditions très-différentes : dans le premier cas, on soumet la houille à une distillation pour éliminer certaines substances qui sont perdues ou employées accidentellement ; le produit désiré est ce résidu lui-même ; il est désigné sous le nom de *coke de four* ; — dans le second cas, au contraire, la distillation est conduite de façon à recueillir la plus grande quantité possible de produits volatils, dont le principal est le gaz d'éclairage, et ce qui reste dans l'appareil distillatoire est bien un véritable résidu : c'est le coke de gaz.

On conçoit qu'il existe une différence profonde entre le coke de four et le coke de gaz. Au point de vue de la densité et du pouvoir calorifique, le premier est lourd et brûle lentement dans le foyer, le second est extrêmement léger et passe dans le foyer avec une grande rapidité. Les mécaniciens, sans se rendre compte des phénomènes chimiques qui se produisent dans tel ou tel mode de distillation, disent du coke de gaz, qu'il est *épuisé*.

Usage du coke. — Quand le coke est un produit accessoire, un résidu obtenu dans la fabrication du gaz, on conçoit très-bien que l'on cherche à l'utiliser comme combustible ; mais on conçoit moins bien la fabrication directe du coke de four, c'est-à-dire une opération qui entraîne 30, 40 et quelquefois 50 p. 100 de perte du combustible employé. Pourquoi, lorsque le combustible est si cher et si rare en France, en perdre une aussi grande quantité ?

Trois causes peuvent justifier la conversion préalable de la houille en coke :

1° L'élimination par vaporisation des substances, telles que le phosphore et le soufre ;

2° L'agglutination par la chaleur des charbons en poudre presque sans emploi sur la grille ;

3° L'approvisionnement des machines locomotives.

Sur ces trois causes une seule, la première, est légitime. Nous avons, en parlant des métaux, fait ressortir l'influence que les matières mises en présence dans les hauts fourneaux exercent sur le produit obtenu. On retrouve dans la fonte presque tous les éléments constitutifs du minerai et du combustible. Si l'on veut que la fonte ne contienne ni soufre ni phosphore, il faut en débarrasser le combustible, et il n'y a pas d'autre procédé que la distillation préalable de la houille.

L'agglutination directe des charbons et la fabrication des agglomérés répondent aujourd'hui, mieux que la fabrication du coke, au besoin que l'industrie éprouve d'avoir du combustible en morceaux.

Enfin, à part la question de la fumée, question que nous traiterons dans le paragraphe suivant, l'emploi exclusif du coke dans les machines locomotives ne repose que sur un préjugé qui se dissipe heureusement chaque jour.

La fabrication du coke n'a donc véritablement plus d'intérêt qu'au point de vue de l'industrie métallurgique, et nous n'entrerons pas dans le détail d'une opération désormais sans objet dans l'industrie des machines à vapeur.

Préjugés au sujet de l'emploi de la houille dans les locomotives. — Le coke, disait-on, est le seul combustible approprié aux faibles dimensions des foyers des machines locomotives, le seul qui puisse être employé sous une grande épaisseur, et, par conséquent, n'exigeant pas de rechargements fréquents et une introduction d'air froid dans le foyer. Avec la houille crue, ajoutait-on, les tubes des chaudières ne résisteraient point à l'action des gaz produits par la combustion imparfaite de la houille, etc., etc.

On savait cependant que sur plusieurs chemins on ne brûlait que de la houille crue ; mais on les considérait comme dans un état d'infériorité en quelque sorte native et on ne s'ingéniait qu'à se procurer du coke à des prix admissibles.

Il a fallu l'élévation toujours croissante du prix du coke et la recherche de la solution de la combustion de la fumée, pour que l'emploi de la houille dans les foyers des machines devînt une chose en quelque sorte courante ; et l'on reconnaît aujourd'hui que dans les machines locomotives la houille présente, sur l'emploi du coke, des avantages marqués.

« Moins chère, plus inflammable, dit M. Couche, plus dense que le coke, elle n'assure pas seulement une production plus économique, et, point capital, plus abondante de vapeur, elle est aussi plus favorable à la conservation des foyers et des tubes; la conduite du feu est plus facile, la pression de la vapeur se maintient mieux avec un très-faible serrage de l'échappement, et la puissance de la machine y gagne. »

Il est impossible de mieux résumer la question, mais aussi de condamner en termes plus forts l'erreur si longtemps répandue au sujet des inconvénients que présentait l'emploi de la houille dans les machines, la question de la fumée mise à part, comme nous l'avons dit.

La question de l'emploi de la houille dans les machines locomotives est aujourd'hui une question complétement résolue, et nous ne sommes plus au temps où il fallait vaincre la résistance des mécaniciens pour substituer la houille au coke ; tous reconnaissant aujourd'hui combien la houille se prête mieux que le coke à la marche du foyer, et combien on est plus sûr d'élever rapidement la pression avec la houille qu'avec le coke.

Au point de vue de l'économie réalisée par les compagnies des chemins de fer, la substitution de la houille au coke est un des plus grands progrès obtenus depuis vingt ans. On est arrivé à brûler, poids pour poids, ces deux combustibles. Or, l'un d'eux coûte habituellement la moitié du prix de l'autre ; les chemins ont donc réalisé une économie de près de 50 p. 100 dans la dépense du combustible.

Fabrication des agglomérés. — Nous avons dit combien la proportion de gros charbon fourni par nos houillères était faible comparativement à celle donnée par les houillères anglaises. Notre pays a su trouver un remède à cette situation, et la fabrication des agglomérés s'est développée avec une rapidité suffisante pour répondre à tous les besoins et avec un succès tel, que dans des conditions spéciales on donne à ces agglomérés la préférence sur le gros charbon.

Les agglomérés sont des briquettes cylindriques ou cubiques de houille en poussière, agglutinée sous forte pression à l'aide d'un ciment combustible lui-même.

Non-seulement les houilles fines, les houilles en poussière, ont pu être ainsi utilisées et transformées en charbon de première qualité, mais les houilles en couches minces alternées avec des couches de schiste ont pu être exploitées ; il a suffi de les débarrasser par un lavage de ces éléments étrangers. Les charbons maigres, les anthracites, qui se délitent sur la grille, transformés en agglomérés, ont acquis pour ainsi dire subitement une grande valeur commerciale.

Les houilles sont broyées et amenées par le lavage au plus grand état de pureté possible et mélangées avec l'une des trois substances ci-après :

Le goudron ;

Le brai gras, c'est-à-dire le goudron débarrassé d'environ 25 p. 100 de matières volatiles ;

Le brai sec, c'est-à-dire le goudron débarrassé de la presque totalité des matières volatiles qu'il contient.

Les deux premières substances sont aujourd'hui à peu près complétement abandonnées ; elles communiquaient aux agglomérés une odeur bitumineuse prononcée, et leur combustion était accompagnée d'un développement de fumée assez épaisse.

Nous ne décrirons pas les appareils et les procédés employés pour la fabrication des agglomérés, fabrication qui comprend les opérations ci-après :

Broyage du charbon et du brai sec ;

Malaxage ou mélange du charbon et de la substance employée comme ciment ; ce malaxage s'effectue à chaud, 80 à 100° environ ; on emploie de 7 à 10 p. 100 de ciment ;

Compression du mélange dans des moules fermés ou dans des moules ouverts.

Les appareils à moules fermés dus à MM. Marsais, Mazeline et Révolier, permettent de porter la pression jusqu'à 150 atmosphères ; les uns donnent des briquettes de 5 à 10 kilogrammes, d'autres donnent des blocs de 650 kilogrammes qu'il faut ensuite débiter au marteau.

Les appareils à moules ouverts, dus à M. Évrard, fournissent des briquettes cylindriques de $0^{m},08$ de diamètre très-homogènes et amenées à une densité de 1,36, densité qu'atteignent rarement les briquettes fournies par les autres appareils.

Le développement de la fabrication des agglomérés n'est arrêté que par une seule circonstance, la rareté du goudron ou du brai qui en dérive, et le prix toujours croissant de cette substance. Il faut donc ou trouver d'autres matières, ou arriver à effectuer directement la compression du charbon pur. On a fait des recherches dans ces deux ordres d'idées ; on a expérimenté des ciments formés de brai sec et d'huiles lourdes, et on a comprimé du charbon en le portant dans des moules fermés à une température de 3 à 400°, suffisante pour commencer la distillation des matières goudronneuses que renferme le charbon et dont la présence détermine la soudure de toute la masse.

Le prix des agglomérés se compose de trois éléments :

1° La valeur du menu variable dans chaque bassin ;

2° La valeur du ciment. Le brai coûte en ce moment 60 à 70 fr. les 1,000 kilogrammes, et comme on en emploie de 7 à 10 p. 100, on peut compter dans une tonne d'agglomérés une valeur en ciment de 4 à 6 fr.

3° La fabrication proprement dite, évaluée, amortissement compris, entre 1 fr. 80 et 2 fr. 50.

Ces deux derniers éléments représentent donc environ 8 fr. qui, ajoutés à la valeur du menu, donneront dans chaque localité le prix des agglomérés.

Nous avons dit que la fabrication des agglomérés était arrivée à un degré de perfection telle qu'on leur donne la préférence sur le gros charbon. A la Grand-Combe, les agglomérés sont payés 2 fr. de plus que le gros charbon.

En faisant varier la quantité de matière agglomérante, en faisant surtout varier la pression pendant la fabrication, on est arrivé à donner aux briquettes une extrême dureté et une cohésion telle qu'elles résistent à l'action dissolvante des climats chauds. On fabrique en Angleterre des briquettes destinées aux chemins de fer de l'Inde et qui pendant le transport ne subissent aucune détérioration. Employées sur les chemins de fer de l'Algérie, ces briquettes ne reviennent pas à plus de 35 fr. la tonne chargée sur wagon à Oran.

La marine impériale, qui apprécie singulièrement les avantages que présente pour l'arrimage dans les soutes un combustible de forme régulière, fait un très-grand usage des agglomérés, et nous résumerons toutes les notions relatives à cette fabrication, en relatant les principales clauses des cahiers de charges relatifs à cette fourniture :

« Les agglomérés devront être durs, sonores, homogènes, peu hygrométriques, à peu près dépourvus d'odeur ; ils seront fabriqués avec des menus de bonne qualité, au moyen de l'adjonction de 8 p. 100 de matière agglomérante. La substance agglomérante sera le brai sec, c'est-à-dire le résidu du goudron, dont on a enlevé 40 p. 100 de matières volatiles.

« Le poids des agglomérés ne dépassera pas 8 kilogrammes ; leur densité moyenne ne devra pas être inférieure à 1,19.

« Les agglomérés devront s'allumer facilement et briller avec une flamme vive et claire sans se désagréger au feu et en ne produisant qu'une fumée grise et légère.

« Ils ne devront pas être inférieurs sous le rapport de la quantité d'eau vaporisée par kilogramme de combustible aux charbons naturels admis par l'administration. — La proportion des cendres et des résidus ne devra pas excéder 10 p. 100. »

Les compagnies de chemins de fer attachent plus d'importance à la question de la teneur en cendres et elles en limitent la proportion de 6 à 7 p. 100.

§ 5. — Des combustibles au point de vue de la fumée. — Appareils fumivores.

Résumé des leçons sur la combustion. — Rappelons, avant d'aborder l'étude des questions complexes que soulèvent l'appréciation et l'emploi des appareils fumivores, que le problème à résoudre dans un foyer est de déterminer la combustion complète du charbon, c'est-à-dire sa transformation en acide carbonique, *sans introduire un excès d'air qui refroidisse le foyer*. Le problème de la fumivorité a été fréquemment résolu ; mais la plupart des appareils proposés ont été successivement abandonnés, parce qu'ils entrainaient une augmentation dans la dépense du combustible, et que la première conséquence qui résultait de leur emploi était l'abaissement de la pression dans la chaudière, abaissement déterminé par l'introduction d'une trop grande quantité d'air froid.

Deux circonstances ont sur la question de la fumivorité une influence extrême :

La nature du charbon employé ;

L'habileté ou l'ignorance du chauffeur.

La composition des charbons varie excessivement; par suite, la nature et l'abondance des produits volatils que détermine leur échauffement diffèrent considérablement. Aussi, les dispositions imaginées pour enflammer ces produits volatils, excellentes pour un charbonnage déterminé, peuvent être insuffisantes pour un autre charbonnage.

L'état physique des charbons a aussi une grande importance : il est infiniment plus facile de faire arriver l'air à travers une masse composée de gros morceaux, qu'à travers une couche de menu charbon, qu'on ne peut employer qu'en rapprochant les barreaux des grilles. Les courants d'air énergiques que l'on est forcé d'établir à travers les foyers soulèvent les poussières de charbon et les entraînent à l'extérieur, et cependant l'élévation toujours croissante du prix du charbon en gros morceaux rend indispensable l'emploi du charbon menu ou tout-venant.

Quant à l'habileté du chauffeur, son influence est incontestable. On a longtemps pensé que, pour alimenter un foyer, il suffisait d'ouvrir la porte et de lancer sur la grille des pelletées de combustible ; on confiait alors les fonctions de chauffeur à un manœuvre payé aussi bon marché que possible. On reconnaît aujourd'hui qu'un ouvrier inintelligent laisse trop longtemps la porte ouverte et que l'introduction prolongée de l'air froid fait baisser la pression ; que le charbon jeté à la volée sur un point quelconque du foyer se volatilise presque subitement et se transforme en hydrocarbures qui se précipitent dans la cheminée sans brûler, et, par suite, sans produire aucun effet utile. On admet, enfin, que l'économie obtenue par un bon ouvrier est très-supérieure à l'importance du salaire qu'il convient de lui donner, et la première chose, nous disons presque la seule chose à faire pour assurer la fumivorité dans un foyer de machine fixe, ou au moins pour en approcher d'une manière suffisante, est d'avoir un bon chauffeur.

Inconvénients de la fumée. — Nous n'avons pas besoin d'insister sur les inconvénients de la fumée; tout le monde les connaît. Le charbon entraîné à l'état de division extrême se dépose sur tous les objets qui environnent la cheminée.

Dans les chemins de fer, la fumée des machines locomotives est la source de trois sortes d'inconvénients très-distincts :

1° Pour les voyageurs, pendant la durée du trajet ;

2° Pour les habitations situées à proximité de la voie ;

3° Pour certaines industries placées à une distance relativement considérable des rails.

Les taches faites par la fumée sont de deux natures. Les escarbilles provenant du coke ou de certaines houilles sèches sont pulvérulentes et siliceuses; elles n'adhèrent pas aux étoffes et s'enlèvent très-facilement. Les parcelles provenant de la combustion des houilles grasses adhèrent au contraire fortement aux objets sur lesquels elles tombent et déterminent de véritables taches huileuses difficiles à enlever.

Dans certains cas spéciaux aux machines locomotives qui crachent, les taches sont formées par des gouttes d'eau sale qui sont lancées par la cheminée; ces taches sont funestes aux établissements qui s'occupent du blanchiment des étoffes.

État de la législation en France. — Plusieurs lois et ordonnances en France ont prescrit aux industriels l'obligation de brûler la fumée produite dans les foyers de machines à vapeur.

L'article 32 du cahier des charges imposées à toutes les grandes compagnies de chemins de fer contient la stipulation suivante :

« Les machines locomotives seront construites sur les meilleurs modèles ; elles devront consumer leur fumée et satisfaire, d'ailleurs, à toutes les conditions prescrites ou à prescrire par l'administration pour ce genre de machines. »

Nous ne dirons pas que cette prescription est restée une lettre morte : pendant de très-longues années, les compagnies se sont préoccupées des moyens d'arriver, non pas à consumer la fumée une fois produite, mais à empêcher la fumée de se produire, et ce n'est que depuis très-peu de temps qu'elles sont arrivées à employer des appareils qui donnent des résultats satisfaisants en service régulier.

Aussi longtemps que ces essais n'ont pas été terminés, l'administration supérieure n'a pas exigé des compagnies de chemins de fer la stricte exécution des prescriptions de l'article 32, et elle a usé de la même tolérance vis-à-vis des propriétaires de machines fixes. Tant que l'on ne possédait pas d'appareil enlevant ou diminuant la fumée d'une manière suffisante, il était bien difficile de prescrire à l'industrie l'exécution d'une mesure dont la solution était inconnue ; et, lorsque les cheminées des établissements de l'État répandaient sur Paris des flots de fumée, les industriels étaient fondés à dire qu'ils ne pouvaient faire mieux que l'État avec les machines que ce dernier possédait à la Monnaie, à la Manutention militaire ou à la Manufacture des tabacs.

Aujourd'hui, de grands progrès ont été réalisés ; tous les faits relatifs à la production de la fumée sont connus, et l'administration publique a pu formuler de nouvelles prescriptions à ce sujet. L'article 19 du décret impérial du 25 janvier 1865 est formel à cet égard ; il est ainsi conçu :

« Le foyer des chaudières de toute catégorie doit brûler sa fumée. Un délai de six mois est accordé, pour l'exécution de la disposition qui précède, aux propriétaires de chaudières auxquels l'obligation de brûler leur fumée n'a pas été imposée par l'acte d'autorisation. »

L'étude des appareils fumivores est donc à l'ordre du jour, et le décret du 25 janvier 1865 doit être exécuté au moins dans les limites déterminées par l'état actuel de nos connaissances.

Emploi du coke pour prévenir la fumée. — Pendant longtemps on n'a connu qu'un seul moyen de ne pas avoir de fumée, qui était d'employer le coke, formé, nous l'avons dit, par la distillation de la houille. Tous les produits volatils ayant été enlevés, la combustion du résidu ne pouvait donner lieu qu'à la production de gaz sensiblement incolores, et l'emploi du coke dispensait de la recherche de tout appareil fumivore. Malheureusement, le développement des chemins de fer dans toute l'Europe rendait impossible la production d'une quantité de coke en rapport avec les besoins de l'exploitation.

Le coke ne peut être fabriqué qu'avec des charbons d'une certaine qualité, charbons recherchés également par d'autres industriels que les chemins de fer. En développant considérablement la fabrication du coke, non-seulement on n'aurait obtenu ce produit qu'à des prix chaque jour plus élevés, mais encore on aurait privé de combustible des industries très-importantes. Pour faire une tonne de coke, il faut en moyenne deux tonnes de houille; les chemins de fer français consomment, chaque année, un million de tonnes de combustible. En imposant l'obligation étroite de ne brûler que du coke, le gouvernement eût, en définitive, imposé aux compagnies l'obligation de consommer 2 millions de tonnes de houille, et enlevé ainsi à l'industrie une quantité énorme de combustible, tandis que ce combustible fait défaut sur un nombre considérable de points.

Le coke n'a donc été conservé par les compagnies des chemins de fer français que pour un très-petit nombre de trains, et on peut prévoir le moment où, grâce à la vulgarisation des appareils fumivores, la houille formera l'aliment exclusif des locomotives.

État de la législation en Belgique et en Allemagne. — Aucune disposition n'est appliquée, en Belgique et en Allemagne, pour l'emploi d'appareils fumivores. Dans toute la Belgique, les chemins de fer de l'État, aussi bien que les chemins de fer concédés, ne brûlent que de la houille crue, et le pays tout entier est d'avis que les inconvénients produits par la fumée ne sauraient être mis en balance avec les avantages qu'assure le développement général de l'industrie. La même chose a eu lieu en Allemagne, où la plupart des chemins de fer sont exploités par le gouvernement. En Prusse même, le ministre des travaux publics a été jusqu'à interdire l'emploi du coke dans les machines locomotives des chemins de fer de l'État. Dans une circulaire en date du 12 octobre 1860, adressée à toutes les directions royales prussiennes, le ministre du commerce et des travaux publics déclare qu'en présence des résultats obtenus par l'emploi de la houille, de la tourbe et des lignites, on ne saurait mettre en doute l'inutilité complète du coke pour le chauffage des locomotives. Quelques dispositions très-simples (parmi lesquelles on cite le souffleur à vapeur) suffisent pour supprimer complétement la fumée incommode dégagée par les charbons de quelques districts. Vérité au delà de Forbach, erreur en deçà.

État de la législation en Angleterre. — Pendant de longues années, on n'a absolument rien fait en Angleterre pour diminuer les inconvénients produits par la fumée des machines à vapeur. Les cheminées s'étaient cependant multipliées à un point tel, que plusieurs quartiers devenaient inhabitables. Une enquête très-intéressante *on smoke prevention* fut ouverte en 1840; dans cette enquête furent entendus tous les inventeurs d'appareils fumivores, et on peut retrouver dans les planches publiées dans le volume de cette enquête la totalité des appareils successivement présentés en Europe. Aucune disposition législative n'intervint cependant en Angleterre à la suite de cette enquête, et, conformément aux habitudes si profondément enracinées dans ce pays, on laissa le soin aux intérêts lésés de se grouper pour obtenir, soit la réparation des dommages causés, soit l'amélioration de la conduite du feu dans les machines. Un seul acte public, connu sous le nom d'*Acte de Palmerston*, a été édicté en 1854 pour restreindre les inconvénients qui proviennent de la fumée des fourneaux dans la métropole et sur la Tamise, en amont du pont de Londres. Nous en reproduisons les principales dispositions en appelant l'attention sur celles insérées au paragraphe 3 ; la bienveillance des juges est à l'avance invoquée en faveur des personnes qui auront fait leurs efforts pour brûler le combustible aussi bien que possible.

Les trois premiers paragraphes de cette ordonnance royale du 20 août 1853 sont ainsi conçus :

« § 1er. — A partir du 1er août 1854, tout fourneau employé ou destiné à être employé dans la métropole, soit pour le travail des machines à vapeur, soit dans les moulins, manufactures, imprimeries, teintureries, fonderies de fer, verreries, distilleries, brasseries, raffineries de sucre, boulangeries, usines à gaz ou autres établissements à l'usage du commerce ou des manufactures, devra être construit ou disposé pour consumer ou brûler la fumée venant de ce fourneau.

« Après cette date, toute personne qui se servira, dans l'intérieur de la métropole, d'un fourneau qui ne serait pas construit de façon à consumer ou brûler sa propre fumée, ou qui emploiera par négligence un fourneau dont la fumée ne serait pas complétement consumée ou brûlée, ou qui occasionnera quelques désagréments aux habitants des maisons voisines pour n'avoir pas employé le moyen pratique le meilleur afin de prévenir ou d'atténuer cette fumée ou autre incommodité, cette personne ainsi en contravention, propriétaire ou locataire des lieux, contre-maître ou employé, sera traduite devant toute cour de justice ; sur une sommaire constatation d'un tel délit, elle sera passible d'une amende s'élevant à 5 livres sterling au plus ou à 40 schellings au moins (126 fr. 04 à 48 fr.) ; pour une récidive, la somme sera portée à 10 livres (252 fr. 08), et, pour chaque contravention subséquente, cette somme sera double de la pénalité imposée par la précédente condamnation.

« Cet acte ne s'appliquera pas aux verreries ou poteries existantes dans la métropole avant la promulgation de cet acte, à l'exception cependant des fourneaux de machines à vapeur et fourneaux de fours à brique employés et appartenant respectivement à ce genre de travaux auxquels les dispositions de cet acte seront applicables.

« § 2. — Du et après le 1er août 1854, chaque machine à vapeur et fourneau employés pour le service des bateaux à vapeur sur la Tamise, au-dessus du pont de Londres, seront construits de manière à consumer la fumée provenant de ladite machine ou dudit fourneau ; et, si à partir dudit jour, les machines à vapeur ou fourneaux d'un bateau à vapeur fonctionnent pendant qu'il sera au-dessus du pont de Londres, sans que ces appareils soient construits de manière à consumer ou brûler leur propre fumée, ou si ces fourneaux ainsi construits sont, soit volontairement ou négligemment, employés de telle sorte que la fumée qui en proviendra ne soit pas consumée ou brûlée efficacement, le propriétaire, maître ou toute autre personne ayant charge de ce bâtiment, sera sur une sommaire constatation d'un tel délit, devant toute cour de justice, passible d'une amende, et payera une somme de 5 livres au plus et de 40 schellings au moins ; pour la récidive, la somme sera portée à 10 livres, et pour chaque constatation subséquente la somme sera double du montant de la pénalité imposée par la précédente condamnation.

« § 3. — Toutefois les mots consumer ou brûler la fumée ne seront pas entendus dans tous les cas pour signifier consumer ou brûler toute la fumée, et la justice devant laquelle toute personne sera amenée pourra atténuer les pénalités édictées par cet acte, si elle suppose que cette personne a construit ou disposé son fourneau de façon à consumer ou brûler aussi bien que possible toute la fumée qui en provient, et qu'elle a soigneusement surveillé dans le même but, et consumé ou brûlé aussi bien que possible la fumée provenant de ce fourneau. »

Principes sur lesquels doit être fondé tout appareil fumi-

vore. — La prescription insérée, soit dans les cahiers des charges des compagnies de chemins de fer, soit dans l'ordonnance du préfet de police du 11 novembre 1854, de consumer ou de brûler complétement la fumée produite par les fourneaux des appareils à vapeur, a entraîné beaucoup de constructeurs dans une fausse voie. Le charbon divisé qui colore la fumée est presque impalpable et il est impossible de le brûler. Ce qu'il faut faire, c'est empêcher dans le foyer même la production de la fumée.

Il faut décomposer les hydrocarbures au moment même où ils se dégagent du combustible, et leur fournir une quantité d'oxygène suffisante pour déterminer leur transformation en acide carbonique. C'est en réglant l'introduction de l'air et en déterminant, dans la masse gazeuse au-dessus du foyer, des tourbillonnements, qu'on obtiendra ce brassage et ce mélange intime des hydrocarbures et de l'oxygène, et par suite une combustion complète.

Nous retrouverons dans tous les appareils fumivores qui ont reçu une application industrielle une disposition qui répond à ce but. Le charbon n'est amené que progressivement dans la partie centrale du foyer, et les premiers produits de la combustion ne peuvent arriver au carneau qu'en passant sur une partie incandescente où ils se brûlent. Le départ de ces hydrocarbures est ralenti, soit par des obstacles matériels comme des écrans ou des bouilleurs, soit par des tourbillons créés par des jets de vapeur ou d'air. Nous examinerons maintenant ce qui a été proposé jusqu'à ce jour pour les machines fixes et les machines locomotives.

Appareils fumivores pour les machines fixes. — Le nombre des appareils proposés pour les machines fixes est considérable; nous décrirons sommairement ceux qui nous paraissent devoir être considérés comme les types d'une série de modèles qui ne diffèrent les uns des autres que par des détails d'exécution.

Nous citerons en conséquence, les appareils suivants:

a. — Appareil Duméry. Introduction du charbon par des trémies;

b. — Appareil Taillefer. Introduction du charbon sur une chaîne sans fin mue par la machine.

c. — Appareil Ivison. Jet de vapeur dans le foyer pour déterminer des tourbillons.

d. — Appareil Gardner. Introduction d'une couche d'air frais à l'extrémité de la grille.

Appareil Duméry. — L'appareil Duméry repose sur un principe excellent; mais il a le grave inconvénient pratique d'exiger des combinaisons mécaniques un peu compliquées. M. Duméry s'est proposé d'échauffer progressivement le combustible frais en le plaçant sous l'ancien déjà en ignition, de façon que les produits issus de la première distillation du combustible se dégagent dans cette même partie incandescente où ils achèvent facilement de se brûler. En amenant ainsi le charbon frais sous l'ancien, on a l'avantage de laisser toujours découverte la partie incandescente, et on n'interrompt jamais le rayonnement. M. Duméry considère la fumée comme un corps non utilement combustible, c'est-à-dire ne rendant pas, par sa combustion, une plus grande somme de chaleur que celle dépensée pour l'opérer ; d'où il conclut en disant qu'on ne doit pas laisser cette fumée se produire pour la brûler ensuite au-dessus de la couche de charbon à l'aide d'une addition d'air frais, mais bien éviter qu'il s'en forme, en forçant les premiers produits de l'inflammation du combustible à traverser la couche en complète ignition. Dans ce but, M. Duméry a adopté une disposition qui permet d'opérer les charges au-dessous de la couche incandescente, et sans ouvrir la chambre de combustion. La grille du foyer a été supprimée, ou plutôt on a conservé de cette grille seulement les deux barreaux du centre. A chacun des deux rectangles formés par les côtés des barreaux restants et les parois de la maçonnerie du foyer, on a, en enlevant les deux jambages du cendrier, fait aboutir deux cornets circulaires ayant une de leurs ouvertures donnant à l'intérieur du foyer et l'autre à l'extérieur de la maçonnerie.

Ces cornets courbes, dont la partie convexe regarde le sol, sont à sections décroissantes de l'intérieur du foyer à l'extérieur de la maçonnerie, c'est-à-dire que l'extrémité qui aboutit dans le foyer a même forme et mêmes dimensions que le rectangle formé par l'enlèvement des barreaux, tandis que l'extrémité qui se relève à l'extérieur a subi, sur ses quatre faces, un rétrécissement d'environ 12 p. 100 pris sur l'axe moyen des cornets.

Les deux extrémités de ces cornets sont complètement ouvertes; c'est par la petite section de l'extérieur que l'on introduit le combustible, et c'est dans sa plus grande ouverture, qui aboutit à l'intérieur du foyer, que s'accomplit la combustion. Cette dernière portion des cornets est garnie à son pourtour, c'est-à-dire sur ses quatre faces, de fentes destinées à l'admission de l'air atmosphérique. Les cornets sont munis d'une porte par laquelle on en dégage les résidus, ou le combustible lui-même, si l'on veut arrêter le feu.

En regard de l'extrémité extérieure, et concentriquement avec l'axe moyen des cornets, se trouve, de chaque côté du foyer, un marteau ou presseur courbe s'engageant librement dans les cornets et servant à pousser le combustible au fur et à mesure que la combustion le réclame. Ces presseurs sont mis en mouvement, soit par une manivelle et des engrenages intermédiaires, soit par le moteur lui-même au moyen d'embrayages.

Il avait été fait, auparavant, des foyers dits à flamme renversée, où les charges s'opérant par-dessus comme à l'ordinaire, le tirage était dirigé du dessus au dessous, de façon à obtenir le même effet qu'avec le foyer Duméry. Mais alors on perdait tout l'effet dû au rayonnement, et puis l'action la plus énergique ayant lieu au contact même de la grille, celle-ci était promptement détruite. Suivant Péclet, ce système de foyer pouvait néanmoins réussir pour le bois, tandis qu'il donnait de mauvais résultats avec la houille, par la haute température qu'elle peut développer près de la grille et par ses éléments constitutifs qui en accéléraient la destruction.

Personne ne conteste la réalité des résultats obtenus avec ce système de foyer, sous le rapport de sa fumivorité et des variations considérables qu'il peut supporter sans perte d'effet, dans les quantités de combustible qu'il est possible d'y brûler pour une même surface. Cependant, il serait peut-être nécessaire de lui ajouter, comme perfectionnement, des entrées d'air spéciales dans l'intérieur du foyer, dans le but d'aider à la combustion des gaz dégagés, gaz incolores, il est vrai, mais qui peuvent s'échapper sans brûler, faute d'une addition d'air pur ayant pu traverser le combustible.

L'appareil Duméry a été essayé dans les locomotives sur le chemin de fer de l'Est. Il n'a pas donné de bons résultats, et est maintenant abandonné. La raison principale qui l'a fait échouer est la complication du mécanisme qui exigeait trop de peine de la part du mécanicien pour l'introduction du combustible. La conduite pratique de l'appareil était difficile ; il fallait, par exemple, casser préalablement la houille en petits morceaux réguliers pour pouvoir manœuvrer les cornets.

Grilles mobiles fumivores de M. Taillefer. — Cet appareil a été inventé par M. Inkes, ingénieur anglais, et importé en France par M. Taillefer, mécanicien français, qui l'a doté aussi de divers perfectionnements. Le principe sur lequel il repose est l'inflammation du combustible au fur et à mesure qu'il s'avance vers le fond du foyer. La grille proprement dite est composée d'un très-grand nombre de petits barreaux articulés entre eux et formant une chaîne sans fin qui s'enroule sur deux tambours polygonaux. Deux séries de rouleaux servent à supporter la chaîne entre les deux tambours et la maintiennent très-plane, mais avec une certaine obliquité par rapport à l'horizon. Le tambour qui donne le mouvement de translation à la chaîne est commandé par son axe au moyen d'un système d'engrenages mis en jeu à l'aide d'un moteur quelconque par une courroie qui correspond à une poulie. L'axe de cette poulie est terminé par un carré sur lequel on peut placer une manivelle pour faire marcher la grille à la main, soit pour la faire rétrograder, soit pour lui communiquer momentanément une vitesse différente de celle fournie par le moteur.

L'ensemble de ce mécanisme est monté sur un bâti en fonte formé de deux flasques latérales entre lesquelles la chaîne se meut. Le tout forme donc un appareil indépendant du fourneau et repose, par des galets, sur des rails qui partent de l'intérieur du foyer et se prolongent à l'extérieur d'une quantité suffisante pour, au besoin, sortir entièrement de la grille ; la mise en place de tout l'appareil se résume à le faire avancer sur ces rails dans l'espace laissé libre au-dessous des bouilleurs, espace occupé, dans les dispositions ordinaires, par la grille fixe simple et par le cendrier.

Le charbon préalablement divisé en morceaux assez menus et sensiblement égaux, on le dépose dans une trémie dont les parois sont formées de cloisons réunies aux flasques du bâti. Cette trémie laisse à sa partie inférieure pour le passage du combustible une ouverture qui est en partie masquée par un registre. Le combustible se trouve entraîné par la grille en vertu de son mouvement de translation, mais seulement suivant une épaisseur de couche égale à la levée du registre. En combinant cette épaisseur avec la vitesse de translation de la chaîne, on peut arriver à dépenser telle quantité de combustible qu'il peut être nécessaire avec un même appareil.

Le nouveau charbon amené sur la grille commence à s'échauffer dès qu'il a traversé le registre; s'il en résulte une certaine distillation et une production de gaz combustible, ces produits, en passant au-dessus de la partie incandescente du foyer, achèveront de s'y brûler, puis, avançant peu à peu, le nouveau combustible sera lui-même transformé en coke et enfin entièrement brûlé.

Il ne doit donc rester sur la grille, à son extrémité postérieure, que peu de résidus, dont une partie tombe au travers des barreaux, et l'autre à l'extrémité même, dans un wagonnet placé sous la grille mobile.

Dans la marche ordinaire, le mouvement de la grille est commandé par celui de la machine. La vitesse de translation de la grille est évidemment variable, suivant la nature des combustibles employés et l'activité du foyer que l'on règle au moyen du registre de la cheminée. De toute façon, le mouvement est très-lent et moyennement égal à 2 mètres par heure. Ce système très-préconisé, il y a quinze ans (Société d'encouragement, 1848), paraît abandonné aujourd'hui. Il a l'inconvénient de coûter cher, d'employer pour son mouvement une force notable de la machine; puis la vitesse doit changer avec le combustible, ce qui nécessite une complication dans cet appareil et donne assez de difficultés pour le régler.

Appareil Ivison. — L'appareil Ivison, décrit très-minutieusement dans l'enquête *on smoke prevention*, consiste en un tube de prise de vapeur terminé par un disque percé sur la tranche de plusieurs petits trous, et placé au-dessus du foyer. La vapeur lancée par ces trous détermine, dans la masse des gaz de la combustion, des tourbillonnements qui suffisent à opérer le mélange de ces gaz avec l'air qui afflue sous la grille.

Les déclarations les plus formelles sont présentées à l'enquête au sujet du succès de cet appareil, dont la dépense est insignifiante, et qui peut être ajusté sur une chaudière dans un très-petit nombre d'heures.

Nous le retrouvons appliqué en France, avec de faibles modifications, dans beaucoup d'industries et notamment aux machines locomotives du chemin de fer de Paris à Lyon et à la Méditerranée.

Dans beaucoup de cas, et pour certaines houilles, cet appareil est une solution suffisante et complète de la question de la fumivorité, mais il est insuffisant pour des houilles très-fumeuses.

Appareil Gardner. — L'appareil Gardner, également décrit dans l'enquête *on smoke prevention*, est le type de tous les appareils dans lesquels on cherche à obtenir la fumivorité, en forçant les gaz de la combustion à tourbillonner au-dessus du foyer et en amenant sur ces gaz, au moment où ils vont s'engager sous les carneaux, un courant d'air frais.

Le tourbillonnement des gaz est produit par des écrans fixes en briques réfractaires dont la disposition peut varier de bien des manières ; l'amenée de l'air frais est faite, soit par des tuyaux en fonte, soit par un canal en briques terminé par une fente transversale sur l'autel.

Dans beaucoup d'appareils dérivés de l'appareil Gardner, on a eu à combattre une usure extrême des chaudières dans les parties où arrivait l'air frais et qui se trouvaient exposées à des jets de flammes comparables aux feux d'un chalumeau ; on a dû protéger ces parties de chaudières par des chemises réfractaires.

Les appareils fumivores sont-ils économiques ? — La question de savoir si l'emploi des appareils détermine une économie appréciable de combustible a été fréquemment discutée. Au premier abord, il peut paraître singulier que la question puisse être même posée. En ne perdant aucune parcelle de charbon, il semble que l'on doive avoir un résultat meilleur que dans le cas où la cheminée lance dans l'atmosphère des masses de combustible inutilisé.

En premier lieu, des expériences faites avec soin ont prouvé que le charbon divisé avait une puissance de coloration extrême et que les flots de fumée noire qui s'échappent d'une cheminée ne contiennent, en définitive, qu'un poids très-faible de charbon. La moindre quantité de carmin suffit pour colorer une grande masse d'eau ; il en est de même du charbon pour les gaz de la combustion.

En second lieu, la question du refroidissement du foyer par l'introduction d'une trop grande quantité d'air froid joue un rôle extrêmement important. Si, pour atteindre les dernières parcelles de combustible, il faut lancer dans le foyer des masses d'air froid, on s'écartera du but que l'on doit se proposer dans un foyer ; car il importe avant tout de produire le plus de chaleur possible, et non de transformer en acide carbonique jusqu'aux dernières parcelles du charbon. En injectant trop d'air froid, on diminue la vaporisation, et l'appareil fumivore, au lieu de déterminer une économie, entraîne une augmentation dans la dépense de combustible.

La plupart des inventeurs d'appareils fumivores n'ont pas admis ces considérations ; tous ont affirmé que leurs appareils permettaient de réaliser des économies très-importantes, et presque tous ont pu citer des expériences dans lesquelles on avait obtenu des économies sérieuses.

Mais il ne faut pas confondre les résultats d'une expérience isolée avec ceux de la pratique. Nous l'avons déjà dit, les courtes expériences faites au moment de l'installation d'un appareil ne sont pas décisives ; des soins exceptionnels sont apportés à la conduite du feu, la plus grande vigilance préside à tout le travail ; il n'en est pas malheureusement toujours de même, et surtout quand les appareils présentent des dispositions minutieuses, on ne retrouve pas, à la fin d'une année, des résultats comparables aux moyennes des premiers jours.

La Société industrielle de Mulhouse a fait faire des expériences sur la consommation de diverses chaudières, et elle a trouvé qu'une des chaudières qui vaporisaient le plus d'eau dans un temps donné, vomissait des flots de fumée noire ; avec un appareil qui ne donnait pas de fumée, on a trouvé une augmentation de dépense de 1 fr. 80 p. 100, au lieu d'une économie.

A Mulhouse, on est arrivé à cette conclusion, que la production de la fumée dépendait presque uniquement de la conduite du feu, et qu'un bon chauffeur pouvait dépenser 25 à 30 p. 100 de moins qu'un ouvrier inexpérimenté.

Appareils fumivores pour les machines locomotives. — Ainsi que nous l'avons déjà dit, pendant longtemps on n'avait pas considéré comme possible, dans les machines locomotives, l'emploi d'un combustible autre que le coke. On n'avait point, dès lors, à se préoccuper des moyens de supprimer la fumée, puisque ce combustible n'en donne que peu ou pas. Le prix toujours croissant des cokes a forcé toutes les compagnies de chemins de fer à recourir à l'emploi direct de la houille dont l'usage est aujourd'hui général. L'obligation inscrite aux cahiers des charges de consumer la fumée a donné naissance à des études extrêmement nombreuses que nous ne pouvons que résumer, en rappelant qu'il est impossible de trouver une solution pour la fumivorité, qui soit commune à tous les combustibles, et que, dès lors, tel appareil, très-suffisant pour les houilles anglaises ou les houilles belges, est absolument nul pour les houilles fumeuses de la Prusse rhénane ou de l'Aveyron.

Nous rappellerons aussi que pour les machines locomotives, comme pour les machines fixes, la conduite du feu est un art : un mécanicien intelligent, en chargeant son feu en marche avec précaution, produira peu de fumée ; un chauffeur ignorant, emplissant son foyer de combustible frais dans un stationnement pendant lequel le tirage est presque nul, déterminera la production d'une épaisse fumée.

Enfin, nous ferons une observation générale : la condition capitale de tout appareil fumivore pour une machine locomotive est la simplicité. Il faut que l'appareil marche en quelque sorte seul. On demande beaucoup au mécanicien qui conduit un train : il ne doit pas perdre de vue un seul instant la voie ; sa machine doit toujours être en état d'aborder les rampes que présente le profil ; le niveau de l'eau ne doit pas s'abaisser dans sa chaudière ; le graissage des pièces doit être constamment surveillé. Si à toutes ces sujétions on en ajoute une autre pour la fumivorité, on risque de dépasser les limites du travail intelligent à demander à un homme et on compromet le service plus qu'on ne l'améliore. C'est à des considérations de cette nature qu'il faut attribuer l'insuccès de l'appareil Duméry sur les machines locomotives : il imposait aux mécaniciens trop de travail.

Appareils expérimentés en Angleterre. — Les ingénieurs anglais ont proposé un nombre considérable d'appareils pour la combustion de la fumée ; ces appareils reposent sur les principes ci-après :

Injection de l'air dans le foyer par un certain nombre d'entretoises creuses ;

Injection de la vapeur dans le foyer par des entretoises creuses ou par des orifices spéciaux ;

Prolongement de quelques tubes à travers la boîte à fumée et disposition de leur extrémité en entonnoir dans lequel s'engouffre l'air extérieur ;

Construction d'une voûte en métal ou en briques réfractaires placée en face de la porte du foyer et au-dessous de la première rangée de tubes, de manière à déterminer des remous dans la masse gazeuse ;

Emploi de grilles inclinées dans de très-grands foyers ;

Emploi d'un tube en terre réfractaire placé sur la grille au milieu du combustible, et faisant arriver l'air frais au milieu de la masse des gaz de la combustion.

Tous ces appareils ont été très-préconisés, mais il ne faut pas perdre de vue qu'en général les houilles anglaises sont peu fumeuses, et que, dès lors, il était relativement facile de diminuer les inconvénients inhérents à la production de la fumée.

Appareils expérimentés en Belgique. Appareil Belpaire. — Les houilles belges, comme les houilles anglaises, contiennent une assez faible proportion de matières volatiles ; leur distillation lente ne donne pas lieu à une abondante production d'hydrocarbures ; bref, elles produisent peu de fumée, et, sur plusieurs chemins de fer, elles sont employées sans aucune précaution particulière. Mais les charbons belges sont, sur un point très-important, inférieurs aux charbons anglais : ils contiennent une très-faible quantité de gros morceaux et les menus forment la grande masse de la production houillère belge. Le problème dont les ingénieurs belges ont cherché la solution est celui de l'emploi du tout-venant, bien plus que celui de la suppression de la fumée.

M. Belpaire, ingénieur en chef des chemins de fer de l'État, a donné aux foyers des machines une disposition qui résout à la fois les deux problèmes que nous venons d'indiquer et qui les résout d'une manière satisfaisante.

Le foyer est très-long dans le sens de l'axe de la machine et très-peu profond ; la grille est formée de barreaux qui reposent sur les cadres du foyer et sur quatre traverses intermédiaires. Ces barreaux sont aussi très-courts, très-étroits et très-rapprochés. Leur intervalle n'est que de $0^m,004$.

La porte du foyer est très-large et a son seuil au niveau de la grille ; on pique le feu par-dessus ; des orifices fermés par des tiroirs permettent l'introduction de l'air par-dessus le foyer. La couche de combustible est toujours maintenue très-faible ($0^m,05$ à $0^m,06$), et tous les gaz se brûlent avant d'arriver dans les tubes.

Ces foyers ont reçu la sanction d'une expérience déjà longue, et la compagnie du Nord les a adoptés pour les nouvelles machines décrites dans le chapitre VII.

Appareils expérimentés sur le chemin de fer du Nord français. — Outre l'appareil Belpaire, le chemin de fer du Nord français a expérimenté les grilles à gradins, proposées par MM. de Marsilly et Chobrzinski.

La grille à gradins se compose de barreaux plats et larges,

disposés comme les marches d'un escalier ; le combustible frais est placé sur les marches supérieures, et il ne descend au bas du foyer qu'après s'être échauffé. Le but que se sont proposé les inventeurs de cette disposition est le même que celui poursuivi par les inventeurs des foyers à grilles tournantes, à chaînes sans fin, etc. : échauffer aussi lentement que possible le combustible frais, de manière à ralentir la production des hydrocarbures, et donner à ces gaz le temps de se mélanger avec l'air du foyer et de se brûler avant de passer dans les carneaux ou les tubes.

Les grilles à gradins ont été remplacées par des grilles inclinées, plus faciles à construire et à dégager du mâchefer qui se forme constamment entre les barreaux ; les unes et les autres sont insuffisantes pour empêcher la production de la fumée lorsque le foyer est alimenté par des houilles très-bitumineuses.

Appareil Tembrinck employé sur les chemins de fer de l'Est et de Paris à Orléans. — Nous arrivons à un appareil expérimenté sur une très-grande échelle par les chemins de fer de l'Est et de Paris à Orléans, qui n'ont à leur disposition que des houilles très-fumeuses : le premier, les houilles prussiennes du bassin de la Sarre ; le second, les houilles de Bézenet (Allier) et d'Aubin (Aveyron).

La proportion de matières volatiles contenues dans ces divers charbons s'élève de 35 à 40 pour 100, tandis que dans les charbons anglais et belges, elle ne dépasse pas 20 à 30 pour 100.

L'appareil inventé par M. Tembrinck, ingénieur adjoint du matériel au chemin de fer de l'Est, diffère de tous ceux dont nous avons parlé par l'emploi d'un bouilleur transversal placé au-dessus du combustible. Ce bouilleur fonctionne comme écran ; il force les gaz à tourbillonner et à se mélanger intimement, et il fait retomber sur la grille les parcelles de combustible enlevées par le dégagement des gaz. Nous empruntons au travail très-complet publié par M. Couche, inspecteur général des mines, sur l'emploi de la houille dans les machines locomotives, la description de l'appareil Tembrinck.

La porte du foyer subsiste, mais elle ne sert plus que pour visiter les tubes, les tamponner au besoin, et décrasser les viroles avec le balai.

Au-dessous de la porte est pratiquée, dans la double paroi de la boîte à feu et du foyer en cuivre, une grande ouverture rectangulaire occupant presque toute la largeur de cette paroi, et divisée en deux compartiments affectés, l'un au chargement de la houille, l'autre à l'introduction facultative de l'air dans le foyer. Le compartiment inférieur reçoit une caisse formant saillie sur la paroi postérieure de la chaudière, et dans laquelle le chauffeur introduit la houille en soulevant un clapet. Le combustible devant descendre autant que possible par son poids à mesure que la combustion s'opère, cette caisse est inclinée (36° à 40°) et son fond inférieur plein se raccorde, un peu après son entrée dans le foyer, avec la grille formée de deux parties : l'une, celle qui fait suite au fond de la caisse et inclinée comme lui, est fixe; l'autre, horizontale, est mobile à volonté. Elle peut basculer soit complétement pour jeter le feu, soit partiellement pour faire tomber le gâteau de mâchefer lorsque la houille employée en produit. Le mécanisme, qui sert à transmettre ce mouvement, est trop simple pour qu'il soit nécessaire d'insister.

L'auteur a eu l'heureuse idée de profiter de l'inclinaison de la partie fixe de la grille, pour permettre d'y piquer le feu pendant la marche. Immédiatement sous la caisse à houille se trouve un clapet recouvrant une ouverture par laquelle on voit facilement, de la plate-forme de la machine, le dessous de la grille inclinée, qu'on décrasse aisément au moyen du ringard, lorsque l'espacement et la forme des barreaux le permettent.

Au-dessus de la caisse à houille, se trouve la prise d'air munie d'une palette mobile par laquelle le mécanicien règle l'admission à volonté, mais toujours sous forme d'une nappe d'air inclinée, rasant le talus formé par le combustible et venant par suite rencontrer, dès leur émission, les gaz provenant de la distillation de la houille non encore transformée en coke.

Il reste encore à réaliser plusieurs effets essentiels. Il faut :

1° Échauffer la houille dès son entrée dans le foyer, pour que sa distillation commence de suite ;

2° Mélanger l'air avec les gaz provenant de cette distillation, et dont il doit opérer la combustion ; assurer à ces gaz un parcours assez long, et y produire des remous, afin que le mélange soit bien intime avant que les gaz pénètrent dans les tubes sur lesquels il ne faut pas compter pour compléter la combustion ;

3° Restituer à la surface de chauffe directe l'équivalent de ce qu'elle perd à l'arrière du foyer, c'est-à-dire environ 1 mètre carré.

Ces fonctions diverses sont remplies par le bouilleur incliné placé dans le foyer.

La flamme produite par le combustible qui couvre la grille inférieure, est infléchie par le bouilleur, forcée de remonter en léchant la houille qui garnit la grille inclinée et l'échauffe. Mêlée aux gaz et aux vapeurs dégagées par la houille ainsi échauffée, elle vient rencontrer le courant d'air descendant admis par la palette, le refoule en se mêlant avec lui, et le tout forme un courant avec tourbillons, qui s'infléchit de nouveau pour franchir l'étranglement compris entre le bouilleur et la paroi d'arrière du foyer et se diriger vers les tubes en léchant la face supérieure du bouilleur.

Les bouilleurs ont été souvent employés auparavant, mais jamais assurément d'une manière aussi heureuse, aussi efficace. Les bouilleurs divisant le foyer en deux compartiments, soit transversaux, soit longitudinaux, fréquemment employés en Angleterre, surtout aux locomotives, n'avaient qu'un but : l'accroissement de la surface de chauffe directe. Cela cependant suffit pour qu'on persiste à en faire usage sur plusieurs chemins anglais. C'est là un précédent rassurant pour l'appareil Tembrinck. Le bouilleur qui, placé comme il l'est, constitue un des organes essentiels du système, pourrait, au premier abord, soulever quelques objections au point de vue de l'entretien, si l'expérience n'avait déjà prononcé. Il n'y a en effet aucun motif pour que le bouilleur supérieur du foyer Tembrinck se comporte moins bien que ceux des machines anglaises.

Les premiers appareils construits par M. Tembrinck ont été mis en service en 1861, et 5 machines seulement furent garnies de ces bouilleurs. Les résultats obtenus ont été si satisfaisants qu'au fur et à mesure qu'une machine rentre à l'atelier, elle est pourvue d'un appareil fumivore. Sur les deux grands réseaux d'Orléans et de l'Est, on considère le problème de la fumivorité comme pratiquement résolu par l'emploi de l'appareil Tembrinck.

Des perfectionnements de détail ont été apportés à l'appareil par M. Bonnet, ingénieur des ateliers de l'Est. La trémie extérieure a été supprimée et l'introduction de l'air réglée par des clapets. On a même expérimenté la suppression de la grille inclinée, réduisant l'appareil au bouilleur. L'avenir prononcera d'une manière définitive sur cette dernière simplification.

Beaucoup d'ingénieurs ont émis l'opinion que le bouilleur Tembrinck ne résisterait pas, et que l'entretien de cette boîte exposée à l'action directe du foyer serait extrêmement dispendieux. L'expérience n'a pas confirmé ces craintes. La compagnie de l'Est possède des bouilleurs qui, actuellement, ont fait près de 300,000 kilomètres (la compagnie de l'Est avait à l'Exposition universelle de 1867 un bouilleur Tembrinck qui fait 259,000 kilomètres), qui ne présentent aucune trace d'altération ou d'amincissement, et qui promettent, par conséquent, une durée au moins égale à celle des foyers auxquels ils sont attachés. Les dépôts et incrustations ne s'y produisent pas d'une manière exceptionnelle. L'emploi du bouilleur a donc répondu d'une manière complète au but désiré sur les chemins de fer de l'Est et d'Orléans.

Appareil Thierry. — L'appareil Thierry, expérimenté sur la ligne de Lyon, est le plus simple de tous les appareils fumivores connus. Il consiste en un tube qui injecte de la vapeur sur la surface du foyer et qui détermine des tourbillonnements suffisants pour opérer le mélange des gaz. Expérimenté avec les houilles fumeuses de Sarrebrück, l'appareil Thierry n'a pas donné des résultats aussi satisfaisants ; mais avec les houilles du Nord, de Saint-Étienne, d'Alais, employées sur le chemin de Lyon, l'appareil Thierry résout d'une manière pratique le problème de la fumivorité.

Emploi du souffleur. — Presque tous les appareils fumivores que nous venons de décrire doivent être accompagnés d'un souffleur. Cet appareil consiste en un robinet placé sur la chaudière et qui débouche dans la cheminée. Lorsque la machine est en marche, l'échappement régulier de la vapeur dans la cheminée suffit pour le tirage, mais lorsque la machine est arrêtée, le tirage devient insuffisant et la combustion se fait mal. En ouvrant le souffleur, on rétablit un échappement dans la cheminée et par suite un tirage dans le foyer.

Avec certaines houilles, le souffleur suffit pour produire la fumivorité.

État actuel de la question de la fumivorité pour les locomotives. — Dans le travail que nous avons déjà cité sur l'emploi de la houille dans les locomotives, M. l'inspecteur général Couche considérait, dès 1862, le problème de la locomotive fumivore comme résolu. Tous les résultats obtenus depuis 1862 jusqu'à ce jour prouvent l'exactitude de la conclusion que nous venons de rappeler, et on peut prévoir le moment où toutes les locomotives seront munies d'appareils suffisants pour empêcher la production de la fumée avec des combustibles déterminés. Nous ne saurions trop le répéter, il ne faut pas, pour les appareils fumivores, chercher une solution radicale absolue, et l'on doit sur chaque chemin de fer tenir compte de la composition des houilles dont on peut disposer.

CINQUIÈME PARTIE

TRAVAIL ET DÉPENSE DE LA MACHINE LOCOMOTIVE

CHAPITRE XV

TRAVAIL DE LA MACHINE ISOLÉE — ÉVALUATION DES RÉSISTANCES

§ 1er. — Évaluation de la puissance d'une machine.

Difficulté d'apprécier théoriquement la puissance d'une machine. — La puissance d'une machine locomotive dépend de trois éléments distincts :

1° La capacité de vaporisation, c'est-à-dire la faculté de produire une quantité de vapeur déterminée dans un temps donné ;

2° Le mode d'utilisation ou de dépense de la vapeur produite, c'est-à-dire le rapport entre la capacité du cylindre et le nombre de tours de roues ;

3° Le poids adhérent de la machine, c'est-à-dire la portion du poids de la machine utilisée pour vaincre les résistances de toute nature qui s'opposent au déplacement de la machine.

Ces trois éléments ou même ces trois groupes d'éléments ont entre eux une relation étroite, relation que les constructeurs ne doivent jamais perdre de vue.

Il faut de toute nécessité que la chaudière puisse produire la quantité de vapeur que les cylindres sont en mesure de dépenser et réciproquement; il faut en outre que la dépense de vapeur s'effectue sans que la pression dépasse la limite fixée par le mode de construction de la chaudière et l'épaisseur du métal employé.

Il faut en même temps que la puissance développée contre les pistons concorde avec celle qui résulte de l'adhérence de la machine sur le rail. Il serait sans intérêt de produire en abondance de la vapeur à forte pression dans une machine très légère, incapable de transmettre à un train un effort de traction considérable; par contre, si la machine est lourde et puissante, il faut que la puissance développée contre les pistons soit suffisante pour vaincre les résistances du train et celles de la machine elle-même.

Capacité de vaporisation. — La capacité de vaporisation dans une machine locomotive ne peut être mesurée théoriquement; elle dépend d'éléments encore peu connus et de circonstances très-variables.

Sous le nom d'*éléments peu connus*, nous désignons :

1° La puissance relative de vaporisation de la surface de chauffe directe et de la surface de chauffe tubulaire;

2° L'influence de la vitesse sur la vaporisation ;

3° L'influence que peuvent exercer les variations dans le mode d'échappement et dans le tirage de la cheminée.

Les *circonstances variables* sont :

1° La nature du combustible;

2° La qualité de l'eau;

3° La conduite du feu.

Nous n'avons pas besoin d'insister sur l'importance de ces circonstances. On peut avoir une machine excellente, parfaitement conçue et parfaitement exécutée, mais on n'en obtiendra aucun service si on veut se servir de mauvais combustible et surtout de mauvaise eau. En supposant encore un combustible excellent et de l'eau de bonne qualité, la marche de la machine sera compromise si la conduite du feu est confiée à un ouvrier ignorant.

Théoriquement on n'attache peut-être pas assez d'importance à ces faits secondaires. On compare les résultats signalés sur un réseau de chemins de fer avec ceux signalés sur un autre, sans se demander si le combustible et l'eau étaient les mêmes. Dans la pratique, il importe d'y donner la plus sérieuse attention.

Quantité d'eau vaporisée par la combustion de 1 kilogramme de houille dans les machines locomotives. — Nous avons dit, dans le chapitre qui précède, que dans les machines fixes 1 kilogramme de houille vaporisait de 7 à 8 kilogrammes d'eau prise à la température ordinaire. On a trouvé des résultats à peu près semblables pour les machines locomotives.

Expériences faites sur le chemin de fer de l'Est. Quantités d'eau dépensées par kilomètre parcouru. — Des expériences très-nombreuses ont été faites au chemin de fer de l'Est de 1864 à 1867, à la suite d'un concours ouvert par M. Perdonnet, pour *éclaircir quelques points obscurs de la théorie des résistances sur le chemin de fer et de la force développée par les locomotives.* Les résultats de ces expériences entreprises par MM. Vuillemin, ingénieur en chef du matériel et de la traction du chemin de fer de l'Est, et Guebhard et Dieudonné, ingénieurs du même service, ont été publiés en 1868, et nous aurons dans le cours de ce chapitre à en parler à plusieurs reprises. Nous y trouvons immédiatement des indications très-précises sur les consommations d'eau faites par les divers types de machines locomotives. Ces consommations étaient mesurées dans le tender; elles comportent par conséquent aussi bien l'eau réellement vaporisée que l'eau entraînée mécaniquement.

Ramenés à l'unité de parcours de 1 kilomètre, les chiffres de consommation d'eau ont été en moyenne, pour une longue série d'expériences, de :

Pour les machines Crampton.	56 kilog.
Pour les machines mixtes.	58
Pour les machines à marchandises, ordinaires. .	97

En rapprochant ces résultats de ceux relatifs à la consommation du combustible, on a trouvé que 1 kilogramme de coke ordinaire vaporisait dans les machines Crampton et dans les machines mixtes environ $7^k,50$ d'eau ;

Que 1 kilogramme de houille vaporisait dans les machines mixtes et dans les machines à marchandises ordinaires environ 7 kilog. d'eau.

On voit combien l'emploi de la houille est avantageux par rapport à celui du coke ; elle vaporise presque la même quantité d'eau et coûte moitié moins cher.

Les chiffres qui précèdent sont des consommations moyennes observées à la suite de parcours d'une certaine étendue. On a également constaté des périodes de consommation beaucoup plus grandes, au moment où les trains franchissaient des rampes, ou parcouraient des voies humides.

Pour les machines mixtes, la consommation d'eau par kilomètre s'est élevée à 70, 71, 76 et même 78 kilog.

Pour les machines à marchandises on est arrivé à 109, 156, 165 et même 187 kilog., c'est-à-dire au double du chiffre moyen mentionné ci-dessus.

Les grosses machines à marchandises à huit roues couplées, franchissant des rampes de 15 millimètres, ont dépensé jusqu'à 220 kilogrammes d'eau par kilomètre.

Il n'a pas été possible de noter la quantité de combustible dépensée pendant ces parcours exceptionnels où la machine donnait un véritable coup de collier; mais la dépense d'eau *vaporisée ou entraînée* dépassait certainement 10 kilogrammes par kilogramme de combustible.

On a pu faire un rapprochement entre la quantité d'eau dépensée par le tender et la consommation théorique calculée d'après le nombre de cylindrées de vapeur, en tenant compte, bien entendu, de la fraction de course du piston pendant laquelle l'admission avait lieu à pleine pression.

On a trouvé que les pertes et les entraînements d'eau représentaient de 24 à 39 p. 100 de la consommation totale, soit en moyenne un tiers.

Cette perte énorme doit faire réfléchir les personnes qui considèrent la chaudière des locomotives à tubes multipliés, à chambre de vapeur restreinte, comme le type définitif des chaudières à admettre partout, aussi bien sur les chemins de fer que dans les machines fixes et les machines de bateau.

Valeurs comparatives des surfaces de chauffe directe et indirecte dans les machines locomotives. — Les ingénieurs du chemin de fer du Nord ont fait, il y a quelques années, des expériences pour déterminer la loi de décroissance de la puissance de vaporisation dans les chaudières tubulaires.

Une chaudière était divisée en cinq compartiments : le premier comprenant le foyer proprement dit et la surface de chauffe directe, les quatre autres divisant le faisceau tubulaire en quatre parties égales de $0^m,92$ de longueur chacune.

Les surfaces de chauffe et le volume en eau de chaque compartiment avaient les valeurs ci-après :

N° 1.	N° 2.	N° 3.	N° 4.	N° 5.
Surface tub. $1^{mq},54$	Surface tub. $16^{mq},62$	Surface tub. $16^{mq},62$	Surface tub. $16^{mq},62$	Surface tub. $16^{mq},62$
Foyer $5^{mq},60$				
450 litres	320 litres	320 litres	320 litres	320 litres

Chaque compartiment était alimenté par une bâche jaugée et par une pompe spéciale, et les niveaux étaient maintenus rigoureusement les mêmes.

Quinze expériences successives furent faites, sept avec le coke, huit avec les briquettes ; les quantités moyennes d'eau vaporisée par mètre carré et par heure furent les suivantes :

AVEC LE COKE :

119k,6	42k,6	21k,6	12k,3	8k,2

AVEC LA BRIQUETTE :

180k,25	55k,85	27k,92	17k,18	11k,30

Ainsi que l'avait signalé M. Graham, le pouvoir vaporisateur diminue très-rapidement, et le cinquième compartiment n'apporte pas un contingent considérable à la production de vapeur. On pourrait conclure de ces expériences qu'il est sans intérêt d'allonger les tubes des locomotives au delà de 3 mètres ; mais la question est complexe. Si au delà d'une longueur de 3 mètres le pouvoir vaporisateur des tubes est faible, il importe de refroidir assez les gaz pour qu'à leur arrivée dans la boîte à fumée ils ne puissent attaquer cette partie de la machine. Avec une tubulure de 3 mètres de longueur seulement, la fatigue de la boîte à fumée est notable et on admet la nécessité de porter cette longueur à 4 ou même 4m,50.

Si maintenant nous prenons les surfaces de chauffe totale sans distinguer la surface directe de la surface indirecte, nous obtenons les chiffres suivants représentant la vaporisation moyenne par mètre carré et par heure :

Avec le coke. 30k,70
Avec la briquette. . . . . 42 ,80

La briquette l'emporte ici singulièrement sur le coke.

Appliqués aux grosses machines à huit roues couplées en service sur le chemin de fer de l'Est, les chiffres ci-dessus donneraient pour la quantité totale d'eau vaporisée en une heure :

6,078 kilogr. et même 6,625 kilogr.

L'expérience a montré que pour la machine à tender moteur la quantité d'eau vaporisée en montant les rampes de 25 millimètres du chemin de fer de Spa à Luxembourg, s'élevait à 8,000 kilogrammes par heure.

Dans tous les cas, nous croyons qu'on peut, sans inconvénient, évaluer à 35 ou 40 kilogrammes la quantité d'eau vaporisée en une heure par chaque mètre carré de surface de chauffe d'une machine locomotive de dimensions ordinaires.

Action de l'échappement sur la vaporisation. — On n'a pas mesuré l'action de l'échappement sur la vaporisation, mais cette action est incontestable. Que la vapeur lancée dans la cheminée agisse comme un piston chassant l'air devant lui et faisant le vide derrière, ou qu'elle entraîne latéralement l'air de la cheminée, la vitesse avec laquelle s'effectue l'une ou l'autre de ces réactions se communique à l'air appelé à travers le foyer, active la combustion et, par suite, la vaporisation. Quelques minutes de marche avec l'échappement serré suffisent pour élever la pression d'une ou de deux atmosphères.

Rapport entre la puissance de vaporisation et la vitesse. — Nous abordons une question très-délicate. Deux machines locomotives ayant la même chaudière, les mêmes cylindres, chauffées avec le même combustible, donnant le même nombre de coups de piston par minute et ayant *la même vitesse de rotation*, mais ayant des roues motrices de diamètre inégal, et, par conséquent, une *vitesse de translation inégale*, fourniront-elles la même quantité de vapeur et la même quantité de travail disponible sur les roues motrices ? En d'autres termes, la puissance de vaporisation de 1 mètre carré de surface de chauffe est-elle indépendante de la vitesse de translation, c'est-à-dire de la marche ?

Théoriquement, on ne comprend pas que les questions que nous venons de poser puissent être résolues négativement, et on n'aperçoit pas de motifs pour que la puissance de vaporisation de la chaudière soit modifiée par la vitesse de translation de la machine.

En fait cependant, tous les mécaniciens affirment, et M. Couche le reconnaît dans son Rapport sur les machines de l'Exposition de 1867, « que le mètre carré produit plus et parfois beaucoup plus de vapeur dans les machines qui remorquent les express, que dans celles qui remorquent les trains de marchandises. »

Les expériences du chemin de fer de l'Est ont constaté ces différences, que l'on attribue à un embarquement de l'air, plus énergique sur une machine emportée rapidement que sur une machine marchant lentement.

Si la machine marche vite, l'air s'engouffre dans le cendrier et traverse la grille avec plus d'impétuosité que dans le cas d'une marche lente ; le feu est activé et la vaporisation s'accélère.

En fait, on a constaté au chemin de fer de l'Est que la production de vapeur par mètre carré de surface de chauffe totale s'élevait pour les machines à grande vitesse à 40 kilogrammes, tandis que, pour les machines à marchandises, on ne pouvait compter sur plus de 25 kilogrammes.

Des expériences faites au chemin de fer d'Orléans ont donné des résultats semblables.

Il ne faut pas perdre de vue ce que nous avons dit quelques lignes plus haut, sur la valeur comparative de la surface de chauffe directe et de la surface de chauffe tubulaire : plus l'importance de cette dernière s'élève, moins la moyenne s'élève ; dans une machine Crampton, le faisceau tubulaire a une longueur de 3m,46 ; dans une machine à huit roues couplées, cette longueur étant de 5 mètres, cette augmentation d'un tiers dans la longueur des tubes doit affaiblir très-notablement la valeur moyenne de la surface de chauffe totale.

En présence des expériences faites simultanément sur l'Est et sur Orléans, il semble incontestable que plus une machine marche vite, plus elle produit de vapeur par mètre carré de surface de chauffe dans l'unité de temps, et plus, par conséquent, elle doit pouvoir produire de travail. Dans les essais relatifs à l'emploi de l'huile de pétrole, on a également constaté une augmentation de la vaporisation avec la vitesse de marche.

On s'est demandé toutefois si cette eau dépensée par la chaudière était bien tout entière de l'eau vaporisée; nous avons indiqué l'extrême importance des entraînements d'eau, peut-être sont-ils beaucoup plus considérables dans les chaudières des machines à voyageurs qui ont une chambre de vapeur moins grande que les chaudières des machines à marchandises.

Le chemin de fer de Paris à Lyon ne s'est pas arrêté à ces différences, et il a admis, pour le calcul des charges de ses machines, la permanence de la production de vapeur par heure et par mètre carré de surface de chauffe. Il n'est pas inutile de remarquer que sur le chemin de fer de Paris à Lyon il n'y a qu'un très-petit nombre de machines à longue tubulure.

Dépense de la vapeur produite. Perte de pression à l'intérieur de la machine. — La vapeur une fois produite, il s'agit de la dépenser, et la puissance de la machine dépend essentiellement de l'énergie avec laquelle la vapeur agit sur les pistons; mais là interviennent des phénomènes complexes, et la pression dans le cylindre est loin d'être celle qui existe dans la chaudière.

Nous avons dit que ces pertes de pression étaient dues :

A l'entraînement mécanique de l'eau;

Au frottement dans les tuyaux par lesquels la vapeur est distribuée de la chaudière aux cylindres;

Aux condensations partielles dues à la température des cylindres.

Clapeyron a cherché à analyser les différentes pertes de pression qui ont lieu entre la chaudière et le cylindre, et il a donné pour les machines fixes les chiffres ci-après qui, à part ce qui est relatif au condenseur et à la pompe à air, peuvent parfaitement s'appliquer aux machines locomotives.

La pression de la vapeur dans la chaudière étant 1 :

La perte de pression pour produire le mouvement de la vapeur sera de	0,007
Celle due au refroidissement du cylindre et des tubes de conduite.	0,016
Celle due au frottement du piston et à la perte de vapeur qui se fait entre le piston et les parois du cylindre	0,125
Celle due à la pression inverse résultant de la vapeur qui se précipite dans le condenseur.	0,007
Celle employée à faire mouvoir les soupapes, à élever l'eau d'injection, à vaincre le frottement des arbres.	0,063
Celle employée à faire mouvoir la pompe à air . . .	0,050
Celle qui représente l'interruption de l'introduction de la vapeur avant la fin de la course du piston. . . .	0,100
Total.	0,368

Nous ignorons comment Clapeyron est arrivé à chacun de ces chiffres ; lui-même leur a donné le nom d'indication, *d'approximation tant soit peu arbitraire*, mais l'expérience les a confirmés comme résultat final.

Des séries d'observations faites sur des machines locomotives à l'aide de l'indicateur de Watt, pour reconnaître la relation qui existe entre la pression dans la chaudière et la pression dans le cylindre, ont établi que le coefficient de perte variait entre 0,10 et 0,40 en se rapprochant plus souvent de 0,40 ; en supprimant ce qui est relatif au condenseur, Clapeyron avait indiqué 0,25. Lorsque l'on voudra calculer la puissance d'une machine, il conviendra de ne prendre que les 0,75 ou même les 0,60 de la valeur de la pression indiquée par les manomètres de la chaudière.

Adhérence. — L'adhérence, ainsi que nous l'avons indiqué, dépend de la pression exercée sur les rails par les roues motrices, et la force que représente l'adhérence est celle qui résulte du frottement au point de contact, au moment du départ.

Le coefficient d'adhérence est extrêmement variable : il dépend des circonstances atmosphériques, de l'état des surfaces en contact.

Les auteurs du *Guide du mécanicien* l'évaluent à 1/3 sur des rails secs, à 1/10 sur des rails humides.

Nous considérons le coefficient de 1/3 comme trop fort, et dans les circonstances ordinaires il ne faut pas compter sur plus de 1/6 ou 1/7.

Dans les pays exposés aux brouillards, dans les montagnes, le long des rivières, à l'époque de la chute des feuilles, le coefficient d'adhérence diminue excessivement, les machines patinent presque constamment et les trains n'avancent qu'avec beaucoup de lenteur.

Dans les souterrains, le coefficient d'adhérence ne dépasse pas 1/10.

En adoptant 1/7 et en supposant que les essieux moteurs soient chargés,

De 10T dans une machine Crampton, l'adhérence est de. . .	1.430kg
De 20T dans une machine mixte, l'adhérence est de.. . . .	2.860
De 33T dans une machine à marchandises l'adhérence est de.	4.715
De 46T dans une machine Engerth, l'adhérence est de.. . .	6.570

§ 2. Évaluation des résistances que doit vaincre la machine locomotive.

Ensemble des résistances à vaincre. Tension de la barre d'attelage. — Les résistances que doit vaincre une machine locomotive se rapportent à deux groupes de faits : à la machine elle-même, et au train qu'elle doit remorquer.

Les résistances de la machine sont elles-mêmes de deux natures : la machine accompagnée de son tender constitue un véhicule que la vapeur doit mettre en mouvement, comme elle le fait pour les autres véhicules du train. En second lieu, le mouvement relatif des divers organes de la machine donne lieu à une dépense de force, augmentée encore par les frottements que ce mouvement fait naître.

Les résistances qui s'opposent au déplacement du train sont très-nombreuses :

Le frottement de roulement ; si l'adhérence de la machine au sol détermine son mouvement de translation et mesure la puissance de la machine, cette même adhérence est un obstacle pour les voitures et les wagons ;

La gravité, qui exerce une action retardatrice ou accélératrice très-vive ;

Les ondulations du tracé, les courbes de faible rayon développant sur les boudins des roues une action tangentielle qui peut acquérir une grande intensité ;

La vitesse ;

Le mode de graissage ;

Le nombre de véhicules ;

La direction et l'intensité du vent.

Toutes ces résistances se traduisent en définitive par une force unique directement opposée à la machine et que représente la tension de la barre d'attelage.

Nous ne pensons pas qu'en présence de faits si multiples il soit possible d'arriver par le calcul à l'appréciation de chacune des résistances. Une seule a pu être isolée, celle exercée par la gravité, et les résultats indiqués par la théorie ont été confirmés par la pratique. Pour toutes les autres, on n'a pu arriver qu'à des approximations se rapportant plutôt à l'ensemble des causes retardatrices qu'à une seule.

Mode d'appréciation des résistances. — Si nous considérons un seul véhicule d'un poids P posé sur deux rails de niveau, il sera facile de trouver expérimentalement quelle serait la force horizontale P′ qu'il serait nécessaire d'employer, pour vaincre les résistances qui s'opposent soit au départ, soit au mouvement régulier et uniforme de ce véhicule.

Si la force P′ est comptée en kilogrammes et le poids P du train en tonnes, le rapport $\frac{P'}{P}$ exprimera le nombre de kilogrammes nécessaires pour vaincre les résistances opposées au mouvement du train ou du véhicule *par tonne*. Ce rapport a reçu le nom de *coefficient de résistance du train*.

Si pour faire marcher un véhicule pesant 30 tonnes, il faut employer un effort de 240 kilogrammes, le coefficient de résistance sera $\frac{240^k}{30} = 8$ kilogr. Tous les chiffres que nous allons donner seront calculés de cette manière et représenteront en kilogrammes, par chaque tonne du poids remorqué, la résistance que présente ce train.

Appareils dynamométriques. — Tous les ingénieurs connaissent les appareils dynamométriques employés pour mesurer un effort de traction; la tige de traction est attachée à la chape mobile d'un ressort; la chape fixe du ressort est fixée à l'appareil locomoteur; l'écartement des lames mesure l'effort.

Le dynamomètre employé par le chemin de fer de l'Est se compose de 14 lames d'acier de $1^m,04$ de longueur; il est installé au milieu d'un wagon fermé. Les oscillations de la chape mobile sont accusées par un crayon qui marque son empreinte sur une bande de papier, lequel, à l'aide d'un mouvement d'horlogerie, se déroule devant ce crayon.

Un compteur spécial indique les distances parcourues par le wagon, de sorte que l'on a à la fois :

Les efforts de traction ;

Les espaces parcourus par le train ;

La vitesse de marche.

Deux observateurs sont nécessaires : l'un suit la marche de l'appareil, l'autre pique l'indication des temps.

Une girouette extérieure donne la direction du vent ou au

moins la direction résultant du sens du vent régnant et de la marche du train; les indications de la girouette sont transmises à l'intérieur du wagon par une aiguille qui se meut sur un cercle divisé.

Les flexions du ressort ont été mesurées dans l'atelier par l'application directe de poids. Un emploi de quatre années n'a pas altéré l'élasticité de ce ressort et ses indications ont une parfaite exactitude.

Résistances d'un véhicule isolé. — Les résistances que présente à la traction un véhicule isolé, wagon ou machine, peuvent être recherchées expérimentalement en lançant ce véhicule à une vitesse déterminée et en l'abandonnant à lui-même jusqu'à ce qu'il s'arrête. En mesurant la distance parcourue pendant que la vitesse a passé de la valeur initiale à la vitesse zéro, on peut obtenir, en appliquant la formule des forces vives $\frac{1}{2} mV_0^2 = Sx$, la valeur moyenne de la résistance x.

m étant la masse du véhicule;

V_0 sa vitesse initiale,

S la distance parcourue.

En appliquant cette formule et en tenant compte de la puissance vive de rotation des roues, MM. Vuillemin, Guebhard et Dieudonné ont trouvé des chiffres qui méritent d'être cités et qui expriment les coefficients de résistance des wagons et des machines à des vitesses différentes.

Pour les wagons :

VITESSES INITIALES EN MÈTRES PAR SECONDE	COEFFICIENT DE RÉSISTANCE PAR TONNE
5m,00	3kg,07
6 ,65	4 ,07
12 ,50	6 ,05
13 ,90	7 ,18
15 ,90	7 ,65

Pour les machines mixtes :

VITESSES INITIALES EN KILOMÈTRES A L'HEURE	VITESSES MOYENNES	COEFFICIENT DE RÉSISTANCE PAR TONNE
20 à 29^{kilom}	11^{kilom}	3^{kg},20
30 à 39	15	4 ,00
40 à 49	20	4 ,35
50 à 60	25	5 ,70

Pour les machines à marchandises :

VITESSES INITIALES EN KILOMÈTRES A L'HEURE	VITESSES MOYENNES	COEFFICIENT DE RÉSISTANCE PAR TONNE
20 à 25^{kilom}	9^{kilom}	5^{kg},32
25 à 35	12	6 ,43
35 à 40	16	7 ,52

Sans méconnaitre la valeur de ces renseignements, on doit les considérer comme donnant des chiffres trop faibles. La vitesse initiale ne peut être assez forte pour que la vitesse moyenne corresponde aux vitesses normales de l'exploitation ; en second lieu, un véhicule isolé ne se comporte pas comme un véhicule faisant partie d'un train soumis à des réactions diverses, et les chiffres qui précèdent doivent être majorés.

Résistances des machines. — On a évalué les résistances totales que présente une machine en la plaçant derrière le dynamomètre et en attelant une machine à celui-ci. On a trouvé les coefficients de résistance ci-après :

DÉSIGNATION DES MACHINES	VITESSE	COEFFICIENTS
Machines à voyageurs roues libres.	40 à 50^{kilom}	5^{kg},48
Machines mixtes à 2 essieux couplés.	35 à 45	5 ,86
Machines mixtes à 2 essieux couplés.	49	8 ,35
Machines mixtes à 2 essieux couplés.	62	12 ,38
Machines à marchandises à 3 essieux couplés. .	15	8 ,90
Machines à marchandises à 3 essieux couplés. .	27	10 ,30
Machines à marchandises à 4 essieux couplés. .	6 à 10	18 ,00

On voit l'influence de la vitesse et l'influence de la complication dans le mécanisme. Pour une machine mixte dont la vitesse passe de 30 à 60 kilom. la résistance croît de 6 à 12 kilogrammes, tandis que pour une machine à roues libres le coefficient n'est que 5kg,50 ; il s'élève à 18 kilog. pour une grosse machine Engerth à 4 essieux couplés.

Ces chiffres s'appliquent à des machines chaudes et graissées, mais marchant sans dépenser de vapeur et traînées par une autre machine ; dans la pratique il faut tenir compte des résistances que la vapeur elle-même fait naître et doit vaincre dans les machines. Les ingénieurs du chemin de l'Est estiment qu'aux vitesses normales de l'exploitation, et en tenant compte du tender qui ne donne pas lieu aux mêmes résistances intérieures, on peut admettre les coefficients suivants :

Machine Crampton.	8kg,00
Machine mixte à 2 essieux couplés.	10 ,50
Machine à marchandises à 3 essieux couplés. . .	12 ,50
Machine à marchandises à 4 essieux couplés. . .	20 ,00

Résistances des tenders. — Dans les expériences qui précèdent, les machines étaient accompagnées de leurs tenders. On a voulu chercher quelle était la résistance propre des tenders et on a fait au chemin de l'Est cinq expériences qui, pour des vitesses variant de 27 à 45 kilom. à l'heure, ont donné un coefficient de 4kg,98 à 7kg,45.

Pour les machines à voyageurs et pour les machines mixtes, la résistance du tender est sensiblement la même que celle des machines. Pour les machines à 3 et à 4 essieux couplés la résistance du tender est très-inférieure à celle de la machine.

Résistance des voitures et wagons.

a. — *Gravité.* La résistance due à la gravité formant une part considérable de l'ensemble des résistances, il importait de rechercher *a priori* quelle pouvait en être la valeur ; des considérations géométriques très-simples permettaient d'ailleurs de faire cette évaluation.

En désignant par r le coefficient de résistance d'un train d'un poids P roulant sur un palier, la valeur de la résistance était P r.

Le train abordant une rampe d'inclinaison i, la résistance devient :

$$P \sin i + Pr \cos i;$$

or, comme, dans tous les cas, i est un angle très-petit, on peut admettre que $\cos i = 1$ et que $\sin i$ peut être remplacé par tang i; la formule devient alors :

$$P \operatorname{tang} i + Pr.$$

La tangente i est précisément l'inclinaison par mètre I de la ligne de fer, habituellement exprimée en millimètres par mètre; la valeur de la résistance deviendra :

$$P (r + I),$$

c'est-à-dire qu'à égalité de vitesse, la résistance due à la gravité est égale à la résistance du train marchant horizontalement, augmentée d'autant de kilogrammes qu'il y a de millimètres dans la déclivité des rampes à franchir.

Si, au lieu de gravir une rampe, le train la descendait, la formule deviendrait P $(r - I)$ et on aurait à diminuer le coefficient d'adhérence d'autant d'unités qu'il y a de millimètres dans la déclivité du rail. On arrive rapidement aux déclivités pour lesquelles la résistance devient nulle et pour lesquelles la gravité suffit à assurer le déplacement du train.

L'expérience a pleinement confirmé, comme nous l'avons dit, ces considérations élémentaires. Camille Polonceau, à la suite de longues expériences entreprises au chemin de fer d'Orléans, avait pensé qu'il convenait d'affecter la valeur de I d'un coefficient de 0,90 et de ne prendre que 900 grammes par millimètre d'inclinaison. Les expériences du chemin de l'Est et celles récemment faites par M. Forquenot au chemin d'Orléans n'ont pas confirmé cette restriction, et nous pensons que le coefficient de résistance de la gravité peut demeurer $r + I$.

b. — *Ensemble des résistances.* La part due à la gravité étant connue, on pouvait recourir à l'expérience pour déterminer l'ensemble des résistances présentées par un train.

Les expériences dynamométriques entreprises au chemin de fer de l'Est par MM. Vuillemin, Guebhard et Dieudonné ont porté sur :

54 trains de voyageurs ayant parcouru.	1,601 kilom
9 trains mixtes ayant parcouru.	451
76 trains de marchandises ayant parcouru. . .	1,360
Ensemble 139 trains ayant parcouru.	3,412 kilom

Aucune disposition spéciale n'a été prise pour la composition des trains. On expérimentait les trains pris en quelque sorte au hasard dans l'ensemble du service. On a pensé qu'on se plaçait ainsi beaucoup mieux dans les conditions de la pratique qu'en opérant sur des trains ayant une composition exceptionnelle et par conséquent inusitée.

Nous ne saurions reproduire les volumineux tableaux relatifs à ces expériences; nous indiquerons seulement les principaux résultats obtenus. Dans toutes les expériences, il n'y a jamais eu plus de deux machines attelées.

TRAINS DE VOYAGEURS.

Le nombre des essieux accouplés n'a pas dépassé 2; le poids adhérent a varié entre 9 et 22 tonnes;

La charge brute des trains a varié de 30 à 116;

Le nombre des véhicules de 5 à 20;

Toutes les voitures étaient à caisse fermée.

La proportion des voitures graissées à l'huile a varié de 7 à 50 p. 100.

L'inclinaison de la voie a varié de $0^{m},0075$ à 0 mètre pour 100.

Le rayon mininum des courbes a été de 700 mètres.

Les coefficients de résistance qui vont suivre sont diminués de l'effort dû à la gravité.

Les coefficients n'ont pas été les mêmes pour les trains courts et pour les trains longs.

Pour les trains courts (8 à 10 voitures), on a trouvé :

Aux vitesses de	46 kilom.	à l'heure.	$r = 7^{kg}.21$
—	68	—	$r = 9\ .57$
—	76	—	$r = 14\ .55$

Pour les trains longs, 14 à 17 voitures :

Aux vitesses de	45 kilom.	à l'heure.	$r = 5^{kg}.98$
—	52	—	$r = 6\ .55$
—	60	—	$r = 8\ .05$

On conçoit que la résistance par tonne soit moins grande pour un train long que pour un train court; le vent exerce son action sur les premières voitures, et les dernières passent en quelque sorte dans le sillon creusé devant elles.

Par des temps froids qui rendent le graissage difficile ou sous l'action d'un vent violent prenant le train normalement à la voie, les résistances par tonne ont beaucoup augmenté, et, pour des vitesses de 45 kilom. à l'heure, elles se sont élevées de 6 kilog. environ à plus de 12 kilog.

TRAINS MIXTES.

Le poids adhérent a varié de 20 à 27 tonnes;

La charge brute, de 120 à 259;

Le nombre des véhicules par train, de 14 à 30;

La proportion des wagons plats par rapport aux wagons fermés a varié de 0 à 75 pour 100.

Celle des wagons à huile par rapport aux wagons à graisse, de 0 à 15 p. 100.

Les coefficients de résistance corrigés de l'effort dû à la gravité ont été les suivants :

Aux vitesses de	34 à 44	kilom. à l'heure.	. . .	$r = 4^{kg}.67$
—	—	—	. . . .	$r = 5\ .48$
—	—	—	. . . .	$r = 5\ .62$
—	45 à 50	—	. . . .	$r = 6\ .50$

Aux vitesses auxquelles marchent les trains mixtes, le coefficient de résistance oscille entre 5 et 6 kilogr., et les oscillations dépendent de l'action du vent, du mode de graissage et des circonstances qu'il est difficile d'isoler.

TRAINS DE MARCHANDISES.

Le poids adhérent à varié de 20 à 46 tonnes ;
La charge brute, de 152 à 571 ;
Le nombre des véhicules, de 12 à 56 ;
La proportion des wagons plats, de 0 à 97 p. 100 ;
La proportion des wagons à huile, de 2 à 100 p. 100.

Les coefficients de résistance diminués de la gravité ont été les suivants :

Avec vitesse de	17 à 25 kilom., temps calme.	. .	$r = 5^{kg}.15$
—	25 à 31 —	. . .	$r = 5\ .95$
—	25 à 31 kilom., mais par la gelée.		$r = 5\ .09$
—	25 à 31 kilom., mais avec du vent.		$r = 5\ .87$

Dans ces dernières conditions, à certains jours, la valeur de r a été $7^k,87$.

L'action de la gelée s'est naturellement plus fait sentir dans les trains de marchandises que dans les trains mixtes et les trains de voyageurs.

c. — Influence des courbes. Les résistances de la gravité, d'une part, l'ensemble des autres résistances, d'autre part, étant connus, on a pu chercher à démêler dans quelle proportion agissaient les autres causes retardatrices, telles que les courbes et les divers modes de graissage.

Pour les courbes, des expériences faite par Camille Polonceau sur le chemin de fer d'Orléans ont établi qu'au delà de 1,500 mètres de rayon, les courbes n'exerçaient aucune influence sur la résistance, et qu'à ce point de vue les courbes de rayon supérieur à 1,500 mètres pouvaient être considérées comme des alignements droits.

Au-dessous de 1,500 mètres et jusqu'à 300 de rayon, chaque diminution de 100 mètres sur le rayon équivaut à une augmentation de résistance de $0^{kg},050$ par tonne.

Les expériences du chemin de l'Est n'ont point accusé des résultats aussi précis ; il est vrai que le rayon minimum des courbes parcourues était de 800 mètres seulement.

d. — Influence du mode de graissage. Les wagons peuvent être graissés soit avec de la graisse, soit avec de l'huile. Cette dernière substance présente sur la graisse un avantage que l'on a évalué à environ $0^{kg},600$. C'est-à-dire que, toutes choses égales d'ailleurs, le coefficient de résistance d'un train graissé à l'huile est inférieur de $0^{kg},600$ à celui du même train graissé à la graisse. En hiver, cet avantage est bien plus considérable, parce que la graisse durcit beaucoup ; le coefficient de résistance s'est élevé au chemin de l'Est de $3^{kg},47$ à $5^{kg},22$.

e. — Influence de l'état du matériel roulant et de l'état de la voie. Enfin, toutes les fois qu'il est question des résistances que doit vaincre une machine, on ne doit point oublier deux circonstances dont il importe de tenir grand compte. Nous voulons parler de l'état de la voie et surtout de l'état du matériel roulant. Des différences qui paraissent inexplicables dans le rendement de deux machines construites sur des modèles identiques sont dues à des imperfections dans l'ajustage et dans le montage. Il est évident que des résistances de cette nature ne peuvent être évaluées ni théoriquement ni expérimentalement; mais elles peuvent exercer une influence considérable sur la marche des trains.

Résistance des machines et des trains au démarrage. — La résistance que les trains et les machines présentent au démarrage est très-supérieure à celle que l'on constate en marche. Les expériences faites au chemin de fer de l'Est ont donné les chiffres suivants :

Résistance au démarrage d'une machine mixte. . .	15^{kg},90 par tonne.
Résistance au démarrage d'une machine à marchandises..	19 ,70
Résistance au démarrage d'un train de voyageurs. .	22 ,00
Résistance au démarrage d'un train de marchandises.	13 ,00

Pour mesurer la résistance au démarrage d'une machine on la faisait traîner par une machine légère dont on mesurait l'effort.

Le démarrage des trains de voyageurs est plus dur que celui des trains de marchandises, parce que, dans les premiers, les attelages sont serrés et que plusieurs véhicules doivent démarrer en même temps. Dans les trains de marchandises, au contraire, les wagons partent l'un après l'autre et, dans certains cas même, l'effort du démarrage d'un train de marchandises composé de 50 ou 60 wagons est descendu à 6 kilogrammes par tonne.

Travail de la barre d'attelage. — En somme, toutes les résistances que doit vaincre une machine, en dehors des résistances qui lui sont propres, se résument en un effort exercé sur la barre d'attelage qui unit le tender à la première voiture; il importe donc de n'employer que du fer de première qualité pour cette pièce, dont la rupture peut occasionner les plus graves accidents.

Les efforts de traction auxquels les barres d'attelage sont soumises en marche régulière varient entre 2 et 3 kilogrammes par millimètre carré de section, et ces chiffres n'ont rien d'exagéré ; ils augmentent au démarrage, mais pendant un temps très-court. Ce qu'il faut le plus redouter, ce sont les démarrages brusques, les réactions des trains dans les manœuvres de gare. En dehors de ces conditions exceptionnelles et qu'avec du soin on peut ne pas laisser se produire, la rupture d'une barre d'attelage sous la charge normale d'un train ne présente plus qu'un nombre de chances infiniment petit.

Formule de Wyndham Harding. — En présence d'un nombre si considérable de chiffres, on s'est demandé s'il était possible de trouver une formule empirique donnant la résistance d'un train quelconque. Un ingénieur anglais, M. Wyndham Harding, a proposé la formule suivante, qui a été longtemps la seule connue :

P étant le poids du train en tonnes,
V — la vitesse du train en kilomètres à l'heure,
S — la section transversale du train en mètres carrés,
r — la résistance par tonne, déduction faite de la gravité :

$$r = 2^{k},72 + 0,094\ V + 0,00484\ \frac{SV^2}{P}.$$

Le premier terme représente la résistance due au frottement de roulement quand le train marche lentement;

Le second, l'accroissement de résistance dû à la vitesse;

Le troisième, les résistances dues au vent, résistances proportionnelles au carré de la vitesse relative du train et de l'air, proportionnelles à la section transversale du train et inverses de la longueur de celui-ci.

En conservant dans ce troisième terme la vitesse du train, on commet une certaine erreur, mais que la difficulté d'apprécier la valeur de la vitesse de l'air ne permet pas de corriger.

Formules des ingénieurs du chemin de fer de l'Est français. — Les ingénieurs français considéraient depuis longtemps la formule de Wyndham Harding comme donnant des chiffres trop élevés, et ils pensaient qu'il convenait de réduire d'environ 25 p. 100 les résultats qu'elle donnait. Les nombreuses expériences faites au chemin de fer de l'Est ne laissent plus subsister aucun doute à cet égard. En rapprochant les chiffres indiqués par le dynamomètre de ceux donnés par la formule anglaise, on a trouvé des différences considérables ; les nombreux tableaux dressés par MM. Vuillemin, Guebhard et Dieudonné, font ressortir des augmentations de résistance de $1^{kg},50$ à $2^{kg},50$, c'est-à-dire de 25 à 50 p. 100 de la résistance observée.

Les ingénieurs de la compagnie de l'Est n'ont pas cru possible de faire entrer dans une seule formule les résultats de leurs expériences et ils ont proposé de diviser les trains en deux groupes :

Le premier, comprenant les trains de marchandises marchant à des vitesses de 12 à 32 kilomètres à l'heure ;

Le second, comprenant les trains de toute nature marchant à une vitesse supérieure à 32 kilomètres à l'heure.

Pour les premiers trains on aurait deux formules selon le mode de graissage :

Trains lubrifiés à l'huile, $r = 1^k,65 + 0,05\,V$ (1)

— à la graisse, $r = 2^k,50 + 0,05\,V$. (2)

Pour les trains de vitesse, il conviendrait encore de changer les coefficients et on aurait :

Trains marchant à la vitesse de 32 à 50 kilom. à l'heure,

$$r = 1^k,80 + 0,08\ V + 0,009\ \frac{SV^2}{P} \qquad (3)$$

Trains marchant à la vitesse de 50 à 65 kilom. à l'heure,

$$r = 1^k,80 + 0,08\ V + 0,006\ \frac{SV^2}{P} \qquad (4)$$

Trains marchant à la vitesse de 65 kilom. et au-dessus,

$$r = 1^k,80 + 0,14\ V + 0,004\ \frac{SV^2}{P}. \qquad (5)$$

La formule anglaise se rapprocherait beaucoup des formules (4) et (5), et il est probable qu'elle a été déduite d'expériences faites sur des trains marchant à une assez grande vitesse.

§ 3. — Relations entre le travail moteur et le travail résistant.

Dans les deux paragraphes qui précèdent, nous avons cherché à évaluer, d'une part, les éléments de la puissance d'une machine, d'autre part, les éléments de la résistance qu'elle doit vaincre. Il reste à mettre en regard ces éléments et à voir si les relations entre le travail moteur et le travail résistant peuvent être résumées dans des formules simples et faciles à retenir.

Nous devons supposer la machine arrivée à un mouvement uniforme; nous savons que, grâce à l'échappement variable, on peut augmenter l'intensité du tirage et activer la production de vapeur ou augmenter sa pression, que grâce à la détente variable, on peut augmenter la durée de la période d'admission de la vapeur dans les cylindres, augmenter ainsi dans une large proportion la puissance de la machine et vaincre les accroissements qui se produisent dans la résistance; dans ce cas encore, on arrive à un mouvement uniforme, différent du premier, mais qui permet toujours d'admettre comme base de tout calcul *l'égalité du travail moteur au travail résistant*.

Première formule. Rapport entre l'adhérence et le poids remorqué. — La première chose à obtenir dans une machine, c'est que le mouvement de rotation des roues se transforme en mouvement de translation, en termes techniques, que les roues ne patinent pas; il faut donc établir une première relation entre le poids adhérent et le poids remorqué.

Soient, en conséquence :

P la charge brute en tonnes du poids à remorquer ;

P' le poids en tonnes de la machine et du tender ;

P'' le poids adhérent de la machine, c'est-à-dire le poids reposant sur les points de contact des roues motrices avec les rails;

r la résistance du poids P du train par tonne, résistance exprimée en kilogrammes;

r' la résistance du poids P' par tonne, la machine et son tender étant considérés comme des véhicules;

m le coefficient d'adhérence de la machine.

Les valeurs de r et de r' seront, pour chaque vitesse adoptée, données par les formules que nous avons indiquées ou constatées par l'expérience.

La valeur de m est donnée par l'expérience.

Pour que la machine ne patine pas, il faudra que l'effort à la jante des roues du train soit égal ou inférieur à l'adhérence telle que nous l'avons définie, et que l'on ait dès lors :

$$Pr + P'r' \leqq mP''. \qquad (\alpha)$$

P' et P'' étant connus dans une machine déterminée, on pourra trouver immédiatement la valeur de P, c'est-à-dire le poids du train qu'une machine peut remorquer dans les conditions de vitesse définies par la valeur des coefficients r, r' et m; la valeur de P s'écrit sous la forme

$$P = \frac{mP'' - P'r'}{r} \qquad (\alpha')$$

Deuxième formule. Relation entre l'effort de traction et les dimensions principales des cylindres. — Le travail moteur est le travail effectué par la vapeur sur les pistons.

Le travail résistant est celui de la résistance exercée par le convoi sur le châssis de la machine par l'intermédiaire de la barre d'attelage, ou l'effort de la traction T.

F et F' étant les efforts de la vapeur par unité de surface sur les deux faces du piston,

d le diamètre du cylindre,

l la longueur du cylindre égale à la course du piston,
D le diamètre de la roue motrice ;
Si nous prenons pour unité le temps pendant lequel la roue motrice fait un tour de roue complet, la valeur du travail résistant sera

$$T \times \pi D.$$

Pendant le même intervalle, chaque piston parcourt deux fois la longueur du cylindre, et, comme il y a 2 cylindres, la valeur du travail moteur sera

$$2\left[\frac{\pi d^2}{4}(F - F') \times 2l\right] = \pi d^2(F - F')l.$$

Si maintenant nous exprimons que le travail moteur est égal au travail résistant, nous aurons

$$\pi d^2(F - F')l = T \times \pi D$$

d'où

$$T = \frac{d^2(F - F')l}{D}. \qquad (\beta)$$

Cette expression de la valeur de T montre que l'effort de traction est proportionnel à la tension de la vapeur dans le cylindre (F—F'), aux dimensions des cylindres d^2 et l, et inverse du diamètre des roues motrices D.

En rapprochant l'une de l'autre les formules (α) et (β), on peut remarquer que la première donne la valeur de l'effort de traction exercé à la jante de la roue motrice, et la seconde l'effort de traction transmis par la barre d'attelage. Ces deux efforts devant être égaux, on peut poser l'équation

$$T = Pr + P'r' = mP'' = \frac{d^2(F - F')l}{D}. \qquad (\alpha'')$$

Troisième formule. Relation entre l'effort de traction, la vitesse du train et le volume de vapeur dépensé. — La seconde formule (β) peut se mettre sous une forme qui nous conduira à des conclusions importantes.

Le volume d'une cylindrée étant $\frac{1}{4}\pi d^2 l$, 4 cylindrées représentent exactement la quantité de vapeur V′ à pression moyenne dépensée pendant un tour de la roue motrice, et l'équation (β) s'écrira :

$$T \times \pi D = V'(F - F').$$

Soient t le temps d'un tour de roue ;
v la vitesse du convoi ;
V la quantité de vapeur dépensée dans l'unité de temps, ou le volume décrit par les pistons pendant cette même unité de temps, on aura les relations

$$v = \frac{\pi D}{t} \qquad V = \frac{V'}{t}$$

qui, introduites dans l'équation (β), donneront :

$$T \times \frac{\pi D}{t} = \frac{V'}{t}(F - F')$$

$$Tv = V(F - F') \qquad (\gamma)$$

Le produit V (F — F′) étant constant, la valeur de Tv est une constante, et on peut faire varier à volonté, mais inversement l'un de l'autre, la vitesse et l'effort de traction. On peut donc avoir ou une grande vitesse ou un effort énergique ; la machine locomotive réalise donc complétement le vieil adage des géomètres : Ce que l'on gagne en force, on le perd en vitesse.

Le choix une fois fait, l'intensité de l'effort ou celle de la vitesse dépendra de la valeur du second terme de l'équation (γ), c'est-à-dire de la pression de la vapeur dans le cylindre (F—F′), et de la quantité de vapeur produite dans l'unité de temps V.

Nous arrivons donc par des considérations géométriques à la double conclusion formulée par tous les praticiens :

Premièrement, augmenter le plus possible la production de la vapeur, et, pour cela, augmenter la surface de chauffe ;

Secondement, conserver à la vapeur la plus grande pression dans le cylindre.

La valeur de la vitesse peut être écrite :

$v = V \frac{(F-F')}{T} (\gamma')$; elle est proportionnelle à la production de vapeur et à la pression de celle-ci, et inverse de l'effort de traction.

Il ne faudrait pas toutefois conclure d'une manière absolue qu'à égalité de puissance de vaporisation, on pourra demander indifféremment à une même machine une grande vitesse avec un train léger, ou une faible vitesse avec un train lourd. Des considérations secondaires, mais très-importantes, de stabilité, de répartition des poids, d'accouplement des essieux, ont conduit les constructeurs à des types distincts qui répondent à chacun des besoins de l'exploitation et que nous avons fait connaître avec détails dans le chapitre VII.

Évaluation de la puissance d'une machine locomotive en chevaux-vapeur. — Bien que l'évaluation de la puissance d'une machine en chevaux-vapeur de 75 kilogrammètres se fasse assez rarement, il convient de montrer combien cette évaluation se déduit facilement des formules qui précèdent.

V_1 étant la vitesse par seconde ;

P, r, P', r', ayant les mêmes significations que ci-dessus, le travail de la machine en chevaux sera :

$$V_1 \left(\frac{Pr + P'r'}{75}\right) = K.$$

Les valeurs ordinaires de V_1 sont les suivantes :

Machine Crampton.	$V = 80^k$ à l'heure	$V_1 = 22^m,30$ par seconde.
Machine mixte..	$V = 55$ —	$V_1 = 15\ ,30$	—
Machine à marchandises. .	$V = 30$ —	$V_1 = 8\ ,30$	—
Machine à marchandises. .	$V = 26$ —	$V_1 = 7\ ,20$	—
Machine Engerth à 8 roues.	$V = 24$ —	$V_1 = 6\ ,70$	—

Quatrième formule. Rapport entre la puissance de la machine et la surface de chauffe. — Désignant par

S la surface de chauffe;

N le nombre de chevaux disponible par mètre carré de surface de chauffe, on a la relation

$$K = SN$$

éliminant K, il reste

$$V_1(Pr + P'r') = 75SN \qquad (\delta)$$

formule importante par laquelle MM. Vuillemin, Guebhard et Dieudonné ont résumé toutes leurs recherches, et qui donne une relation entre la vitesse, la résistance et la surface de chauffe, l'âme de la machine, si nous pouvons nous exprimer ainsi.

En dégageant de l'équation (δ) la valeur de P, c'est-à-dire celle du poids du train, on a

$$P = \frac{75 \times S \times N - P'r'V_1}{rV_1} \qquad (\delta')$$

et on peut voir combien sont erronées les tentatives faites pour l'emploi des faibles machines sur les chemins de fer. Sous prétexte d'économie, on conseille aux départements, aux communes de choisir des machines de dimensions restreintes. Il faut que les ingénieurs sachent écarter des propositions semblables et fassent bien comprendre que si la machine a des dimensions restreintes, sa surface de chauffe sera sans valeur et la machine sans force. Ne pas donner à la surface de chauffe une étendue suffisante, à la machine une adhérence convenable, c'est vouloir remplacer un attelage de deux bons chevaux par un âne ; on dépensera bien moins d'argent en achetant un âne, mais quelque robuste que soit ce dernier, il ne donnera pas le travail que fourniront deux bons chevaux.

Il n'y a qu'un cas où il soit possible d'employer de faibles machines, c'est celui où on sacrifie la vitesse. Que dans la formule précédente on abaisse la valeur des coefficients r, r' et V_1, on augmentera la valeur de P ; mais le public acceptera-t-il des chemins de fer sur lesquels il faudra marcher à 8 ou 10 kilomètres à l'heure ?

Application des quatre formules précédentes aux divers types de machines. — Nous avons dit que les divers besoins de l'exploitation avaient conduit les ingénieurs à quatre types de machines :

La machine à voyageurs grande vitesse,
La machine mixte à deux essieux couplés,
La machine ordinaire à marchandises à trois essieux couplés.
La grosse machine à marchandise à quatre essieux couplés.

Nous appliquerons les formules qui précèdent à ces divers types dont il faut d'abord donner les éléments :

DÉSIGNATION DES MACHINES	POIDS DE LA MACHINE ET DU TENDER P'	POIDS ADHÉRENT P''	DIAMÈTRE DE LA ROUE MOTRICE D	DIAMÈTRE DU CYLINDRE d	LONGUEUR DU CYLINDRE l	PRESSION DE LA VAPEUR DANS LE CYLINDRE $(F-F')$	SURFACE DE CHAUFFE S	PUISSANCE EN CHEVAUX PAR MÈTRE CARRÉ DE SURFACE DE CHAUFFE N
Crampton. . . .	43.000^k	10.000^k	2^m.30	0^m.40	0^m.56	3^{atm}.2	91^{mq}	4^{ch}.50
Mixtes à 2 essieux.	45.000	20.000	1 .68	0 .42	0 .56	4 .8	100	3 .00
Marchandises à 3 essieux. . . .	50.000	33.000	1 .40	0 .44	0 .66	4 .8	120	2 .40
Marchandises à 4 essieux. . . .	65.000	46.000	1 .26	0 .50	0 .66	4 .8	194	2 .00

Pour les valeurs de $(F-F')$ nous avons supposé que la pression dans la chaudière étant de huit atmosphères, la pression moyenne dans le cylindres était réduite :

de 60 p. 100 dans la machine Crampton,
de 40 p. 100 dans les autres types de machines

Ces différences sont dues aux étranglements, aux frottements dans le parcours entre la chaudière et les cylindres, et à la détente. Dans les machines Crampton, l'admission n'ayant lieu que pendant une faible partie de la course du piston, la pression moyenne est nécessairement faible.

La puissance en chevaux par mètre carré de la surface de chauffe est sensiblement la même dans les différentes machines considérées pour la même *vitesse de rotation*, c'est-à-dire pour un même nombre de coups de piston dans le même temps ; mais le diamètre des roues étant très-différent, la puissance par mètre carré de surface de chauffe diminue avec la *vitesse de translation.*

Les éléments du travail demandé aux machines sont ensuite résumés dans le second tableau ci-après. Nous admettons pour les trains une charge normale en palier et un coefficient de résistance correspondant à la fois à ces charges en palier et à la vitesse attribuée aux trains.

DÉSIGNATION DES MACHINES	CHARGE NORMALE DES TRAINS EN PALIER P	COEFFICIENT DE RÉSISTANCE DU TRAIN PAR TONNE EN PALIER r	COEFFICIENT DE RÉSISTANCE DE LA MACHINE PAR TONNE EN PALIER r'	COEFFICIENT D'ADHÉRENCE DE LA MACHINE m	VOLUME DE VAPEUR DÉPENSÉ PAR SECONDE V	VITESSE NORMALE DE MARCHE EN PALIER — A L'HEURE v	A LA SECONDE v_1
Crampton. . . .	80T	12k.00	8k.00	1/7e	0mc.945	75k	22m.30
Mixte à 2 essieux couplés. . . .	120	6 .50	10 .50	1/7	0 .915	46	15 .30
Marchandises à 3 essieux couplés.	480	4 .00	12 .50	1/7	0 .835	30	8 .30
Marchandises à 4 essieux couplés.	650	3 .00	20 .00	1/7	0 .965	24	6 .70

Première formule. Calcul de l'effort de traction et de la valeur de l'adhérence $Pr + P'r' \overset{=}{>} mP''(x)$. — Nous ferons application successive de cette formule aux valeurs de P, P′, P″, r, r' et m qui correspondent aux quatre machines, et nous aurons les valeurs à comparer d'après la formule :

	Valeurs de $Pr + P'r'$.		Valeurs de mP''.
Machine Crampton.	1.304k	égal	1.430k
Machine mixte à 2 essieux.	1.252	ou	2.860
Machine à marchandises à 3 essieux. . .	2.545	plus petit	4.715
— 4 essieux. . .	3.250	que	6.570

Sauf pour la machine Crampton, l'écart entre ces deux valeurs est considérable, et il semble qu'il y ait une certaine exagération dans la valeur du poids adhérent et que dès lors on eût dû recourir à des machines moins lourdes. Mais il ne faut pas perdre de vue que nous avons supposé la voie en palier et qu'une telle hypothèse ne concorde pas avec les faits : il faut admettre de nombreuses déclivités, et, en fixant la limite de ces déclivités à 5 millimètres par mètre, nous nous placerons dans les conditions suivant lesquelles ont été construites les grandes artères du réseau français.

Or, si on augmentait de 5 kilogr. la valeur de chacun des coefficients r et r', on renverserait le sens de la différence, et les machines ne pourraient vaincre la résistance du train. Mais il intervient un fait important : la vitesse du train passant d'une voie en palier à une rampe de 5 millimètres diminue, et la partie des résistances dues à la vitesse diminue en même temps que cette dernière, et même beaucoup plus rapidement. Pour une machine Crampton passant de 75 à 50 kilomètres, le coefficient de résistance peut être réduit de près de 5 kilogr., et l'augmentation de résistance due à la gravité est compensée par la diminution due à la moindre vitesse. Pour les trains mixtes et les trains de marchandises, la compensation ne s'opère pas; mais il y a lieu cependant de tenir compte d'une atténuation de résistance due à la diminution de vitesse.

Si nous supposons que, pour passer de l'horizontale à la rampe de 5, les coefficients s'élèvent des chiffres de

$12^{kg},00 \quad 6^{kg},50 \quad 4^{kg},00$ et $3^{kg},00$

aux suivants :

$13^{kg},00 \quad 10^{kg},00 \quad 8^{kg},00$ et $7^{kg},50$

les valeurs des deux termes de l'équation deviendront

Machine Crampton.	1.427^k	égal	1.430^k
Machine mixte.	1.830	ou	2.860
Machine à marchandises à 3 essieux. . .	4.665	plus petit	4.715
— 4 essieux. . .	6.402	que	6.570

On peut conclure que, sauf la machine mixte à laquelle on peut demander et on demande souvent de traîner plus de 120 tonnes, les trois autres machines fournissent un travail normal répondant parfaitement aux conditions d'adhérence dans lesquelles elles ont été construites.

Deuxième formule. Calcul de l'effort de traction d'après les dimensions de la machine et la pression de la vapeur dans les cylindres, $T = \frac{d^2(F-F')l}{D}$ (β). — En appliquant à cette formule les différentes valeurs de d, de l, de $(F-F')$ et de D indiquées au premier des deux tableaux qui précèdent, nous pouvons, pour nos quatre machines, comparer l'effort de traction calculé d'après les dimensions de la machine et la pression de la vapeur dans les cylindres, à la valeur de cet effort résultant de la formule (α).

Valeurs de T d'après les formules :

	(α) $\frac{d^2(F-F')l}{D}$,	(β) mP''.
Machine Crampton.	1.420^{kg}	1.430^{kg}
Machine mixte..	2.900	2.860
Machine à marchandises à 3 essieux.. .	4.700	4.715
— 4 essieux.. .	6.600	6.570

Il est impossible d'arriver à plus d'exactitude, et nous pouvons dire que les dimensions des machines que nous avons choisies pour types sont en rapport parfait avec la valeur du poids adhérent.

Troisième formule. Relation entre l'effort de traction, la vitesse du train et le volume décrit par les pistons $Tv = V\ (F - F')\ (\gamma)$. —

	Valeurs de Tv.	Valeurs de $V(F-F')$.
Machine Crampton.	31.800k	30.200k
Machine mixte.	44.300	44.000
Machine à marchandises à 3 essieux. . .	39.010	40.500
— 4 essieux. . .	40.500	46.500

On ne peut, pour appliquer cette formule, que donner des valeurs un peu arbitraires à $(F - F')$; nous avons déjà dit bien des fois que l'on ignore le rapport entre la pression dans la chaudière et la pression dans le cylindre ; l'application de la détente variable augmente encore l'incertitude sur la valeur de la pression moyenne de chaque cylindrée.

Quatrième formule. Rapport entre la puissance de la machine et la surface de chauffe $V_1\ (Pr + P'r') \underline{\underline{<}}\ 75 \times S \times N\ (\delta)$. —

	Valeur de $V_1(Pr+P'r')$.	Valeur de $75 \times S \times N$.
Machine Crampton.	27.200k	29.500k
Machine mixte.	16.000	22.500
Machine à marchandises à 3 essieux. .	21.200	22.600
— 4 essieux. .	21.700	29.000

La machine mixte et la machine à marchandises présentent un excès de force qui permet de conserver dans la montée des rampes de 4 et de 5 millimètres une vitesse sensiblement égale à celle obtenue dans les parties en palier.

Dans les exemples que nous venons de prendre, la force en chevaux varie entre 210 et 380 ; mais ces chiffres peuvent être dépassés et atteindre des limites de 400, 450 chevaux, au moins pendant des périodes de temps assez courtes, mais suffisantes pour vaincre des résistances accidentelles.

CHAPITRE XVI

SOLUTIONS PRATIQUES DU PROBLÈME DE LA CHARGE DES TRAINS. ORGANISATION DU SERVICE DE LA TRACTION SUR UN GRAND RÉSEAU DE CHEMIN DE FER

§ 1er. — Solutions pratiques du problème de la charge des trains.

Nécessité d'avoir un excès de force disponible dans les machines locomotives. — Nous avons, dans les chapitres qui précèdent, montré les difficultés que présentent, d'une part, l'appréciation des résistances de toute nature que doit vaincre la machine, d'autre part, l'évaluation de sa puissance. Ajoutons que, pour un même train, les résistances varient considérablement : depuis le point de départ jusqu'au point d'arrivée, le tracé présente une succession de pentes et de rampes, de courbes et de contre-courbes dont l'influence peut modifier du simple au double la somme des résistances appliquées à la barre d'attelage de la machine. L'action du vent s'exerce très-inégalement ; en même temps, la puissance de la machine est modifiée par des phénomènes complétement indépendants de la volonté de l'homme ; l'état de l'atmosphère, la pluie ou le brouillard ont sur l'adhérence une influence considérable, et il arrive souvent, lorsque le train s'engage dans des vallées élevées, que la résistance due à la gravité augmente en même temps que, par la présence du brouillard, l'adhérence diminue.

La machine locomotive doit donc être en état, pour un même voyage, de vaincre des résistances très-variables, et nous avons indiqué les moyens que possède le mécanicien d'augmenter la puissance de la machine.

La production de la vapeur peut être activée par le jeu de l'échappement, et, par suite, la pression portée à la tension maxima autorisée pour la chaudière.

Les divers systèmes de coulisses permettent de varier la durée de l'introduction de la vapeur dans le cylindre pendant la course du piston.

En marchant à pleine pression et en introduisant la vapeur pendant toute la course du piston, le mécanicien peut donc exercer un effort considérable ; mais on ne saurait évidemment donner au train une composition qui exigeât l'emploi régulier de toute la puissance de la machine, car le moindre incident déterminerait l'arrêt du train. Or les arrêts des trains en pleine voie constituent une des plus graves causes d'accident ; la sécurité de l'exploitation exige donc que la puissance de la machine soit supérieure à la résistance maxima qui peut se produire dans la durée d'un trajet.

Nous ne considérons point comme prudent d'arriver en service régulier à la limite de force d'une machine, parce qu'on s'expose à compromettre la machine elle-même. Si l'eau devient accidentellement mauvaise, la chaudière vaporise difficilement, le mécanicien pousse son feu d'une manière dangereuse, enfin, il résiste mal à la tentation de caler les soupapes. Les machines, comme les pièces de fer ou de cuivre dont elles sont composées, ont une limite d'élasticité dont il est prudent de ne point s'approcher fréquemment.

Machines de renfort. — Lorsque les anciennes voitures des messageries avaient un chargement exceptionnel, lorsque la route était mauvaise, ou lorsqu'elles avaient une côte à franchir, elles prenaient des chevaux de renfort ; on agit de même dans l'exploitation des chemins de fer, et, pour vaincre une résistance exceptionnelle, on ajoute au train une machine de renfort. Cette adjonction peut être accidentelle ou régulière : le premier cas comprend les charges inusitées, le défaut d'adhérence occasionné par les brouillards persistants, les chutes de feuilles sur les rails, etc., etc.; on ne saurait évidemment fixer aucune règle à cet égard ; le second cas comprend les rampes que le train remorqué par une seule machine ne peut franchir ou ne peut franchir que très-difficilement.

L'adoption d'une rampe de cette nature, au moment de la construction du chemin, ne doit être décidée qu'après un sérieux examen des sujétions qui en résulteront pour l'exploitation, car on se trouvera en présence de deux difficultés : faire une machine suffisamment puissante pour aborder cette rampe et se résigner sur tout le surplus de la ligne à traîner un poids mort inutile, ou mettre en service régulier une machine de renfort. Si la circulation est active et si la machine de renfort peut être utilisée toute la journée, il n'y a aucun doute à avoir sur la convenance et l'économie de cette solution ; si encore la rampe est à proximité d'une grande gare et que le renfort puisse être donné par une machine occupée la plus grande partie du jour à des manœuvres de trains, l'emploi d'une machine de renfort ne peut être discuté ; si au contraire la ligne n'a qu'un faible trafic, si la rampe à franchir est loin de toute gare, l'emploi d'une machine de renfort sera extrêmement onéreux.

On peut, dans certaines conditions, tourner la difficulté d'une rampe exceptionnelle, quand il s'agit de trains de marchandises : on les monte en deux fois ; mais cette solution est inadmissible pour les trains de voyageurs.

Solutions pratiques adoptées par les diverses compagnies de chemins de fer. — Les expériences faites au chemin de fer d'Orléans par Camille Polonceau et par M. Forquenot d'une part, celles faites au chemin de l'Est par MM. Vuillemin, Guebhard et Dieudonné permettent d'évaluer, aussi exactement que possible, le rapport entre les éléments qui constituent la puissance d'une machine et les éléments des résistances qu'elle doit vaincre. Les formules que nous avons données indiquent dans quelles limites peuvent varier les charges à remorquer par les machines; mais elles sont encore insuffisantes pour servir de base invariable à une répartition des charges sur tous les chemins de fer. Chaque réseau français, avant toutes choses, a dû consulter les résultats de l'expérience et prendre ces derniers comme point de départ de la limitation des charges. D'ailleurs les conditions de tracé et de profil, les conditions d'altitude, de climat, sont loin d'être uniformes, et sur chaque ligne on est arrivé à une fixation de charges répondant à la limite de la puissance des machines. L'étude de ces solutions nous donnera des enseignements pratiques intéressants.

Charge des trains de voyageurs. — L'importance du poids à remorquer par une machine affectée au service des voyageurs est en quelque sorte secondaire; les conditions à remplir pour ce service se rapportent à un ordre d'idées très-différent et que nous pouvons résumer sous le nom de *convenances du voyageur*. C'est en dirigeant leurs trains, en vue des convenances des voyageurs, que les compagnies sont arrivées à produire un déplacement de personnes immense et qui a dépassé toutes les prévisions.

Nous avons, dans le *Cours d'exploitation*, indiqué les nécessités très-diverses auxquelles devait répondre le service des voyageurs, vitesse, fréquence des départs, multiplicité des arrêts, correspondances aux points de bifurcation, et nous avons essayé de montrer combien ces nécessités étaient souvent contradictoires.

Nous ne mentionnerons ici que les vitesses de marche adoptées sur la plupart des chemins français pour le service des voyageurs.

Machines Crampton, dans les parties présentant des pentes de 5 millimètres et au-dessous. . . . . 60 à 70 kil.

Machines Crampton dans les parties présentant des pentes de 5 à 8 millimètres. . . . . . 55 à 60

Machines ordinaires à roues libres. . . . . . 45 à 50

Machines mixtes à 4 roues couplées. . . . . { 45 à 50 / 35 à 40

Les vitesses moyennes s'obtiennent en ajoutant, dans chaque cas, le temps des stationnements et celui des ralentissements.

La multiplicité des stationnements imposés aux chemins de fer en France, soit par l'administration des postes, soit par les exigences locales, fait que la vitesse moyenne est très-inférieure à la vitesse de marche.

Charge des trains de marchandises. — Sauf de rares exceptions, le départ des marchandises peut être différé au moins de quelques heures, et les chemins de fer ont le plus grand intérêt à donner à chaque machine le maximum de la charge qu'elle peut remorquer d'une manière régulière, sur une section déterminée.

Cette charge s'évalue de deux manières différentes :

En unités de traction dont nous allons donner la valeur ;

En tonnes de poids brut.

On ne saurait prendre les tonnes de poids utile, les trains comprenant souvent beaucoup de matériel vide envoyé aux gares d'expédition.

L'évaluation en tonnes de poids brut tend à se substituer au système des unités de traction.

Nous examinerons maintenant les règles adoptées par deux compagnies françaises.

a. — Chemins de fer de l'Est. — La compagnie des chemins de fer de l'Est a pris pour *unité de traction* un poids de 10 tonnes. Toute fraction d'unité est considérée comme une unité.

Le calcul des unités de traction se fait en ajoutant au poids des véhicules le poids exact des marchandises transportées. Pour simplifier les calculs, on a adopté les bases suivantes :

Le poids du matériel ou poids mort de chaque véhicule, voiture ou wagon, est compté pour 5 tonnes ou pour une demi-unité ;

Le chargement d'une voiture à voyageurs, d'un fourgon à bagages, quand ces véhicules sont ajoutés aux trains de marchandises, 3 tonnes.

Le chargement d'un wagon de bestiaux, quel que soit d'ailleurs le nombre des animaux :

Chevaux, bœufs, vaches, etc., 5 tonnes ;

Moutons, veaux et porcs, 3 tonnes.

Pour établir le chargement d'une machine, on commence par prendre autant de demi-unités qu'il y a de véhicules dans le train; on ajoute ensuite aux chargements spéciaux, qui viennent d'être désignés, le chiffre exact du tonnage indiqué sur les feuilles de route, et on compte autant d'unités qu'il y a de fois dix tonnes dans le total ainsi obtenu.

Les limites de charge des trains mixtes ou des trains de marchandises sont fixées dans le tableau que nous reproduisons ci-après, lequel tient compte à la fois de la puissance de chaque type de machines et des difficultés que présentent, au point de vue des rampes et des courbes, les lignes à parcourir.

Le tableau indique des charges minima et des charges maxima. Les charges minima doivent être traînées en tout temps, si, bien entendu, le trafic fournit un tonnage suffisant.

Les charges maxima ne doivent jamais être dépassées parce qu'elles correspondent à l'effort maximum que la machine peut produire.

La charge des trains est dès lors comprise entre ces limites minima et maxima et fixée chaque jour, en divers points de la ligne, par le service de la Traction d'après la saison et surtout d'après les conditions atmosphériques, qui jouent un si grand rôle dans le phénomène du patinage. Quand les réseaux avaient peu d'étendue, on pouvait appliquer à toutes les lignes une prescription générale fondée sur l'état de l'atmosphère en un point donné. Il n'en est plus de même aujourd'hui, et une réduction de charge accordée aux mécaniciens à cause du brouillard et de la neige, entre Paris et Lyon, ne saurait être étendue aux sections de Cette à Toulon et à Nice.

Sur le chemin de l'Est, les chefs de dépôt remettent, chaque jour, aux gares de départ et aux gares de relais de machines, un bulletin indiquant pour chacun des trains la série de la machine qui le remorquera et le nombre d'unités en sus des minima que cette machine pourra traîner sur les différents profils du relais à parcourir.

Un coup d'œil jeté sur le tableau qui se trouve aux pages 306 et 307 ci-après fait ressortir mieux que tout calcul l'influence des rampes sur la puissance de traction d'une machine. Si nous prenons le type pour marchandises à 4 essieux couplés et si nous supposons une ligne passant successivement par tous les profils :

Sa charge minima va en décroissant de 56 unités à 20 unités;

Sa charge maxima va en décroissant de 72 unités à 30 unités, et comme souvent les difficultés du patinage s'ajoutent à celles de la gravité, on peut admettre la réduction de 72 à 20, c'est-à-dire que sur les lignes du profil H il faut employer trois machines pour remorquer la charge qu'une seule machine enlève sur le profil A.

La division du réseau en sections de charge a été faite dans les deux sens de la marche des trains, l'obstacle que présente un profil à la montée devenant un avantage à la descente. On a pu répartir dans huit groupes principaux la presque totalité des sections de charge du réseau de l'Est; ces groupes sont désignés par des lettres de A à H. Au bout de peu de temps, tout le personnel de la Traction et du Mouvement sait ce que l'on peut remorquer sur les lignes du profil D ou du profil H, et ce système de division nous paraît comporter la plus grande simplicité possible.

Le tableau ci-après indique le nombre de sections de chaque groupe et les déclivités des rampes à monter :

55 sections du profil	A	comprenant des parties en palier ou des rampes courtes de 5 millimètres.
55	— B	comprenant des parties en rampe de 5 millimètres ou des rampes courtes de 5 millimètres.
26	— C	comprenant des parties en rampe de 5 millimètres ou des rampes courtes de 6 millimètres.
14	— D	comprenant des parties en rampe de 6 millimètres ou des rampes courtes de 8 millimètres.
13	— E	comprenant des parties en rampe de 8 millimètres ou des rampes courtes de 10 millimètres.
8	— F	comprenant des parties en rampe de 10 millimètres ou des rampes courtes de 12 millimètres.
10	— G	comprenant des parties en rampe de 12 millimètres ou des rampes courtes de 15 millimètres.
5	— H	comprenant des parties en rampe de 15 millimètres ou des rampes courtes de 18 millimètres.

En outre, sept sections exceptionnelles comprennent des lignes présentant des rampes de 18 à 25 millimètres ; mais ces sections sont l'objet de prescriptions particulières.

En résumé, pour une longueur exploitée de 2,855 kilomètres, le réseau de l'Est présentait, au 1er janvier 1869, 171 sections de charge, ce qui, en tenant compte de la marche dans les deux sens sur chaque ligne, donnait à chaque section de charge une longueur moyenne de $33^k,4$.

Emploi de la double traction. — « Pour les trains en double traction, disent les règlements du chemin de fer de l'Est, la charge ne devra pas excéder la somme des charges minima fixées pour chaque machine *réduites de cinq unités;* quel que soit l'état du temps, elle pourra même encore être moindre à cause de l'état des attelages, si le chef de dépôt l'exige. »

La question de la résistance des attelages, dont nous avons parlé dans la discussion relative au choix à faire entre les machines de dimensions exceptionnelles et les machines ordinaires, impose à l'emploi de la double traction une limite dont on ne saurait méconnaître l'importance. On ne doit, en consé-

CHARGE DES TRAINS DE MARCHANDISES SELON LA PUISSA[NCE]

Série des Machines	NUMÉROS DES MACHINES	NATURE ET VITESSE DES TRAINS A L'HEURE	PROFIL A CHARGE MINIMA	PROFIL A CHARGE MAXIMA	PROFIL B CHARGE MINIMA	PROFIL B CHARGE MAXIMA	PROFIL C CHARGE MINIMA	PROFIL C CHARGE MAXI[MA]
1	32, 33, 37, 61. . 91 à 100. . .	Mixtes. 28 à 32 kilom. .	27	32	20	26	17	21
	304 à 361. . .	Mixtes. 32 à 36 kilom. .	22	27	18	22	15	1[illegible]
2	101 à 135. . .	Marchandises. 15 à 30 kilom. .	28	36	24	31	20	2[illegible]
	142 à 158. . .	Mixtes. 28 à 32 kilom. .	29	36	23	28	19	[illegible]5
	189 à 222. . . 243 à 258. . .	Mixtes. 32 à 36 kilom. .	24	32	20	24	16	20
	362 à 420. . . 01 à 032. . .	Marchandises. 15 à 30 kilom. .	30	38	26	34	22	28
3	223 à 242. . .	Mixtes. 28 à 32 kilom. .	31	38	25	30	21	25
		Mixtes. 32 à 36 kilom. .	26	33	22	26	18	22
		Marchandises. 15 à 30 kilom. .	32	40	28	36	24	31
4	300 à 303. . .	Marchandises. 15 à 30 kilom. .	17	24	15	22	13	19
5	033 à 062. . .	Mixtes. 28 à 32 kilom. .	32	38	26	30	21	25
		Mixtes. 32 à 36 kilom. .	26	32	22	26	18	22
		Marchandises. 15 à 30 kilom. .	34	42	31	38	27	34
6	063 à 0120. .	Mixtes. 28 à 32 kilom. .	34	40	27	32	22	27
		Mixtes. 32 à 36 kilom. .	28	34	24	28	20	24
	0189 à 0200. .	Marchandises. 15 à 30 kilom. .	36	48	33	42	29	37
7	0121 à 0164. .	Mixtes. 28 à 32 kilom. .	32	38	27	32	22	27
	0212 à 0241. .	Mixtes. 32 à 36 kilom. .	26	32	24	28	20	24
8	0250 à 0500. .	Marchandises. 15 à 30 kilom. .	36	48	33	44	30	38
		Mixtes. 28 à 32 kilom. .	38	46	33	38	29	33
		Mixtes. 32 à 36 kilom. .	33	39	29	34	25	29
		Marchandises. 15 à 30 kilom. .	42	54	39	50	36	46
9	0501 à 0600. .	Marchandises. 15 à 26 kilom. .	56	72	50	64	46	57

DES [illegible]ACHINES SUR LES DIVERS PROFILS DU RÉSEAU DE L'EST.

[illegible]OFIL **D**		PROFIL **E**		PROFIL **F**		PROFIL **G**		PROFIL **H**	
[illegible]CHARGE		CHARGE		CHARGE		CHARGE		CHARGE	
[illegible]MA	MAXIMA	MINIMA	MAXIMA	MINIMA	MAXIMA	MINIMA	MAXIMA	MINIMA	MAXIMA
1[illegible]	18	15	16	10	12	8	10	6	7
1[illegible]	17	12	15	9	11	7	9	5	7
1[illegible]	24	14	20	12	18	10	16	8	15
1[illegible]	20	14	17	11	13	9	11	7	9
1[illegible]	18	13	16	10	12	8	10	6	8
1[illegible]	25	15	21	13	19	11	17	9	14
1[illegible]	23	15	19	12	15	10	12	8	10
1[illegible]	20	14	17	11	14	9	11	7	9
2[illegible]	28	16	23	14	21	12	18	10	15
1[illegible]	18								
1[illegible]	22	16	19	12	15	10	12	8	10
1[illegible]	21	14	17	11	13	9	11	7	9
2[illegible]	31	21	28	18	25	15	22	12	18
2[illegible]	24	17	21	13	16	11	13	9	11
1[illegible]	22	15	18	12	14	10	12	8	10
2[illegible]	34	23	30	19	26	16	23	12	18
2[illegible]	24	17	21	13	16	11	13	9	11
1[illegible]	22	15	18	12	14	10	12	8	10
2[illegible]	35	24	31	20	27	17	24	13	19
2[illegible]	27	21	24	16	19	14	17	11	13
2[illegible]	25	19	22	15	18	13	16	10	12
3[illegible]	40	27	34	22	29	19	26	15	22
4[illegible]	52	36	46	30	40	25	35	20	30

quence, recourir à cette mesure que dans le cas où des circonstances particulières ne permettraient pas de faire deux trains séparés, chacun de ces derniers utilisant mieux la puissance des machines.

Toutefois, sur les lignes à voie unique, l'impossibilité de mettre en marche des trains supplémentaires sans avoir pris des mesures dont l'accomplissement exige un certain temps, conduit assez fréquemment à l'emploi de la double traction, et l'on doit se résigner à perdre une partie de la puissance des machines.

b. — Chemins de fer de Paris a Lyon et a la Méditerranée. Les ingénieurs de la compagnie de Paris à Lyon et à la Méditerranée n'ont point cherché à ramener à un petit nombre de types les diverses sections de charge des trains. Ils ont en quelque sorte suivi pas à pas chacune des lignes qui composent leur grand réseau, et ils ont successivement établi autant de sections de charge que leur ont paru commander les variations dans le profil, la longueur des rampes, la succession des courbes, les influences atmosphériques.

Au 1er janvier 1868, le nombre des sections de charge s'élevait à 348, ayant une longueur moyenne de 22k,21, inférieure d'un tiers à la section moyenne du chemin de l'Est.

Ces 348 sections de charge se divisent cependant en deux groupes bien distincts :

Le premier renferme les sections dans lesquelles le profil est considéré comme uniforme, et la vitesse pour chaque nature de train comme constante.

La seconde renferme les sections dans lesquelles le profil est variable. On admet que, dans ces sections, la vitesse des trains varie avec la déclivité de la rampe ; dans les rampes faibles la vitesse de marche est supérieure à la vitesse moyenne prévue pour la traversée de toute la section ; dans les rampes fortes la vitesse de marche est inférieure à la vitesse moyenne. Dans tous les cas, le travail, c'est-à-dire l'effort multiplié par la vitesse $T \times v$, est constant.

Des tableaux dressés avec le plus grand soin indiquent, pour chaque section à profil variable, les variations de vitesse qu'il est nécessaire d'imprimer à une machine pour remorquer le tonnage maximum que cette machine peut enlever à une vitesse moyenne choisie.

Le tableau ci-après, relatif à la première section de charge de Paris à Montereau, donnera un exemple des variations de vitesse à observer pour obtenir une vitesse moyenne déterminée.

Paris à Montereau.

NOMS DES GARES	PROFIL	VITESSES VARIABLES EN KILOMÈTRES A L'HEURE											
Paris à Villeneuve-Saint-Georges.	0	17	2[illegible]	27	32	37	42	47	52	57	62	67	72
Villeneuve-Saint-Georges à Lieusaint.	5	12	16	20	25	30	35	40	45	50	55	60	65
Lieusaint à Melun.	4	20	26	33	38	4[illegible]	47	51	55	60	65	70	75
Melun à Thomery.	5	12	16	20	25	30	35	40	45	50	55	60	65
Thomery à Montereau.	5 0	20	26	33	38	42	47	51	55	60	[illegible]5	70	75
Vitesses moyennes en kilom. à l'heure.		15	20	5	30	35	40	45	50	55	60	65	70

Montereau à Paris.

NOMS DES GARES	PROFIL	VITESSES VARIABLES EN KILOMÈTRES A L'HEURE											
Montereau à Moret.	0 5	17	22	27	32	37	42	47	52	57	62	67	72
Moret à Thomery.	5	12	16	20	25	30	35	40	45	50	55	60	65
Thomery à Fontainebleau.	5	17	22	27	32	37	42	47	52	57	62	67	72
Fontainebleau à Bois-le-Roi.	4 4	15	20	25	30	35	40	45	50	55	60	65	70
Bois-le-Roi à Melun.	4	17	22	27	32	37	42	47	52	57	62	67	72
Melun à Lieusaint.	4	12	16	20	25	30	35	40	45	50	55	60	65
Lieusaint à Paris.	5 0	17	22	27	32	37	42	47	52	57	62	67	72
Vitesses moyennes en kilom. à l'heure.		15	20	25	30	35	40	45	50	55	60	65	70

En tenant compte de tous ces éléments, chaque section de charge est assimilée à une section fictive de rampe uniforme en ligne droite.

Cette étude, cette reconnaissance de la ligne à parcourir étant terminées, on a fixé, pour chaque machine et pour chaque variation de vitesse comportée par cette machine, les charges à accepter en service courant. Ces charges ont été calculées de deux manières : en prenant d'abord l'effort maximum correspondant au démarrage comme première limite, puis le travail correspondant à la production de la vapeur, ce qui a donné une seconde limite inférieure à la première. C'est cette seconde limite qui a été adoptée.

La double influence des rampes et de la vitesse sur les charges étant déterminée, des livrets établis par les soins du service du matériel et de la traction fixent la charge en tonnes qu'on peut remorquer sur chaque section de charge pour chaque type de machines et pour des vitesses croissant de 5 en 5 kilomètres jusqu'à la limite spéciale à chaque type. Nous donnons ci-après deux pages de ce livret applicables l'une à la section de Paris à Montereau à vitesse variable, l'autre à la section de Montereau à Laroche à vitesse constante. On peut suivre d'un coup d'œil les variations de vitesse que doit subir un train, si on lui suppose une charge uniforme, ou les variations de charge qu'il faut effectuer, si on tient à l'uniformité dans la vitesse.

Les charges inscrites dans les livrets se rapportent à un bon rail en bonne saison. Dans le cas où la température, le vent, la pluie, le brouillard diminuent l'adhérence, des réductions sont fixées par le service de la traction, par le service central, quand il s'agit de périodes d'une certaine durée, par les chefs de dépôt quand il s'agit de circonstances accidentelles et de courte durée.

DE PARIS A MONTEREAU.

Rampes fictives. . . $2^m,25$ pour les express et poste. / pour les voyageurs. — $3^m,00$ pour les marchandises.

CHARGES EN TONNES QUE LES MACHINES DES DIVERS TYPES PEUVENT REMORQUER A DIFFÉRENTES VITESSES

VITESSE EN KILOMÈTRES	15	20	25	30	35	40	45	50	55	60	65	70	75	80
Machines à roues libres.														
Série : 1 à 40 51 à 76 161 à 170 219 à 225	221	205	190	182	174	163	156	146	133	124	108	93	80	67
Machines à 4 roues couplées.														
Série : 101 à 145 286 à 337 351 à 383 522 à 563 586 à 618 841 à 850	335	310	287	263	239	215	191	166	144	122	104	90		
451 à 468	405	370	327	295	263	231	198	166						
506 à 521	310	287	258	233	205	177	157	135						
146 à 169 564 à 585 631 à 645	305	283	264	255	237	217	198	176	158	158				
619 à 630 701 à 840 951 à 982	405	377	353	326	302	276	250	223	196	168				
Machines à 6 roues couplées														
Série : 1001 à 1054 1244 à 1267 1309 à 1326	470	440	384	271	258	245	232	202						
1101 à 1150 1224 à 1243 1268 à 1308 1327 à 1364 1397 à 1400	505	475	438	402	367	331	295	258						
1201 à 1225	334	310	278	251	224	197	170							
1401 à 1800 2000 à 2006	635	590	525	464	397									
1901 à 1986	391	318	260	215										
1998 à 1999	840	770	680											

DE MONTEREAU A PARIS.

Rampes fictives. . . 2^m,25 pour les express et poste. pour les voyageurs. — 3^m,00 pour les marchandises.

CHARGES EN TONNES QUE LES MACHINES DES DIVERS TYPES PEUVENT REMORQUER A DIFFÉRENTES VITESSES.														
VITESSES EN KILOMÈTRES	15	20	25	30	35	40	45	50	55	60	65	70	75	80
Machines à roues libres.														
Séries : 1 à 40 51 à 76 161 à 170 219 à 223	221	2[illegible]5	190	182	174	163	156	146	133	124	108	93	80	67
Machines à 4 roues couplées.														
Séries : 101 à 145 286 à 337 351 à 383 522 à 563 586 à 618 841 à 850	333	310	287	263	239	215	191	166	144	122	104	90		
451 à 468	403	370	327	295	263	231	198	166						
506 à 521	310	287	258	233	203	177	157	133						
146 à 160 564 à 585 631 à 645	305	283	264	255	237	217	198	176	158	138				
619 à 630 701 à 84[illegible] 951 à 982	405	377	353	326	302	276	250	223	196	168				
Machines à 6 roues couplées.														
Séries : 1001 à 1054 1244 à 1267 1309 à 1326	470	440	384	271	258	245	232	202						
1101 à 1150 1224 à 1243 1268 à 1308 1327 à 1364 1397 à 1400	505	475	438	402	367	331	295	258						
1201 à 1223	334	310	278	251	224	197	170							
1401 à 1800 2000 à 2006	635	590	525	464	397									
1901 à 1986	391	318	260	215										
1998 à 1999	840	770	680											

DE MONTEREAU A LAROCHE.

Rampes fictives. . . 2m,00 pour les express et poste. pour les voyageurs.
2m,50 pour les marchandises.

CHARGES EN TONNES QUE LES MACHINES DES DIVERS TYPES PEUVENT REMORQUER A DIFFÉRENTES VITESSES.

VITESSE EN KILOMÈTRES	15	20	25	30	35	40	45	50	55	60	65	70	75	80
Machines à roues libres.														
Séries : 1 à 40 51 à 76 161 à 170 219 à 225	245	226	208	197	186	175	163	150	139	218	112	96	85	71
Machines à 4 roues couplées.														
Séries : 101 à 145 286 à 337 351 à 385 522 à 563 586 à 618 841 à 850	366	339	312	284	256	227	198	172	150	126	109	93		
451 à 468	445	404	355	318	281	244	206	178						
506 à 521	341	314	281	252	225	194	164	141						
146 à 160 564 à 585 631 à 645	336	314	288	266	244	232	208	183	164	143				
619 à 630 701 à 840 951 à 982	445	412	384	355	322	292	259	229	200	174				
Machines à 6 roues couplées.														
Séries : 1001 à 1054 1244 à 1267 1309 à 1326	520	480	420	376	331	286	241	210						
1101 à 1150 1224 à 1243 1268 à 1308 1327 à 1364 1397 à 1400	555	515	475	433	391	349	306	267						
1201 à 1225	367	339	303	272	241	209	177							
1401 à 1800 2000 à 2006	695	645	570	500	428									
1901 à 1986	428	346	281	252										
1998 à 1999	900	840	735											

DE LAROCHE A MONTEREAU.

Rampes fictives. . . { 0m,50 pour les express et poste. 1m,00 pour les voyageurs. 2m,00 pour les marchandises. }

CHARGES EN TONNES QUE LES MACHINES DES DIVERS TYPES PEUVENT REMORQUER A DIFFÉRENTES VITESSES.

VITESSES EN KILOMÈTRES	15	20	25	30	35	40	45	50	55	60	65	70	75	80
Machines à roues libres.														
Séries : 1 à 40 51 à 76 161 à 170 219 à 223	273	250	230	221	212	203	194	184	173	162	141	121	104	90
Machines à 4 roues couplées.														
Séries : 101 à 145 286 à 337 351 à 385 522 à 563 586 à 618 841 à 850	405	373	342	313	288	261	234	209	184	159	137	117		
451 à 468	483	444	389	352	315	278	242	208						
506 à 521	379	346	308	280	251	222	194	166						
146 à 160 564 à 585 631 à 645	747	343	317	299	218	262	246	224	202	179				
619 à 630 701 à 840 951 à 982	490	453	420	391	362	333	304	275	246	217				
Machines à 6 roues couplées.														
Séries : 1001 à 1054 1244 à 1267 1309 à 1326	570	523	457	414	370	327	284	243						
1101 à 1150 1224 à 1243 1268 à 1308 1327 à 1364 1397 à 1400	615	565	515	476	436	397	358	310						
1201 à 1225	407	373	332	301	270	238	209							
1401 à 18 0 2000 à 2006	765	710	625	545	465									
1901 à 1986	471	379	307	252										
1998 à 1999	1010	920	800											

§ 2. — Organisation du service de la traction sur un grand réseau de chemin de fer.

Importance du problème de la traction en France. — Dans les leçons sur l'exploitation des chemins de fer, nous avons dû faire connaître l'importance du service de la traction et montrer combien de questions soulevaient la mise en service régulier, l'entretien et la conservation d'un matériel roulant qui, sur un seul réseau, comprend aujourd'hui près de 1,500 machines et 40,000 voitures ou wagons.

Nous ne pouvons que renvoyer à ces leçons pour tout ce qui concerne l'organisation générale du service, ses principales subdivisions, le nombre des machines nécessaires à l'exploitation, la distinction à faire entre les ateliers de réparation et les dépôts. Nous nous contenterons d'ajouter quelques renseignements relatifs aux détails du service.

Nombre de machines nécessaires à l'exploitation. — L'expérience seule a pu faire connaître le nombre de machines nécessaires à l'exploitation d'un réseau; l'étude de l'effectif des machines possédées par un grand nombre de chemins nous a permis de formuler les conclusions suivantes, que nous ne pouvons que rappeler.

1° Pour les chemins à *grand trafic*, comme les chemins du Nord, et de Paris à Lyon et à la Méditerranée, il faut *une machine par deux kilomètres;*

2° Pour les chemins *à trafic moyen*, comme les chemins de l'Ouest, de l'Est et une grande partie du réseau d'Orléans, il faut *une machine par trois kilomètres;*

3° Enfin, pour des chemins *à trafic moyen mais sans service de nuit* comme les chemins du midi de la France, la presque totalité des chemins belges, allemands et suisses, et pour les chemins à faible trafic, il suffit *d'une machine par quatre et même cinq kilomètres*.

Les moyennes qui précèdent s'appliquent à des réseaux d'une certaine étendue. Si on veut évaluer le matériel nécessaire à l'exploitation d'une ligne d'embranchement, il faut tenir compte d'un très-grand nombre de considérations, parmi lesquelles l'importance du trafic à desservir n'est malheureusement pas toujours la considération dominante. Si on veut que ces lignes d'embranchement puissent se développer en France, il faut se faire une règle inflexible de l'économie, et se contenter, pour des longueurs de 15 à 30 kilomètres, d'une seule machine faisant le service en navette, c'est-à-dire allant et venant successivement. Nous avons fait ressortir les avantages que ce mode de traction présente au point de vue de la sécurité : on n'aura jamais de collision sur une ligne où on ne peut mettre en marche qu'un seul train à la fois; mais, au point de vue de l'économie, cette mesure n'est pas moins précieuse.

Proportion du matériel en réparation. — Les machines locomotives sont l'objet de la surveillance la plus minutieuse, et on peut dire qu'elles sont à l'état constant d'entretien. Malgré ces soins de chaque jour, presque de chaque heure, elles doivent entrer assez fréquemment en réparation, et on peut évaluer au *sixième* de l'effectif total le nombre des machines qui sont conservées, soit dans les ateliers, soit dans les dépôts. A la fin d'un hiver long et rigoureux, cette proportion même s'élève et peut atteindre un cinquième de l'effectif.

En adoptant la proportion du sixième, on peut résumer la situation moyenne en disant que chaque année :

Une machine est en service, 300 jours; en réparation au dépôt, 30 jours; en réparation à l'atelier, 35 jours.

Durée des machines locomotives — Les machines locomotives doivent être et sont, en France, entretenues dans un état aussi parfait que possible : une locomotive doit être considérée comme toujours neuve et représentant toujours sa valeur initiale.

On est conduit cependant à réformer de temps en temps quelques machines, mais plutôt par insuffisance de dimensions et de force, que par usure complète.

En Angleterre, l'entretien est moins soigné qu'en France : on estime à 20 années la durée d'une machine locomotive ; ce chiffre sera certainement dépassé en France.

Nature des réparations à faire aux machines. — Les réparations à faire aux machines sont très-diverses. Elles se divisent en grosses, moyennes et petites réparations, savoir :

a. — Grosses réparations. — Remplacement des foyers, de toute la tubulure.

Réparations à la suite d'accidents.

Pose de bandages neufs.

b. — Moyennes réparations. — Remplacement partiel des tubes.

Visite des pistons.

Pose des pièces de rechange.

Changement de roues ; mise au tour.

c. — Petites réparations. — Garniture des joints.

Serrage des clavettes, des diverses pièces du mécanisme.

Mattage des tubes.

Visite des boîtes à graisse. Tracé des rainures.

Règlement des ressorts, etc., etc.

Les grandes réparations ne peuvent se faire que dans les ateliers chargés aussi de la confection des pièces de rechange.

Les petites réparations se font dans les dépôts de machines.

Les moyennes réparations peuvent se faire, soit dans les ateliers, soit dans les dépôts, selon l'organisation de chaque chemin de fer, selon aussi les nécessités du service.

Nous pensons toutefois qu'il importe de ne pas laisser les dépôts empiéter sur les attributions des ateliers ; aux dépôts appartient le soin d'utiliser la machine en état, aux ateliers le soin de la réparer. Si, dans un grand réseau, on n'établit point nettement cette distinction, on éparpille l'outillage, on n'a plus d'uniformité dans le travail, et, au bout de peu d'années, chaque dépôt, converti en atelier, immobilise un capital important.

Espacement des dépôts. — Les ateliers ont été décrits, au moins sommairement, dans ce Cours. L'importance des dépôts, au point de vue du nombre des machines qu'ils renferment, a été mentionnée dans le *Cours d'exploitation ;* il ne nous reste qu'à indiquer l'espacement des dépôts.

Aux débuts de l'exploitation des chemins de fer, on considérait comme indispensable de changer de locomotive après un parcours de 60 à 80 kilomètres, et, par conséquent, de placer un dépôt à l'extrémité de chaque étape. L'expérience a montré que les étapes pouvaient être augmentées sans danger et portées à 200 kilomètres environ, ainsi que l'indique le tableau ci-après applicable aux lignes de Paris à Strasbourg, à Mulhouse et à Marseille.

a. — RELAIS SUR LES CHEMINS DE FER DE L'EST.

TRAINS EXPRESS ET TRAINS OMNIBUS.

1° PARIS A STRASBOURG.		2° PARIS A MULHOUSE.	
Paris à Châlons.. . . .	173k	Paris à Troyes.	167k
Châlons à Nancy. . . .	180	Troyes à Vesoul.. . . .	214
Nancy à Strasbourg. . .	149	Vesoul à Mulhouse.. . .	143

b. — RELAIS SUR LES CHEMINS DE PARIS A LYON.

PARIS A MARSEILLE.	TRAINS EXPRESS.	TRAINS OMNIBUS.	
Paris à Tonnerre.	197. . . .	Paris à Montereau.. .	79
		Montereau à Tonnerre.	118
Tonnerre à Dijon.	138		
Dijon à Lyon..	197. . . .	Dijon à Mâcon. . . .	126
		Mâcon à Lyon. . . .	71
Lyon à Valence.	206		
Valence à Arles.	159		
Arles à Marseille.	86		

Entre Paris et Marseille, les trains omnibus ont deux dépôts intermédiaires de plus, Montereau et Mâcon.

Il devenait donc possible de diminuer le nombre des dépôts ; malheureusement d'autres considérations exigeaient la création de dépôts aux gares de bifurcation,

Aux extrémités des services de banlieue,

Au pied des rampes exigeant des machines de renfort.

Sur tous les réseaux, les mêmes nécessités du trafic ont conduit à un espacement moyen des dépôts à peu près le même.

Sur l'Est, l'espacement moyen des dépôts est de 83 kilomètres.

Sur Paris-Lyon, sur la ligne de Paris à Nice (1,190 kilomètres), il y a treize dépôts, soit un espacement moyen de 91 kilomètres.

On peut admettre le chiffre de 80 kilomètres pour moyenne générale.

Seulement, il importe de grouper les dépôts en trois classes :

Les dépôts contenant 50 à 70 machines, dans lesquels résident en quelque sorte les machines et où elles sont mises en réparation courante ;

Les dépôts de relais dans lesquels les machines ne séjournent que quelques heures pour se ravitailler d'eau et de combustible ;

Les remises ou abris dans lesquels une machine d'un dépôt voisin vient, pendant vingt-quatre heures, faire le service d'une ligne d'embranchement, un service de secours ou de renfort.

De cette manière, on concentre le service dans de grands établissements qui sont l'objet d'une surveillance spéciale.

Personnel de la traction. — Le personnel de la traction comprend :

Les chefs et sous-chefs de traction,

Les chefs et sous-chefs de dépôt,

Les mécaniciens et chauffeurs,

Les ouvriers des dépôts,

Les ouvriers des ateliers.

Les chefs et sous-chefs de traction surveillent le service sur une certaine portion du réseau dont la longueur kilométrique varie avec l'importance du trafic. On ne saurait indiquer une règle pour fixer, soit la longueur de ces sections de traction, soit le nombre de machines. Nous pensons toutefois qu'il ne convient pas de donner à chaque chef ou sous-chef de traction plus de 125 à 150 machines; au delà de ce nombre la surveillance devient difficile.

Les chefs et sous-chefs de dépôts remplissent, dans le service de la traction, un rôle extrêmement important, et la tâche qui leur est confiée est considérable. Ils doivent assurer l'exécution des mesures ci-après :

Allumage des machines en temps utile et mise en pression ;

Approvisionnement en eau, combustible et matières grasses;

Surveillance des prises d'eau dans l'étendue du relais parcouru par les machines du dépôt;

Déchargement des wagons de combustible ;

Lavage des machines, petit entretien, réparations courantes;

Pose des pièces de rechange ;

Fourniture de machines pour les trains réguliers ou supplémentaires ;

Secours aux trains en détresse ;

Comptabilité, états du personnel, comptes-matières ;

Roulement de service des mécaniciens et chauffeurs.

Mécaniciens et chauffeurs. — Aux débuts de l'exploitation du chemin de fer, on a agité la question de savoir si les hommes auxquels on confiait la conduite des machines devaient être des mécaniciens instruits ou de simples conducteurs de machines. Quelque soin que l'on puisse attendre d'un ouvrier qui ne connaîtra que les organes extérieurs d'une machine, on reconnaît aujourd'hui que les mécaniciens de machines-locomotives doivent être choisis parmi les ouvriers instruits que renferment les ateliers.

Ouvriers des dépôts et des ateliers. — Le recrutement des ouvriers des dépôts et des ateliers ne donne point lieu à des observations spéciales. En parlant des questions morales que présente l'organisation de tout atelier, nous avons indiqué les principales difficultés dont l'ingénieur doit prévoir et préparer la solution. Nous ajouterons que la permanence et la fixité du travail, en préservant les ouvriers de la misère du chômage, rendent le recrutement plus facile pour les compagnies de chemins de fer, que pour les ateliers soumis aux inflexibles lois de l'offre et de la demande. Dans tous les ateliers des grandes compagnies françaises, on trouve des ouvriers ayant plus de vingt années de services, heureux de voir leurs fils à leurs côtés.

Parcours des machines. — Sur presque tous les chemins de fer on arrive, pour le parcours moyen annuel d'une machine locomotive, au chiffre de 30,000 kilomètres.

Les machines à voyageurs font 32 à 34,000 kilomètres.

Les machines à marchandises 25 à 27,000 —

Ces parcours ne se répartissent pas également dans toute l'année : il faut compter des chômages de plusieurs mois nécessités, soit par les réparations dans les ateliers, soit par les périodes d'arrêt ou de ralentissement dans le trafic des voyageurs et des marchandises.

Parcours des mécaniciens. — Si les machines n'avaient point besoin de réparations, si le trafic était parfaitement régulier, le travail des hommes devrait être le même que celui des machines ; mais les chômages des machines ne permettent pas cette parfaite concordance et les mécaniciens sont forcés de changer assez fréquemment de machines. Ils font chaque année un parcours supérieur à celui effectué par les machines, 35,000 kilomètres au lieu de 30,000. Sur quelques lignes, le travail des mécaniciens a été porté à 40 et même à 42,000 kilomètres par an ; mais il n'y a pas de règle à fixer à cet égard. Si le mécanicien est souvent appelé à faire des réparations au dépôt, il voyagera moins que celui qui n'aura qu'à monter sur des machines réparées par ses camarades. Le seul point capital à observer, c'est de ne ne point imposer aux hommes une durée de travail sans repos, suffisante pour compromettre leurs forces et leur activité morale aussi bien que leur activité physique.

Malheureusement, le service des trains comporte des sujétions nombreuses qui rendent très-difficile la répartition du travail entre tous les mécaniciens d'un même dépôt. On n'arrive à cette égalité de répartition que par le roulement; chacun supporte à son tour le service de nuit, les longues étapes, et obtient par compensation les heures de présence au dépôt pour les secours en cas d'accident, les renforts accidentels. La question du roulement est une de ces questions toujours à l'ordre du jour dans un dépôt et qui ne doit jamais être perdue de vue au milieu des variations que présente le trafic.

Sur plusieurs chemins de fer, les mécaniciens ont par mois :

21 jours de travail en marche,
6 jours de travail au dépôt,
3 jours de repos absolu,

Sur d'autres lignes, les mécaniciens travaillent peu au dépôt; ils ont alors :

24 jours de marche,
6 jours de repos absolu.

Le travail des mécaniciens doit être envisagé au point de vue de la continuité du service sur les machines et de la durée du service sans repos. Ces limites dépendent essentiellement de la longueur des étapes et de la nature du trafic à desservir.

Les plus grandes étapes fournies par les mécaniciens sont les suivantes :

Au point de vue de la longueur du parcours :

	EXPRESS.	OMNIBUS.	MARCHANDISES.
Sur le chemin de fer de Paris à Lyon et à la Méditerranée.	197	160	160
Sur le chemin de fer de l'Est.	181	181	166
Sur le chemin de fer d'Orléans.	246[1]	200	200

Au point de vue de la durée du service :

	EXPRESS.	OMNIBUS.	MARCHANDISES.
Sur le chemin de fer de Paris à Lyon et à la Méditerranée.	4h	6h	10h
Sur le chemin de fer de l'Est.	4	6	15
Sur le chemin de fer d'Orléans.	6[1]	7	12

Lorsque la durée du service s'élève à 15 heures, cet espace de temps comprend toujours 4 ou 5 heures de repos à des garages. En fait, jamais un mécanicien ne doit passer plus de 10 heures par jour sur une machine.

Traités de traction. — Toutes les grandes compagnies françaises font faire la traction de leurs trains directement en régie ; elles payent les traitements et salaires de tous leurs agents, les consommations de matières et toutes les dépenses que comportent l'acquisition, la mise en service et la conservation du matériel roulant. Sur plusieurs réseaux, l'ensemble de ces dépenses avait fait l'objet de marchés à forfait ou de traités de traction. Abandonnés sur les grands réseaux, des marchés de cette nature seront très-certainement reproduits à l'occasion de l'exploitation par les compagnies actuelles des lignes d'intérêt local entreprises par plusieurs départements, et il convient d'entrer à cet égard dans quelques détails.

La traction des trains, sur ces lignes secondaires, peut être faite de deux manières bien distinctes : avec des machines spéciales achetées par les sociétés concessionnaires, ou avec des

[1] Les mécaniciens qui font cette étape exceptionnelle de Poitiers à Bordeaux ont le lendemain un service d'une beaucoup moins longue durée.

machines appartenant à la grande compagnie qui prend l'exploitation à bail.

Dans la première hypothèse, le prix de traction ne doit comprendre que les dépenses de conduite, de consommation et d'entretien des machines.

Dans la seconde hypothèse, il faut ajouter aux dépenses précédentes une somme représentant l'intérêt et l'amortissement du capital consacré à la fourniture des machines nécessaires au service.

C'est faute de faire cette distinction préalable qu'on ne s'explique pas les différences énormes que présentent quelquefois des traités de traction, différences qui peuvent varier du simple au double : dans un cas, l'entrepreneur de traction, le relayeur ne fournit que les postillons et l'avoine ; dans le second, il fournit en même temps les chevaux.

Nous ne saurions dire auquel des deux systèmes il convient de s'arrêter. Si la ligne à exploiter ne présente aucune condition particulière de profil et de tracé, si toutes les machines de la grande compagnie peuvent être employées sans difficulté, il n'y a aucun intérêt à faire un matériel spécial à la ligne nouvelle et on peut comprendre dans le prix de traction la fourniture du matériel.

Nous citerons, comme exemple, le traité passé entre la compagnie du Nord et la compagnie des glaces de Saint-Gobain pour la traction des trains sur le chemin de fer de Saint-Gobain à Chauny.

La compagnie du Nord mettait à la disposition de la compagnie de Saint-Gobain deux locomotives puissantes ; elle fournissait, en outre, le personnel (mécanicien et chauffeur), le combustible, l'huile, la graisse et les pièces de rechange. L'eau était fournie par la compagnie de Saint-Gobain.

En échange, la compagnie du Nord recevait :

1 fr. 40 par kilomètre parcouru, plus 15 fr. pour l'allumage, 2 fr. 50 par heure de machine en stationnement.

Le produit du parcours, des stationnements et de l'allumage, calculés d'après les bases qui précèdent, devait être au minimum de 120 fr. par jour et par machine allumée.

Sur d'autres points de la France, les grandes compagnies ont offert aux lignes d'embranchement de faire la traction au prix moyen constaté sur l'ensemble de leurs réseaux en ajoutant à ce prix l'intérêt et l'amortissement à 10 pour 100 du capital représentant le matériel employé.

Si, au contraire, la ligne nouvelle présente en plan et en profil des conditions exceptionnelles, si la voie a été construite avec des rails légers, si, en un mot, les machines de la grande compagnie ne peuvent être admises sur la voie nouvelle, il faut construire des machines spéciales qui peuvent être indifféremment fournies, soit par la société propriétaire, soit par la société exploitante.

Enfin, la question d'une location de machines locomotives se présente quelquefois dans l'industrie des chemins de fer. Le prix de location dépend évidemment de la force de la machine louée, du temps de la location et du service auquel cette machine doit être employée.

Pour de grosses machines à marchandises, le prix de location est souvent fixé à 80 fr. par jour ; pour des machines ordinaires à marchandises, le prix descend à 60 fr.

Ces prix ne comprennent, bien entendu, ni frais de conduite, ni dépenses de combustible ; ils s'appliquent à la machine froide et représentent l'intérêt du capital de la machine neuve et l'usure normale des foyers de la chaudière et de la tubulure. L'état de ces diverses parties de la machine doit être contradictoirement constaté au moment de la livraison et de la reprise des machines.

§ 3. — Analyse d'un règlement pour le service des mécaniciens et chauffeurs

La conduite d'une machine locomotive exige, de la part des ouvriers auxquels elle est confiée, des qualités spéciales et plus importantes que celles demandées à l'ouvrier conducteur d'une machine fixe. L'un et l'autre doivent connaître le mécanisme de la machine qu'ils ont à faire marcher ; mais tandis que le conducteur de machine fixe, parfaitement abrité, n'a qu'à observer la consommation de son foyer et le graissage de quelques organes, le mécanicien de locomotive, exposé à toutes les intempéries, entraîné avec sa machine à une vitesse considérable, doit non-seulement surveiller l'alimentation, le chargement du feu, le graissage, mais encore et surtout examiner l'état de la voie et se tenir prêt à ralentir ou à arrêter au premier signal. Le sang-froid, la résolution, la vigueur autant dans l'esprit que dans le bras, la sobriété, sont indispensables au mécanicien, et les hommes qui possèdent ces qualités précieuses, jointes à une instruction professionnelle convenable, doivent être considérés comme formant dans l'industrie une classe spéciale digne d'une estime particulière.

Les règlements donnés aux mécaniciens contiennent des prescriptions relatives à la conduite de la machine, et d'autres relatives à l'exploitation proprement dite ; nous extrayons du dernier règlement qui a été publié par une grande compagnie, les paragraphes relatifs à la conduite de la machine ; les autres prescriptions sont étrangères à l'objet de ce cours.

EXTRAIT DU RÈGLEMENT CONCERNANT LES MÉCANICIENS ET CHAUFFEURS.

ART. 3. — Les mécaniciens sont chargés de la conduite et de l'entretien des machines qui leur sont confiées.

Les chauffeurs sont chargés du nettoyage des machines et tenders, du service du chauffage et de la manœuvre du frein.

Le mécanicien est responsable de toutes les manœuvres de sa machine : il est donc indispensable que le chauffeur suive exactement ses instructions. Il est également responsable du bon état et de la propreté de sa machine et de son tender. Il doit veiller à ce que la vapeur soit toujours à la pression voulue, à ce que le feu soit bien dirigé, à ce que la chaudière soit convenablement alimentée.

Art. 5. — Le mécanicien doit, avant chaque départ, faire avec le plus grand soin l'inspection de sa machine, vérifier les approvisionnements d'eau, de combustible et d'huile, s'assurer si le feu a été bien piqué, si les tubes ont été nettoyés. Il est tenu de visiter, notamment au départ et à l'arrivée des trains, les clavettes, les goupilles et les écrous, ainsi que les pièces du mouvement, les essieux et le calage des roues, les appareils d'alimentation et les freins du tender, afin d'avoir la certitude que le tout se trouve en bon état.

Art. 6. — Il doit voir si sa machine est munie d'un phare placé sur le devant de la boite à fumée, si la lampe du niveau d'eau est à sa place, s'il y a sur le côté gauche de la caisse du tender une lampe de côté avec deux verres, l'un rouge et l'autre blanc ; il doit aussi veiller à ce que toutes ces lampes soient convenablement pourvues d'huile, de mèches, etc.

Les machines de réserve, ainsi que celles qui circulent isolément sur la ligne, doivent en outre être munies d'une lampe-phare à feu rouge, placée à l'arrière du tender.

Art. 7. — Chaque machine doit être munie des outils et ustensiles nécessaires à son service.

Une liste de ces objets sera affichée dans la caisse à outils.

Chaque mécanicien est responsable des outils qui lui sont confiés.

Il doit, en arrivant au dépôt, faire remplacer ce qui a été cassé ou perdu en route.

ART. 8. — Chaque mécanicien sera porteur d'un livret de la marche des trains ou d'une feuille de route indiquant le temps du parcours.

ART. 9. — Le mécanicien doit mettre sa machine en tête du train avec précaution et sans choc ; il doit veiller par lui-même à ce que la machine et le tender soient bien attelés au train.

Il est tenu, au départ des trains et pour toutes les manœuvres qui se font dans la gare, de siffler avant de démarrer, de se mettre en marche lentement, de s'assurer que les aiguilles sont bien faites, et, en cas d'incertitude à cet égard, d'envoyer son chauffeur en avant de la machine afin de constater leur position.

ART. 11. — Personne ne doit monter sur la machine avec le mécanicien et son chauffeur, à moins d'une autorisation spéciale portant la signature de l'ingénieur en chef du matériel et de la traction ou du directeur de la compagnie.

Le mécanicien et le chauffeur doivent s'abstenir de toute conversation avec les personnes étrangères placées sur la machine en vertu d'une autorisation.

ART. 12. — La vitesse de la machine doit être régulière et uniforme. Le mécanicien doit arriver dans les délais qui lui sont prescrits.

Toute avance de plus de trois minutes rendra le mécanicien passible d'une amende.

Tout retard non justifié entraînera une retenue, et si ce retard peut être attribué à la négligence du mécanicien, celui-ci encourra une amende.

En cas de retard d'un train, quelles qu'en soient les causes, le mécanicien doit, lorsque l'état du temps et les conditions de traction le permettent, faire tous ses efforts pour regagner, sur le trajet qui lui reste à effectuer, le plus possible du temps perdu pendant la première partie du parcours.

Néanmoins, il ne doit jamais accroître la vitesse d'un train de plus de moitié de la vitesse normale de ce train.

En aucun cas, la vitesse d'un train ne peut excéder 100 kilomètres à l'heure.

Pour la descente des pentes d'une inclinaison supérieure à 5 millimètres par mètre, cette vitesse sera réduite au maximum de 60 kilomètres à l'heure.

Art. 13. — Le mécanicien et son chauffeur doivent se tenir debout pendant la marche, le premier sur la plate-forme de la machine, à proximité du levier du régulateur, le second sur le tender à proximité de la manivelle du frein. Ils doivent tous les deux veiller attentivement aux signaux qui peuvent être faits par les agents de surveillance de la voie ou par les agents du train.

Le mécanicien doit surtout redoubler d'attention en approchant d'une station, d'un embranchement, d'un croisement de voie ou d'un passage à niveau. Dans le cas où il quitterait la plate-forme pour s'occuper d'une autre partie de la machine, le chauffeur doit prendre sa place auprès du régulateur.

Ils doivent de temps en temps regarder en arrière pour s'assurer si tout marche convenablement.

Art. 14. — A l'approche d'une station, d'un passage à niveau qui ne peut être aperçu de loin, d'une courbe dont le développement est masqué, d'une tranchée courbe, d'un souterrain ou d'un atelier d'ouvriers, le mécanicien doit faire jouer le sifflet à 600 mètres au moins de distance.

A l'approche d'une station qui, par sa position ne peut être vue distinctement de loin, ou bien encore à l'approche d'une station où l'on ne doit pas s'arrêter, le mécanicien fera agir son sifflet à un kilomètre de distance, et continuera de siffler jusqu'à ce qu'il ait acquis la certitude d'avoir été aperçu par les agents de la station.

Art. 15. — Le mécanicien ralentira toujours sa marche en traversant une station, ou toute autre partie de la ligne sur laquelle il existe une aiguille en pointe ; il en sera de même, lorsqu'il devra croiser un train arrêté sur la voie parallèle pour prendre ou déposer des voyageurs; il s'arrêtera tout à fait si la voie est encombrée.

Art. 16. — Quand la machine stationne, soit dans une gare, soit sur la ligne, le régulateur doit être fermé, le levier de changement de marche au point mort et le frein du tender serré.

Art. 21. — A l'approche des stations ou des endroits où il doit s'arrêter, le mécanicien doit prendre toutes dispositions pour que la vitesse de son train soit complétement amortie avant le point fixé pour l'arrêt, de manière que les freins soient relâchés pour atteindre ce point.

Le chef de train et les garde-freins doivent manœuvrer rapidement leurs freins au signal du mécanicien; ce dernier ne devra faire usage de la contre-vapeur que le plus rarement possible.

Art. 22. — Lorsque plusieurs locomotives sont attelées au même train, c'est le mécanicien placé en tête qui règle la marche; c'est lui qui ouvre son régulateur le premier et le ferme le dernier. Quand il donnera deux coups de sifflet, pour faire serrer les freins, les autres fermeront leurs régulateurs, et ils ne les rouvriront que lorsqu'il donnera un coup de sifflet court et sec, pour indiquer que les freins doivent être desserrés.

Art. 23. — Il est expressément défendu de jeter le menu coke sur la voie. Les mécaniciens peuvent vider le cendrier et les boîtes à fumée dans les fosses à piquer le feu aux stations où l'on prend de l'eau.

Art. 27. — Tout mécanicien qui reçoit un signal d'arrêt ou de ralentissement doit s'y conformer rigoureusement et sans hésitation aucune, qu'il sache ou non le motif de ce signal.

Tout employé de la compagnie, témoin d'une infraction à cette règle générale, est requis de faire un rapport chaque fois que cette condition du règlement n'aura pas été observée.

Art. 34. — Dans les gares où ils doivent stationner, le mécanicien et le chauffeur ne pourront s'absenter à la fois, à moins qu'il n'y ait un mécanicien spécialement chargé du soin des machines en service ; ils doivent dans tous les cas être de retour au moins une demi-heure avant l'heure du départ, et indiquer le lieu où l'on pourrait les trouver au besoin.

Une machine en feu ne devra jamais être abandonnée à elle-même. L'infraction à cette règle sera très-sévèrement punie.

Art. 55. — Aucun chauffeur ne sera admis à suppléer les mécaniciens pour la conduite des locomotives dans les manœuvres de gare, s'il n'a été reconnu avoir les connaissances nécessaires pour alimenter le feu et la chaudière, régler la pression, manœuvrer le régulateur et le levier de changement de marche.

Les chauffeurs autorisés à manœuvrer les locomotives seront porteurs d'un certificat d'aptitude délivré par l'ingénieur en chef du matériel, sur la proposition et sous la responsabilité des chefs de traction.

Art. 61. — Tout mécanicien ou chauffeur reconnu en état d'ivresse pendant son service ou même dans la gare et ses dépendances, qu'il soit en service ou non, sera immédiatement révoqué.

CHAPITRE XVII

DÉPENSE DE LA MACHINE LOCOMOTIVE — RAMPES EXCEPTIONNELLES

§ 1er. — Dépense de la machine locomotive.

Question traitée d'une manière générale dans le Cours d'Exploitation. — Nous avons, dans le *Cours d'Exploitation des chemins de fer*, consacré un chapitre à l'étude des dépenses de toute nature que comporte l'exploitation des chemins de fer et nous avons montré que, sur tous les réseaux, les dépenses relatives à la traction des trains ainsi qu'à l'entretien du matériel roulant représentait environ 40 p. 100 de la dépense totale; le surplus correspondant aux frais généraux, à l'entretien de la voie et à l'exploitation proprement dite.

En même temps, nous avons indiqué comment pour un grand réseau, celui des chemins de fer de l'Est, se subdivisait la dépense de la traction, et, tout en exprimant le regret de ne pouvoir établir de comparaison détaillée avec les dépenses faites sur les autres réseaux français, nous avons montré que, sur toutes les lignes, on avait réalisé des progrès considérables. Nous ne pouvons donc que renvoyer nos lecteurs au chapitre XI du *Cours d'exploitation*, en ajoutant ici quelques considérations spéciales à la machine.

Subdivisions du prix de dépense de la traction. — Si nous considérons le prix de 0 fr. 90 c. comme représentant en moyenne, sur l'ensemble des réseaux français, la dépense faite pour traîner un train pendant 1 kilomètre, on peut admettre la subdivision suivante :

Traction proprement dite.	0f .55
Entretien et réparation des machines et tenders.	0 .15
Entretien des voitures et wagons.	0 .20
Total pareil.	0f .90

Si, poursuivant cette décomposition, on ne considère que les dépenses de la traction, on peut admettre cette seconde subdivision :

Combustible des machines, manutention comprise.. . .	0f .320
Graissage des machines.	0 .015
Service de l'eau.	0 .010
Éclairage des machines.	0 .015
Traitement des mécaniciens et chauffeurs, y compris les primes.	0 .150
Nettoyage des machines.	0 .010
Frais généraux..	0 .030
	0f .550

On reconnaît immédiatement l'importance du rôle que joue le combustible dans la dépense de la traction, 32 centimes sur 55. C'est à réduire cette dépense que doivent porter tous les efforts des ingénieurs chargés du service de la traction. Ils ont déjà obtenu des résultats considérables, mais on peut en espérer encore.

Pour l'eau, pour l'éclairage des machines, pour le nettoyage dans les dépôts, pour les frais généraux, on est arrivé à des limites qu'on ne pourra pas beaucoup dépasser ; pour le graissage on a obtenu des résultats qu'il importe de signaler. Dans un intervalle de dix ans, on a pu faire descendre, sur le réseau de l'Est, la dépense du graissage par kilomètre de 0,045 à 0,015 et obtenir une réduction qui, en argent, représente aujourd'hui 5 à 600,000 francs par an. Cette énorme économie a été réalisée d'abord en intéressant beaucoup les hommes à faire des économies dans la consommation, en second lieu, en substituant aux huiles de qualité supérieure, des huiles ordinaires et même des huiles non épurées.

Dans le graissage en marche, on perd beaucoup de matières, il y a donc intérêt à ne pas en employer d'un prix élevé ; la seule précaution à prendre est de ne pas recevoir d'huiles acides.

Primes accordées aux mécaniciens. — Nous avons dit qu'on avait réalisé des économies sur l'emploi des matières grasses en intéressant les mécaniciens, c'est-à-dire en leur donnant en argent une partie de l'économie réalisée par chaque compagnie au-dessous d'un chiffre de dépense prévu. Le même système, et avec bien plus d'avantages encore, a été appliqué à la dépense du combustible et on a obtenu à cet égard des résultats véritablement merveilleux.

Les mécaniciens dont le traitement est fixé sur plusieurs chemins d'après les bases ci-après :

1re classe, 220 à 250 fr. par mois.
2e classe, 170 à 200 —
3e classe, 120 à 150 —

peuvent ajouter à ces chiffres des rémunérations qui varient de 30 à 100 francs par mois, selon leur habileté à conduire le feu.

La fixation des dépenses normales au-dessous desquelles commence l'allocation d'une prime d'économie est fort délicate. Il serait d'abord injuste d'imposer à l'ensemble du personnel des chiffres qui ne peuvent être obtenus que par les mécaniciens les plus expérimentés ; en second lieu, la qualité du combustible peut changer par suite de déterminations ou de faits auxquels le mécanicien est absolument étranger. Un mécanicien habitué à marcher avec des houilles anglaises de première qualité serait fort troublé si on ne lui donnait que des houilles fumeuses de Sarrebruck. C'est par une série d'études incessantes, accompagnées du vif désir de rester dans les limites du juste et du vrai que, sur chaque réseau, les ingénieurs de la traction résolvent ces problèmes difficiles.

On a fait au système des primes d'économie pour le combustible et les matières grasses un reproche. On a dit que soucieux uniquement de diminuer les consommations, le mécanicien ne ménagerait pas sa machine et qu'il l'exposerait à recevoir des coups de feu dans le foyer. Ce reproche était fondé; mais on a pu l'écarter en intéressant les mécaniciens à la conservation de la machine et à son maintien prolongé en service. Au delà d'un certain nombre de kilomètres, une prime a été allouée pour les parcours supplémentaires.

On a dit aussi que le travail fait à la machine dans le dépôt influait sur sa conservation et qu'il était juste de comprendre les hommes qui ne travaillent qu'au dépôt parmi ceux ayant droit à une part dans les économies réalisées. Sur plusieurs chemins on a adhéré à ce désir et l'ensemble des économies est partagé entre les mécaniciens, les chauffeurs et le dépôt.

Nous ne pouvons entrer dans l'examen détaillé de toutes les combinaisons en vigueur et nous pourrons dire expérimentées chaque jour sur les chemins de fer. Elles reposent toutes sur un principe fécond, intéresser le personnel à toutes les améliorations et récompenser par des augmentations de solde les efforts faits par chacun en vue de la prospérité du service.

Nous citerons, comme résolvant une partie des difficultés spéciales que nous avons signalées, l'ensemble des dispositions en vigueur sur le réseau de Paris-Lyon-Méditerranée.

Nous citerons textuellement le règlement.

Règlement des primes sur le Chemin de fer de Paris à Lyon et à la Méditerranée. — ART. 3. Les primes sont de quatre espèces différentes :

1° Prime ou retenue dépendant de la consommation de combustible;

2° Prime ou retenue dépendant de la consommation d'huile et de matières grasses ;

3° Prime pour parcours de la machine au delà d'un certain nombre de kilomètres fixé ;

4° Prime ou retenue pour temps gagné ou temps perdu en marche.

Les trois premières espèces de primes sont appliquées au compte de la machine, et le résultat de la prime ou retenue totale est partagé entre tous les mécaniciens qui ont conduit la machine, au prorata des kilomètres parcourus par chacun d'eux.

En outre, un cinquième de la prime ou retenue de chaque machine est partagé entre les chauffeurs qui ont circulé sur cette machine, au prorata des kilomètres parcourus.

La prime ou la retenue pour temps gagné ou temps perdu en marche est personnelle au mécanicien ; elle lui est imputée directement sans passer par le compte des machines.

Le chauffeur n'y participe pas.

Art. 4. — Les machines reçoivent, pour leur consommation de combustible, trois allocations différentes : la première pour la traction des trains et les machines isolées, la deuxième pour les manœuvres, la troisième pour les stationnements.

L'allocation pour la traction des trains varie, comme la consommation réelle, avec la section de la ligne suivant ses rampes et ses courbes, avec le type de la machine suivant son poids et sa construction, avec la vitesse des trains, avec la charge, et enfin avec l'état atmosphérique.

L'allocation de traction des trains est fixée par kilomètre ; elle se décompose en deux parties.

La première partie est afférente aux résistances du train augmenté du poids de la machine et du tender.

La deuxième partie est relative à ce qui reste des résistances dues à la machine et au tender, soit pour les frottements, soit pour la gravité, lorsqu'on en a retranché les résistances dues à leur poids considéré comme faisant partie du train.

Des livrets spéciaux indiquent, pour chaque petite section du réseau où la traction est à peu près constante :

1° L'allocation par dix tonnes transportées à un kilomètre (ou par décatonne-kilomètre), pour chaque espèce de trains ;

2° L'allocation du mécanisme par kilomètre, pour chaque type de machines et pour chaque espèce de trains.

Les chiffres de ces livrets sont revisés à chaque changement de service pour tenir compte des changements de vitesse des trains et de l'influence de l'état atmosphérique.

L'allocation de la machine isolée est un cas particulier de l'allocation par kilomètre du train, dans lequel le tonnage brut est le poids de la machine et du tender.

L'allocation pour les manœuvres est fixée par heure : elle est constante pour tous les types de machines, pour toutes les charges, pour les manœuvres des trains ou pour les manœuvres des gares.

Elle est fixée à soixante-douze kilogrammes (72 kil.) par heure.

Les deux allocations qui précèdent comprennent le combustible, sauf les fagots nécessaires pour l'allumage. Elles comprennent aussi, pour les machines des trains et les machines spéciales de manœuvres, le combustible nécessaire pour un stationnement de 6 heures dans l'intervalle des correspondances ou des manœuvres.

Une allocation de 10 kilogrammes par heure de stationnement est accordée :

1° Aux machines des trains et aux machines spéciales de manœuvres pour le temps de stationnement excédant six heures ;

2° Aux machines de réserve et de secours pour le temps réel de leur stationnement (déduction faite, bien entendu, du temps employé en manœuvres et secours).

La prime ou la retenue à porter au compte de machines est fixée à 10 fr. par chaque tonne de combustible économisé ou brûlé en trop, relativement aux allocations.

ART. 5. — Il est alloué par kilomètre parcouru, quels que soient le type de la machine et la nature du train, pour l'huile et les matières grasses employées au graissage de la machine :

1° Pour les machines à roues libres autres que les machines Crampton 0k,015 ;

2° Pour les machines Crampton et les machines à 4 roues couplées 0k,020 ;

3° Pour les machines à 6 et à 8 roues couplées 0k,025.

La prime ou la retenue à porter au compte de la machine est fixée à cinquante centimes (0f,50) par kilogramme économisé ou dépensé en trop.

ART. 6. — Chaque machine est supposée devoir faire, sans entrer en grande réparation, les parcours suivants :

Machine Crampton.	30.000 kilom.
Machine à 4 roues libres.	25.000
Machine à 4 roues couplées.	20.000
Machine à 6 ou 8 roues couplées.	15.000

Une interruption de service, pour cause de réparation, excédant 25 jours arrête le parcours, qui de nouveau recommence à zéro.

La prime allouée à la machine pour le parcours sans grande réparation en sus des nombres ci-dessus fixés est de 5 francs par 1,000 kilomètres d'excédant.

ART. 7 — Les mécaniciens sont autorisés par les règlements à augmenter la vitesse dans une certaine mesure pour regagner le temps perdu par le train.

Il est accordé aux mécaniciens pour le temps ainsi regagné :

0f,04 par minute pour les trains de marchandises ;

0f,08 par minute pour les trains de voyageurs à 45 kilomètres et au-dessous ;

0f,15 par minute pour les trains express.

Il leur est fait une retenue de 40 cent. par minute pour tous les retards apportés par leur faute à l'arrivée du train; mais il n'est pas tenu compte des retards de moins de trois minutes.

§ 2. — Dépenses des machines sur les rampes exceptionnelles.

La longueur kilométrique n'est qu'un élément insuffisant de la dépense. — Il existe dans le public une erreur très-regrettable au point de vue de l'identité de toutes les sections d'un même réseau de chemin de fer. Lorsque l'on cherche à apprécier la valeur des services que peut rendre chacune de ces sections, on ne se préoccupe que d'une seule chose, la longueur kilométrique. Si l'on compare en effet deux sections d'égale longueur, personne ne se demande si les profils sont identiques et si les machines pourront traîner la même charge sur chacune de ces sections. L'ancien roulage ne commettait pas de semblables méprises et les prix en pays de montagne n'étaient pas ceux en pays de plaine.

En ce qui concerne les chemins de fer, l'erreur est en quelque sorte légale : les cahiers des charges n'ont point établi de différences entre les parties en palier ou en pentes faibles et les parties en pentes fortes; les taxes ont été établies au kilomètre.

A l'époque où les cahiers de charges ont été rédigés, personne ne prévoyait la possibilité de tracer des chemins de fer avec des rampes de 15, de 18, de 20 et même de 25 millimètres, et on conçoit que l'élément de la longueur ait paru le seul à consulter dans la question de la fixation des prix.

Tant que les taxes perçues par les compagnies de chemin de fer, sur les parties en rampes faibles, seront inférieures et de beaucoup inférieures aux taxes légales, il leur sera possible, en percevant sur les sections à fortes rampes, soit leurs tarifs généraux, soit les taxes légales, de maintenir un écart qui représente l'excédant des dépenses de l'exploitation. Mais, au fur et à mesure que la dépréciation du signe monétaire et que l'élévation du prix de toutes choses, salaires et consommations, forceront les compagnies de chemins de fer à élever leurs taxes, l'exploitation des rampes exceptionnelles deviendra très-onéreuse.

Division des dépenses sur les rampes fortes. — Si nous reprenons la division des dépenses de l'exploitation, nous ne trouvons qu'un seul chapitre et de beaucoup le plus faible, celui des frais généraux d'administration, qui soit à peu près indépendant du profil des lignes.

Les trois autres chapitres sont influencés, à des degrés différents, par la question des rampes.

Dans l'exploitation proprement dite, les dépenses des gares restent les mêmes, mais les dépenses des trains sont très-augmentées. Si, au lieu d'avoir un train de 50 véhicules, il faut faire trois trains, le personnel des conducteurs et garde-freins est à l'instant même triplé.

Mais ce sont les dépenses d'entretien de la voie et de la traction qui sont augmentées dans une proportion qu'on ne connaît pas encore sur chaque réseau, mais que l'on sait déjà être considérable.

Accroissement des dépenses de l'entretien des voies. — On n'a pas, sur l'accroissement des dépenses de l'entretien des voies tracées en fortes rampes comparativement aux voies tracées en rampes faibles, des renseignements définitifs et cela pour plusieurs causes : l'exploitation des rampes fortes est généralement récente ; en second lieu, le trafic est faible; néanmoins l'usure des rails prend des proportions véritablement effrayantes.

Sur le chemin de fer de Luxembourg à Spa, exploité par la compagnie de l'Est, il y a des sections en rampes de 15, de 20 et de 25 millimètres.

Dès la première année d'exploitation, la moyenne des remplacements de rails par mois et par kilomètre s'élevait à 2 rails 557.

Dans le premier semestre de la seconde année, la moyenne mensuelle des remplacements était de 5 rails 065.

Et, au sommet des rampes de 25 millimètres, elle a atteint 11 rails.

Il y a là une progression géométrique qui aboutit à la destruction incessante des voies.

Nous n'hésitons pas à dire que sur ces sections exceptionnelles, les dépenses d'entretien de la voie arriveront à être le double de ce qu'elles sont sur les sections en rampes ordinaires.

Accroissement des dépenses de la traction. — Les dépenses de la traction sur les rampes exceptionnelles s'élèvent considérablement pour deux raisons fort différentes : d'une part, la charge utile remorquée diminue très-rapidement au fur et à mesure que s'élève la déclivité; d'autre part, la dépense de la machine, même remorquant un faible train, croit dans de grandes proportions.

Diminution de la charge des trains. — Il suffit de relire le tableau de la charge des trains, que nous avons donné dans le chapitre précédent pour deux réseaux, pour voir combien la charge diminue dès que les pentes augmentent. En passant sur le chemin de l'Est du profil A au profil G, c'est-à-dire des sections n'ayant que de courtes rampes inférieures à 5 millimètres, à des sections ayant des rampes de 18 millimètres, la charge maxima que peut remorquer une grosse machine à marchandises décroît de 720 tonnes à 500 tonnes de poids brut ; et nous l'avons fait remarquer, le poids brut peut, à cause des influences du patinage, descendre à 200 tonnes, c'est-à-dire au tiers de la charge initiale, — trois trains au lieu d'un seul.

Augmentation des dépenses de la machine. — Le poids des machines employées sur les rampes exceptionnelles est très-supérieur au poids des machines ordinaires. On a donc déjà à traîner un poids mort considérable et à dépenser du combustible pour effectuer ce travail; en second lieu, le brouillard, la neige diminuent l'adhérence, et le patinage donne lieu à une consommation de vapeur très-importante.

Exploitation des rampes du Sommering. — Les ingénieurs chargés du service de la traction sur les chemins de fer Sud-Autrichiens-Lombards publient, chaque année, un travail très-interessant sur les dépenses de leur service, en indiquant à part ce qui concerne le passage des rampes du Sommering. Nous donnons ci-après (*voyez* pages 344-345, 346-347) les deux derniers tableaux publiés par M. Gottschalk. Ils comprennent, le tableau n° 1, les dépenses relatives à la ligne de Vienne à Trieste et ses embranchements ; le tableau n° 2, les dépenses relatives à la section du Sommering.

Si nous rapprochons les chiffres du tableau n° 1 de ceux que nous avons indiqués au paragraphe précédent, nous trouvons une grande analogie.

DÉSIGNATION	LIGNES AUTRICHIENNES 1867	LIGNES AUTRICHIENNES 1868	LIGNES FRANÇAISES
Combustible	0.295	0.271	0.320
Graissage	0.027	0.029	0.015
Eau	0.010	0.005	0.010
Éclairage	»[1]	»	0.015
Conduite des machines	0.196	0.162	0.160[2]
Frais généraux	0.061	0.047	0.030
TOTAL DE LA TRACTION	0.589	0.514	0.550
Entretien des machines	0.189	0.160	0.150
Entretien des voitures et wagons	0.194	0.202	0.200
TOTAUX	0.972	0.876	0.900

[1] Compris probablement avec le graissage.
[2] Nettoyage compris.

Les chiffres que nous avons pris pour les lignes autrichiennes sont ceux des exercices 1867 et 1868. En 1860, la traction, au lieu de coûter 0f,97 et 0f,876, était revenue à 1f,994, plus du double.

Si maintenant nous mettons en regard dans les lignes autrichiennes l'ensemble du réseau et les rampes du Sommering, nous pouvons voir avec la dernière précision la justification des considérations que nous avons présentées sur l'accroissement des dépenses de la traction à la traversée des grandes rampes.

DÉSIGNATION	ENSEMBLE DES LIGNES		SOMMERING	
	1867	**1868**	**1867**	**1868**
Combustible.	0f.295	0f.271	0f.785	0f.655
Graissage.	0 .027	0 .029	0 .040	0 .044
Eau.	0 .010	0 .005	0 .014	0 .009
Conduite des machines. . . .	0 .196	0 .162	0 .358	0 .290
Frais généraux.	0 .061	0 .047	0 .054	0 .033
Total de la traction. .	0f.589	0f.514	1f.22	1f.031
Entretien de la machine. . . .	0 .189	0 .160	0 .311	0 .223
Entretien des voitures et wagons.	0 .194	0 .202	0 .426	0 .132
Total général.	0f.972	0f.876	1f.666	1f.386

Pour la traction proprement dite, la dépense varie du simple au double, et comme la charge remorquée n'est pas la moitié de ce qu'elle est sur des sections à profil ordinaire, on peut en conclure que, sur les rampes du Sommering, la traction d'une tonne de marchandises coûte quatre fois plus cher que sur les sections à profil ordinaire.

En présence de tels chiffres, est-il possible, dans la fixation des taxes, de revendiquer l'égalité comme conséquence de l'égalité des longueurs kilométriques?

Travaux de Favier. — Un ancien inspecteur général des ponts et chaussées, Favier, avait été frappé de l'influence des profils sur la valeur comparative des routes. Pour lui, deux tracés n'é-

ÉTAT COMPARATIF DES DÉPENSES DE TRACT[illegible]

LIGNE PRINCIPALE DE VIENNE A TRIESTE ET SES EM[illegible]

1° Vienne-Trieste et embranchement de Laxbur[illegible]
2° Pragerhof-Ofen, Stuhlweissenburg-Uj-Szo[illegible];
3° Neustadt-Œdenburg-Kanizsa;
4° Marburg-Villach;
5° Steinbruck-Sissek, Agram-Carlstadt;
6° Nabresina-Cormons (frontière italienne);
7° Bruck-Leoben;
8° Kanizsa-Barcs;

DÉTAILS DES PARCOURS ET DÉPENSES	1860	1861	1862	1863	18[illegible]4
Parcours des trains.	3.990.493k	5.542.559k	5.345.937k	4.551.630k	5.14[illegible]
Parcours des machines.	4.561.279	6.078.358	5.701.986	4.797.530	5.4[illegible]
Excédant p. 100. . .	14.30	9.66	6.66	5.40	5.[illegible]
Parcours des véhicules.	60.709.104	107.670.965	109.877.641	91.860.307	106.7[illegible]
Dépenses de traction et d'entretien. . .	7.958.566f,92	8.205.802f,00	7.698.3[illegible]4f,85	5.883.41[illegible]f,40	5.503.[illegible]
Dépense par kilomètre de trains.					
1° LOCOMOTIVES.					
Conduite.	0f.254	0f.223	0f.[illegible]30	0f.255	0f.[illegible]
Combustible.	0 .828	0 .685	0 .549	0 .454	0 .[illegible]
Graissage.	0 .077	0 .083	0 .071	0 .052	0 .[illegible]
Eau.	0 .066	0 .033	0 .031	0 .024	0 .[illegible]
Réparations.	0 .351	0 .236	0 .[illegible]69	0 .205	0 .[illegible]
Frais généraux. . .	0 .083	0 .061	0 .072	0 .100	0 .[illegible]
2° VOITURES ET WAGONS.					
Réparations des voitures.	0 .095	0 .036	0 .068	0 .070	0 .[illegible]
Réparations des wagons.	0 .175	0 .069	0 .0[illegible]4	0 .078	0 .[illegible]
Graissage.	0 .042	0 .038	0 .037	0 .034	0 .[illegible]
Frais généraux. . .	0 .023	0 .016	0 .019	0 .022	0 .[illegible]
Total par kilomètre de train.	1f.994	1f.480	1f.440	1f.292	1f.[illegible]
Réduction p. 100 sur 1860.	»	25.7	27.8	35.1	46

...TIEN DU MATÉRIEL DES ANNÉES 1860 A 1868.

...TS À LA HONGRIE, LA CARINTHIE, LA CROATIE ET L'ITALIE.

...1.6 kilomètres.

1..5	1866	1867	1868	RÉDUCTION DES DÉPENSES DE 1868 SUR 1860	OBSERVATIONS
...9(955[k]	7.871.582[k]	7.362.289[k]	8 897.824[k]		LONGUEUR DES LIGNES EN EXPLOITATION 1860. . . 0.723[k] 1861. . . 1.025 1862. . . 1.150 1863. . . 1.278 1864. . . 1.316 1865. . . 1.526 1866. . . 1.526 1867. . . 1.580 1868. . . 1.665
...21816	8.434.024	7.680.649	9.364.576		
...31	7.14	5.67	5.24		
...69395	163.980.326	153.732.854	183.543.512		
...828[9]9[f].97	7.030.292[f].25	7.162.841[f].77	7.795.568[f].83		
0[f] 98	0[f].189	0[f].196	0[f].162	56.2 p. 100	
0 23	0 .297	0 .295	0 .271	67.5	
0 30	0 .073	0 .227	0 .029	62.3	
0 15	0 .009	0 .010	0 .005	92.4	
0 66	0 .151	0 .189	0 .160	54.4	
0 69	0 .051	0 .061	0 .047	43.3	
0 71	0 .067	0 .068	0 .060	36.8	
0 70	0 .068	0 .0 1	0 .112	36.0	
0 20	0 .017	0 .020	0 .016	61.9	
0 17	0 .011	0 .015	0 .014	39.1	
0[f] 77	0[f].893	0[f].972	0[f].876	»	
59	55.2	51.2	56.1	56.1	

CHEMIN DE ER

Sdion

ÉTAT COMPARATIF DES DÉPENSES DE TR/IO

DÉSIGNATION DES DÉPENSES	DÉPENSES DE 1864		DÉPENSES DE 1865		PEN
	TOTALES	PAR KILOMÈTRE	TOTALES	PAR KILOMÈTRE	TLIS
1° Locomotives.					
Conduite.	103.289f.47	0f.355	100.297f.58	0f.363	12114f
Combustible.	254.447 .57	0 .875	225.073 .85	0 .817	28842
Graissage.	14.181 .28	0 .049	11.565 .52	0 .042	17[illegible]
Eau.	7.547 .55	0 .026	5.807 .20	0 .021	5[illegible]8
Réparations des locomotives.	118.944 .55	0 .409	74.511 .55	0 .270	97[illegible]
Frais généraux. . . .	18.168 .95	0 .062	17.755 .82	0 .064	18[illegible]
Total.	516.578f.97	1f.776	434.951f.50	1f.577	547[illegible]7f
2° Voitures et wagons.					
Réparations des voitures.	14.414 .25	0 .050	16.006 .03	0 .058	16[illegible]8
Réparations des wagons.	12.085 .83	0 .042	12.666 .47	0 .046	16[illegible]2
Graissage.	4.067 .77	0 .013	3.851 .57	0 .014	4[illegible]6
Frais généraux. . . .	1.159 .70	0 .004	1.384 .25	0 .005	1[illegible]
Total.	31.725f.55	0f.109	33.908f.32	0f.123	37[illegible]8f
Total général. .	548.304f.52	1f.885	468.859f.62	1f.700	585[illegible]5f

… L'AUTRICHE

…ming

…TRIEN DU MATÉRIEL DES ANNÉES 1864 A 1868

…86[…]	DÉPENSES DE 1867		DÉPENSES DE 1868		OBSERVATIONS
…KILOMÈTRE	TOTALES	PAR KILOMÈTRE	TOTALES	PAR KILOMÈTRE	
					PARCOURS DES TRAINS.
0f.[…]9	111.687f.10	[0]f.338	108.632f.93	0f.290	1866.. . 392.431k.0
0 […]5	258.315 .05	0 .783	245.299 .02	0 .655	1867.. . 329.908 .0 1868.. . 374.672 .3
0 […]3	13.145 .47	0 .040	16.429 .87	0 .044	PARCOURS DES VÉHICULES.
0 […]4	4.594 .53	0 .014	3.345 .00	0 .009	1867. . 4.707.447k 1868. . 5.276.784
0 […]7	102.431 .57	0 .311	83.570 .47	0 .223	
0 […]7	18.070 .50	0 .054	12.395 .33	0 .033	
1f […]5	508.242f.22	1f.540	469.835f.50	1f.254	
0 […]1	15.568 .47	0 .048	17.563 .67	0 .047	
0 […]2	20.114 .65	0 .061	26.910 .85	0 .071	
0 […]0	4.498 .95	0 .013	3.999 .68	0 .011	
0 […]3	1.481 .33	0 .004	1.205 .10	0 .003	
0f […]6	41.663f.40	0f.126	49.679f.30	0f.132	
1f […]1	549.905f.62	1f.666	519.512f.60	1f.386	

taient pas comparables, si, au préalable, ils n'étaient pas ramenés à l'horizontale ; toute ascension devait être assimilée à un supplément de parcours horizontal.

Nécessité de ramener les lignes à l'horizontale. — Rien ne nous paraît plus juste que l'application, aux chemins de fer, des idées de M. Favier. En tenant compte des déclivités au même titre que des longueurs, on arrivera à rendre les choses comparables, et on pourra, après cette transformation, réclamer l'égalité kilométrique. Il reste à trouver l'échelle des transformations et à décider si 1 kilomètre en rampe de 25 millimètres équivaut à 2 kilomètres en rampe de 5, ou à plus ou à moins de deux kilomètres. Nous croyons cette recherche possible, nous ne pouvons ici qu'en indiquer le principe et en proclamer l'utilité.

SIXIÈME PARTIE

MACHINES LOCOMOBILES
EMPLOI DES MACHINES DANS LES TRAVAUX PUBLICS

CHAPITRE XVIII

LOCOMOBILES ET MACHINES DEMI-FIXES

§ 1er. — Locomobiles. — De leur emploi dans l'agriculture et les travaux publics.

Description générale d'une machine locomobile. — La machine à vapeur locomobile est une machine fixe facilement transportable et disposée de manière à travailler, quel que soit le lieu où on la place. Toutefois la machine locomobile diffère de la machine fixe, en ce sens qu'elle porte avec elle sa chaudière, tandis que le générateur de vapeur dans les machines fixes est presque toujours indépendant de la machine proprement dite : souvent même dans ces dernières le générateur est placé à une grande distance et la vapeur est transmise par des conduites.

La concentration du générateur de vapeur, des organes de distribution d'action et d'échappement de la vapeur, caractérise à un haut degré les machines locomotives ; mais, dans ces dernières, l'action de la vapeur est transmise à un essieu moteur dont le mouvement de rotation, par le phénomène de l'adhérence, est transformé en mouvement de translation de tout l'appareil. Rien de tout ceci n'existe dans les locomobiles, au moins les locomobiles ordinaires : l'action des pistons est transmise par des bielles et des manivelles à un arbre de couche indépendant des roues, et celles-ci ne servent au transport de la machine que comme les roues d'un char sur lequel on placerait la chaudière et l'ensemble du mécanisme.

La nécessité de produire un volume considérable de vapeur avec un appareil de dimensions restreintes et qui doit avoir le moindre poids possible, a conduit tous les constructeurs à l'emploi de la chaudière tubulaire analogue à la chaudière des machines locomotives ; et toutes les dispositions dont l'expérience a consacré la valeur dans les machines locomotives ont été successivement adaptées aux locomobiles.

Emploi de la machine locomobile dans les travaux d'agriculture. — La machine locomobile est l'instrument le plus actif de la transformation que subit en ce moment l'agriculture ; dans peu d'années elle sera regardée comme un outil indispensable et sans lequel même on ne considérerait pas le travail agricole comme possible.

La culture comprend deux grandes divisions dans le travail :

Le travail à l'extérieur de la ferme ;

Le travail à l'intérieur.

A l'extérieur de la ferme, il faut assurer la préparation du sol, les labours, le répandage du fumier, les semailles, enfin l'enlèvement et le transport des récoltes.

A l'intérieur de la ferme, il faut opérer la préparation commerciale des récoltes, battre le blé, couper, hacher les racines, concasser des grains, presser des graines ou des fruits, distiller, etc., etc.

Il y a peu d'années, presque toutes ces opérations s'effectuaient avec des hommes et des chevaux ; mais chaque jour on éprouve des difficultés de plus en plus grandes à se procurer le nombre de bras nécessaires. D'une part, les ouvriers sont attirés dans les villes par des considérations diverses trop longues à énumérer ici, notamment par l'appât d'un salaire plus fort que celui que peuvent donner les agriculteurs ; en second lieu, les travaux sont intermittents à la campagne. Il faut à certaines époques, principalement au moment de l'enlèvement des récoltes, pouvoir disposer d'un nombre considérable d'ouvriers dont on n'aurait pas l'emploi le surplus de l'année. Les bandes d'ouvriers nomades qui partent, à certaines époques, de la Belgique ou de diverses parties de la France centrale, ont pendant longtemps donné à l'agriculture un concours certain pour l'exécution des travaux, à l'époque de la fenaison et de la moisson ; mais ces ouvriers, qui trouvent aujourd'hui un travail plus régulier dans les professions industrielles, deviennent moins nombreux chaque année, et c'est aux machines seules que l'agriculture peut demander la force qui lui fait défaut.

Dans l'Amérique du Nord, où le problème du rapport entre la population et l'étendue de la surface cultivable présente tant de difficultés, la production des machines agricoles atteint des chiffres extraordinaires : pour chacune des années 1864 et 1865, le nombre des moissonneuses à vapeur et des faucheuses livrées au public s'est élevé à 100,000.

Pour les travaux à l'intérieur de la ferme, il n'y a pour ainsi dire plus de questions capitales à résoudre : les machines à battre le blé, les hache-pailles, les coupe-racines, les concasseurs, les broyeurs, les pressoirs sont partout admis sans contestation, et la locomobile, qui met successivement en action ces machines-outils, en forme le complément indispensable.

Dans plusieurs fermes anglaises ou américaines, la machine locomobile est devenue un instrument de ménage ; elle est placée dans la cuisine, dans la grande pièce où se tient la femme du cultivateur, et c'est cette dernière qui est chargée de l'entretien et de la conduite de la machine. Nous n'avons pas besoin de dire que dans de semblables conditions les machines brillent d'un éclat qui fait honte à bien des chauffeurs.

Les locomobiles sont aussi appelées à faire disparaître une des difficultés nées de l'émancipation subite des esclaves dans les colonies. La main-d'œuvre a fait défaut presque complétement et la culture a été abandonnée sur un grand nombre d'habitations : l'envoi de machines européennes dans les colonies atténue déjà ce mal dans une certaine mesure.

La petite culture, aussi bien que la grande, profite de ces perfectionnements ; des outils nomades, si nous pouvons nous servir de cette expression, viennent s'offrir au petit propriétaire et exécutent rapidement et à bon marché les opérations qui exigeaient le concours de bras aujourd'hui difficiles à réunir.

Pour les travaux à l'extérieur de la ferme, la question de l'emploi des machines est moins avancée. Les machines-outils existent et des modèles perfectionnés remplacent, chaque jour, des instruments informes ; mais, comme moteur, on n'est pas encore entré largement, au moins en France, dans la substitution de la vapeur aux chevaux ou aux bœufs. La grande division de la propriété, le faible capital dont disposent beaucoup de cultivateurs, s'opposent à la vulgarisation des moteurs à vapeur pour les travaux à l'extérieur de la ferme.

On peut espérer cependant qu'il se constituera pour le labourage à vapeur, ainsi que pour l'enlèvement des récoltes à l'aide des machines, une industrie analogue à celle qui existe depuis plusieurs années pour le battage des grains et le pressurage des vins. Ces opérations seront entreprises à façon par des industriels propriétaires d'un matériel spécial et qui pourront, dans un temps relativement court, abattre les récoltes de tout un canton et préparer ensuite les labours. Ces industriels remplaceront les ouvriers nomades dont nous parlions dans un des paragraphes précédents, et la surface sur laquelle ils opéreront sera assez grande pour diminuer d'une manière suffisante les frais généraux.

Emploi de la machine locomobile dans les travaux publics. — La machine locomobile n'est pas appelée à rendre moins de services aux travaux publics qu'aux travaux agricoles. Les travaux publics comportent une quantité considérable de manœuvres qui ne réclament que de la force, et il était regrettable de ne pouvoir en demander l'accomplissement qu'à des hommes doués d'intelligence. Les relais d'hommes employés, des journées, des mois entiers sur les cordons d'une sonnette à tiraude, sur les balanciers d'une pompe à épuisement, donnaient un spectacle curieux pendant quelques instants, mais bien vite affligeant. Ajoutons que ces grandes agglomérations d'ouvriers étaient toujours difficiles à placer, à disposer sur un chantier. Quand, par exemple, sur une fouille étroite et profonde, il fallait changer le relais des hommes des pompes, le moindre ralentissement dans l'action de ces engins faisait perdre, en quelques minutes, le résultat obtenu, et ce n'était qu'au prix des plus violents efforts qu'on faisait redescendre le niveau de l'eau.

Une pompe mue par une machine locomobile accomplit aujourd'hui, silencieusement, d'une manière continue, un travail qui, il y a quelques années, eût exigé des centaines d'hommes, et nous pouvons conclure que pour l'ingénieur, aussi bien que pour le cultivateur, l'emploi des machines locomobiles est d'une absolue nécessité.

Énorme production de machines locomobiles. — Les machines locomobiles qui, il y a peu d'années, étaient des objets de curiosité, sont aujourd'hui des objets d'une fabrication courante en Amérique, en Angleterre, en Belgique et en France. Tous les journaux industriels publient, chaque jour, les offres de dix ou douze fabricants, à Paris, et beaucoup de maisons n'ont pas besoin de recourir à la publicité pour placer leurs produits : elles ne suffisent point aux besoins toujours croissants de la consommation des machines locomobiles.

Le nouveau décret du 25 janvier 1865, sur les appareils à vapeur, apporte, à cet égard, de nouvelles facilités au pays ; il permet l'introduction d'appareils construits en Angleterre ou en Belgique, mais qui ne pouvaient pas entrer en France, parce qu'ils ne satisfaisaient pas aux conditions stipulées dans les ordonnances de 1843.

Location de machines locomobiles. — En parlant des travaux agricoles, nous avons dit que pour la petite culture on fournissait des batteuses, des pressoirs, des machines nomades qui étaient transportées et offertes en quelque sorte de maison en maison avec une machine locomobile. Cette industrie commence à s'exercer pour les travaux publics, mais encore sur une trop petite échelle. De grands services, comme le service municipal de Paris, les services des ports, de riches entrepreneurs possèdent un certain nombre de locomobiles ; mais on n'en trouve pas encore facilement en province, et les ingénieurs devront, par tous les moyens en leur pouvoir, s'efforcer de créer l'industrie de la location des locomobiles, aussi bien pour les travaux publics que pour les travaux agricoles.

Nombreux types de machines locomobiles. — Nous ne saurions décrire tous les types de machines locomobiles proposés depuis quelques années par les constructeurs. Les ingénieurs trouveront dans un grand nombre de publications, et notamment dans le *Journal d'agriculture pratique*, des renseignements détaillés sur les machines qui apparaissent dans les concours agricoles, et dont le nombre va tous les jours en croissant.

a. — *Machines Calla.* Le nom de M. Calla ne peut cependant être passé sous silence lorsqu'il s'agit des locomobiles. C'est à ce constructeur habile que nous devons, en France, les premières locomobiles. En quinze années, de 1852 à 1867, M. Calla a fabriqué près de 1,100 locomobiles d'une force collective nominale de 10,000 chevaux, et qui représentent une valeur de sept millions de francs. Dans une notice distribuée par la maison Calla, on trouve l'indication des industries qui font emploi des locomobiles, et on peut dire qu'il n'y a pour ainsi dire pas d'industrie qui ne se trouve sur cette liste.

Non-seulement les locomobiles sont employées pour les travaux agricoles et pour les travaux de construction, comme moteur principal, mais souvent elles sont montées comme moteur supplémentaire pour remédier aux insuffisances d'un cours d'eau ou aux intermittences du vent. A ce titre encore, elles doivent être signalées comme rendant les plus grands services à l'industrie, qui a surtout besoin de régularité.

Les locomobiles Calla ont une force nominale de 2, 3, 4, 6, 8, 10, 12, 15, 20 et 25 chevaux. Elles sont pourvues des appareils réglementaires, soupapes de sûreté, manomètres, indicateur de niveau d'eau, d'un ou plusieurs robinets de jauge et d'un tampon fusible.

Enfin, bien que la conduite des locomobiles soit assez facile, la maison Calla se charge d'instruire pendant plusieurs jours les ouvriers qui doivent diriger ces machines, et, ainsi que nous l'avons dit en parlant des explosions, l'instruction des ouvriers doit être considérée comme le premier devoir des propriétaires d'une machine.

b. — Machines Lotz, Cummings, Gérard, Albaret. En France, MM. Lotz, Cummings, Gérard et Albaret ont acquis pour la fabrication des locomobiles une incontestable notoriété, et tous ces constructeurs ont été, dans les concours agricoles, l'objet de récompenses nombreuses. Toutes les machines sorties de ces ateliers n'ont point le même caractère : quelques-unes sont faites en vue des travaux agricoles et constituent plutôt des outils spéciaux à vapeur que des moteurs généraux. Nous ne savons pas si l'agriculture française est suffisamment avancée pour adopter les outils spéciaux. Une batteuse à vapeur trouvera difficilement du travail pendant toute l'année, tandis qu'une locomobile, après avoir actionné une batteuse pendant quelques semaines, souvent même quelques jours, pourra donner la vie à d'autres instruments et fonctionner ainsi sans interruption.

c. — Machines Cail et Cie, Flaud, Durenne, Chevalier, Laurent et Thomas. Plusieurs grands ateliers entreprennent maintenant la construction des locomobiles : quelques-unes présentent des dispositions particulières. Nous citerons le régénérateur Chevalier, le réchauffeur alimentaire Cail. Ces deux appareils ont un même but : échauffer l'eau d'alimentation avant son entrée dans la chaudière, en utilisant la chaleur perdue par la vapeur d'échappement. Le régénérateur et le réchauffeur alimentaire consistent donc essentiellement en un réservoir cylindrique traversé par un faisceau de tubes dans lequel circule l'eau d'alimentation. Non-seulement ces appareils échauffent l'eau, mais encore ils déterminent le dépôt, en dehors de la chaudière, de la plus grande partie des sels calcaires. Nous avons fait ressortir les avantages que présentent ces dispositions. Les locomobiles Durenne sont munies de l'appareil Wagner, dans lequel le dépôt des matières calcaires s'effectue sur des vasques superposées et placées dans le dôme de vapeur.

d. — Machines anglaises. Les principaux constructeurs de machines locomobiles en Angleterre sont MM. Ransomes et Sims, Clayton, Fox, Walter et Cie ; les machines Fowler sont habituellement disposées pour le labourage à vapeur, et elles portent toutes les pièces nécessaires à la fixation de l'appareil de halage de la charrue.

Perfectionnements de détail proposés pour les locomobiles. — Plusieurs constructeurs ont cherché à réaliser sur les machines locomobiles tous les perfectionnements obtenus sur les machines fixes : détentes variables, régulateurs isochrones, enveloppe de vapeur pour le cylindre, etc., etc. Nous croyons que ces constructeurs ne sont pas entrés dans une bonne voie. Que ces perfectionnements soient désirables dans les locomobiles qui, une fois arrivées dans une usine, n'en sortent plus et deviennent de véritables machines fixes, nous l'admettons; mais, pour la locomobile qui est vraiment une locomobile, c'est-à-dire qui change fréquemment de place, nous croyons que la plupart de ces améliorations sont plutôt des sujétions regrettables. La première chose à considérer, c'est la simplicité des organes, simplicité qui exclut dès lors les pièces compliquées et délicates. Il ne faut pas perdre de vue que la plupart de ces machines sont destinées à travailler dans des localités fort éloignées d'un atelier de construction, et il faut que les réparations courantes puissent être faites par un serrurier ou un charron. Pour les machines qui emploient un essieu coudé, il est parfaitement inutile d'avoir une pièce dont les angles soient dessinés à angle vif, tournés et polis ; une pièce brute de forge courbée en son milieu et raccordée par de longues inflexions avec les parties formant tourillons suffit parfaitement. Dans cet ordre d'idées, nous donnons toute notre approbation à des dispositions essayées dans les ateliers de M. Albaret : les bielles et les excentriques, ainsi que la plaque de fondation, au lieu d'être en fer, en fonte, sont en bois, et des armatures en fer forgé consolident ces pièces qui, en cas d'accident, peuvent être réparées ou remplacées par le charron du moindre village, tandis qu'il serait absolument impossible à ce dernier de fournir des pièces en métal. Ajoutons que cette substitution du bois au métal réduit d'une façon appréciable le prix des petites machines et contribue ainsi à leur vulgarisation.

Transformation de la locomobile en machine fixe. — Bien que la locomobile ne soit qu'une machine fixe facilement transportable, il y a lieu, lorsqu'elle doit travailler longtemps dans un même lieu, de modifier un peu son installation. Il convient notamment d'enlever les roues et d'assujettir la machine sur un châssis. Certains constructeurs fabriquent, même dans ce but, des paliers mécaniques qui facilitent cette transformation : on a alors une véritable machine fixe dont toutes les parties sont très-facilement accessibles et qui peut être entretenue avec soin.

Machines portatives. — On désigne sous ce nom des machines locomobiles sans roues et qui constituent un appareil moteur parfaitement complet, mais qui ne peuvent être transportées que sur un char comme un objet quelconque.

Le type le plus ordinaire consiste en une chaudière verticale avec quelques tubes intérieurs ; le cylindre et la distribution sont disposés latéralement à la chaudière et la machine est véritablement réduite à sa plus simple expression.

M. Bréval, constructeur à Paris, avait exposé, en 1867, à Paris, des machines portatives dont le poids et la force sont indiqués dans le tableau ci-après :

FORCE EN CHEVAUX.	POIDS.
2.	1.500 kilog.
3.	1.500
4.	1.750
6.	2.800
8.	4.000
10.	4.650
12.	5.500
15.	6.000

Une machine de 4 chevaux, pesant 1,750 kilogrammes, n'exige qu'un emplacement de $1^{mq},50$. Il est inutile de faire ressortir les avantages que la petite industrie peut retirer d'appareils aussi peu gênants et si faciles à installer.

La vulgarisation des chaudières Field dont nous avons parlé dans le chapitre V, augmentera beaucoup le nombre des machines portatives verticales, et nous pensons que, dans peu d'années, ce type remplacera l'ancienne locomobile à chaudière horizontale.

Consommation des machines locomobiles. — Nous n'avons pas besoin de dire qu'il faut pour les locomobiles, comme pour toutes les machines à vapeur, employer de l'eau aussi propre aussi pure que possible. Souvent, dans les travaux agricoles surtout, on prend de l'eau dans un fossé : ces eaux sont sales et chargées de détritus ; il faut multiplier les précautions pour empêcher l'introduction de ces troubles dans la chaudière, paniers, pommes d'arrosoirs, tamis, etc. Lorsque dans une ferme on dispose de grandes surfaces de toits, il y a lieu de recueillir les eaux de pluie pour le service de la locomobile. La question de l'approvisionnement de l'eau pour les locomobiles est quelquefois plus difficile que celle de l'approvisionnement du combustible. Tous les appareils qui permettront de diminuer la consommation de l'eau méritent donc une sérieuse attention.

Comme combustibles, les locomobiles emploient la houille, le coke, la tourbe, les lignites, le bois, en un mot, toutes les substances qui peuvent donner de la chaleur. Elles permettent l'utilisation de débris sans valeur et rendent à cet égard de nouveaux services : les débris de bois, les copeaux, les rognures, les écorces, la sciure, servent uniquement à l'alimentation de toutes les locomobiles employées à l'exploitation des bois.

La consommation des locomobiles en houille a été en décroissant. Il y a quelques années, on comptait 4 à 5 kilogrammes par force de cheval et par heure. On n'admet plus, aujourd'hui, que 2 à 3 kilogrammes. La consommation varie du reste avec la puissance des machines ; elle atteindra 4 kilogrammes pour une machine de 2 chevaux, et elle descendra à 2 kilogrammes pour une machine de 20.

Prix des machines locomobiles. — Dans la grande enquête faite au sujet des traités de commerce entre la France et l'Angleterre, on a donné les prix de vente des machines locomobiles dans ces deux pays, et M. Calla a cité les chiffres suivants.

Machines anglaises rendues au port d'embarquement :

Tuxfort, 6 chevaux.	195	fr. les 100 kilog.
Ransomes et Sims, 10 chevaux.	207	—
Clayton Shuttworth et Cie, 6 chevaux. . .	156	—
Machines françaises.	187	—

Il n'y a donc pas grande différence entre les prix des deux pays, et nos constructeurs peuvent, dès aujourd'hui, lutter avec les constructeurs anglais ; les locomobiles ne sont pas d'ailleurs des instruments à acheter au poids brut des cent kilogrammes, et les ingénieurs, chargés d'acquérir un de ces appareils, auront à tenir compte de considérations plus importantes, parmi lesquelles nous citerons :

La qualité des matériaux employés, notamment pour la chaudière ; la simplicité du mécanisme ; les dispositions adoptées pour l'enlèvement des sédiments ; le mode de déplacement de la machine et son poids brut.

Enfin, dans les prix offerts par les constructeurs, il importe de tenir grand compte de l'ancienneté et de l'honorabilité de la maison que représentent ces constructeurs. En dernier lieu, il faut bien préciser ce que comprend le chiffre indiqué pour la valeur de la machine. Tel constructeur, dans ce prix, comprend les roues, essieux, limonières, paliers, etc., etc. ; tel autre entend vendre à part ces pièces accessoires, dont la valeur représente quelquefois plus du dixième du prix total.

Ces réserves faites, nous indiquerons les prix offerts par un certain nombre de constructeurs pour les machines locomobiles d'une force de 2 à 25 chevaux, en supposant les fournitures aussi complètes que possible.

NOMBRE DE CHEVAUX.	PRIX DEMANDÉS PAR PLUSIEURS CONSTRUCTEURS.
2	2.500f à 3.000f
3	3.500 à 4.500
4	3.800 à 4.500
5	4.700 à 6.000
6	5.000 à 7.000
8	6.500 à 7.500
10	8.000 à 9.000
12	9.500 à 10.000
15	11.000 à 12.000
18	14.000 à 15.000
20	15.000 à 16.000
25	19.000 à 20.000

Un écart d'environ 1,000 francs subsiste entre les divers constructeurs pour les machines de force égale. Cet écart nous paraît insuffisant pour motiver une préférence décisive, et nous pensons que les considérations que nous avons présentées sont de beaucoup supérieures à celles du prix d'acquisition. Il ne faut pas perdre de vue qu'il existe une grande différence entre la force nominale et la force effective, et que l'on obtiendra d'une machine bien faite un effort supérieur à celui que donne une machine ayant une force nominale plus grande, mais construite avec moins de soin que la première.

§ 2. — Locomotives routières.

Mode de déplacement des locomobiles ordinaires. — Nous avons dit que les machines locomobiles pouvaient être portées, soit sur 2 roues, soit sur 4 roues, et que l'emploi des 4 roues était beaucoup plus général. Avec 4 roues, en effet, on répartit mieux le poids de l'appareil, mais surtout on n'a besoin d'aucune disposition particulière pour mettre la machine en marche ; avec 2 roues, au contraire, il faut se munir de chevalets pour bien assujettir la machine avant de songer à l'allumer. Cette sujétion supplémentaire doit être autant que possible évitée.

Dans les deux cas que nous venons de citer, les roues ne fonctionnent que comme moyen de support ; le mouvement de translation est produit par des chevaux ou des bœufs attelés à l'appareil. On s'est demandé, en voyant la facilité avec laquelle se déplaçaient les locomotives, s'il n'était pas possible de se servir de la vapeur elle-même pour faire mouvoir la locomobile et d'arriver à ce qu'elle pût se déplacer elle-même, lorsqu'elle se rend le matin au lieu du travail et qu'elle rentre le soir.

De nombreux essais ont été faits en Angleterre à ce sujet et ils ont été couronnés de succès. Non-seulement la machine locomobile a pu se transporter elle-même; mais elle a pu être employée comme une vraie locomotive et effectuer des transports sur les routes ordinaires et dans les rues de Londres.

Locomotives agricoles et locomotives routières. — Il importe immédiatement de signaler la différence qui devait exister entre les machines employées aux travaux agricoles et celles auxquelles on demandait de traîner des poids considérables sur une chaussée bien entretenue : les premières, sous peine de rester embourbées dans les champs ou même dans les chemins ruraux, devaient être aussi légères que possible ; elles n'ont qu'à se porter elles-mêmes, et l'effort de traction qui leur est demandé se réduit à traîner quelques engins agricoles de faible poids.

Les locomotives routières devaient être fortement constituées, par conséquent lourdes, et dès lors absolument hors d'état de circuler en plein champ ou dans un mauvais chemin.

Les constructeurs anglais ont bien saisi cette double difficulté, et ils livrent à l'agriculture et à l'industrie des modèles absolument différents.

Emploi des locomotives routières en Angleterre. — Le nombre des locomotives routières s'est assez répandu en Angleterre pour qu'un bill, destiné à en réglementer l'usage, ait été jugé nécessaire par le parlement. Ce bill, rendu dans la session de 1865, renferme des dispositions fort restrictives et qui nous paraissent assez extraordinaires et anormales en Angleterre. Ces dispositions sont les suivantes :

« Trois personnes au moins doivent être employées à la conduite de chaque locomotive : l'une de ces personnes à pied précédera ladite machine d'au moins 60 yards, tant qu'elle sera en mouvement, et préviendra les conducteurs de voitures de son approche ; elle devra également faire les signaux nécessaires à celui de la locomotive, pour le faire arrêter en temps utile, et prêter son aide, si besoin en est, aux voitures et aux chevaux qui se rencontrent sur la route. Le sifflet ne sera jamais employé, et on ne laissera jamais échapper aucune vapeur, tant que la locomotive sera sur la route. L'infraction à ces ordonnances pourra être punie d'une amende de dix livres. La locomotive sera arrêtée lorsque cela sera nécessaire, et sera pourvue de deux lampes bien éclairées. Une locomotive ne pourra faire plus de 4 lieues à l'heure sur une route publique, et plus de deux en traversant une ville ou un village. Le nom et l'adresse du propriétaire devront être fixés sur la locomotive. L'heure de passage dans les villes et autres lieux pour les locomotives sera déterminée et fixée par le board métropolitain des travaux publics, le lord maire, les aldermen de la cité de Londres, et les autres autorités locales. »

L'obligation de faire précéder la machine par un homme à pied réduit singulièrement la vitesse à espérer ; mais si elle peut paraître par trop limitative, elle répond au véritable caractère de ces machines, qui est la lenteur dans la marche.

Essais en France. — Les locomotives routières ne sont encore employées en France qu'à l'état d'essai, et on ne saurait citer, en dehors de transports effectués par des usines agricoles telles que des sucreries, des services bien réguliers exécutés par ces machines. On s'est peut-être trop attaché à la question de la vitesse, et les expériences tentées, soit par M. Lotz, de Nantes, soit par quelques autres constructeurs, n'ont pas abouti à une véritable organisation de transports.

Dans les essais qui ont eu lieu à Nantes en 1865, la machine *l'Avenir*, sortie des ateliers de M. Lotz, soulevait des quantités de poussière assez considérables pour gêner la vue du mécanicien. Dans les essais répétés à Paris sur le quai d'Orsay entre le palais du Corps législatif et le Champ de Mars, essais qui ont eu lieu en octobre 1865 par un temps pluvieux, la quantité de boue projetée par la machine eût été une gêne extrême dans un service, de sorte que la poussière et la boue peuvent être déjà considérées comme des obstacles assez sérieux.

En second lieu, l'aspect de ces machines est de nature à

effrayer les chevaux et leur emploi dans les villes présenterait des risques d'accident.

Enfin on manque absolument de données sur l'importance de l'entretien des machines routières après une circulation de plusieurs jours sur une chaussée empierrée, et surtout sur une chaussée pavée.

Toutes ces difficultés, nous ne dirons pas, disparaissent, mais s'atténuent dans une énorme proportion, dès que la vitesse est réduite et qu'elle ne dépasse plus celle d'un homme marchant au pas; il n'y a presque plus de projection de boue ou de poussière, plus de surprise pour les chevaux, plus de chocs dans l'organisme. L'avenir des locomotives routières est, dans notre pensée, limité au transport des marchandises lourdes, et cette tâche est déjà considérable. Il existe surtout une circonstance particulière dans laquelle les locomotives routières peuvent rendre de grands services, c'est lorsqu'il s'agit de transports importants accidentels. Nous citerons à cet égard les betteraves, qui doivent être conduites aux usines dans le court intervalle de temps compris entre l'arrachage et les premières gelées. Des manufacturiers du Nord ont signalé comme très-avantageux l'emploi des locomotives routières dans le cas que nous venons indiquer.

Difficultés à vaincre dans la construction des locomotives routières. — Les difficultés que présente la construction des locomotives routières sont considérables et supérieures à celles qui se rencontrent dans les locomotives de chemins de fer. Dans ces dernières, l'invariabilité du sol permet d'employer pour la transmission du mouvement des organes rigides librement articulés; sur un sol aussi peu régulier que celui des routes, il faut avoir recours à d'autres modes de transmission, et notamment aux chaines à la Vaucanson.

En second lieu, une locomotive de chemin de fer est guidée d'une manière certaine par les rails, tandis que la machine routière doit pouvoir évoluer et être douée à cet égard d'organes compliqués absolument inutiles sur les chemins de fer.

En troisième lieu, les réactions que les aspérités de la chaussée détermineront dans l'organisme seront très-vives et devront être combattues par des dispositions spéciales. Un ingénieur anglais, M. Thomson, de Glascow, a mis, sur les roues de machines routières destinées à la Havane, c'est-à-dire placées dans des conditions où il importe de ne pas avoir de réparations, un véritable bandage en caoutchouc vulcanisé. L'emploi d'une substance de cette nature doit évidemment amortir les chocs ; il reste à savoir quelle sera la résistance de cette substance elle-même au frottement de roulement et au frottement de glissement.

Enfin la part de puissance que la machine emploie à se traîner elle-même est considérable. M. Tresca estime que, pour une vitesse de 1 mètre par seconde, moins de 4 kilomètres à l'heure, la machine dépense le tiers de la puissance qu'elle développe ; à une vitesse de 3 mètres par seconde, c'est-à-dire de 10 à 12 kilomètres, *la machine s'épuiserait à se traîner seule en terrain horizontal.*

Nous n'avons pas parlé de l'usure des chaussées, parce que l'expérience n'a rien révélé d'anormal à ce sujet. Avec des jantes de $0^{m},30$ et même de $0^{m},50$ de largeur, les machines fonctionnent sur les chaussées empierrées comme de véritables rouleaux compresseurs, et, avec une marche lente, elles n'entraînent aucune désagrégation dans la chaussée.

Dispositions légales relatives à la circulation des locomotives routières. — Un arrêté ministériel, en date du 20 avril 1866, a fixé les conditions dans lesquelles les machines locomotives peuvent circuler sur les routes ordinaires. Aux termes du titre I, toute personne qui voudra établir un service par locomotives pour le transport soit des voyageurs, soit des marchandises, devra se pourvoir d'une autorisation qui sera délivrée par le préfet, si le service est compris dans un seul département, par le ministre des travaux publics, s'il en embrasse deux ou un plus grand nombre.

Les titres II et III précisent tout ce qui est relatif à la mise en circulation des machines, à la marche et à la conduite des trains. Nous ne pouvons que reproduire *in extenso* cette partie de l'arrêté.

TITRE II. — *Mise en circulation des locomotives.*

« ART. 7. — Les machines locomotives ne pourront circuler sur les routes autres que les chemins de fer qu'autant qu'elles satisferont, en ce qui concerne leurs générateurs, aux prescriptions du décret du 25 janvier 1865, et qu'après l'accomplissement des conditions spéciales ci-après déterminées :

« ART. 8. Elles seront munies :

« 1° D'un appareil de changement de marche ;

« 2° D'un frein assez puissant pour empêcher le mouvement de l'essieu moteur sous l'action de la vapeur, au maximum de pression que comporte la chaudière :

3° D'un avant-train mobile autour d'une cheville ouvrière, ou de tout autre mécanisme équivalent permettant de tourner avec facilité dans les courbes de petit rayon.

« ART. 9. — Le foyer de la chaudière devra être établi de manière à brûler sa fumée.

« Des dispositions seront prises pour empêcher la projection des escarbilles par le cendrier et par la cheminée.

« ART. 10. — La largeur de la machine, entre ses parties les plus saillantes, ne devra pas excéder $2^m,50$.

« Les bandages des roues devront être à surface lisse, sans aucune saillie.

« ART. 11. — Aucune locomotive ne pourra être mise en service qu'après avoir été visitée par les ingénieurs des mines, et, à leur défaut, par les ingénieurs des ponts et chaussées. En cas d'empêchement, ces ingénieurs pourront se faire remplacer par des agents sous leurs ordres. Ils s'assureront que la machine remplit les conditions prescrites par les articles 7 à 10 ci-dessus. Ils pourront exiger, lorsqu'ils le jugeront nécessaire, qu'elle soit soumise à une expérience qui leur permette de constater l'efficacité des appareils dont elle doit être pourvue et son aptitude au service auquel elle est destinée.

Titre III. — *Marche et conduite des trains.*

« Art. 12. — La vitesse en marche ne dépassera pas 20 kilomètres à l'heure. Cette vitesse devra d'ailleurs être réduite à la traversée des lieux habités ou en cas d'encombrement sur la route.

« Le mouvement devra également être ralenti, ou même arrêté, toutes les fois que l'approche d'un train, en effrayant les chevaux ou autres animaux, pourrait être cause de désordres ou occasionner des accidents.

« Art. 13. — L'approche d'un train devra être signalée au moyen d'une trompe, d'une corne ou de tout autre instrument du même genre, à l'exclusion du sifflet habituellement employé dans les locomotives qui circulent sur les chemins de fer.

« Art. 14. — Pendant la nuit, le train portera à l'avant un feu rouge et à l'arrière un feu vert. Ces feux devront être allumés une demi-heure après le coucher du soleil, et ne pourront être éteints qu'une demi-heure avant son lever.

Art. 15. — Deux hommes devront être exclusivement attachés au service de la machine. Il y aura, en outre, un conducteur préposé à la manœuvre d'un frein placé à l'arrière du train toutes les fois que la machine remorquera plus d'un véhicule.

« Ce frein sera d'une puissance suffisante pour retenir le train entier, sauf la machine, sur les pentes les plus fortes que présentera le parcours.

« Art. 16. — Le machiniste devra se ranger à sa droite à

l'approche de toute autre voiture, de manière à laisser libre au moins la moitié de la chaussée.

« Art. 17. — Les locomotives et leurs trains ne pourront stationner d'une manière prolongée et sans nécessité sur la voie publique. Ils devront être remisés aux deux extrémités de leurs parcours.

« L'alimentation d'eau et de charbon ne pourra se faire sur la voie publique qu'à la condition de ne point entraver la circulation.

« Il est expressément interdit d'y opérer le décrassage des grilles.

« Art. 18. — La largeur du chargement des voitures ne devra pas excéder $2^{m},50$. Toutefois, il pourra être accordé, par les préfets des départements traversés, des permis spéciaux de circulation pour des objets d'un grand volume, qui ne seraient pas susceptibles d'être chargés dans ces conditions.

« Art. 19. — Les locomotives et les voitures porteront sur une plaque métallique, en caractères apparents et lisibles, le nom et le domicile de l'entrepreneur de transports. Chaque machine aura en outre un numéro d'ordre ou un nom particulier. »

Si, comme nous le pensons, l'emploi des locomotives routières est limité au transport des marchandises effectué à une vitesse de 4 ou 5 kilomètres à l'heure, une partie des dispositions qui précèdent resteront sans application.

Emploi des locomotives routières pour le halage des bateaux sur les canaux. — On a proposé d'employer les locomotives routières pour le halage des bateaux sur les canaux. Il nous paraît difficile d'admettre une pareille proposition au point de vue de l'économie. Un ou deux hommes suffisent pour effectuer ce halage sur la plupart des canaux. S'il faut employer le même personnel pour la conduite de la locomotive, on aura à payer la machine en plus, capital et entretien. Le touage sur chaîne noyée nous paraît une solution très-préférable.

Vidanges à vapeur. — On peut ranger, soit dans les locomotives routières, soit dans les machines portatives, des appareils destinés à effectuer la vidange des fosses d'aisances et à transporter directement dans les champs les produits de cette opération. Une machine à vapeur fait marcher une pompe d'extraction et imprime ensuite le mouvement à tout l'appareil.

CHAPITRE XIX

EXÉCUTION DES TRAVAUX — EMPLOI TEMPORAIRE DES MACHINES

Nous avons dit, dans le chapitre précédent, que la locomobile était désormais chargée, dans les travaux publics, d'exécuter les manœuvres de force. Il nous reste à voir, en parcourant rapidement les divers travaux que les ingénieurs ont à faire exécuter, comment s'accomplit cette mission de la machine locomobile et à indiquer le rôle que la vapeur peut et doit désormais remplir dans la tâche imposée aux ingénieurs. Nous éprouvons, à cet égard, un véritable embarras, celui de nous limiter. La machine à vapeur se rencontre aujourd'hui partout, et, pour décrire complétement son application aux travaux publics, il faudrait aborder successivement toutes les questions qui intéressent l'art de bâtir.

§ 1er. — Exécution des terrassements à sec. — Fouille, charge et transport.

Fouille et charge. — Les terrassements comprennent plusieurs opérations distinctes : la fouille et la charge du déblai, le transport et l'emploi en remblai.

On a demandé aux machines à vapeur d'exécuter ces diverses opérations, mais le succès n'a répondu complétement qu'à une seule, celle du transport. De nombreux essais ont cependant été tentés depuis vingt ans pour faire soit la fouille et la charge, soit la fouille seulement. Dans le premier cas, on a proposé des engins analogues à des dragues à godets ou à des dragues à main de grande dimension; dans le second cas, on a préconisé l'emploi des piocheuses et des défonceuses étudiées en vue des travaux agricoles.

Presque tous ces appareils ont été successivement abandonnés par suite de difficultés spéciales, soit au travail à faire, soit à la machine elle-même.

La première chose à considérer dans une machine destinée à faire la fouille et la charge des déblais d'une tranchée est la facilité d'installation. Or les conditions d'installation varient singulièrement dans une tranchée dont la profondeur peut passer de 1 à 18 mètres, dont la largeur en gueule, pour un chemin de fer, s'élève de 12 à 80 mètres; si la machine est puissante, elle sera lourde; si elle est lourde, elle sera difficile à manier. Nous n'avons évidemment pas à examiner le cas où elle ne serait pas puissante.

En second lieu, le travail de la machine doit être régulier : or la nature des déblais à exécuter dans une grande tranchée varie singulièrement. En modifiant le nombre des hommes à la fouille, on peut obtenir la production d'un volume à peu près uniforme chaque jour; il n'en sera pas de même avec une machine organisée en vue d'un effort déterminé.

En troisième lieu, il faut assurer l'alimentation de la machine à vapeur : la chose est facile dans une ville sillonnée par des conduites d'eau; il n'en est pas de même en rase campagne, où l'eau peut faire défaut dans de grandes étendues.

Enfin, le moindre arrêt dans une machine faisant la fouille et la charge entraîne la suspension de tout l'atelier : hommes, chevaux, machines de transport, resteront inoccupés pendant la plus petite réparation, et une telle éventualité est très-grave dans un chantier.

La machine à piocher et à charger ne nous paraît donc possible que dans des cas assez rares. En présence d'un cube considérable de déblais homogènes, sur un sol convenablement résistant, sans crainte d'éboulement et avec de l'eau de bonne qualité à proximité, on pourra exécuter des déblais à la machine ; mais ces conditions que nous venons de réunir se présentent rarement, et, si elles se présentent, la fouille et la charge exécutées par des hommes coûteront peu et on ne songera pas à employer une machine.

La question du prix de revient du terrassement exécuté par une machine est en effet capitale. Il faut tenir compte non-seulement du prix d'acquisition de cette machine, mais de l'amortissement et de l'entretien, toujours onéreux, de ces appareils.

En additionnant toutes les dépenses à faire pour le transport au lieu d'attaque, l'installation, la mise en train, on trouvera qu'une machine à terrassements d'une puissance convenable coûtera au moins 30,000 francs ; si elle n'exécute que 100,000 mètres cubes de terrassements et que sa valeur soit réduite de moitié à la fin de la campagne, il faut compter 0f,15 par mètre cube de frais généraux avant qu'un coup de pioche soit donné.

Nous ne voyons que deux cas dans lesquels il soit nécessaire et où il puisse être avantageux de recourir à l'emploi des machines pour exécuter un déblai : le premier est celui où les hommes font défaut, le second celui où on effectue un déblai pour extraire une substance ayant une certaine valeur, pour se procurer par exemple des matériaux de construction, marbres, pierres de taille, moellons, pavés.

Emploi des machines quand les hommes font défaut. — Les hommes peuvent faire défaut dans les travaux publics pour plusieurs causes : l'abondance d'un travail mieux rémunéré dans le voisinage, la difficulté de vivre dans la localité où le travail doit être effectué, enfin la difficulté même du travail.

On remédie à la première cause par une augmentation de

salaire, et souvent il vaut mieux subir cette nécessité que de se lancer dans des installations mécaniques dont on ne peut apprécier à l'avance toute la dépense; mais lorsque les deux autres causes se présentent, l'appât d'un salaire élevé est insuffisant pour décider des ouvriers à subir des conditions d'existence trop pénibles, et il faut sans hésiter recourir aux machines.

Nous avons eu, de notre temps, un exemple remarquable du service rendu par les machines à une entreprise qui avortait faute d'ouvriers. On n'avait jamais pu amener, pour les travaux de l'Isthme de Suez, une quantité d'ouvriers européens en rapport avec l'importance du cube à déblayer, et on avait dû se contenter du faible travail fourni par les ouvriers indigènes; mais lorsque, dans des circonstances que nous n'avons pas à apprécier ici, cette ressource fut enlevé à la compagnie de l'Isthme de Suez, on put craindre l'ajournement indéfini de cette grande œuvre. L'emploi de moyens mécaniques puissants proposés et réalisés par deux ingénieurs, MM. Borel et Lavalley, a heureusement changé cette situation, et l'achèvement du canal est aujourd'hui une chose complétement assurée. Si jamais on entreprend le percement de l'Isthme de Panama ou la construction d'un canal à point de partage par le lac de Nicaragua, ce ne sera qu'à l'aide d'appareils mécaniques puissants. Bien plus encore qu'à l'Isthme de Suez, les conditions climatériques s'opposeront à la réunion d'un grand nombre d'ouvriers, et ce n'est qu'à la condition d'avoir un personnel restreint que l'on pourra prendre des précautions hygiéniques convenables.

La difficulté du travail en lui-même conduit aux mêmes conclusions et il faudra remplacer l'homme par des machines. Nous citerons, à cet égard, le travail des mines et surtout des mines de houille. Ainsi que nous l'avons dit en parlant des combustibles, les couches situées à une faible profondeur au-dessous du sol s'épuisent, et on songe à exploiter des couches situées à 900 ou 1,000 mètres. A ces profondeurs, la température s'élève à 40 ou 50 degrés; il sera impossible de demander à l'homme un travail continu, et les opérations de taillage et d'abatage devront être confiées à des instruments. Cette question se présente et s'étudie déjà dans des mines moins profondes. Nous pensons qu'elle sera complétement résolue quand l'élévation de la température viendra ajouter une nouvelle difficulté au problème.

Extraction de matériaux de valeur. — Enfin, lorsque l'on entreprend un déblai pour se procurer des matériaux qui ont une valeur souvent fort grande, l'usage d'une machine extractive, loin d'être onéreux, diminuera dans une grande proportion le prix de revient. On peut, dans une riche carrière, par exemple, organiser un grand appareil pour ainsi dire à demeure, créer pour l'approvisionnement de l'eau des ressources permanentes, donner en un mot à toute l'installation un caractère de fixité qui fait absolument défaut lorsqu'il s'agit d'exécuter une tranchée de chemin de fer ou de canal.

L'emploi des machines à vapeur dans certaines circonstances particulières fait disparaître une cause de danger pour la vie des ouvriers. Nous en citerons un exemple : la ville de Paris a, pendant de très-longues années, exploité des pavés à Marcoussis. La fente des blocs de grès exigeait de la part des ouvriers des efforts considérables, et la poussière de grès, qui s'introduisait dans la poitrine de ces hommes, y causait des désordres très-graves. L'introduction d'un marteau à vapeur a changé cette situation de la manière la plus heureuse : les blocs sont divisés sans que l'homme ait autre chose qu'une surveillance à exercer, et tout danger a complétement disparu.

Emploi des piocheuses et des défonceuses. — Les machines destinées à faire la fouille seulement, c'est-à-dire à désagréger le sol, ont été employées avec un certain succès pour des terrains difficiles à piocher, qui s'émiettent sous le pic en l'empâtant, qui n'éboulent pas et dans lesquelles la mine ne produit que peu d'effet. Les terrains argileux compactes de la rive droite du lac de Genève ont présenté ce caractère, et, sur plusieurs points, on a trouvé utile de désagréger le sol par des labours profonds exécutés avec des charrues attelées de douze bœufs. Si les instruments agricoles dont nous avons parlé, les piocheuses, les défonceuses à vapeur, se vulgarisent, elles pourront donner un utile concours pour l'exécution des terrassements dont la fouille présente ces difficultés exceptionnelles.

Fouille de fondations profondes. — Il est souvent indispensable, pour arriver à un sol résistant, de traverser une épaisseur de plusieurs mètres de terrains tourbeux et aquifères : en ce cas, les fouilles avec talus sont presque impossibles et entraîneraient, surtout au point de vue des épuisements, des dépenses hors de proportion avec l'importance de l'ouvrage à exécuter. Avec une machine locomobile, on peut mettre en mouvement une drague à chaînes verticales, disposée de façon à creuser perpendiculairement un espace rectangulaire, encaissé par des pieux et des palplanches battues à l'avance. Les viaducs de la Thalie et du Grison, sur la partie du chemin de fer de Paris à Lyon, située entre Châlon et Mâcon, ont été fondés de cette manière et la drague a pu descendre à 8 mètres de profondeur. L'appareil employé est décrit dans le *Recueil* d'appareils à vapeur employés aux travaux de navigation et de chemins de fer, publié par M. Castor, entrepreneur de travaux publics.

Transport des terrassements. — L'emploi des machines a modifié d'une manière radicale les bases admises, il y a vingt ans, pour la répartition des terrasses. La substitution des wagons aux tombereaux et aux brouettes avait déjà permis d'entreprendre des transports à des distances relativement considérables ; mais la substitution des machines locomotives aux chevaux a permis de réaliser un progrès beaucoup plus grand. On a commencé par se servir, pour ces transports, de machines locomotives vendues par les compagnies de chemins de fer comme matériel insuffisant. L'usage de ces machines n'est pas sans danger : les entrepreneurs, qui en ont fait l'acquisition, reculent quelquefois devant les réparations à faire, et il est nécessaire d'exercer une surveillance particulière sur l'état des chaudières. Ces machines sont souvent lourdes pour les voies employées dans les terrassements; elles sont aujourd'hui remplacées par des machines spéciales pesant 8 à 10,000 kilogr. et parfaitement appropriées au travail. Nous avons parlé de ces appareils dans le chapitre consacré aux machines locomotives.

Les détails relatifs à l'organisation de ces grands ateliers de terrassements au wagon sont donnés dans les cours de construction; nous n'avons à mentionner que le choix du moteur. Nous insisterons cependant sur une question capitale dans l'emploi de ces moteurs, c'est la nécessité d'avoir une bonne voie : avec une voie médiocre, les accidents se multiplient et le moindre déraillement peut occasionner la désorganisation d'un chantier pendant plusieurs heures.

Transport du ballast et des matériaux sur une ligne en exploitation. — L'emploi d'un ballast de bonne qualité est indispensable pour l'assiette et la stabilité de la voie. Malheureusement, les carrières dans lequelles on peut se procurer ce ballast sont souvent très-espacées sur un chemin de fer, et on peut parcourir des sections de 50 kilomètres sans rencontrer un sable convenable. De pareilles distances sont heureusement franchies rapidement par les machines locomotives, et l'on arrive, sans dépenses excessives, à se procurer le ballast nécessaire aux voies. Si, avant la mise en exploitation d'un chemin de fer, on peut à la rigueur effectuer les transports de ballast avec des chevaux, il n'en est plus de même dès que la ligne est livrée à l'exploitation : il faut faire ces transports dans les intervalles de temps laissés libres entre les trains de voyageurs et de marchandises, et le service du ballast doit être fait avec une précision que permet seule une machine locomotive.

L'organisation des trains de ballastage et de matériaux pour l'entretien des voies, des terrassements et des ouvrages d'art, constitue un problème très-difficile. Il faut tout calculer : le temps nécessaire au chargement, la durée du transport, le temps du déchargement, le retour à la sablière, et ne pas perdre de vue que le moindre retard peut entraîner un accident sérieux. Des agents expérimentés accompagnent les trains de ballast et prennent les mesures nécessaires pour assurer la liberté de la voie aux trains de l'exploitation.

Les travaux d'agrandissement de gares, d'élargissement de tranchées, que toutes les compagnies ont eu à exécuter, n'ont pu être menés à bonne fin que grâce à l'organisation de ces trains de ballastage. Nous en citerons un exemple :

Les ingénieurs de la ville de Paris ont eu, en 1864, un déblai de 70,000 mètres cubes à faire pour l'ouverture de l'avenue du bois de Vincennes. Le travail devait être terminé dans un temps très-court, et on ne savait où déposer dans Paris une telle masse de remblais ; on eut l'idée de le transporter, par le chemin de fer de Vincennes, sur un escarpement de la Marne situé entre Nogent et Joinville, à 10 kilomètres de Paris.

Le chemin de Vincennes a, pendant la journée, un service de demi-heure, c'est-à-dire que des trains quittent Paris toutes les trente minutes : le nombre total des trains, de sept heures du matin à minuit, est de 58, 29 dans chaque sens. Les ingénieurs de la compagnie de l'Est intercalèrent entre ces trains de voyageurs 48 trains de ballastage : 24 à charge, 24 à vide ; ces trains partaient ou revenaient 10 minutes derrière chaque train de voyageurs et étaient suivis à 20 minutes d'un autre train de voyageurs.

Cette organisation due à M. de Sappel, ingénieur des ponts et chaussées, chef du service de la ligne de Vincennes, eut un plein succès, et le déblai de la rue de Reuilly fut, en quelques semaines transporté à Joinville sans un seul accident et sans un seul retard pour le service des voyageurs.

Nous ne dirons pas qu'un tel travail eût été impossible sans l'emploi des machines à vapeur ; c'est la pensée même d'une telle opération qui eût été, il y a quelques années, absolument inconcevable.

Nous n'indiquerons pas de prix pour les transports de ballast par les machines locomotives, parce que ce prix dépend d'éléments extrêmement variables, dont la discussion sortirait des cadres du cours de machines à vapeur.

§ 2. — Exécution des terrassements sous l'eau. — Draguages et curages.

Draguages en lit de rivière. — Il faut se reporter à vingt-cinq ans en arrière pour avoir une idée du progrès réalisé dans les machines à draguer. Installées sur des bateaux en bois de faible tonnage, mues par des hommes ou par des chevaux, les dragues effectuaient, à un prix fort élevé, quelques centaines de mètres cubes pour la fondation d'un ouvrage d'art, ou le décapement d'un seuil en lit de rivière; les produits du draguage recueillis dans de petits bateaux étaient déchargés à la pelle et portés à terre à la brouette ou à la hotte.

A l'embouchure des ports, on voyait toujours isolées, dans quelque coin, de grandes dragues à cuiller, désignées par les ouvriers sous le nom de *marie-salope*, et enlevant de temps en temps une ou deux pelletées de boue ou de vase infecte.

L'application de la machine à vapeur a transformé ces engins impuissants en outils excellents. Les coques en bois ont été remplacées par des coques en fer; les élingues, toujours disloquées des anciennes dragues, ont été remplacées par de fortes échelles placées à l'avant, sur les côtés du bateau, droites, inclinées, simples, doubles, selon la nature du travail à faire ; les godets ont reçu des dimensions de plus en plus grandes, et on voit aujourd'hui une seule drague, mue par une machine de 25 chevaux, produire dans sa journée 1200 mètres cubes de terrassements, effectués à 7 ou 8 mètres sous l'eau. Ce chiffre pourrait même être doublé, si le service des bateaux chargés de recueillir les produits du draguage, ne rendait pas intermittent le travail de la drague.

Draguages dans les ports. — Il faudrait passer en revue tous les ports pour énumérer les services rendus par les dragues à vapeur. Tantôt on approfondit une rade sur une superficie de plusieurs hectares, tantôt on dérase des rochers qui formaient écueil dans un chenal ou dans un port. Nous indiquerons sommairement quelques travaux exécutés depuis vingt ans.

a. — Port de Toulon. Approfondissement de la rade de Toulon, de manière à obtenir une profondeur minima de $9^{m},50$ au-dessus de la basse mer.

Environ 7 millions de mètres cubes à enlever.

Ce travail a été effectué dans l'espace de 8 ans, de 1848 à 1856, à l'aide d'un matériel comprenant :

5 dragues à vapeur,

5 remorqueurs à hélice.

Les produits des draguages, reçus dans les chambres à vase des remorqueurs, étaient conduits et jetés en pleine mer. Le travail a été payé 1 fr. 20 c. le mètre cube.

b. — Port de Boulogne. Le travail à faire dans le port de Boulogne présentait une difficulté toute spéciale. Il s'agissait d'approfondir le chenal de $1^{m},80$ à $2^{m},50$ à travers un terrain de roches calcaires, stratifié en couches de $0^{m},30$ à $0^{m},60$ d'épaisseur.

Le travail s'est effectué à l'aide d'une drague à vapeur de 30 chevaux à moyenne pression, détente et condensation, marchant très-lentement. Le désagrégement des roches était obtenu à l'aide de pioches ou griffes aciérées, emmanchées fortement sur l'échelle entre les godets. Dans bien des cas, on a dû recourir à la mine pour commencer la division des roches et donner de la prise aux griffes. Souvent on rencontrait des blocs isolés qui ne pouvaient s'enlever avec les godets ; on les enlevait avec des griffes spéciales ou on approfondissait la fouille à côté, de manière à les enfouir au-dessous du niveau fixé pour le plafond du chenal.

Ces travaux très-difficiles sont revenus à environ 12 fr. le mètre cube, y compris le transport des déblais à 5 kilomètres en mer. Ils ont été exécutés par M. Castor, qui a bien voulu nous donner les chiffres moyens ci-après, résumé d'une expérience d'une année :

Cube extrait par heure de travail effectué, $4^{mc},87$;

Charbon consommé par mètre cube extrait, 15 kilogrammes.

Pour avoir une heure de travail effective, il fallait compter un peu plus d'une heure et demie, à cause des nombreuses pertes de temps que comportait une opération de cette nature.

Poinçon à vapeur. — On désigne sous ce nom un appareil fondé sur l'application du marteau-pilon et employé au canal d'Arles à Bouc pour le déblai sous l'eau de roches formant écueil à la navigation.

Curage du port de Saint-Nazaire. — Les eaux vaseuses de Saint-Nazaire déposent, tous les ans, dans le chenal et dans le bassin à flot une couche de vase qui atteindrait environ $1^{m},50$ d'épaisseur. On a imaginé d'aspirer cette vase pendant qu'elle est encore à l'état fluide. Un bateau en tôle, portant une machine à vapeur qui s'attèle successivement sur des pompes et sur une hélice, aspire ces vases et va les décharger au large. On enlève ainsi, chaque année, 280 à 300,000 mètres de vase fluide, au prix moyen de 0 fr. 39 c. le mètre cube ; les vases solides sont enlevées avec une machine à draguer ordinaire[1].

Nouveaux procédés pour le curage des ports. — MM. Verguais et Cherou, ingénieurs civils et entrepreneurs de travaux publics, ont proposé d'appliquer, sur une grande échelle et pour les déblais de sable ou de gravier, les procédés employés

[1] Voy. à cet égard le Mémoire très-intéressant publié par M. l'ingénieur des ponts et chaussées Leferme. (*Annales*, 1869.)

à Saint-Nazaire. Seulement, au lieu de verser dans des chalands les produits aspirés par une pompe, on refoulerait à une grande distance, à l'aide de machines puissantes, toutes ces masses demi-liquides.

On réaliserait, sur une très-grande échelle et dans des conduites, le travail qui s'effectue dans les couloirs à ciel ouvert des grandes dragues de l'Isthme de Suez.

Sans contester la possibilité d'une semblable opération, nous pensons qu'il faut attendre les résultats de l'expérience pour se prononcer sur sa valeur. Il y aurait à vaincre un assez grand nombre de difficultés : l'aspiration d'une pierre, d'un corps dur, d'un des mille objets que les dragues amènent dans les hottes, pourrait singulièrement compromettre le jeu des pompes. Nous ne voyons pas bien ensuite comment on se débarasserait, à l'extrémité de la conduite, de tous les produits de l'aspiration. On aurait à ce point un amoncellement de matières souvent fétides qu'il faudrait reprendre avec des dragues et des chalands, pour pouvoir s'en débarrasser définitivement et les conduire à la haute mer. Il semble dès lors préférable de charger immédiatement ces déblais dans des chalands placés sous une drague ordinaire.

Travaux de l'isthme de Suez. — Nous avons dit précédemment que l'emploi des machines avait seul permis l'achèvement des travaux du percement de l'Isthme de Suez, achèvement compromis par le manque d'ouvriers. En supposant même que les ouvriers n'aient point fait défaut, il eût fallu une période de temps bien longue pour effectuer 75 millions de mètres cubes de déblai.

L'achèvement du canal de Suez, au bout d'un temps relativement très-court, n'est devenu possible que par l'emploi des moyens mécaniques puissants, imaginés par MM. Borel et Lavalley et connus aujourd'hui de tous les ingénieurs.

60 grandes dragues effectuent la fouille jusqu'à une profondeur de 8 mètres sous l'eau. Les déblais sont enlevés verticale-

ment à une hauteur de 14 à 15 mètres au-dessus du plan de flottaison des dragues et jetés dans des couloirs qui les conduisent en dépôt sur la berge à une distance de 60 à 70 mètres.

« Notre matériel, disait M. Borel dans une des conférences qu'il a faites à Paris, se compose de 18 petites dragues, 60 grandes dragues, dont 22 à couloirs de 70 mètres, les autres desservies par 56 grands porteurs de vase pouvant tenir la mer, 42 gabares à clapets de fond, 50 gabares à clapets latéraux, 18 élévateurs avec leurs 90 chalands flotteurs et leurs 700 caisses. 20 grues à vapeur, 10 chalands à citernes à vapeur, 5 chalands-transports à vapeur, 150 bateaux en fer pour le transport des charbons et approvisionnements, 15 canots à vapeur de différentes grandeurs, 50 locomobiles employées à des travaux divers. Tous ces instruments et machines représentent une puissance de 10,000 chevaux-vapeurs, et une dépense de 50 millions de francs. Mais, avec ces moyens, nous sommes parvenus à faire faire par 30 hommes le travail que feraient 3 à 400 hommes par les procédés ordinaires, et à réduire ainsi le nombre des ouvriers indispensables de 30,000 à 3,000. »

Nulle part on n'a eu recours, dans les travaux publics, à un ensemble de moyens mécaniques aussi puissants, et, si on a pu avec une certaine raison reprocher aux ingénieurs français l'hésitation avec laquelle ils semblaient introduire les machines sur leurs chantiers, MM. Borel et Lavalley, tous deux anciens élèves de l'École polytechnique, ont su prendre une avance considérable sur les ingénieurs des autres nations.

Le tableau ci-après, qui nous a été donné par M. Lavalley, indique les cubes effectués, mois par mois, au canal de Suez depuis le moment où les grandes dragues ont commencé à fonctionner, avril 1868, jusqu'au mois d'octobre 1869, époque de l'inauguration :

MOIS	NOMBRE DE DRAGUES EN SERVICE	CUBES MENSUELS EXTRAITS	OBSERVATIONS
1868 Avril.	58	971.000	A la fin du mois de mars 1868, le cube exécuté par les dragues était en nombre rond de 13.000.000 de mètres cubes.
Mai..	59	1.317.000	
Juin.	60	1.358.000	
Juillet.	59	1.269.000	
Août.	59	1.534.000	
Septembre.. . .	60	1.448.000	
Octobre.	60	1.390.000	
Novembre. . . .	58	1.503.000	
Décembre. . . .	60	1.358.000	
1869 Janvier.	60	1.519.000	
Février.	60	1.418.000	
Mars.	59	1.295.000	
Avril.	59	1.277.000	
Mai..	58	1.429.000	
Juin.	56	1.482.000	
Juillet..	58	1.381.000	
Août.	58	1.218.000	
Septembre.. . .	53	981.000	

Draguages pour se procurer des remblais. — Dans les divers exemples qui précèdent, nous avons vu les machines à draguer employées pour augmenter une profondeur de chenal, creuser ou curer un port, en un mot, *effectuer un déblai*, dont le produit est sans emploi, et dont il faut se débarrasser quelquefois au prix de grandes dépenses.

Les perfectionnements apportés aux machines à draguer, l'emploi de procédés mécaniques pour enlever verticalement les produits du draguage recueillis dans des caisses mobiles, celui des machines locomotives pour transporter ces produits à grande distance, sont venus agrandir considérablement le rôle assigné autrefois aux machines à draguer, et on les a mises en œuvre pour *se procurer des remblais*.

Remblais des gares de Vaise et de Perrache à Lyon. Deux millions de mètres cubes. — La première grande application de ces procédés mécaniques a été faite par la compagnie des chemins de fer de Paris à Lyon, de 1852 à 1854, pour l'établissement des gares de Vaise et de Perrache à Lyon. La machine à vapeur a été employée, sur la plus large échelle, dans ces travaux, qui ont été exécutés par l'ingénieur qui écrit ces lignes, sous les ordres de MM. Jullien, directeur, et Chaperon, ingénieur en chef de la compagnie du chemin de fer de Paris à Lyon. Pendant une grande partie des campagnes de 1853 et 1854, vingt-deux appareils à vapeur ont fonctionné simultanément sur les chantiers de Vaise et de Perrache.

Le problème à résoudre était celui-ci:

Trouver, au moindre prix possible, environ deux millions de mètres cubes de remblais pour les gares de Vaise et de Perrache projetées l'une et l'autre à 7 mètres environ de hauteur au-dessus du niveau des rues.

Le chemin de fer était tracé au milieu de propriétés bâties ou de jardins de grande valeur. En supposant que l'on se fût décidé à acheter, pour y faire des emprunts, une superficie suffisante, on aurait d'abord déboursé une somme énorme; mais, en second lieu, les parties en plaine n'auraient donné que des emprunts de faible profondeur, difficiles à assainir et qui seraient devenus de véritables cloaques, tandis que les parties en coteau, reposant sur des couches granitiques, étaient impossibles à exploiter dans le seul but de se procurer des remblais. Le système des emprunts était donc absolument impossible, tandis que la Saône et le Rhône fournissaient une mine, en quelque sorte inépuisable, de remblais de première qualité. On avait, du reste, depuis longtemps, l'habitude, à Lyon, d'employer en remblais des sables extraits du lit du fleuve: mais ces sables étaient extraits avec des dragues à main, chargés dans de petites caisses coniques en bois, colletinées à l'épaule par des ouvriers spéciaux. On ne pouvait songer à de tels moyens pour remuer deux millions de mètres cubes.

Après de nombreuses études, le travail fut divisé en quatre parties et comprit les opérations suivantes :

1° Draguage proprement dit. — Quatre ou cinq grandes dragues furent installées sur la Saône et sur le Rhône, et leurs produits versés dans les wagons disposés au fond des bateaux, de manière à éviter un double maniement à la pelle des déblais.

Sur la Saône, et pour la gare de Vaise, on ne mit dans les bateaux que les caisses des wagons ; sur le Rhône, et pour la gare de Perrache, les wagons avec leurs roues furent placés dans les bateaux garnis de rails.

2° Conduite des bateaux chargés depuis la drague jusqu'au lieu de déchargement et remonte de ces bateaux à la drague. — Sur la Saône, dont le courant est faible, on put se contenter de chevaux pour la remonte des bateaux vides ; les bateaux chargés descendaient avec quelques hommes d'équipage.

Sur le Rhône, où le courant est extrêmement rapide, les bateaux chargés opérèrent la remonte des bateaux vides, chaque groupe étant attaché aux extrémités d'un long câble en fer enroulé sur un tambour, auquel le mouvement était donné par une machine à vapeur placée sur un petit bateau.

3° Déchargement des wagons chargés dans les bateaux. — Trois procédés distincts furent employés, deux sur la Saône et un sur le Rhône :

Le premier, sur la Saône, consistait dans l'établissement d'une grue élévatoire à pivot mue par une machine locomobile : ce système était de beaucoup le plus simple et il a été très-fréquemment employé par des chantiers d'importance moyenne.

La seconde installation, placée dans la gare d'eau de Vaise, était considérable : les caisses des wagons étaient enlevées verticalement, soulevées à une hauteur de 15 mètres environ et posées sur leurs roues, à leur arrivée à la partie supérieure de trappes semblables à celles qui couvrent les puits de mines ; le mouvement était produit par des machines fixes installées sous la charpente.

Sur le Rhône, des circonstances particulières s'opposaient à l'établissement d'un appareil quelconque sur la voie publique, et on dut faire passer les wagons sous le quai. Un plan incliné, au sommet duquel fut placée une première machine fixe, fut établi sous le quai et aboutissait à une cale de débarquement, à laquelle accostaient les bateaux en bout. Les wagons, qui pour ce motif avaient conservé leurs roues, étaient halés hors du bateau par la machine fixe et conduits au niveau des rues.

Un second plan incliné et une seconde machine fixe les conduisaient au niveau de la gare.

4° Conduite des wagons au lieu d'emploi. — Il ne s'agissait plus que d'un transport ordinaire qui fut effectué par des chevaux pour une partie du remblai, par des machines locomotives pour une autre.

Les machines à vapeur des dragues se composaient de chaudières à foyer intérieur, de 15, 22 et 27 mètres carrés de surface de chauffe ; leur force variait entre 12 et 25 chevaux.

Les machines à vapeur élévatoires du chantier principal de Vaise étaient des machines oscillantes Cavé, composées chacune de deux cylindres conjugués.

Les chaudières avaient 27 et 28 mètres carrés de surface de chauffe.

La machine à vapeur de la grue élévatoire tournante comprenait une chaudière tubulaire de 22 mètres carrés de surface de chauffe ; la force nominale était de 15 chevaux.

Les autres machines à vapeur étaient des locomobiles ou des machines horizontales, montées sur un bloc de pierre de taille; pour ces dernières, la vapeur était donnée par des chaudières à foyer intérieur, posées dans un massif de terre à pisé bien sèche.

Organisés en 1853, ces travaux marchèrent avec une activité dont donneront une idée les chiffres ci-après, extraits des carnets d'attachements du remblai de la gare de Vaise.

Cube exécuté dans le mois de mai 1853	. . . .	75.071mc
—	juin.	76.080
—	juillet.	77.261
—	août.	69.558
—	septembre.	70.607

Le travail maximum d'une journée s'est élevé à 3,294 mètres cubes.

Les principales machines et les installations des chantiers de Vaise, ont été publiées dans le recueil déjà cité de M. Castor, qui était chargé, comme entrepreneur, de l'exécution des remblais de la gare de Vaise.

Les remblais de la gare de Perrache furent exécutés par MM. Mangini et Debos, entrepreneurs lyonnais.

Des terrassements très-considérables ont été exécutés, depuis 1854, par des procédés analogues à ceux que nous venons de décrire sur la Saône, sur le Rhône et sur d'autres cours d'eau de l'empire, et la recherche de remblais dans le lit d'un fleuve est aujourd'hui une opération qui s'effectue couramment.

§ 3. — Exécution des ouvrages d'art.

Fondations profondes exécutées à sec. — Nous avons, dans le premier paragraphe du présent chapitre, parlé des fouilles profondes que, grâce à l'emploi de la machine à draguer mue par la vapeur, on pouvait descendre sous l'eau à travers des terrains tourbeux. On arrive ainsi facilement à asseoir un ouvrage sur un terrain solide situé à 7 ou 8 mètres de profondeur au-dessous du sol, mais on ne peut le faire qu'en coulant le béton sous l'eau. L'emploi des machines a permis de réaliser un progrès bien autrement considérable : celui d'établir à sec, en lit de rivière et à des profondeurs de 15 à 20 mètres, les fondations des ouvrages d'art. Nous voulons parler de l'air comprimé et refoulé dans une colonne métallique fermée à sa partie supérieure. Dans ce mode de fondation appliqué aujourd'hui d'une manière courante, la machine à vapeur remplit le principal rôle : elle effectue d'abord le levage et la pose des tubes ou des coffres métalliques destinés à contenir la fondation, puis elle apporte et manœuvre, autant de fois que cela est nécessaire, le sas ou cellule à air, à travers lequel passent les ouvriers chargés de travailler à la fouille ; enfin elle opère le refoulement de l'air sous l'eau.

Souterrains. — Le plus grand obstacle qui s'oppose à l'emploi dans le déblai des grandes tranchées des machines à piocher et à fouiller le sol, est la nécessité de modifier incessamment l'installation de la machine, la hauteur, la largeur de l'attaque du déblai variant pour ainsi dire à chaque instant. Ces deux difficultés disparaissent lorsqu'il s'agit du percement d'un souterrain et surtout de la galerie à section réduite par laquelle commence tout percement. La position du front d'attaque est toujours la même et on n'a qu'à pourvoir à l'avancement de la machine devant elle ; aussi l'emploi des machines commence-t-il à être tenté avec succès dans les travaux de cette nature.

Tous les ingénieurs suivent avec intérêt la marche des travaux du percement du mont Cenis, travaux dans lesquels l'avancement de la galerie est obtenu mécaniquement. On aura bien rarement à sa disposition des forces naturelles semblables à celles que les ingénieurs italiens ont pu utiliser pour transmettre le mouvement à leur chariot d'attaque ; mais il sera facile de demander à une machine à vapeur la force nécessaire. Pour de faibles longueurs de galerie, la machine à vapeur pourra être employée directement ; pour des galeries un peu longues on pourra recourir à l'air ou à l'eau comprimés par une machine à vapeur.

L'Exposition universelle de 1867 renfermait plusieurs outils ayant pour objet le percement mécanique des roches. Postérieurement à l'Exposition, on a expérimenté, à Paris, une machine due au capitaine anglais Penrice, qui ouvrait dans le calcaire grossier une galerie de 3 à 4 mètres carrés de section.

La substitution d'une machine au travail des hommes pour le percement des trous de mine ou pour le broyage de la roche permettra de pousser beaucoup plus rapidement le percement des souterrains et diminuera dans une large proportion les pertes d'intérêt qu'entraine toujours l'exécution des travaux de longue durée.

Foncement des puits. — Pour activer l'exécution des souterrains qui ne sont pas projetés à une trop grande profondeur au-dessous du sol, on établit, de distance en distance, des puits en tout semblables aux puits d'extraction des mines. Pour les puits de faible profondeur, on peut employer des manéges mus par des chevaux; mais, dès que la profondeur augmente, il est indispensable de recourir aux machines à vapeur.

On ignore souvent l'importance du travail qui sera demandé à une machine de puits. On peut cuber le chiffre des déblais à extraire, celui des matériaux qui entreront dans les maçonneries de revêtement et faire une hypothèse sur le travail maximum : mais ce que l'on ne peut prévoir, ce sont les épuisements, et il faut que la machine soit en état de faire face à ce surcroit de travail.

Des machines horizontales de 15 à 20 chevaux, capables, par la suppression de la détente et l'élévation de la pression dans la chaudière, de développer un effort de 30 chevaux, nous paraissent suffire aux besoins d'un puits de 100 à 125 mètres de profondeur à percer dans des terrains ne donnant que peu d'eau. Si l'eau arrive en abondance, soit dans le souterrain, soit dans le puits lui-même, il faut immédiatement et sans hésiter recourir à des machines puissantes, n'eussent-elles à travailler que quelques jours. Il n'y a pas de pire économie que celle que l'on est trop souvent tenté de réaliser sur les procédés d'épuisement.

Épuisements. — En parlant de l'emploi de la machine locomobile dans les travaux publics, nous avons dit combien les épuisements exécutés avec des pompes à bras étaient pénibles, combien il était difficile d'installer dans des fouilles, souvent de faible étendue, des vis, des norias ou des pompes mues par un nombre un peu considérable d'ouvriers. Nous ne reviendrons pas sur ce sujet ; nous citerons seulement une expérience faite par M. l'ingénieur en chef Morandière.

Une locomobile de 5 chevaux élevait à $2^{m},44$ de hauteur, 145 mètres cubes d'eau par heure, avec une dépense de 1 centime par mètre cube.

Avec un manége à chevaux, la dépense eût été *triple*.

Avec des pompes à bras, la dépense eût été *décuple*.

On a pu voir dans Paris, à l'époque du creusement des grands égouts, des machines locomobiles, employées par les ingénieurs du service municipal, exécuter silencieusement des épuisements considérables.

Rien n'est plus facile d'ailleurs que d'appliquer une machine locomobile aux anciennes pompes à bras : il suffit de transformer en bielle le levier de ces pompes et de le lier à une manivelle calée sur un arbre animé d'un mouvement de rotation.

Emploi des pompes rotatives dans les épuisements. — Nous n'avons pas à traiter la question de la valeur réciproque des pompes à balancier et des pompes rotatives. Les unes et les autres rendent de très-bons services. Nous dirons seulement que, dans les épuisements ordinaires des travaux des ponts et chaussées, les pompes rotatives présentent trois avantages, d'avoir un très-faible volume, d'aspirer sans inconvénient les bois, les pailles, les troubles de toute nature qui se trouvent souvent au fond d'une fouille, enfin de recevoir avec la plus grande simplicité le mouvement d'une machine locomobile. Dans les épuisements, la première question à résoudre n'est pas celle du rendement de la pompe : ce qu'il faut, c'est assécher rapidement la fouille, en limitant le plus possible les frais d'installation ; il vaut mieux dépenser 2 ou 300 francs de combustible et économiser 1,000 francs d'échafaudages.

Nous n'approuvons pas, à ce point de vue restreint des travaux publics, la juxtaposition d'une pompe rotative et de sa machine à vapeur. L'installation d'un outil semblable présente beaucoup plus de difficultés que celle de la pompe et de la machine séparément. Pour des épuisements ayant un caractère de permanence, comme ceux qui ont lieu dans des cales de radoub, on peut trouver au contraire avantage à concentrer sous un assez faible volume la pompe et son moteur.

Battage des pieux. — L'opération du battage des pieux exigeant, avant toutes choses, la manœuvre de poids considérables, doit être évidemment aujourd'hui demandée aux machines. On a proposé d'abord des engins spéciaux dont la sonnette Nasmith est le type.

Cette sonnette Nasmith, décrite dans les cours de construction, très-chère, très-difficile à manœuvrer, ne nous paraît devoir être employée que dans le cas où l'on a à percer des sols très-résistants. Nous pensons que, dans la plupart des cas, il suffit de disposer une locomobile pour faire marcher une sonnette à déclic ordinaire, et qu'il en résultera immédiatement une grande accélération et une grande économie dans le travail.

On ne peut demander, en outre, aux sonnettes spéciales, comme la sonnette Nasmith, qu'un seul travail, celui de battre des pieux. Avec une locomobile ordinaire, on transforme très-rapidement la sonnette en grue ; elle sert à mettre les pieux en fiche, puis, le battage opéré, elle est employée au montage des matériaux.

On a construit, en ces derniers temps, des grues sonnettes à vapeur d'une grande puissance. Montées sur des bateaux en tôle, elles permettaient d'atteindre à 20 mètres au-dessus du plan de flottaison ; elles étaient actionnées par des locomobiles de 5 chevaux. Avec ces appareils, on peut augmenter le poids du mouton et battre avec de faibles hauteurs de chute, ce qui, dans certains cas, prévient l'écrasement du pieu à sa partie inférieure.

Des expériences faites, à Toulon, avec une sonnette de 11 mètres de hauteur et un mouton de 800 kilogrammes, ont permis d'apprécier la différence du travail obtenu avec un treuil à déclic manœuvré par des hommes ou par une machine.

Le battage d'un pilot à bras coûtait.	11f .05
— semblable à vapeur.	4 .25

Pendant que la sonnette à bras plaçait 1 pilot, la sonnette à vapeur plaçait 3 pilots 57. Enfin, pendant que la sonnette à bras donnait 16 à 18 coups par heure, la sonnette à vapeur en donnait 100 à 110.

Cassage des matériaux. — Les ingénieurs des ponts et chaussées font, pour l'entretien des routes, une énorme consommation de matériaux cassés. Une machine mue par la vapeur, et qui réaliserait le cassage des matériaux dans les conditions dont l'expérience a consacré la nécessité, rendrait les plus grands services : elle amènerait, selon toute apparence, une réduction dans le prix de ces matériaux et permettrait d'utiliser à des travaux, dans lesquels l'intelligence joue un plus grand rôle, les hommes qui accomplissent aujourd'hui cette tâche ingrate. Malheureusement, les expériences faites jusqu'à ce jour n'ont pas donné des résultats complétement satisfaisants : les pierres sont écrasées et les machines donnent lieu à un déchet supérieur à celui du cassage à la main. Nous n'avons pas à décrire les appareils qui ont été proposés ; nous ne pouvons que rappeler aux ingénieurs qu'ils ont à résoudre un problème important. La machine à vapeur est prête à fournir la force nécessaire et de ce côté il n'y a rien à chercher.

Montage des matériaux. — L'emploi des machines, pour le montage des matériaux nécessaires à la construction des édifices, a fait de tels progrès depuis quelques années, à Paris notamment, qu'on n'a plus, pour ainsi dire, que l'embarras du choix : les moteurs Lenoir à air dilaté par la combustion du gaz, les cuves hydrauliques de M. Edoux, les machines à vapeur, sont offerts à tous les constructeurs, et le montage des matériaux nécessaires à un édifice déterminé se traite à forfait et à des prix assez bas. Il importe toutefois de faire une réserve, c'est que l'on ne peut employer économiquement l'un de ces trois procédés que pour un édifice comportant un cube assez considérable pour amortir les frais d'installation ; pour une maison ordinaire n'ayant de pierres de taille que sur la façade, l'installation d'un procédé mécanique peut entraîner une dépense supérieure à celle qui résulte de l'emploi de l'ancien treuil George.

Si au contraire l'édifice est important, si l'emploi des pierres de taille est étendu à deux ou trois façades, si les appareils mécaniques peuvent fonctionner d'une manière continue, leur emploi présente des économies sérieuses et que saura évaluer tout praticien.

Notons enfin que les moteurs Lenoir ne peuvent s'employer que dans les rues où existe le gaz, les appareils Edoux dans les rues où l'eau peut être distribuée à l'étage supérieur de l'édifice projeté, et que la machine à vapeur ordinaire, pouvant être alimentée avec un tonneau, échappe à ces sujétions. Les ingénieurs des ponts et chaussées, plus souvent chargés de travaux en pleine campagne que de travaux dans les villes, devront donc avoir presque exclusivement recours à la machine locomobile, à laquelle ils pourront d'ailleurs demander un utile concours pour l'exécution des fondations et des diverses opérations qui précèdent le montage des matériaux.

Parmi les matériaux à monter dans un grand nombre de constructions, il ne faut pas oublier l'eau, avec une petite pompe plongeant dans une cuve, des poulies et une courroie et un tube en toile ; la machine à vapeur qui élève les pierres et le mortier fera monter en même temps l'eau nécessaire au travail.

Fabrication du mortier, du béton. Travaux divers. — Nous l'avons dit au commencement de ce paragraphe, il faudrait passer en revue toutes les opérations que les ingénieurs ont à accomplir dans l'exécution des travaux, pour constater les services rendus par les machines à vapeur. Nous ne pouvons qu'indiquer la nomenclature de ces opérations.

Fabrication du mortier, du béton ;

Pompes à air pour les fondations tubulaires ;

Appareils de sondage pour l'étude du sol des fondations, les recherches géologiques, le forage des puits artésiens ;

Sciage des bois, préparation des traverses, sabotage, etc.;

Manœuvre des plaques tournantes dans les dépôts de locomotives.

Il est un point sur lequel nous paraissons en retard dans l'emploi des moyens mécaniques, nous voulons parler du sciage et de la taille des grosses pierres employées dans les constructions. La dernière Exposition universelle renfermait dans la section anglaise des machines à scier et à dégrossir les pierres; machines bien peu connues en France.

Pour le travail du bois, l'industrie s'est emparée de la machine à vapeur d'une façon véritablement extraordinaire.

On a pu voir récemment, à Paris, une application inattendue de la vapeur : on a employé un jet de vapeur pour le nettoyage des sculptures de l'arc de triomphe du Carrousel. Avec des grattoirs et des burins, il eût fallu des mois pour atteindre toutes les parties de ces bas-reliefs, et on pouvait en compromettre l'existence. Un jet de vapeur, insuffisant pour corroder le marbre et les pierres, agit assez énergiquement pour enlever les poussières qui semblent faire corps avec ces substances. En quelques jours, le travail a été terminé. Nous ne l'apprécions pas au point de vue du goût. Nous disons seulement : le grattage de l'arc de triomphe du Carrousel étant résolu en principe, on a pu l'effectuer, à l'aide de la vapeur, dans des conditions inespérées de succès et de rapidité. Appliqué au nettoyage des maisons, ce procédé peut, aujourd'hui, être considéré comme entré dans la pratique.

En résumé, dans les moindres chantiers, une locomobile se charge de tout ce qui constituait autrefois une manœuvre de force, et nous croyons bien justifiée notre assertion que la machine à vapeur doit être acceptée par l'ingénieur comme un auxiliaire de tous les jours et de tous les instants.

CHAPITRE XX

CONCEPTION DES TRAVAUX PUBLICS — EMPLOI PERMANENT DES MACHINES

Rôle de la machine à vapeur dans la conception des travaux publics. — Nous avons vu, dans le chapitre précédent, que dans *l'exécution* des travaux publics la machine à vapeur rendait à l'ingénieur des services de toute nature et de tous les instants. Il nous reste à montrer le rôle que la machine à vapeur est appelée à remplir dans la conception même des travaux publics; là elle n'est plus un auxiliaire et un outil; elle devient un instrument permanent et définitif, capable de rendre à l'homme des services d'une durée indéfinie.

Nous ne parlons pas, bien entendu, ni des locomotives, ni des machines de navigation. Nous avons, soit dans ces leçons, soit dans celles consacrées à l'exploitation des chemin de fer, assez insisté sur la révolution accomplie par cette application de la vapeur, pour ne pas avoir à revenir sur ce sujet. Nous voulons parler des entreprises d'utilité publique que la vulgarisation des machines à vapeur a complétement transformées et qui souvent même ne sont devenues compréhensibles et possibles qu'à l'aide de ces dernières.

Nous citerons notamment :

Les distributions d'eau dans les villes, distributions faites sans rigoles de dérivation, sans aqueducs, sans siphons, etc.;

Les procédés à l'aide desquels des trains entiers de chemins de fer traversent les grands fleuves, les lacs, les bras de mer;

Les installations mécaniques dans les ports de guerre et de commerce et dans les gares de chemins de fer, le cylindrage régulier des chaussées d'empierrement;

La transformation des moyens destinés à combattre les incendies;

Les opérations relatives à l'assainissement des villes, à l'utilisation des eaux d'égouts;

L'éclairage des phares, la ventilation des grands édifices, etc.

Il ne nous appartient pas de décrire tous ces travaux; nous chercherons seulement à établir par des exemples combien il importe désormais de tenir compte de l'existence de la machine à vapeur dans l'étude et la rédaction des projets relatifs à ces travaux.

Influence de la vapeur sur le tracé des jetées à la mer. — En parlant des appareils de navigation, nous avons dit combien l'emploi des remorqueurs à vapeur avait modifié les conditions d'accès dans les ports. Il convient de noter l'influence que la possession de ces moyens d'action peut exercer sur le tracé même des ouvrages destinés à former un avant-port et notamment des jetées.

Quand, pour aborder une passe étroite entre deux jetées, on ne pouvait compter que sur l'action du vent, l'ingénieur devait évidemment tenir compte de la direction des vents régnants, et cette sujétion, ajoutée à celles relatives à la nature du fond, à la profondeur des eaux, pouvait conduire à de grandes difficultés et à de grandes dépenses. M. V. Chevallier, inspecteur général des ponts et chaussées, a, dans le cours qu'il professe à l'École des ponts et chaussées sur les constructions maritimes, signalé, dans des termes que nous ne pouvons que reproduire, le progrès qui s'est réalisé à cet égard :

« Les jetées devraient être tellement orientées par rapport aux vents régnants que tout navire à voiles pût toujours entrer et sortir, surtout entrer. L'angle de 67°,30′, qui correspond à l'allure au plus près, paraitrait donc la limite qu'il ne faut pas dépasser...

« Toutefois ce sont ordinairement des dispositions naturelles dont on cherche à profiter qui fixent la direction des jetées... Mais *l'emploi de la vapeur* dans les navires mêmes ou dans les remorqueurs *a enlevé à cette question beaucoup de son importance*. Grâce à la vapeur, en effet, on peut aujourd'hui entrer ou sortir contre vents et marées. »

§ 1er. — Distribution d'eau dans les villes.

Conditions principales de toute distribution d'eau. Volume et niveau. — Toute distribution d'eau dans une ville comporte l'établissement d'un réservoir placé à un niveau supérieur à celui de tous les quartiers de la ville et d'une capacité suffisante pour répondre à tous les besoins de la population pendant un nombre de jours ou d'heures déterminé.

Faire arriver l'eau à ce réservoir, telle est la tâche dévolue à l'ingénieur chargé d'une distribution.

Les anciens n'ont connu qu'un moyen de résoudre le problème : chercher, souvent à de très-grandes distances, une source, un ruisseau, un fleuve et en amener les eaux par une dérivation tracée à ciel ouvert ou souterrainement. Les ruines encore si grandioses des ouvrages exécutés par les Romains dans toute l'Europe occidentale nous montrent l'importance des dérivations qu'ils ont exécutées pour alimenter les grandes villes de leur immense empire.

Les ingénieurs modernes ont pensé que le problème de l'élévation de l'eau pouvait être résolu par l'emploi des machines; mais comme pendant bien longtemps on ne connaissait en fait d'engins puissants que les moteurs hydrauliques, c'est à ces derniers que l'on a demandé une force capable d'élever le volume d'eau nécessaire à l'alimentation d'une grande ville.

Les machines de Marly, l'ancienne et la nouvelle, les fontaines de Toulouse sont les spécimens les plus connus de cette nature de travaux; malheureusement on se trouve assez rarement dans des conditions convenables, et l'emploi des moteurs eût été assez restreint si on n'avait pu recourir à la machine à vapeur, qui peut s'installer à peu près partout.

Avantages invoqués en faveur des dérivations. — On se trouve aujourd'hui, dans la plupart des cas, en présence de deux systèmes, le système d'une dérivation et celui d'un moteur. Les dérivations ont conservé de nombreux partisans et on peut citer de nos jours :

Les dérivations de la Durance, à Marseille ;
— du Mançanarès, à Madrid ;
— du lac Katrin, à Glascow ;
— de la Dhuys et de la Vanne, à Paris.

On a invoqué en faveur des dérivations, l'économie. On a dit que l'ouvrage une fois fait, l'eau arrivait pour ainsi dire gratuitement et pouvait être distribuée avec une grande libéralité à tous les quartiers d'une ville, tandis que cette liberté devenait impossible quand on avait, chaque jour, à payer la dépense d'une machine élévatoire.

Il y a dans cette argumentation une erreur capitale et que commettent malheureusement souvent les ingénieurs de l'État. Habitués à voir leurs travaux soldés par les fonds du Trésor public, ils ne se demandent pas assez quelles sont les ressources à l'aide desquelles ces caisses qui ne sont rien moins qu'inépuisables s'alimentent ; ils ne recherchent pas si, en vue même de ces travaux, le trésor de l'État, du département, de la commune, n'a pas dû faire appel soit à une augmentation d'impôts, soit même à un emprunt. Dans l'un et l'autre cas, les travaux sont représentés par un capital qui grève le présent ou l'avenir et dont il faut tenir compte dans l'appréciation des résultats poursuivis.

Les Romains, qui faisaient travailler les Barbares, les vaincus, les esclaves, se préoccupaient peu de ces questions sociales aujourd'hui si graves ; ils n'avaient point d'ailleurs les ressources mécaniques que nous possédons ; malgré cela ils ont accompli les travaux que nous admirons encore.

Aujourd'hui il n'est plus permis d'agir ainsi, et avant de s'engager dans le système coûteux des dérivations qui exigent la fourniture immédiate d'un capital souvent considérable, les ingénieurs doivent étudier soigneusement la question de savoir si le problème de l'élévation de l'eau ne peut pas être résolu par l'emploi d'une machine à vapeur dont l'établissement sera infiniment moins cher que celui de la dérivation. Sans aucun doute, la machine à vapeur dépensera, chaque année, du combustible, des frais d'entretien ; mais chaque année elle fournira de l'eau, et la génération qui usera de cette eau sera celle qui en payera le prix, ou au moins, la plus grande partie du prix.

Si dans le système des dérivations on demande à l'impôt tout le capital nécessaire, on grève lourdement les générations présentes ; si c'est à l'emprunt que l'on s'adresse et, il est difficile de faire autrement, on engage sans leur consentement les générations futures.

Avantages que présentent les machines au point de vue de la certitude du volume des eaux. — En dehors des graves questions que nous venons d'énoncer et qui sont du domaine de l'économie politique, nous pouvons dire que l'emploi des machines à vapeur met au service de l'ingénieur des ressources bien supérieures à celles auxquelles il était réduit dans le système des dérivations. Avec les dérivations, il fallait joindre à l'altitude convenable les conditions relatives à la nature des eaux, surtout à leur volume en tout temps et particulièrement au temps des grandes sécheresses, et toutes ces conditions d'altitude, de qualité, de volume certain, sont bien rarement réunies. On critiquera à juste titre les grands souterrains, les viaducs magnifiques dont la construction séduit les jeunes ingénieurs si le volume des eaux qui traverseront ces ouvrages dispendieux se réduit pendant l'été à quelques litres.

Avec les machines au contraire, la grande difficulté de l'altitude est immédiatement écartée; on peut prendre les eaux dans les vallées, c'est-à-dire dans les points du territoire où elles sont déjà réunies en un volume qui peut diminuer, mais qui ne tarit jamais.

Dans le rapport adressé au conseil municipal de Paris, le 4 août 1854, M. le préfet de la Seine écrivait ces lignes :

« Quelle que soit la provenance de l'eau à distribuer, et quelque système qu'on adopte pour amener la quantité nécessaire à l'altitude convenable, les conditions *essentielles* de la bonne alimentation d'une grande ville sont à mon sens :

« 1° Que l'eau distribuée soit de qualité salubre ;

« 2° Qu'elle soit limpide ;

« 3° Qu'elle ait une fraîcheur constante. »

Nous sommes loin de critiquer ces conditions. Il est très-désirable d'avoir de l'eau salubre, limpide et fraîche; mais il y a, selon nous, une condition bien autrement capitale à remplir : il faut que l'eau soit abondante, et abondante en tous temps; il vaut mieux pour une ville avoir 100 litres d'eau de qualité ordinaire que 10 litres d'eau exceptionnelle.

Tandis que jamais le Rhône n'a fait défaut à la grande distribution de la ville de Lyon, la Dhuys n'a point tenu les promesses que l'on avait faites en son nom.

On effectue en ce moment la dérivation de la Vanne, et, en prévision d'une insuffisance probable de toutes ces sources, on a formulé la pensée d'une dérivation de la Loire, dont les eaux, sous le rapport de la salubrité, de la limpidité et de la fraîcheur, sont très-loin de valoir celles de la Seine, qui n'a qu'un tort, celui d'être à Paris même.

Notons incidemment qu'on a singulièrement exagéré les difficultés de la question du filtrage : les filtres de chaque fontaine suffisent à clarifier l'eau que consomme un ménage, et une ville ferait souvent une grande économie en supprimant toutes les installations prévues pour le filtrage en grand des fleuves et *en donnant* un filtre à chacun de ses citoyens.

Alimentation d'un grand réseau de chemin de fer. — Le problème de la distribution des eaux, non pas dans une seule ville, mais sur un très-grand nombre de points, s'est imposé aux compagnies de chemins de fer sur une échelle considérable et avec cette condition qu'il était indispensable de ne prendre que de l'eau de bonne qualité.

Si l'on n'avait pu employer que le système des dérivations, l'exécution des chemins de fer aurait été impossible; si, dans quelques circonstances particulières, on a pu utiliser des sources que les travaux avaient mises à jour dans les tranchées peu éloignées des gares; si on a pu également, dans quelques grandes villes, traiter avec les administrations municipales pour l'alimentation des gares et des dépôts, les compagnies de chemins de fer, dans l'universalité des cas, ont demandé à des machines fixes, placées sur les cours d'eau ou même sur des puits, de refouler l'eau nécessaire à l'alimentation des locomotives.

Les chiffres ci-après ne peuvent laisser aucun doute à cet égard :

DÉSIGNATION	NORD	EST	OUEST	PARIS-LYON-MÉDITERRANÉE	ORLÉANS	MIDI	ENSEMBLE DU RÉSEAU FRANÇAIS
Système des dérivations. . . .	»	5	4	46	3	5	63
Système des abonnements. . . .	4	4	14	30	2	3	57
Prises d'eau directes avec machines.	98	85	107	175	169	68	702
	102	94	125	251	174	76	822

En résumé, sur 822 prises d'eau nécessaires au service des

trains au 1er janvier 1869, 702 sont alimentées par des machines, et le système des dérivations ne peut être considéré que comme tout à fait exceptionnel.

Division des eaux de la ville de Paris. — Les villes sont entrées dans la même voie que les compagnies de chemins de fer. Si quelques-unes, comme Paris et Marseille, ont adopté le système des dérivations, d'autres, en bien plus grand nombre, ont recours aux machines élévatoires. Nous citerons Lyon, Genève, Londres. Dans cette dernière ville, 500,000 mètres cubes d'eau sont distribués, chaque jour, par des machines à vapeur représentant une force de 11,000 chevaux appartenant à huit compagnies différentes. Sur ces 500,000 mètres cubes d'eau, 300,000 sont pris dans la Tamise, le surplus provient de la rivière Lee.

La ville de Paris elle-même, qui semble avoir préconisé le système des dérivations, fait un large emploi des machines à vapeur et des moteurs hydrauliques; et après avoir repoussé la pensée de placer sur les bords de la Seine des machines qui eussent élevé des eaux d'une qualité exceptionnelle, elle a été conduite à installer à Saint-Maur des machines qui élèvent les eaux sales de la Marne.

Les documents officiels, publiés par la ville de Paris, établissent de la manière suivante la répartition de ses eaux quand tous les travaux projetés seront achevés. (Voy. rapport fait au conseil municipal par M. Cornudet, le 29 décembre 1865, *Moniteur* du 10 février 1866.)

DÉBIT PAR JOUR.

1° EAUX DE RIVIÈRE.			
a. — Ourcq. — Canal actuel. .		105.000mc	
b. — Seine. — Sept pompes à feu :			
Port-à-l'Anglais.	6.000mc		
Maisons-Alfort.	8.000		
Quai d'Austerlitz.	22.000		
Chaillot. .	38.000		
Auteuil. .	3.000		
Neuilly. .	5.000		
Saint-Ouen.	6.000		
ENSEMBLE.	88.000	88.000	
— Marne.			
Usines actuelles de Saint-Maur.	15.000		
Achèvement des mêmes usines.	25.000		
Usines de Trilbardou. .	40.000		
Barrages des îles des Meldeuses.	40.000		
Ces deux derniers établissements destinés à jeter les eaux de la Marne dans le canal de l'Ourcq.			
ENSEMBLE.	120.000	120 000	
TOTAL DES EAUX DE RIVIÈRE.		313.000	313.000mc
2° EAUX DE SOURCE.			
Arcueil. .		1.000	
Puits artésien de Grenelle.		600	
Puits artésien de Passy. .		8.000	
Dérivation de la Dhuys. .		26.000[1]	
Puits artésiens de la Maison-Blanche et de la Villette, ensemble. .		16.000	
Dérivation du Surmelin.		14.000	
Dérivation de la Vanne. .		100.000	
TOTAL DES EAUX DE SOURCE. .		165.600	165.600
TOTAL GÉNÉRAL. .			478.600

Pour une population de 2 millions d'habitants, ce chiffre correspondra à 239 litres par jour et par habitant.

Rome en donne 944, et New-York 568.

[1] Un jaugeage, fait le 7 février 1868, a donné 22.800mc ; le rendement minimum a été de 18.000mc. La division du réservoir de Ménilmontant en deux compartiments permet de faire des jaugeages absolument exacts.

Dans une question aussi importante que celle de l'eau nécessaire à une ville comme Paris, on eût commis une faute en demandant tout à un seul système; à cet égard la multiplicité des origines est un avantage que n'ont point méconnu les ingénieurs de la ville. On ne peut que regretter la part insuffisante faite aux moyens mécaniques.

Dépenses comparatives dans le système des dérivations et dans celui des machines élévatoires. — Il est extrêmement difficile d'établir une comparaison des dépenses entre diverses distributions d'eau parce que le volume et la hauteur sont très-variables. Nous trouvons cependant, dans un des rapports du jury international de l'Exposition universelle de 1867, des chiffres extrêmement intéressants et qui concernent la dérivation de la Dhuys, la prise d'eau en Seine du quai d'Austerlitz et l'usine hydraulique de Saint-Maur, c'est-à-dire trois établissements conçus dans les idées les plus opposées, mais ayant le caractère commun d'une parfaite exécution. Nous empruntons à M. Huet, ingénieur des ponts et chaussées et du service municipal de Paris, les renseignements ci-après :

a. — Dérivation de la Dhuys. Dépenses déjà faites, 16,500,000 francs ;

Dépenses complémentaires pour porter le débit à 40,000 mètres cubes par jour, 2 à 3 millions.

Prix de revient du mètre cube d'eau emmagasiné chaque jour à plus de 80 mètres au-dessus de l'étiage de la Seine, non compris les dépenses d'entretien et d'exploitation de la dérivation, 0f,068.

Mais comme le débit de la Dhuys est loin de donner les 40,000 mètres cubes espérés, et varie en ce moment entre 18 et 22,000, on peut dire que le prix de revient actuel d'un mètre cube varie entre 0f,100 et 0f,120.

b. — Usine hydraulique de Saint-Maur. Les eaux de la Marne sont refoulées à une hauteur moyenne de 70 mètres :

1° Par quatre roues-turbines de M. Girard, ayant chacune 12

mètres de diamètre et représentant 120 chevaux de force chacune ;

2° Par deux turbines de M. Fourneyron, de 100 chevaux chacune.

Si l'on comprend, dit M. Huet, dans les dépenses de création de cette usine l'acquisition des moulins sur l'emplacement desquels elle est installée, les indemnités y relatives, l'ouverture de la dérivation souterraine qui a créé la chute en coupant le circuit de la Marne, enfin les conduites de refoulement allant aux réservoirs de distribution, la dépense totale s'élève à 7 millions 600,000 francs pour 40,000 mètres cubes.

Soit pour le prix du mètre cube d'eau par jour, 0,026.

c. — Usine du quai d'Austerlitz. L'usine du quai d'Austerlitz, placée sur la rive gauche de la Seine, peut être citée comme un modèle d'installation de machine de prise d'eau : elle contient deux machines Woolf construites par M. Farcot, d'une puissance de 120 chevaux chacune mesurée sur l'arbre du volant. Les deux machines refoulent chaque jour 22,000 mètres cubes à 50 mètres de hauteur.

La dépense de première installation s'est élevée à 710,000 francs.

Chaque mètre cube d'eau revient par jour, en tenant compte des dépenses de premier établissement et des dépenses de combustible, de personnel, à 0,030.

Ainsi à Paris, tandis que l'eau de la Dhuys revient au moins à 0,10 par mètre cube et par jour, les eaux de la Marne refoulées par un moteur hydraulique, les eaux de la Seine refoulées par une machine à vapeur, reviennent à 0,026 ou à 0,030, c'est-à-dire quatre fois ou trois fois moins cher.

A Lyon, le prix du mètre cube de la distribution du Rhône ne revient qu'à 0,020, cinq fois moins cher que les eaux de la Dhuys.

Nous pourrions multiplier ces exemples et montrer de nombreuses distributions d'eau alimentées par des machines à vapeur, à raison d'une dépense de 0,015 à 0,020 par mètre cube d'eau et par jour.

Avaries et accidents dans les deux systèmes. — On a fait aux machines à vapeur destinées à l'alimentation des villes un dernier reproche. On a dit qu'elles étaient exposées à s'arrêter, et on a insisté sur les inconvénients sans nombre qu'un tel arrêt pouvait entraîner. On peut répondre que les machines à vapeur sont aujourd'hui construites avec un tel degré de perfection qu'elles ne s'arrêtent jamais; les machines des puits d'extraction de mines marchent sans interruption. Rien de plus facile d'ailleurs que d'avoir une machine et une chaudière de rechange prêtes à fonctionner en cas d'avarie survenue à la machine et à la chaudière principale.

Les dérivations sont d'ailleurs exposées à de graves accidents. Qu'un des siphons employés à la traversée des vallées vienne à crever, on aura à déplorer d'immenses dégâts d'abord, puis une interruption de service qui peut durer des semaines. Qu'un grand aqueduc soit renversé, il faudra une année pour le relever, tandis qu'en quelques jours on substituera une machine à une autre machine.

En résumé, le système des dérivations ne peut être mis en balance avec celui des moteurs que lorsque l'on est sûr de concilier deux choses, l'altitude convenable et le volume certain des eaux. Dans les dérivations justement célèbres, ce ne sont point des sources que l'on a été chercher et capter au loin, ce sont de véritables rivières. Les empereurs romains et les papes ont conduit à Rome des fleuves détournés de leur lit. C'est la Durance que la ville de Marseille a voulu conduire dans ses murs; si la ville de Glascow renonce à la Clyde, c'est pour prendre les eaux intarissables du lac Katrin.

Si on n'a pas cette double certitude de l'altitude et du volume, si on est exposé à voir les sources taries ou seulement amoindries pendant l'été, c'est-à-dire au moment même où on a le plus besoin d'eau, il faut sans hésiter renoncer aux dérivations, prendre l'eau où la nature a déjà réuni le produit d'un grand nombre de sources, c'est-à-dire au fond des vallées, et recourir franchement aux machines élévatoires.

Nous ne parlons pas des dépenses : presque toujours l'eau fournie par les machines coûte moins cher que l'eau des dérivations, et à ce titre encore les machines méritent la préférence. Nous ne méconnaissons pas le caractère de grandeur et de permanence qui s'attache en général aux dérivations, et à ce point de vue elles peuvent séduire plus d'un esprit. Il faut seulement savoir ce que cela coûte aux générations actuelles et aux générations futures, et un ingénieur chargé d'une étude de distribution d'eau doit aborder résolûment toutes les questions que nous venons de poser.

Refoulement et distribution de liquides autres que l'eau. — Tout ce qui précède s'applique à des distributions d'eau ; mais il est évident que la nature du liquide est indifférente et que l'on peut refouler dans des conduites toutes les substances fluides ou semi-fluides utilisables dans l'industrie. On a proposé de transporter le vin à des distances considérables dans des conduites forcées, ainsi que l'huile de pétrole pour l'éclairage. Cela nous paraît chimérique ou dangereux ; mais il n'en est pas de même du transport des jus sucrés de la betterave destinés aux fabriques de sucres. Toutes les personnes qui se sont occupées de cette industrie savent les difficultés que présente au moment où s'effectue la récolte des betteraves le transport de ces racines au lieu d'emploi : nombre de voitures insuffisant, routes défoncées, espaces trop restreints à l'usine, double, triple manutention des betteraves. Un ingénieur, M. Linard, a eu l'idée de séparer les râperies des fabriques proprement dites ; les râperies sont installées à proximité des fermes, et les jus provenant du râpage sont refoulés dans des conduites en fonte placées sous les routes.

Nous verrons dans un des paragraphes suivants des conduites forcées servant au refoulement à grande distance des eaux d'égout ou des matières provenant des fosses d'aisances d'une grande ville.

§ 2. — Procédés à l'aide desquels les chemins de fer traversent les grands fleuves, les bras de mer, les lacs.

A mesure que les réseaux de chemins de fer de l'Europe se soudent les uns aux autres, on apprécie les avantages que présente la continuité des voies, et on se résigne à de grands sacrifices pour assurer cette continuité.

Pour les voyageurs, l'opération du transbordement ne présente cependant pas de grands inconvénients. En combinant le moment de ce transbordement avec une visite de douane, un arrêt à un buffet, on arrive à supprimer, nous ne dirons pas tout ennui, mais au moins toute perte de temps et d'argent.

Il n'en est pas de même pour la marchandise : tout transbordement, toute rupture de charge, entraînent une perte de temps notable, une chance d'avarie, une dépréciation même. La houille dans beaucoup de cas perd à être manutentionnée ; pour des marchandises de très-faible valeur comme le minerai, par exemple, un double transbordement est une cause appréciable de modification dans les prix.

La construction, dans un espace de quinze ans, de cinq grands ponts sur le Rhin, entre

1° Strasbourg et Kehl,

2° Ludwigshafen et Manheim,

3° Mayence et Castel,

4° Coblentz et Ehrenbreitstein,

5° Cologne et Deutz,

montre l'intérêt qui s'attache à la continuité des lignes de fer; mais l'importance des dépenses que comportent ces grands ouvrages a conduit les ingénieurs à rechercher des moyens plus économiques.

Plusieurs solutions ont été proposées et mises en pratique ; elles reposent toutes sur l'emploi d'un moteur à vapeur. Nous en citerons trois, basées sur des ordres d'idées très-distinctes :

1° Le pont de bateaux pour chemin de fer sur le Rhin, entre Maxau et Maximiliansau, en face Carlsruhe ;

2° La traversée du Rhin par bac à vapeur avec chaînes noyées à Rheinhausen en aval de Dusseldorf ;

3° La traversée du lac de Constance.

Nous sortirions des limites qui sont tracées à ce cours, si nous cherchions à décrire ces divers travaux dont l'étude appartient aux cours de construction et de navigation. Le pont de bateaux pour chemins de fer établi sur le Rhin à Maxau a été décrit d'une manière très-complète dans les *Annales des ponts et chaussées* par M. l'ingénieur en chef Müntz, et nous espérons qu'il voudra bien faire un travail analogue pour le grand bac à vapeur de Rheinhausen.

L'idée du bac à vapeur est simple, c'est un touage transversal sur chaîne noyée ; mais l'exécution comportait un grand nombre de difficultés qui ont été levées par M. l'ingénieur Hartwich. C'est à cet ingénieur illustre que l'Allemagne doit la plus grande partie du réseau Rhénan, c'est-à-dire un réseau dont la construction a rencontré toutes les difficultés que peut prévoir l'art de l'ingénieur. Le bac de Rheinhausen transporte d'une rive à l'autre un train de voyageurs en quelques minutes; le bac s'arrête sans difficulté pour laisser passer devant lui soit un des grands bateaux à vapeur du Rhin, soit un de ces immenses trains de bois destinés aux ports de la Hollande et de l'Escaut. Cette rencontre d'un train de chemin de fer et d'un bateau à vapeur au milieu d'un grand fleuve constitue à coup sûr un fait extraordinaire.

Sur le lac de Constance, un bateau à vapeur traverse d'une rive à l'autre un train de 12 wagons de marchandises.

§ 3. — Installations mécaniques dans les ports de guerre et de commerce et dans les gares de chemins de fer.

Nécessité de diminuer la durée des opérations accessoires de chargement et de déchargement. — Nous avons vu, dans les paragraphes précédents, que l'emploi permanent de la vapeur permettait aux ingénieurs d'obtenir par des appareils mécaniques des résultats qui eussent autrefois exigé des terrassements et des ouvrages d'art. La question à résoudre dans ce paragraphe se présente autrement : la machine à vapeur vient résoudre non-seulement un problème mécanique, mais surtout une question de temps.

Pendant longues années, le temps qu'un navire de commerce passait au port pour y prendre ou laisser un chargement ne se comptait pour ainsi dire pas : les jours, les semaines, souvent les mois s'écoulaient entre deux voyages. Aujourd'hui, il n'en est plus ainsi : les navires ont pris des dimensions extraordinaires, et chacun d'eux représente un capital considérable, souvent plusieurs millions. A chaque semaine passée au port, correspond une perte d'intérêt qu'il faut retrouver à la fin de l'année et qu'il importe de diminuer autant que possible. Il faut donc mettre à la disposition du commerce des engins qui lui permettent de prendre ou de décharger la marchandise dans un temps très-court. Ces engins font presque complétement défaut au commerce français, tandis qu'ils abondent en Angleterre. Souvent on réclame la création de nouveaux quais, de nouveaux bassins ; il serait à notre avis plus utile et à coup sûr plus économique d'avoir des machines qui, en réduisant de 50 p. 100 la durée des opérations qu'un navire doit faire à quai, permettraient d'en recevoir un nombre double, et, à cet égard, ce n'est pas 50 p. 100 que l'on peut gagner en France, c'est une proportion bien plus considérable.

Un navire charbonnier se charge à Newcastle à raison de 100 tonnes à l'heure : en quelques heures, son chargement est complet ; il part pour Londres, trouve des appareils à l'aide desquels son déchargement se fait aussi vite que l'a été son chargement ; sa cale vidée, il ouvre une soupape, prend de l'eau pour lest et repart le soir pour Newcastle, ayant terminé ses opérations dans l'intervalle de deux marées.

Que ce même charbonnier, au lieu d'aller à Londres, vienne en France ; il faut que son chargement soit enlevé par des hommes au panier et à l'épaule ; huit jours souvent seront nécessaires pour un travail qui s'est fait en huit heures en Angleterre. Le charbonnier ne revient plus en France, ou, s'il y revient, il faut que le prix du fret couvre l'intérêt du capital inutilisé pendant le séjour à quai.

Si des charbonniers nous passons aux grands navires entrant dans les docks, nous trouvons les mêmes différences en France et en Angleterre. M. Camille Neustadt, ingénieur français, qui s'est occupé avec le plus grand succès de la construction des appareils de chargement et de déchargement, a comparé dans les termes suivants [1] les moyens d'action que présentent les ports anglais et les ports français :

« En Angleterre, la vélocité est le caractère de toutes les opérations qui se poursuivent depuis l'arrivée du navire chargé dans le port jusqu'au moment où il le quitte après avoir déchargé sa cargaison et en avoir repris une nouvelle. Halage vers le dock, ouverture des portes d'écluses, manœuvre des vannes, halage à quai, déchargement de la cargaison, mise à terre du lest, si cela est nécessaire, chargement du combustible, si le navire est à vapeur, rechargement du lest, mise à bord de la nouvelle cargaison, puis halage hors du dock : toutes ces manœuvres sont opérées hydrauliquement et avec la plus

[1] *De l'emploi de l'eau comme moyen de transmission de force dans les docks commerciaux et les arsenaux maritimes.* 1866.

grande rapidité, de telle sorte qu'il est ordinaire de voir un steamer de 2,000 tonneaux quitter le port huit jours après y être entré.

« Après avoir assisté à un pareil spectacle, c'est avec tristesse qu'on se rappelle les moyens de manœuvre et de déchargement qu'offrent actuellement au commerce maritime, Marseille excepté, les principaux ports de France, et l'on comprend pourquoi les opérations, que l'on a vu s'effectuer en huit jours de l'autre côté du détroit, demandent un mois, six semaines, deux mois à Bordeaux, à Dunkerque, au Havre, à Saint-Nazaire.

« Quel est l'armateur étranger qui, n'ayant pas de préférence de nationalité, conduira ses marchandises plutôt au Havre ou à Bordeaux qu'à Londres ou à Liverpool ? Ses navires et leurs équipages ne sont-ils pas triplés par les facilités que lui offrent les ports anglais ? »

Peut-être y a-t-il quelque exagération dans les lignes qui précèdent ; mais, dans tous les cas, l'inégalité entre les ports anglais et français, au point de vue de la facilité et de la rapidité des manœuvres, est flagrante et on ne saurait trop la signaler à l'attention des ingénieurs.

Nous avons dit les services rendus par les remorqueurs à vapeur pour les manœuvres des bâtiments en rade et dans les bassins ; il faut demander à la vapeur des services semblables pour les opérations à effectuer à quai.

Dans les ports militaires, la rapidité des opérations de chargement et de déchargement n'est pas commandée par des considérations commerciales, mais elle peut l'être par des considérations politiques de premier ordre. Il faut être en mesure de répondre, dans un espace de temps très-court, à un ordre d'armement et de départ, et on ne peut le faire que si on dispose de moyens mécaniques puissants.

Les moyens mécaniques peuvent être placés à quai d'une manière fixe ou installés sur les navires eux-mêmes ; cette dernière disposition est fréquemment adoptée aujourd'hui. Un navire porte avec lui ses moyens d'action, et, quel que soit le lieu devant lequel il accoste, il est en mesure de transborder rapidement la marchandise qu'il contenait dans ses flancs ou qu'on lui apporte.

Nous pensons que les deux procédés doivent être prévus et qu'un port doit toujours être pourvu des engins nécessaires à la manutention des marchandises. Ces engins peuvent être actionnés, soit par la vapeur, soit, comme nous le verrons avec quelques détails dans le chapitre suivant, par l'air comprimé qui peut être distribué dans toute l'étendue d'un arsenal ou d'un port de commerce.

Installations mécaniques dans les gares de chemins de fer. — Les quantités de marchandises à manutentionner dans une grande gare de chemin de fer atteignent des chiffres considérables, et nous retrouvons, à ce sujet, les différences que nous avons tant de fois signalées entre l'organisation du travail en Angleterre et en France. Dans l'un de ces pays, les engins mécaniques abondent et on ne déplace pas, sans recourir à leur aide, un colis de 50 kilogrammes ; dans l'autre, au contraire, les engins font presque complétement défaut et les colis les plus lourds sont manœuvrés à bras d'homme.

Les grues à vapeur ou à eau sous pression commencent cependant à apparaître dans nos gares, et nous espérons qu'elles ne tarderont pas à y être acclimatées, soit pour la manutention des marchandises, soit pour les manœuvres des machines et des wagons.

Nomenclature des appareils mécaniques à placer dans un port ou dans une gare. — Nous ne pouvons que donner la nomenclature des appareils mécaniques dont l'emploi est désormais indispensable, soit dans un port, soit dans une gare de chemin de fer :

Grues spéciales pour l'installation à bord des pièces de poids exceptionnels, tels que chaudières, cylindres, cuirasses, épe rons. Des masses indivisibles de 20, 25 et même 30 tonnes sont aujourd'hui employées dans la construction ou l'armement des navires ; il faut que ces masses puissent être transbordées dans un temps relativement court :

Grues fixes et grues roulantes pour la manutention des marchandises ;

Appareils à vapeur ou à fluide comprimés pour la manœuvre des plaques tournantes ou des chariots roulants pour une machine locomotive et son tender ;

Appareil spéciaux pour le montage des sacs dans les docks et les gares à étages.

Nous ne pouvons décrire tous ces appareils ; nous dirons seulement quelques mots de ceux qui répondent aux besoins les plus nombreux, c'est-à-dire des grues à vapeur.

Grues à vapeur. — Le nombre des grues à vapeur est aujourd'hui considérable, et il est difficile de faire un choix parmi tous les modèles proposés par les constructeurs.

La première chose à déterminer, c'est la nature du travail à demander à une grue. On peut, en effet, demander à un appareil de cette nature d'être en mesure :

1° D'enlever un fardeau verticalement ;

2° De déplacer ce même fardeau parallèlement à lui-même entre deux supports ou circulairement autour d'un axe vertical ;

3° De se déplacer avec ou sans le fardeau.

La succession de ces trois modes de mouvement réalise dans un port ou dans une gare les mouvements effectués par le treuil universel dans un atelier ; mais on n'obtient ce résultat qu'à l'aide de complications à notre avis trop grandes.

Le troisième mode de travail, le déplacement automatique de la grue, exige surtout une transmission spéciale dont nous ne conseillons pas la réalisation dans les conditions habituelles du travail.

Lorsque les fardeaux à déplacer par la grue n'ont pas un

poids considérable et ne dépassent pas 2 à 300 kilogrammes, ce qui correspond à la presque totalité des objets à manutentionner dans un port ou dans une gare, il nous paraît inutile de faire faire par la vapeur le mouvement de rotation de la grue. Avec une grue bien équilibrée, ce déplacement angulaire est fait à l'aide d'une corde tirée par un ou deux hommes, et le travail que doit effectuer la vapeur se réduit à celui du treuil.

Si nous attachons une grande importance à l'emploi des moyens mécaniques pour toutes les manœuvres de force, nous n'en attachons pas une moins grande à la simplicité des appareils. Dans un atelier d'ajustage, on peut sans inconvénient se servir d'un treuil universel bien abrité, manœuvré par des ouvriers instruits, facilement réparable dans l'atelier lui-même; mais il n'en est pas de même au milieu d'un port ou d'une gare: il faut prévoir la pluie, la neige, la manœuvre par des hommes inexpérimentés, la difficulté des réparations, et, à ce point de vue, il faut faire choix d'appareils simples et robustes.

La forme le plus généralement adoptée est la grue à pivot, dans laquelle une petite chaudière horizontale ou verticale fait équilibre ou contre-poids au fardeau.

L'emploi de la coulisse de Stephenson et de la contre-vapeur permet de modérer la rapidité de la descente du fardeau et diminue les dangers que présentait pour cette manœuvre le seul usage du frein. Il convient toutefois de conserver un frein et de veiller à la qualité de la lame d'acier qui constitue le plus habituellement cet organe.

L'angle que la volée de la grue fait avec la verticale peut être fixe ou variable : dans le premier cas, l'appareil est réduit à sa plus simple expression; mais la possibilité de rendre variable l'angle de la volée avec l'axe vertical de rotation peut rendre dans certaines circonstances d'assez grands services. En premier lieu, une grue ainsi disposée peut en quelque sorte se ramasser sur elle-même et travailler dans un espace très-resserré; les grues roulantes à vapeur que les

Anglais avaient apportées pour la manœuvre des colis destinés à l'Exposition universelle de 1867, ont pu pénétrer et se mouvoir dans des parties du palais inaccessibles aux grues à volée fixe. En second lieu, quand on veut imprimer un mouvement de translation à ces grues sous charge, il est très-avantageux de pouvoir rapprocher la charge de l'assiette de la machine et de diminuer la tendance au renversement que produit un long bras de levier.

Dans les grues mobiles, la puissance de l'appareil peut être augmentée en supprimant momentanément cette mobilité et en agrafant le chariot au sol. On n'a plus, à proprement parler, une grue mobile; on a une grue fixe facilement transportable.

M. Chrétien, constructeur à Paris, avait envoyé à l'Exposition universelle de 1867 une grue à vapeur très-simple : la volée est creuse et fonctionne comme cylindre à vapeur, le piston commande directement la chaine à l'aide d'une moufle, le tout formant un marteau-pilon oblique. Appliquée à de faibles poids (1,000 à 2,000 kilogrammes), la grue Chrétien fonctionne avec une grande rapidité.

§ 4. — Cylindrage des chaussées.

Nous pouvons considérer comme un service permanent le rechargement des chaussées empierrées, *l'emploi des matériaux*, pour prendre l'expression technique. Là encore la vapeur intervient, et s'il faut s'étonner d'une chose, c'est de son emploi tardif dans un travail qui exige au suprême degré l'emploi d'une force brutale. Il n'y a pas bien des années, du reste, que le cylindre ordinaire, traîné par des chevaux, a été admis dans la pratique ; on laissait aux voitures le soin de faire *prendre les emplois ;* il fallait souvent doubler les attelages au moment des grands rechargements, et la circulation ne s'effectuait qu'au prix de difficultés inouïes. Cet état de choses a heureusement disparu et il a fait place au cylindrage. Sur les routes, la présence des longs attelages qui traînent les appareils ne cause qu'un très-faible embarras ; il n'en est pas de même dans les villes, et, à Paris notamment, les mouvements de ces grands attelages sont un obstacle sérieux pour la circulation. C'est donc à Paris que s'est fait jour la pensée de faire mouvoir les cylindres par la vapeur. On entrevoyait immédiatement la possibilité d'augmenter le poids des cylindres et de terminer l'opération dans un délai très-court.

Au début des essais qui ont été faits, on redoutait beaucoup la frayeur que l'aspect de ces engins pouvait causer aux chevaux des voitures. L'expérience a démontré que ces craintes étaient exagérées. Rien d'ailleurs n'est plus facile que de limiter aux heures de nuit l'emploi de ces appareils; le citadin trouve, à son réveil, complétement réparée et rénouvelée une chaussée qui la veille était usée et remplie de flaches.

Résultats obtenus dans Paris. — MM. Alphand et Vaissière, ingénieurs en chef du service municipal, ont bien voulu nous faire connaître les principaux résultats observés à Paris pendant l'année 1867.

Le cylindrage est fait à l'aide de machines appartenant à la société Gellerat et Cie, et qui se rapportent aux trois types ci-après :

DÉSIGNATION	1	2	3
Poids moyen des machines en ordre de marche.	17.800^k	29.100^k	22.700^k
Diamètre des rouleaux porteurs. . . .	$1^m.50$	$1^m.45$	$1^m.45$
Longueur des rouleaux porteurs. . . .	$1^m.45$	$1^m.90$	$1^m.50$
Poids par mètre courant de génératrice.	6.140^k	7.660^k	7.570^k
Vitesse moyenne de marche par heure..	1.880^m	2.270^m	3.370^m
Nombre de tonnes kilométriques développées par heure..	$33^{tk}.5$	66^{tk}	$76^{tk}.5$

L'expérience a démontré que les machines les plus légères étaient celles qui donnaient le meilleur travail ; les machines lourdes écrasent les matériaux et occasionnent un déchet considérable. M. l'ingénieur en chef Vaissière estime que, pour les matériaux très-durs employés à Paris, il ne convient pas de dépasser le poids de 20 tonnes.

Pour des matériaux moins durs, la société Gellerat construit des cylindres qui ne pèsent que 11,500 kilogrammes vides et 13,000 kilogrammes pleins.

En comparant les deux modes de cylindrage des chaussées par des chevaux et par la vapeur, MM. les ingénieurs du service municipal estiment que, si on tient compte de toutes les dépenses accessoires de regalage de la pierre, de répandage du sable, d'arrosages, dépenses beaucoup moindres avec le cylindre à vapeur qu'avec le cylindre traîné par des chevaux, le prix du cylindrage d'un mètre carré de chaussée est le même avec les deux appareils et varie entre 0f,40 et 0f,50.

Au point de vue de la dépense, les deux modes de cylindrage présentent les mêmes avantages; mais le cylindre à vapeur, en six à sept heures de travail, produit l'effet d'un cylindre à chevaux fonctionnant pendant près de vingt-quatre à trente-six heures.

« Enfin, ajoute M. l'ingénieur en chef Vaissière, il est constant et bien reconnu que le cylindrage par la vapeur est plus parfait que le cylindrage ordinaire; il y a une plus complète homogénéité dans la couche cylindrée; la masse de sable employée comme matière d'agrégation y est plus uniformément mêlée aux matériaux (ajoutons qu'il faut beaucoup moins de ce sable); la chaussée est plus compacte, et, *somme toute, une chaussée cylindrée à la vapeur dure plus longtemps que celle cylindrée avec des chevaux.* »

Il est impossible de formuler une conclusion plus précise et plus nette, et les ingénieurs des ponts et chaussées sont désormais en possession d'un instrument qui, tout en étant une source d'économies, fera disparaître les ennuis sans nombre que les rechargements des chaussées imposaient au public.

Établissement légal des cylindres à vapeur. — On a agité la question de savoir si les cylindres à vapeur devaient être, au point de vue légal, traités comme de simples machines à vapeur ou assimilés aux locomotives routières, et satisfaire dès lors aux prescriptions formulées dans l'arrêté ministériel du 20 avril 1866, arrêté que nous avons mentionné dans le chapitre XVIII.

Il suffit de lire cet arrêté pour voir combien peu ses dispositions qui concernent la vitesse de marche, la régularité des départs, un service public, en un mot, sont peu applicables aux nouveaux engins de travail qui nous occupent.

Une seule réglementation nous paraît nécessaire, c'est la limitation des heures de travail dans les rues fréquentées; mais cette réglementation rentre dans les attributions municipales et ne concerne pas l'appareil à vapeur proprement dit.

§ 5. — Transformation des moyens destinés à combattre les incendies.

Pompes à vapeur. — On s'étonnera peut-être de voir réunir aux travaux publics la question de la transformation des moyens destinés à combattre les incendies. C'est que, dans notre pensée, il appartient aux ingénieurs de prendre, dans les travaux de distribution d'eau dans les villes, des dispositions spéciales et encore peu connues en France. En permettant de multiplier les distributions d'eau, la machine à vapeur permettra aussi de multiplier les moyens de combattre les incendies dans les villes; mais elle a déjà rendu, à cet égard, un service immense lorsqu'elle a donné naissance à la pompe à incendie à vapeur si répandue en Angleterre et en Amérique, si ignorée dans notre pays, où on semble avoir une certaine horreur des appareils mécaniques.

Les expériences faites à l'Exposition universelle de 1867 ne devraient cependant laisser aucun doute sur l'efficacité des pompes à incendie à vapeur.

La pompe présentée par MM. Merryweather et fils, de Londres, a fourni pendant plusieurs heures de suite un jet d'eau de 45 millimètres de diamètre et passant par dessus le phare français, c'est-à-dire atteignant à une hauteur de 50 mètres. La force de cette machine est de 20 chevaux.

La chaudière est une chaudière du système Field, ayant $0^m,950$ de diamètre extérieur, $1^m,400$ de hauteur. Elle donne de la vapeur avec une rapidité telle qu'en moins de dix minutes après l'allumage, la pompe fonctionne sous des pressions de 7 à 8 atmosphères. Le poids total de la pompe, y compris la chaudière pleine d'eau et de combustible, ne dépasse pas 3,000 kilogrammes.

Avec de semblables appareils, les incendies qui éclatent dans les étages élevés seront attaqués on ne peut plus énergiquement, tandis que presque toutes les pompes à bras demeurent impuissantes à atteindre des hauteurs de 15 à 20 mètres, ou ne parviennent à y lancer que quelques gouttes d'eau.

Plusieurs villes de France ont acheté des pompes à incendie à vapeur et elles en ont déjà obtenu les meilleurs services. Espérons que la ville de Paris ne tardera pas à suivre cet exemple et que les incendies y seront désormais combattus avec des engins qui laisseront bien loin derrière eux les faibles pompes à bras manœuvrées par des citoyens inexpérimentés.

Relations à établir entre les distributions d'eau et les pompes à incendie. — Pendant longtemps on n'a pas connu, pour alimenter les bâches des pompes, d'autre procédé que l'emploi de chaînes formées par des hommes qui se passent de main en main un seau qui arrive à moitié vide. Il faut que, dans une grande ville, toutes les bouches de distribution d'eau puissent recevoir le boyau d'une pompe à incendie. Ces mesures sont depuis longtemps mises à exécution dans les grands établissements industriels, et les ingénieurs doivent chercher avec une grande ardeur à les vulgariser partout.

Transformation des machines locomotives en pompes à incendie. — On a songé, en Allemagne, à transformer les machines locomotives à roues libres en pompes à incendie, et on a fait, à cet égard, des essais qui ont été couronnés de succès. Les roues motrices étaient soulevées à quelques centimètres au-dessus du rail et pouvaient alors prendre un mouvement de rotation que l'on employait à faire mouvoir une pompe prenant l'eau dans le tender.

La nécessité de soulever partiellement la machine nous a paru une complication inutile, et, en France, les ingénieurs de la compagnie de l'Est ont cherché à transformer l'appareil Giffard en pompe foulante. Ces essais n'ont pas réussi : l'appareil donnait un mélange d'eau et de vapeur qui échauffait les boyaux et rendait très-pénible le maniement de la lance.

Une autre expérience a été tentée : elle consiste à mettre sur la chaudière une pompe aspirante et foulante complète; l'eau est aspirée dans le tender et la pompe marche avec la vapeur fournie par la machine.

En installant un appareil semblable sur toutes les machines de gare, on aura, dans tous ces établissements, qui renferment de grandes richesses, des instruments toujours prêts à combattre les incendies, et qui se transporteront d'eux-mêmes partout où le feu se déclarera.

Les expériences faites sur la première machine pourvue d'un appareil de pompe à incendie ont donné à Paris des résultats dignes d'être notés. Le débit de la pompe à eau s'est élevé à 8 ou 900 litres par minute et on atteignait facilement le faîte d'un pignon situé à 14 mètres au-dessus du sol.

Nous croyons que la question de la masse d'eau à lancer dans un temps très-court sur un point en ignition est capitale : l'injection de quelques gouttes d'eau au milieu des flammes semble raviver ces dernières ; en concentrant, au contraire, un jet de 8 à 900 litres par minute sur un seul point, on obtiendra une extinction presque immédiate.

Emploi de la vapeur d'eau pour combattre directement les incendies. — On a expérimenté, en Alsace, dans les filatures, un système très-simple pour combattre les incendies. On a une distribution de vapeur dans les salles dans lesquelles s'exécute le travail le plus dangereux au point de vue du feu. Au moindre danger, de larges issues sont données à la vapeur et l'incendie s'éteint immédiatement au milieu d'une atmosphère qui ne peut l'alimenter. De semblables mesures comportent la mise en vigueur de consignes sévères pour le départ des ouvriers avant l'ouverture des robinets de vapeur.

§ 6. — Opérations relatives à l'assainissement des villes et à l'utilisation des eaux d'égout.

Nous arrivons à une nature de travaux publics dans laquelle il ne s'agit plus d'une amélioration ou d'une transformation due à la machine à vapeur. Nous allons assister à une véritable création uniquement due à la machine à vapeur. Comment en effet concevoir, sans un auxiliaire de cette nature, là où les chutes d'eau font défaut, la pensée de refouler loin des villes et à des distances considérables, soit les matières accumulées dans les dépotoirs, soit les eaux des égouts chargées de substances nuisibles à l'homme et contenant cependant les éléments essentiels de la production des végétaux ?

Nous ne citerons que quelques exemples :

L'assainissement de la ville de Londres ;

Les machines du dépotoir de la Villette à Paris ;

Le traitement des eaux d'égout à Leicester;

L'utilisation des eaux de l'égout d'Asnières pour transformer la culture dans la plaine de Gennevilliers.

Assainissement de la ville de Londres. — De grandes difficultés se sont opposées pendant longtemps à l'assainissement de la ville de Londres. La plus considérable peut-être venait de la division de la ville en paroisses indépendantes agissant sans entente, sans concert et par conséquent impuissantes. En second lieu, la faible hauteur d'une grande partie de la ville au-dessus de la Tamise rendait impossible la création de collecteurs débouchant dans le fleuve. Enfin on était exposé, par le mouvement alternatif des marées, à voir refluer dans la ville même une partie des liquides rejetés par les égouts.

La première difficulté a été résolue à la suite de longues enquêtes si chères au peuple anglais, et, le *Metropolitan Local Management Act* ayant mis fin en 1856 aux conflits locaux, un plan d'ensemble put être tracé.

Restaient les questions de pente, de niveau et de débouché dans la Tamise ; les machines à vapeur ont levé tous les obstacles. Dès que la pente est jugée insuffisante, les eaux des égouts recueillies dans un réservoir sont élevées verticalement de 6, 7, 8, et même 12 mètres, puis elles reprennent leur course en aval de Londres. Le grand émissaire de la rive gauche de la Tamise, au lieu d'être sous le sol, est placé en l'air ; il traverse à l'aide de ponts de viaducs les rivières, les routes, les chemins de fer.

Les eaux sont amenées du collecteur dans cet émissaire, en un point nommé Abbey Mills, au moyen de machines élévatoires d'une force de 1,140 chevaux pouvant élever par minute 425 mètres cubes d'eau à une hauteur moyenne de 5^{m},50; elles consomment par an environ 10,000 tonnes de houille.

Sur la rive droite de la Tamise, le sol est encore plus déprimé que sur la rive gauche ; les eaux du collecteur circulaire sont élevées de 5^{m},50 de hauteur à Deptford à l'aide de quatre machines de 125 chevaux chacune et capables d'élever 285 mètres cubes par minute. Un second groupe de quatre machines, en tout semblables aux précédentes, relève une seconde fois les eaux dans l'émissaire et les verse dans le réservoir de Crossness, d'où elles s'écoulent dans la Tamise.

Les trois groupes de machines représentent donc une force totale de 2,580 chevaux, et leur consommation annuelle exige environ 20,000 tonnes de combustible.

Les dessins d'une partie de ces immenses ouvrages ont été récemment publiés dans la grande collection distribuée aux ingénieurs des ponts et chaussées.

Utilisation des eaux. — Le problème de l'assainissement de la ville de Londres était résolu par l'exécution des travaux que nous venons de décrire sommairement. Les immondices, dont l'accumulation devenait un si grand danger, étaient entraînées à une distance trop considérable en aval pour que la marée pût les ramener dans la ville; mais toutes les matières fertilisantes charriées par les eaux d'égout étaient perdues. Une nouvelle série de travaux est projetée en ce moment même pour reprendre à Barking-Creek les eaux au moment où elles vont être jetées dans la Tamise et les distribuer sur une longueur de 72 kilomètres. Des machines à vapeur d'une énorme puissance relèveront le plan d'eau, une première fois de 9 mètres de hauteur à 5,600 mètres de Barking, une seconde fois de 10m,50 de hauteur à 6,400 mètres plus loin. Les eaux, ayant ainsi la pente nécessaire à leur écoulement, arroseront une superficie de 12,000 hectares et déboucheront sur les dunes de sable qui existent à l'embouchure de la Tamise, en fournissant à la végétation les éléments qui lui font complétement défaut sur ces plages stériles.

Nous ne pouvons entrer dans les détails de cette immense opération au sujet de laquelle on devra lire dans les *Annales des ponts et chaussées*, année 1869, un rapport très-intéressant de M. de Freycinet, ingénieur des mines. Nous n'insistons que sur un point : l'emploi de la machine à vapeur, sans laquelle rien de tout cela n'était possible ni même concevable.

Machines du dépotoir de la Villette. — Les opérations du dépotoir de la Villette ont été plusieurs fois décrites. Nous rappellerons seulement qu'elles ont pour objet le refoulement à Bondy, à une distance de 10 kilomètres, des vidanges extraites des fosses d'aisances à Paris.

Le travail est effectué par deux machines à vapeur : l'une à balancier de 30 chevaux, l'autre horizontale de 25 chevaux.

Elles travaillent en moyenne 14 heures par jour et consomment 848 kilogrammes de houille.

Elles refoulent 141 mètres cubes de matière par heure à une distance de 10 kilomètres et à une hauteur de 25 mètres.

Le prix moyen du transport d'un mètre cube ressort par conséquent à 0,027, non compris la répartition des frais de premier établissement.

Traitement des eaux d'égout à Leicester. — Nous ne citerons pas l'opération tentée à Leicester pour le traitement des eaux d'égout comme une opération commerciale digne d'imitation ; mais nous n'en connaissons pas dans laquelle on ait demandé à la machine à vapeur de remplir un rôle plus considérable : il s'agit d'absorber par la chaux les matières solides des eaux d'égout et tout le travail est fait mécaniquement.

L'eau des égouts est mélangée avec un lait de chaux. Le dépôt, amené à l'état de boue liquide, est distribué par une chaîne à godets dans des machines à essorer, à force centrifuge.

Les essoreuses ou toupies de séchage sont en toile métallique. Chaque essoreuse reçoit 160 kilogrammes de boue; une fois chargée, on lui imprime pendant 15 minutes un mouvement de rotation à raison de 1,000 tours par minute.

Les deux tiers de l'eau sont évaporés et la matière est assez compacte pour pouvoir être moulée.

Une machine de Cornouailles, de 20 chevaux, sert à élever les eaux des égouts.

Une machine de 6 à 7 chevaux conduit les agitateurs, la fabrication du lait de chaux et la noria.

Douze machines à vapeur, à cylindres oscillants, font tourner les essoreuses.

Une seule chaudière donne la vapeur à ces quatorze machines.

Le problème à résoudre dans l'utilisation des eaux d'égout est l'enlèvement de la grande quantité d'eau qu'elles renferment; le moyen mécanique employé à Leicester est évidemment trop dispendieux, mais on arrivera certainement à une solution plus pratique. M. l'ingénieur en chef Mille a très-nettement formulé[1] les deux voies dans lesquelles il convient de marcher à cet égard.

« La voie naturelle, dit-il, peut employer à la façon des contrées méridionales (Milan, Valence) l'irrigation qui permettra de parcourir l'échelle entière de la végétation, depuis l'herbe des nourrisseurs jusqu'aux légumes et primeurs et aux fleurs de parfumerie.

« La voie industrielle peut fabriquer par précipitation des engrais et écouler en rivière ou sur les prairies des eaux clarifiées efficaces encore, comme des sources de montagne. Aucun danger d'ailleurs pour l'assainissement dès qu'on travaille par couches minces sur de grandes surfaces. »

Ajoutons, mais cela devient si naturel qu'on n'en parle plus, que les machines à vapeur refouleront les eaux d'égout, soit dans les lieux où elles pourront être utilisées aux irrigations, ou dans ceux où elles pourront être traitées sans danger pour les habitations voisines.

Irrigations du plateau de Gennevilliers avec les eaux du grand collecteur de Paris. — L'irrigation du plateau aride de Gennevilliers avec des eaux prises dans le grand égout collecteur de Paris, au point où il débouche dans la Seine à Asnières, est l'application du programme que nous venons d'emprunter à M. l'ingénieur en chef Mille.

[1] *Rapport du jury international de l'Exposition universelle* de 1867. Emploi agricole des eaux d'égout.

Deux machines à vapeur de M. Farcot, chaudières à foyer mobile portant le mécanisme, et chacune d'elles représentant une force de 20 chevaux, sont placées sous un hangar au bord de la Seine ; elles donnent le mouvement à deux pompes centrifuges qui se succèdent l'une à l'autre et qui élèvent les eaux de l'égout à une hauteur totale de $8^{m},50$ au-dessus du niveau de l'égout.

Amenées par une conduite en fonte de 0,60 de diamètre et 2,100 mètres de longueur dans un réservoir qui sert de régulateur de niveau, les eaux sont distribuées à la culture sur le plateau de Gennevilliers et y réalisent la plus merveilleuse transformation. Des terres presque stériles deviennent des jardins dans lesquels la culture maraîchère obtient les plus beaux produits.

La quantité d'eau d'égout refoulée par jour dans les expériences de 1869 était de 6,900 mètres cubes. Ce n'est malheureusement encore qu'une bien faible fraction du volume des eaux roulées chaque jour à la Seine par l'égout d'Asnières, 240,000 mètres cubes.

§ 7. — Éclairage des phares. — Ventilation des édifices.

On ne pourra plus, pour ainsi dire, mentionner un seul travail d'utilité publique sans tenir compte du rôle de la machine à vapeur. Aussi devons-nous nous contenter des indications les plus sommaires, en disant que c'est aux machines à vapeur que les machines magnéto-électriques demandent le mouvement qu'elles convertissent en lumière.

Nous terminions le chapitre précédent par cette considération que, dans l'exécution des travaux, la machine à vapeur devait être désormais regardée par l'ingénieur comme un auxiliaire de tous les jours et de tous les instants. Il en sera bientôt de même en ce qui concerne la conception des travaux ; l'emploi permanent d'une ou de plusieurs machines à vapeur sera proposé comme une chose des plus simples et à peine digne d'être mentionnée. Aussi, pour ne pas nous exposer au reproche de faire de l'encyclopédie, nous ne pouvons que donner les indications les plus sommaires sur quelques dispositions dans lesquelles la machine à vapeur fonctionne à l'état permanent.

Éclairage des phares de premier ordre. — « Les machines magnéto-électriques employées aux phares de la Hève, composés de 6 disques de 16 bobines chacun, donnent, dit M. Léonce Reynaud, inspecteur général des ponts et chaussées, une lumière dont l'éclat peut être évalué à 200 becs de carcel. Placée au foyer d'un appareil catadioptrique à feu fixe de $0^{m},30$ de diamètre, cette lumière envoie sur toute la circonférence un faisceau lumineux dont l'intensité est égale à 5,000 becs. Nos phares de premier ordre à feu fixe, alimentés à l'huile, ne donnent pas plus de 630 becs. »

C'est une humble locomobile ou machine mi-fixe de cinq chevaux qui imprime le mouvement à la machine magnéto-électrique.

L'aspect des phares de la Hève n'est-il pas pour le public étranger aux sciences physiques une démonstration sommaire, mais bien concluante, de l'identité des agents naturels, chaleur, force, électricité, lumière?

On dépense du combustible, c'est-à-dire de la lumière condensée par le phénomène de la végétation, on obtient une force qui sert elle-même à produire des courants électriques intenses, qui, à leur tour, donnent naissance à une vive production de lumière; le cercle est complet. En parlant de la houille on a dit que nous nous chauffions au soleil des anciens jours, nous pouvons dire qu'avec cette même houille, nous retrouvons une lumière qui ne peut être comparée qu'à celle du soleil lui-même.

Signaux sonores par les temps de brume. — Aucune lumière ne perce certains brouillards et on ne peut que recourir à des signaux acoustiques. Après bien des essais, on est arrivé à construire des trompettes dans lesquelles l'air est comprimé à l'aide d'une locomobile de trois chevaux. La trompette de l'île d'Ouessant se fait entendre pendant deux secondes à des intervalles de dix secondes ; la machine lui imprime un mouvement de rotation, de façon que le pavillon se tourne successivement vers tous les points de l'horizon ; par les temps calmes, cette trompette porte à 5 milles marins.

Emploi de l'air comprimé pour ventiler les grands édifices. — La vulgarisation de l'emploi, ou, si nous pouvons nous servir de cette expression, du maniement de l'air comprimé, donnera une solution simple de la question si difficile de la ventilation des grands édifices. La grande expérience, faite par la commission impériale, pour ventiler le palais de l'Exposition universelle de 1867 ne saurait laisser aucun doute à ce sujet.

Sans entrer dans des détails qui nous éloigneraient encore de l'objet de ce cours, nous rappellerons que le problème de la ventilation des grands édifices, c'est-à-dire du renouvellement fréquent et intégral de l'air qu'ils renferment, présente une difficulté qui a paru longtemps insurmontable. Il faut que le renouvellement de l'air s'effectue en quelque sorte à l'insu des personnes qui se tiennent dans cet édifice. Personne ne pourrait demeurer à côté d'orifices ou de bouches par lesquels l'air serait injecté avec violence ; et, d'un autre côté, si on demandait à une machine de fournir directement tout le volume d'air nécessaire à la ventilation, on serait conduit à donner à cette machine des dimensions énormes.

Le système proposé à l'Exposition universelle par MM. Piarron de Mondésir, Le Haitre et Julienne, a fait disparaître ces deux obstacles. L'air destiné à remplacer l'air vicié n'était pas injecté directement dans le palais, mais bien dans le réseau des galeries souterraines qui en formaient la base. En second lieu, l'air frais était lancé dans chaque galerie par une buse dont l'orifice pouvait varier de 0 à 150 centimètres carrés ; à la sortie de cette buse, l'air se dilatait en formant un cône d'expansion qui, par un phénomène de communication latérale du mouvement, entraînait avec lui tout l'air ambiant des galeries. Il se formait alors un mélange d'air détendu et d'air entraîné qui, occupant toute la section de la galerie, arrivait avec une faible vitesse à chacune des grilles par lesquelles il pénétrait dans le palais proprement dit.

Avec quatre centres de production d'air comprimé par des ventilateurs actionnés par des machines à vapeur représentant ensemble environ 80 chevaux, on est arrivé à injecter 600,000 mètres cubes d'air par heure dans le palais et à y entretenir une température inférieure d'un ou de deux degrés à la température extérieure. L'abaissement de la température n'est point, du reste, le but à rechercher dans la ventilation : ce qu'il faut obtenir, c'est le renouvellement et l'expulsion de l'air vicié, et les chiffres que nous venons de citer montrent que ce but était atteint.

On a reproché au système proposé par M. de Mondésir et ses collaborateurs la nécessité de l'emploi d'une machine à vapeur. Nous ne concevons pas que l'on puisse demander qu'un travail soit produit sans admettre une force motrice, et, dans le plus grand nombre de cas, la machine à vapeur, par ses facilités d'installation, est le moteur le plus commode. Nous ajouterons que, dans bien des circonstances, on a une machine à vapeur pour d'autres besoins que la ventilation et qu'il suffit de demander à cette machine quelques chevaux nécessaires à la mise en marche d'un ou de deux ventilateurs. On a pu ainsi tout récemment faire disparaître à Saint-Étienne les poussières métalliques qui, dans des ateliers d'aiguiserie de sabres, de baïonnettes, sont ou plutôt étaient si dangereuses pour les ouvriers forcés de vivre dans un pareil milieu. Nous avons l'espoir que ces procédés de ventilation se propageront dans tous les ateliers renfermant des poussières textiles ou des poussières chimiques, aussi dangereuses que les poussières métalliques.

SEPTIÈME PARTIE

PROBLÈME GÉNÉRAL DE LA TRANSMISSION DES FORCES MOTRICES.

CHAPITRE XXI

UTILISATION ET TRANSMISSION DES FORCES MOTRICES NATURELLES. — EMPLOI DES FLUIDES COMPRIMÉS. — CABLES TÉLODYNAMIQUES.

§ 1er. — Importance de la question de la recherche et de l'utilisation des forces naturelles.

Nous avons, à plusieurs reprises, signalé la transformation qui s'effectue de nos jours dans le travail. Tandis qu'autrefois la force, source de tout travail, était à peu près uniquement demandée aux animaux ou à l'homme lui-même, on établit aujourd'hui une division profonde : on demande la force à des moteurs naturels, et l'homme se réserve, avec la direction à imprimer à ces moteurs, tout ce qui exige l'intelligence, l'adresse et le goût. Chaque jour la division s'accentue davantage, et on ne peut qu'applaudir à cette véritable émancipation de l'ouvrier, mais à une condition, c'est que les forces naturelles ne feront pas défaut.

Nous ne pensons pas qu'il y ait, à cet égard, de craintes sérieuses à concevoir, si on se pose dès aujourd'hui le problème et si on se préoccupe des moyens de tirer parti de forces considérables que la nature semble nous avoir réservées.

Les seuls moteurs inanimés, connus au siècle dernier, étaient les moulins à vent et les moteurs hydrauliques. Sans les faire disparaître, la machine à vapeur, par sa facilité d'installation en tous lieux, la continuité de son action, a été considérée comme présentant de plus grands avantages, et c'est à l'action de la chaleur sur les fluides élastiques que l'on demande aujourd'hui la plus grande partie de la force utilisée dans l'industrie.

L'abondance des gisements houillers en Angleterre et dans diverses contrées de l'Europe était telle que, pendant longues années, on ne s'est pas demandé si cette source de chaleur et de force n'était pas exposée à se tarir, et on n'a pas beaucoup cherché à économiser un combustible qui s'offrait et s'offre encore à très-bas prix.

Il n'en a pas été de même en France. Stimulés par la pénurie de combustible qui existe dans notre pays, les constructeurs se sont appliqués à diminuer la consommation des machines et ils sont arrivés à des résultats très-remarquables et supérieurs à ceux obtenus de l'autre côté du détroit. Les efforts que nous avons faits et que nous faisons toujours en France pour économiser le combustible ont peut-être fait naître la question de l'épuisement prochain des mines de houille, question qui semble éclater en ce moment même en Angleterre où elle donne lieu à de vives controverses. Quelques esprits ont vu cet épuisement comme immédiat, et ils ont limité la durée de l'approvisionnement du pays à cinquante années ; d'autres ont pensé que l'on atteindrait deux siècles. Nous n'essayerons pas d'intervenir dans ce débat. Sans aucun doute, il existe encore en Angleterre et sur le continent des couches de houille puissantes et presque inexplorées ; mais, sans aucun doute aussi, il y a déjà des mines absolument épuisées. Dans d'autres mines en pleine exploitation, la profondeur des puits augmente et avec cette profondeur croissent les difficultés de température, de ventilation, d'extraction. Le recrutement de la population minière est chaque jour moins facile ; l'ouvrier qui trouve, soit dans l'industrie, soit dans l'agriculture, une source de travail régulier, hésite de plus en plus à descendre dans la fosse, ou il n'y consent qu'au prix d'une rémunération supérieure à celle dont il se contentait autrefois.

L'introduction du travail mécanique dans les mines fera probablement disparaitre quelques-unes de ces difficultés. Dans tous les cas, il serait puéril de les nier ; il importe au contraire de les envisager à l'avance et de rechercher s'il n'est pas possible de se procurer des forces autres que celles que l'on a demandées aux combustibles.

Nous ne parlons pas des études ayant pour objet la substitution d'un combustible à un autre, de l'hydrogène au carbone ; nous plaçons dans un seul groupe tous les corps capables de donner de la chaleur par le seul fait de leur combinaison avec l'oxygène.

Nous ne parlons pas non plus des rayons calorifiques du soleil, dont on a présenté l'emmagasinement comme possible. Après avoir épuisé l'approvisionnement de chaleur solaire absorbée par les végétaux qui sont devenus l'anthracite, la houille, les lignites, l'homme sera forcé de s'adresser au soleil, seule source de chaleur et combustible de l'avenir. Nous ne saurions refuser à ces idées un certain caractère de grandeur, mais nous devons constater leur inapplicabilité actuelle, si nous pouvons employer cette expression [1].

Nous devons également ranger au nombre des rêveries la pensée d'extraire le carbone qui se trouve fixé d'une manière si abondante dans les carbonates de chaux qui constituent une des plus puissantes couches de l'écorce terrestre. Il y a là évi-

[1] Voy. le livre intéressant, *la Chaleur solaire et ses applications industrielles*, par Mouchot. Paris, Gauthier-Villars, 1869.

demment des masses énormes de carbone ; mais la dissociation des éléments auxquels il est intimement lié exigerait probablement une force comparable à celle dont on poursuivrait la production, et on ne gagnerait rien.

Si nous restons dans le domaine des faits, nous ne voyons guère que les deux forces naturelles citées au commencement de ce paragraphe, l'air et l'eau, et que l'on a très-certainement négligées depuis un siècle.

L'eau qui descend chaque jour des montagnes vers les vallées, des vallées vers la mer, constitue un réservoir de forces presque inépuisable. On a dit que les chutes du Niagara à elles seules représentaient une force capable de faire marcher toutes les usines du monde entier. Sans recourir au Niagara, il est incontestable que tous les cours d'eau de notre continent représentent des forces considérables et presque complétement disponibles, soit pour l'agriculture, soit pour l'industrie.

On commence de divers côtés à signaler ce grand fait de l'inutilisation des forces naturelles que nous avons à côté de nous. Étant donné un cours d'eau, a-t-on dit dans une des dernières grandes enquêtes économiques, pas une goutte de cette eau ne devrait se rendre à l'Océan sans avoir servi à créer une force, à transporter des navires, à irriguer.

Les eaux distribuées dans nos villes représentent souvent une force inutilisée.

On a fait, à plusieurs reprises, le compte de la force que représente l'approvisionnement d'une grande ville comme Paris, et l'on s'est demandé s'il ne serait pas possible d'utiliser industriellement une partie de cette force. Une usine, qui reçoit de l'eau avec une charge de 20, 30 ou 40 mètres et qui n'emploie cette eau que pour alimenter une chaudière à vapeur, des cuves de blanchiment ou pour tout autre usage, utiliserait aussi bien cette eau, quand une roue hydraulique aurait recueilli la force que représente cette hauteur de chute. Les variations considérables qui se produisent dans le service des eaux de la ville de Paris, l'insuffisance des moyens auxquels on a eu recours jusqu'à ce moment, n'ont pas permis d'asseoir des combinaisons certaines; mais, lorsque toutes les ressources prévues par l'alimentation seront réalisées, lorsqu'un particulier sera sûr de recevoir toujours la même quantité d'eau à la même pression, on pourra utiliser la force qui correspond à ce nombre d'unités dynamiques.

Les idées que nous exprimons à ce sujet ne sont pas nouvelles ; elles ont été bien des fois formulées, mais on n'est pas encore arrivé à les faire passer dans le domaine des faits d'une manière pratique ou sur une échelle appréciable. De plusieurs côtés cependant le problème se précise, et plusieurs villes comptent trouver dans leurs distributions d'eau une source de force motrice. La ville de Neuchâtel, en Suisse, annonce l'intention d'utiliser l'eau pour faire marcher une grande quantité de petits moteurs dans les ateliers que comporte l'industrie de la fabrication des montres. La ville de Saint-Étienne espère trouver dans l'accumulation des eaux retenues derrière le réservoir du Furens, non-seulement un abri contre les inondations produites autrefois par ce torrent, mais en même temps une réserve de force motrice que sauront utiliser ses industrieux habitants et dont le loyer serait suffisant pour payer l'intérêt du capital consacré à la construction du réservoir.

Il existe, à Paris même, un exemple peu connu de l'utilisation des conduites de dérivation pour exécuter, en quelque sorte chemin faisant, un travail. Nous lisons, dans le premier mémoire du préfet de la Seine sur les eaux de Paris (4 août 1854), qu'au point où l'aqueduc de ceinture des eaux de l'Ourcq pénètre dans Paris, on a placé une roue, appelée compteur-moteur, dont le double effet est de mesurer l'eau qui passe dans son coursier et d'élever, comme machine hydraulique, une certaine quantité d'eau sur les points hauts du voisinage. Le jeu de cette roue exige une perte de hauteur d'environ $0^{m},50$ entre le niveau du canal d'amenée et le niveau de l'aqueduc de ceinture, mais moyennant ce sacrifice de $0^m,50$, peu important pour l'alimentation de la ville, on fait arriver l'eau dans des quartiers qui eussent été complétement déshérités.

Les eaux du puits artésien de Grenelle ont été élevées à une grande hauteur au-dessus du sol, de façon à atteindre le niveau des quartiers hauts de la rive gauche de la Seine. On avait proposé de diminuer cette hauteur, ce qui eût beaucoup augmenté le débit du puits, et on aurait obtenu l'élévation de la petite quantité de l'eau nécessaire aux quartiers élevés en faisant passer la masse des eaux du puits sur une roue hydraulique. A Newcastle, les eaux amenées à la gare du chemin de fer ont une pression suffisante pour servir à la manœuvre des grues de la gare aux marchandises, à celle des plaques tournantes et à celle des grues à l'aide desquelles le charbon est monté sur les tenders. Toutes ces manœuvres effectuées, elles se rendent aux réservoirs d'alimentation des machines, après avoir utilisé la force qui correspondait à leur pression primitive.

L'utilisation des forces naturelles, pour effectuer des travaux que l'homme ne peut exécuter que très-péniblement, ou qu'il ne peut même pas exécuter du tout, permet de résoudre un problème très-important qui se présente dans les ouvrages destinés à améliorer la navigation des rivières. Nous voulons parler de la manœuvre des barrages mobiles. Le premier emploi de l'action du cours d'eau lui-même pour manœuvrer dans les deux sens les barrages mobiles a été réalisé par M. l'inspecteur général Louiche-Defontaines de la manière la plus complète et la plus heureuse pour des barrages dont la hauteur ne dépasse pas 1 mètre. M. l'ingénieur en chef Krantz propose, en ce moment, une solution nouvelle applicable à des barrages de 3 mètres de hauteur, et dans laquelle la manœuvre est complétement automatique. En levant ou en baissant quelques vannes, un homme crée ou supprime dans un grand fleuve une retenue de 3 mètres de hauteur.

Dans les travaux faits pour la construction du chemin de fer du Brenner, un ingénieur a demandé au cours d'eau sur lequel il avait à construire un pont la force nécessaire au battage des pieux. L'Eisack, torrent que le chemin du Brenner suit sur le versant méridional du Tyrol, a une pente de plus de 20 mètres par kilomètre et un volume d'eau considérable ; il était facile de recueillir de grandes forces.

Nous ne multiplierons pas ces exemples, mais nous dirons que ce qui n'a été fait que très-exceptionnellement doit devenir la règle et surtout se réaliser sur une échelle plus grande.

On n'a pas nié en effet l'importance des forces laissées sans emploi ; on a invoqué seulement la difficulté de les utiliser.

Nous en avons un exemple sous les yeux : la construction du barrage de la Monnaie à Paris avait donné naissance à une chute d'eau représentant une grande force, que bien des ingénieurs ont regretté de voir perdue, mais que l'on n'a pas utilisée, parce qu'on n'a pas jugé possible d'établir une usine sur le quai Conti ou à la pointe de l'île de la Cité.

Peut-être sera-t-on plus heureux avec les grands barrages établis depuis quelques années en aval de Paris et qui donnent naissance à des chutes d'une très-grande puissance. M. l'ingénieur en chef des ponts et chaussées Mille, dans son beau travail sur les irrigations de la Lombardie et les prairies à Marcites, signale l'existence de ces forces considérables créées sur la Seine, et il émet le vœu de les voir employées à élever sur des plaines peu fertiles les eaux que le grand égout collecteur rejette dans la Seine à Asnières. Les emplacements choisis pour ces barrages se prêtent mal à cette combinaison.

Dans tous les cas, le problème n'est plus de recueillir la force naturelle due à la chute des eaux ; les dérivations terminées par une roue hydraulique donnent depuis longtemps la solution de cette première question ; mais ce qui reste à faire, c'est de transmettre cette force naturelle dans un lieu où elle soit facilement utilisable.

Pour les moulins à vent, la question se présente dans des termes analogues. Ces engins si dédaignés de nos jours pourraient reprendre une importance qu'ils n'ont pas perdue dans le nord de la France, en Belgique et en Hollande, si la force qu'ils recueillent était accumulée et dépensée plus commodément qu'elle ne l'est aujourd'hui.

Concluons donc que les forces naturelles seront utilisées le jour où il sera possible de les transmettre à une certaine distance du point où elles prennent naissance, et cherchons les solutions du problème de la transmission des forces.

§ 2. — Transmission des forces à grande distance.

Différence entre la transformation et la transmission intégrale d'une force motrice. — Le problème de la transmission de la force motrice n'a été, jusqu'à ces derniers temps, envisagé qu'à un point de vue restreint. Le moteur étant donné, on a cherché le moyen de transmettre à des machines, à des métiers, à des outils placés à une très-faible distance, la plus grande part possible de la puissance de ce moteur. Presque toujours, un arbre de couche recevant le mouvement du moteur lui-même, commande à l'aide de poulies et de courroies un certain nombre de machines. En disposant des arbres secondaires, on fait naître le mouvement dans les divers étages d'une grande usine, et on répartit ainsi toute la puissance disponible; mais il y a pour ainsi dire *juxtaposition du moteur et de l'usine* et on réalise plutôt une transformation de la force motrice qu'une transmission intégrale de cette force.

Le problème général à résoudre est celui-ci :

Étant donnée une force motrice de cent chevaux, par exemple, est-il possible d'utiliser cette force à une grande distance du lieu où elle a pu être produite?

Pendant de longues années, on n'a pas songé, nous ne dirons

pas à la solution de cette question, mais à la question elle-même, et on considérait comme indispensable la juxtaposition du moteur et de l'usine. Si la force était demandée à un cours d'eau, on plaçait l'usine dans la prairie à l'extrémité de la dérivation ; s'il s'agissait d'une machine à vapeur, ce genre de moteur ne créant point de sujétion spéciale, l'emplacement de l'usine était déterminé par des considérations étrangères à la question de la force ; mais le moteur était toujours accolé à l'usine.

Aujourd'hui, cependant, bien des circonstances nouvelles se présentent, dans lesquelles la juxtaposition de l'usine et du moteur n'est pas possible. Les vallées industrielles offrent souvent des chutes d'eau que l'on ne songe pas à recueillir, soit parce que la nature tourbeuse du sol ne permettrait pas l'établissement d'une usine sur le bord du cours d'eau, soit parce que l'escarpement des rives se prête mal à une construction. Dans d'autres cas, la force disponible d'un moteur à vapeur n'est pas absorbée par les métiers ou les outils que l'on a pu grouper dans le bâtiment juxtaposé à ce moteur, et l'on pourrait, presque sans augmentation de dépense, animer d'autres métiers et d'autres outils situés dans un bâtiment éloigné du premier, si la force pouvait être transmise de l'un à l'autre de ces bâtiments.

Solutions proposées pour le problème de la transmission de la force motrice à grande distance. — On a proposé plusieurs solutions pour le problème de la transmission de la force motrice à grande distance, les unes spéciales à une nature particulière de force motrice, les autres exigeant une première transformation de la nature de la force, d'autres enfin qui s'appliquent à une force quelconque.

Les canalisations de vapeur répondent à la première solution ;

Les distributions d'eau ou d'air comprimé à la deuxième ;

Les câbles télodynamiques à la troisième.

Nous avons, dans les premières leçons de ce Cours, insisté sur les difficultés que présentent les canalisations de vapeur, en les limitant même à de faibles longueurs, quelques centaines de mètres, par exemple. Il faut se résigner à une perte de force notable, la tension de la vapeur à l'extrémité d'une conduite semblable étant toujours sensiblement inférieure à la tension qui existe dans le générateur.

L'emploi de l'*eau comprimée* ou de l'air comprimé ne présente point cet inconvénient. L'expérience a démontré que l'eau, comprimée à 50 atmosphères, peut être conduite à de grandes distances presque sans perte de pression; mais il importe de faire, à l'égard de ces deux modes de transmission de la force motrice, une réserve très-importante: c'est que, sauf le cas où la pression a été produite par des moteurs hydrauliques, il ne faut pas considérer ces modes de transmission comme répondant au problème de l'utilisation des forces naturelles. Si on a dû, pour comprimer l'air ou l'eau, employer tout d'abord un moteur à vapeur, il faut compter sur une première perte de force motrice et sur une perte très-grande. Les avantages spéciaux à ce mode de transmission de la force motrice peuvent, dans beaucoup de cas, être supérieurs aux inconvénients qui résultent de cette perte; mais il faut savoir apprécier cette dernière.

Restent les câbles télodynamiques, qui s'appliquent aussi bien à un moteur hydraulique qu'à une machine à vapeur, qui n'exigent aucune transformation et qui, selon nous, résolvent de la manière la plus complète le double problème de la transmission des forces à de très-grandes distances et de l'utilisation de celles qui demeureraient sans valeur dans les lieux où elles prennent naissance.

Nous ne reviendrons pas sur les canalisations de vapeur; nous n'examinerons que l'emploi des fluides comprimés et les câbles télodynamiques.

§ 3. — Emploi de l'air comprimé ou raréfié.

L'emploi de l'air comprimé ou raréfié se fait, dans l'industrie ou dans les travaux publics, de deux manières très-différentes : d'une part, on s'en sert pour refouler ou aspirer un liquide ; d'autre part, on donne le mouvement à un piston mobile sollicité sur ses deux faces par des pressions inégales.

On a décrit, dans les cours de construction, les procédés si nouveaux pour descendre des fondations à des profondeurs que les ingénieurs considéraient, il y a vingt ans, comme inabordables. A l'aide de l'air comprimé, l'eau est refoulée dans des tubes verticaux, et, en passant par un sas éclusé, les hommes descendent à plus de 20 mètres au-dessous du niveau de l'eau.

Nous ne nous occuperons donc que du second mode d'emploi de l'air pour donner le mouvement à un piston. Ce mouvement peut être obtenu, soit en comprimant l'air et en lui donnant une pression supérieure à la pression atmosphérique, soit en le raréfiant, et c'est alors la différence entre la pression atmosphérique et la pression obtenue qui détermine la mise en marche du piston.

Enfin le mouvement du piston peut être continu ou alternatif. Dans le premier cas, le piston se déplace dans un tube d'une très-grande longueur ; dans le second, il oscille dans un corps de pompe. Nous décrirons très-sommairement les essais tentés dans ces différents ordres d'idées.

Machines à déblayer les roches avec un moteur à air comprimé. — Depuis quelques années, les machines à diviser, à écraser, à perforer, en un mot à déblayer les terrains de roches, ont fait leur apparition dans les travaux publics: elles se rapportent à trois types distincts :

Les machines à faire des trous de mine ;

Les machines à creuser des sillons;

Les machines à pulvériser la roche sur une grande section.

Les machines employées au mont Cenis peuvent être considérées comme le type des machines du premier groupe; elles ont été modifiées et perfectionnées par M. Laroche-Tolay, ingénieur des ponts et chaussées.

Les haveuses employées dans les mines de houille sont des machines à pic oscillant, qui divisent les bancs en creusant un sillon dans une direction déterminée.

Enfin, dans le troisième groupe, se trouvent les machines des capitaines Beaumont et Locock, qui creusent devant elles un trou circulaire de $1^{m},800$ de diamètre, et le perforateur Penrice qui fait un travail semblable.

Nous sortirions de notre sujet en décrivant ces machines comme outils. Nous n'avons à nous occuper que du moteur qui leur donne la vie. Les machines du premier et du dernier groupe travaillent à l'aide de l'air comprimé, en un point fort éloigné du chantier, au moyen de machines à colonnes d'eau ou de machines à vapeur. Les perforateurs Beaumont et Penrice n'ont été essayés qu'avec la vapeur; mais si on applique ces outils au percement de galeries profondes, il sera nécessaire d'arriver à l'air comprimé, la vapeur ne pouvant conserver sa force élastique dans de longues distributions.

En comparant, au mont Cenis par exemple, le travail moteur au travail utile, on trouve qu'il y a une perte énorme et, à ce point de vue on a critiqué l'emploi de l'air comprimé. Cette critique nous paraît porter à faux, parce qu'elle n'embrasse qu'un côté de la question. Dans un percement comme celui du mont Cenis, la difficulté la plus grave à surmonter peut-être était celle de l'aérage. Or, chaque coup de barre à mine donne une cylindrée d'air frais au fond de la galerie: on introduit ainsi, tout en faisant le déblai, un volume d'air considérable qui refoule à l'extérieur l'air vicié. Dans les haveuses, la question se présente sous un aspect semblable: l'emploi de l'air comprimé permet de travailler dans des conditions que, sans lui, il était bien difficile, sinon impossible, d'imposer à l'homme, et avant de chercher le rapport entre le travail moteur et le travail utile, il faut se demander si l'emploi de l'air comprimé ne résout point d'abord cette première question, *rendre le travail possible, être ou n'être pas.*

Chemin de fer pneumatique de Sydenham. — Les jardins du Palais de cristal à Sydenham, près Londres, contiennent, en quelque sorte comme jouet pour le public, un chemin de fer pneumatique qui montre le parti que l'on tirera certainement un jour de l'emploi des pressions de l'air sur de grandes surfaces pour remorquer un train. On ne songe plus aux montagnes russes du jardin Beaujon, et l'Europe entière est sillonnée de voies à ornières ; on oubliera l'omnibus souterrain de Sydenham lorsque l'on franchira de hautes montagnes sans véhicule et sans moteur apparent.

M. Bergeron décrit dans les termes ci-après l'installation de Sydenham :

« Une voiture, aussi lourde et aussi grande que celles de nos chemins de fer, et remplie d'amateurs qui payent six pence pour se faire ainsi RAMASSER, fait sur une voie ferrée ordinaire le trajet, aller et retour, depuis le matin jusqu'au soir, plusieurs fois par heure, dans l'intérieur d'un tunnel en maçonnerie de briques qui a 600 yards ou 548 mètres de long et où la voie ferrée est, sur une partie, en rampe de 1 quinzième, soit 67 millimètres par mètre, et sur une autre, un courbe de 8 chains ou 160 mètres de rayon. La durée du trajet est seulement de 50 secondes, ce qui représente une vitesse de plus de 36 kilomètres à l'heure.

« Le principe de la locomotion qui fait marcher les voitures est des plus simples; il a été comparé à celui d'un poids entraîné par le mouvement de l'air soufflé dans l'intérieur d'une sarbacane.

« La voiture porte un écran en tôle bordé d'une garniture en étoffe qui vient s'ajuster sur les parois du tunnel. Au moyen de ce collier élastique, la voiture devient un véritable piston qui se meut dans l'intérieur d'un cylindre, et c'est l'air comprimé, chassé par un grand ventilateur de l'invention d'un ingénieur anglais, M. Baumell, qui la fait marcher. »

Le ventilateur ou injecteur de M. Baumell a $6^{m},70$ de diamètre; il tourne avec une vitesse de 120 à 150 tours par minute dans une chambre en tôle en communication avec le tunnel.

Pour monter le train dans le tube, on raréfie l'air en avant du piston, et c'est la différence entre la pression atmosphérique et la pression de l'air raréfié qui détermine le mouvement. Cette différence est de deux onces par pouce carré.

Pour descendre le train, le ventilateur agit inversement, le piston est soufflé dans le tube par un excès de pression sur la pression atmosphérique. On fait un grand usage des freins pour régler la marche de la voiture.

Projet d'un chemin de fer pneumatique à Lausanne. — M. Bergeron, directeur de l'exploitation des chemins de fer de la Suisse occidentale, a proposé au canton de Vaud de construire un chemin de fer pneumatique qui conduirait les voyageurs depuis la gare de Lausanne jusqu'au centre de la ville, à la place Saint-François. Tous les touristes connaissent la rampe si pénible à franchir qui existe entre la gare et la ville, et il y a peu de circonstances dans lesquelles un moyen d'ascension mécanique serait plus favorablement accueilli du public.

L'ascension se ferait dans un souterrain de 340 mètres de longueur. Sur 60 mètres de longueur, en partant de la gare de Lausanne, le rail serait en pente de 6 millimètres, afin de permettre au train de s'engager dans le tunnel par l'action de la gravité; puis le rail se relèverait suivant une rampe de 280 mètres de longueur et d'une inclinaison de 160 millimètres égale à celle du plan incliné de la Croix-Rousse à Lyon.

Le souterrain aurait $2^{m},50$ de largeur aux naissances, $1^{m},50$

au radier et une hauteur de $2^{m},50$ sous clef, ce qui donne une section totale de 5 mètres carrés.

Si on suppose un piston engagé dans ce souterrain, il suffira d'exercer sur ce piston une pression de 1 vingtième d'atmosphère pour avoir un effort de 2,500 kilogr. suffisant pour faire équilibre à un train pesant 15 tonnes et gravissant une rampe de 160 millimètres. En donnant au train un poids de douze tonnes seulement, ce train sera rapidement enlevé au sommet de la rampe, dès qu'on exercera sur le piston une pression de 1 vingtième d'atmosphère.

Pour obtenir cette pression, M. Bergeron compte se servir d'une cloche pneumatique semblable à un gazomètre de 20 mètres de diamètre et s'abaissant d'une hauteur de 8 mètres.

Entre deux ascensions du train, la cloche serait relevée à son niveau normal à l'aide d'une machine à vapeur de 40 chevaux marchant constamment et refoulant de l'eau sous un accumulateur. Nous parlerons avec détails de ces appareils dans le paragraphe suivant.

Enfin M. Bergeron pense que l'on pourrait emmagasiner une partie de la force perdue par chaque train à la descente de manière à relever partiellement la cloche.

Tous les détails du projet contenant les plus heureuses applications de l'air comprimé et de l'eau comprimée ont été étudiés avec un très-grand soin par M. Bergeron, et dans notre pensée, le succès n'était pas douteux; il est regrettable que l'exécution de ce projet ait été ajournée pour des motifs qui n'ont aucun rapport avec les principes de la mécanique.

Projets pour la traversée des Alpes par un chemin de fer. — De nombreux projets ont été faits pour la traversée des Alpes par un chemin de fer. Presque tous reposent sur l'emploi des machines locomotives circulant sur des rampes de 25 à 30 millimètres par mètre, déclivité au delà de laquelle il est bien difficile de demander à la machine de traîner un poids utile important. Dans quelques-uns de ces projets, le tracé à ciel ou-

vert s'arrête à environ 1,200 mètres au-dessus du niveau de la mer et on perce le massif des Alpes par un tunnel de 10 à 12 kilomètres; les travaux entrepris au mont Cenis et à ses abords représentent complétement ce premier système. D'autres projets, au contraire, supposent qu'à l'aide de lacets ou même de rebroussements, on pourra atteindre à ciel ouvert des altitudes de 1,800 à 1,900 mètres et réduire la longueur du souterrain à 2 ou 3 kilomètres. Le projet dressé par Jean Michel, ingénieur des ponts et chaussées, pour le passage par le Luckmanier, était conçu dans cet ordre d'idées.

Tous ces projets nous paraissent présenter les plus graves inconvénients. Les pentes de 25 à 30 millimètres sont déjà un obstacle assez grand au trafic ; si ensuite on se résigne à faire un souterrain de 10 à 12 kilomètres, il faut compter sur une durée de quinze à vingt ans pour les travaux. Si, au lieu d'un souterrain, on cherche un tracé gagnant les hauts sommets, on se place dans des conditions climatériques qui rendront l'exploitation des plus difficiles.

Nous pensons que la solution du problème de la traversée des Alpes et des autres grandes chaînes de montagnes doit être cherché autrement. Selon nous, il faut se placer dans le fond des vallées, de part et d'autre du faîte, en limitant les déclivités à 18 ou 20 millimètres par mètre, puis aborder résolûment des pentes de 80 ou de 100 millimètres par mètre en employant pour franchir ces rampes exceptionnelles des moyens autres que les machines locomotives.

Trois ingénieurs français, MM. Bergeron, Daigrémont et Berrens, ont fait des études en suivant ce programme, et l'un d'eux, Berrens, a poussé très-loin ses recherches. Nous donnerons une idée succincte des travaux de cet ingénieur, mort il y a deux ans.

Les trains de voyageurs ou de marchandises seraient enfermés dans des tubes pleins construits en tôle de fer. M. Berrens a fait trois hypothèses, et il a successivement supposé des tubes de

4^{m},50, de 3^{m},25 ou de 2^{m},85 de diamètre; il paraît s'être arrêté au diamètre intermédiaire de 3^{m},25.

Les tubes seraient placés sur une couche de ballast, et, à raison de leur forme même, ils franchiraient sans support intermédiaire tous les intervalles qui, dans un chemin de fer ordinaire, exigent des ouvrages de 3, 4 ou 5 mètres d'ouverture. Pour des intervalles de 10 à 20 mètres, des armatures extérieures suffiraient à la consolidation du tube, et il en résulterait une grande simplification pour la construction d'ouvrages qu'il est toujours difficile de faire dans des régions élevées. Il convient d'observer que ces tubes, n'ayant à recevoir que des voitures et des wagons, n'ont pas besoin d'offrir la résistance que comporterait le passage de machines locomotives.

Les tubes seraient placés en rampe de 100 millimètres.

A la montée, on placerait en queue de chaque train un wagon portant un piston propulseur; dès que le train serait engagé dans le tube, on en fermerait hermétiquement la porte, et de puissantes machines soufflantes injecteraient de l'air à une tension suffisante pour vaincre la pression atmosphérique et faire avancer le train.

A la descente, le wagon portant le piston serait retourné et mis en tête; le train s'engagerait dans le tube dont la porte inférieure serait fermée; mais l'air enfermé dans ce tube ne tarderait pas à former matelas et à arrêter le piston. En manœuvrant des ventelles placées au milieu du piston, le mécanicien donnerait passage à une partie de l'air comprimé et réglerait ainsi à volonté la vitesse du train.

Berrens s'est beaucoup préoccupé du contact du piston propulseur avec la paroi du souterrain métallique. Il pensait que le piston devrait s'arrêter à 6 centimètres de cette paroi, et il disposait, à la circonférence du piston, une garniture en brins de baleine ou en jute, s'appuyant comme un balai sur la paroi. L'expérience seule pourrait prononcer sur le mérite de ces dispositions; mais ce qui se passe au petit chemin de fer de Sydenham prouve que l'on n'a pas besoin d'une étanchéité parfaite dans le joint.

Il faut observer d'ailleurs qu'une très-faible pression suffirait pour imprimer au piston une impulsion considérable : avec un dixième d'atmosphère on aurait dans le souterrain de $4^{m},50$ un effort de 15,700 kilogrammes, bien plus que suffisant pour enlever un train de 135 tonnes brutes.

Pour le souterrain de $3^{m},25$ dont la section est de $8^{mq},165$, il faudrait avoir une pression de $0^{k},150$ par centimètre carré pour avoir un effort de 12,347 kilogrammes et enlever un train de 120 tonnes brutes.

Nous ne saurions entrer dans le détail des dispositions prévues pour se procurer les machines capables de donner la puissance motrice. Berrens, ainsi que MM. Daigremont et Bergeron, a exprimé la pensée qu'il serait possible de trouver toute cette puissance motrice dans les chutes d'eau intarissables qui existent dans les vallées alpestres; ils ont indiqué la possibilité d'accumuler dans des réservoirs semblables à ceux des gazomètres des masses d'air qui fonctionneraient, à un moment donné, comme des chevaux de relais.

Tout cela peut paraître chimérique; mais celui qui, il y a quarante ans, aurait parlé des merveilles accomplies par les chemins de fer, celui qui aurait supposé un ingénieur disposant sur un seul réseau de 1000 à 1200 machines locomotives toujours prêtes, celui-là eût passé pour un rêveur; et nous pouvons bien admettre qu'on saura tirer parti, pour franchir les hautes montagnes, des forces naturelles qu'elles renferment.

Transport des dépêches télégraphiques dans Paris. — Des passages alpestres aux rues de Paris la transition est grande. Cependant nous ne pouvons passer sous silence une très-belle application de l'emploi de l'air comprimé et de l'air raréfié, application qui se poursuit en ce moment même par les soins des ingénieurs des lignes télégraphiques.

Dans une note très-intéressante insérée dans le *Journal des*

Télégraphes (février 1869), M. Bergon, inspecteur divisionnaire des lignes télégraphiques, rend compte des difficultés que présentent la réception, l'enregistrement des dépêches au départ, et les opérations inverses à l'arrivée. La transmission télégraphique elle-même ne prend point de temps ; mais les opérations accessoires en exigent considérablement pour les dépêches échangées entre les deux quartiers d'une ville. La télégraphie électrique ne paraît donc point appelée à rendre des services sérieux et il faut chercher d'autres moyens que l'électricité.

En 1861, l'administration des lignes télégraphiques françaises transportait à l'aide de voitures toutes les dépêches échangées entre le bureau central et les bureaux de la place de la Bourse et de la rue Jean-Jacques-Rousseau ; mais ce procédé qui, il faut le reconnaître, différait trop peu de celui employé pour le service postal, ne présentait pas assez de célérité. On a établi un réseau de conduites souterraines reliant entre eux un certain nombre de bureaux et à l'aide desquelles des boîtes renfermant des dépêches sont aspirées en faisant le vide, ou propulsées au moyen de l'air comprimé.

On peut se demander immédiatement si cette transformation du service télégraphique en service postal comporte les restrictions imposées au public au point de vue du nombre des mots. Du moment qu'on ne transmet plus une dépêche, mais qu'on expédie un papier d'un point de la ville à un autre, peu importe que ce papier contienne vingt mots transcrits par un agent de l'État, ou cinquante lignes écrites par l'expéditeur lui-même. L'emploi du mot télégraphe constitue une véritable fiction et, si, comme nous l'espérons, ce mode d'échange de dépêches par des tubes souterrains a une réussite complète, il devra être appliqué franchement au transport des lettres écrites par les particuliers, et non plus à l'échange de dépêches limitées à un petit nombre de mots trop souvent recopiés d'une manière inintelligible.

Au mois de juillet 1869, le réseau des tubes atmosphériques dans Paris comprenait une ligne formant un circuit complet et trois embranchements ayant ensemble une longueur de 9,803m,80, savoir :

RÉSEAU CIRCULAIRE.		
Bureau central rue de Grenelle au bureau Boissy-d'Anglas.	1.410m.00	
Bureau Boissy-d'Anglas au bureau du Grand-Hôtel. .	1.000 .00	
Bureau du Grand-Hôtel au bureau de la Bourse. . .	1.050 .00	
Bureau de la Bourse au bureau de l'Avenue Napoléon.	928 .80	
Bureau de l'Avenue Napoléon au bureau de la rue des Saints-Pères.	1.090 .00	
Bureau de la rue des Saints-Pères jusqu'au bureau Central.	1.240 .00	
Total.	6.718m.80	6.718m.80
EMBRANCHEMENTS.		
Bureau de la Bourse au bureau de la rue La Fayette. .	935	
Bureau de la Bourse aux bureaux de la Poste.	990	
Bureau de la rue Boissy-d'Anglas au bureau des Champs-Élysées.	1.160	
Total.	3.085	3.085 .00
Total général.		9.803m.80

Les dépêches échangées entre ces divers bureaux sont placées dans de petites boîtes accrochées, à la suite les unes des autres comme les wagons d'un train, à un cylindre-piston terminé par un cuir embouti comme celui d'une pompe. Les tuyaux dans lesquels se meut ce piston ont 0,065 de diamètre ; ils sont ajustés avec beaucoup de précision les uns avec les autres, et on n'a eu à constater qu'un très-petit nombre d'arrêts du piston, arrêts faciles à vaincre du reste par une augmentation de pression. L'obligation de démonter les tubes ne s'est, paraît-il, révélée qu'une seule fois : la gelée avait arrêté le piston dans le tube qui passe sous le pont des Saints-Pères.

Le moteur du piston, avons-nous dit, est l'air comprimé ou l'air raréfié : il fallait donc ou comprimer l'air ou le raréfier dans des réservoirs en communication avec les conduites. Nous pensons que le procédé le plus simple eût consisté à prendre de petites machines à vapeur; mais l'administration des lignes télégraphiques, pour pouvoir établir ses appareils dans une maison quelconque et sans aucune sujétion, crut devoir repousser l'emploi des machines à vapeur et recourir à un moyen fort ingénieux, mais très-dispendieux.

On dispose dans un bureau une cuve hermétiquement close d'une capacité de 7 mètres cubes et deux réservoirs d'une capacité de 5^{mc},900 chacun. La cuve est mise en communication par une tubulure verticale avec les deux réservoirs. Si on introduit de l'eau dans la cuve, l'air qu'elle contenait passe dans les deux réservoirs, où il s'accumule en se comprimant.

Quand la cuve est pleine d'eau, tout l'air qui se trouvait dans cette cuve et dans les deux réservoirs est passé d'un volume de 18^{mc},800 à un volume de 11^{mc},800 et sa pression a augmenté dans le rapport inverse de ces volumes. Si on ouvre une communication entre un des réservoirs et la conduite contenant le cylindre-piston, celui-ci, avec le petit train de boites à dépêches, est lancé à l'autre extrémité de la conduite comme un pois dans une sarbacane. La vitesse est d'environ 1 kilomètre par minute.

Nous le répétons, ce système est ingénieux, mais il entraine une dépense d'eau très-considérable. On a pu diminuer cette dépense en utilisant la vidange de la cuve à eau pour faire une raréfaction de l'air et produire le retour du cylindre-piston : il faut, pour cela, pouvoir vider la cuve à 4 ou 5 mètres au-dessous de son niveau.

Mais on a réalisé une autre économie en tirant parti de la pression que possède l'eau dont on peut disposer et en imitant ce qui se passe dans les trompes des forges catalanes, de manière à obtenir un entrainement d'air autour et à l'intérieur d'une veine fluide. On a placé entre l'orifice de distribution d'eau et l'orifice d'introduction dans la cuve un véritable injecteur Giffard; la veine liquide se dilate, et, lancée sous une pression de 30 à 40 mètres, elle entraîne dans la cuve un volume d'air égal au sien.

M. Bergon estime que l'emploi de l'entraînement de l'air, joint à celui de la raréfaction par la vidange de la cuve, donne une économie de 66 p. 100 dans la dépense de l'eau. Rien, selon nous, de plus intéressant que ces applications nouvelles des lois physiques qui régissent les mouvements des fluides et cette recherche de l'utilisation des forces naturelles pour la satisfaction des besoins de l'homme.

Machines Andraud. — Dans toutes les machines dont nous venons de parler, le moteur est juxtaposé à l'outil, ou il y a entre les deux une conduite continue. Un ingénieur, M. Andraud, a proposé, il y a environ vingt-cinq ans, un autre mode d'emploi de l'air comprimé : la compression s'effectuait dans des réservoirs cylindriques analogues à ceux dans lesquels on distribuait dans Paris du gaz d'éclairage comprimé. Ces réservoirs étaient facilement maniables et, dans la pensée de M. Andraud, ils pouvaient, dans les machines locomotives, remplacer la chaudière et son générateur. Au lieu d'emporter une chaudière pleine d'eau, qu'il fallait chauffer pour la transformer en fluide élastique utilisable, on emportait un réservoir d'air comprimé à 20 atmosphères; à chaque relais, on eût renouvelé son approvisionnement, soit en changeant de réservoir, soit en comprimant de nouveau l'air dans le premier.

Nous n'avons pas besoin de dire que nous considérons ce système comme inapplicable aux chemins de fer ; mais l'idée de M. Andraud ne doit pas être laissée dans l'oubli, et, dans des conditions spéciales, la fourniture quotidienne d'un réservoir d'air comprimé pourrait répondre à un besoin de l'industrie.

§ 4. — Emploi de l'eau comprimée.

Travaux de Pascal. — « Si un vaisseau plein d'eau clos de toutes parts a deux ouvertures, l'une centuple de l'autre, en mettant à chacune un piston qui lui soit juste, un homme poussant le petit piston égalera la force de cent hommes qui pousseront celui qui est cent fois plus large et en surmontera quatre-vingt-dix-neuf.

« Et quelque proportion qu'aient ces ouvertures, si les forces qu'on mettra sur les pistons sont comme les ouvertures, elles seront en équilibre. D'où il paraît qu'un *vaisseau plein d'eau est un nouveau principe de mécanique et une machine nouvelle pour multiplier les forces à tel degré qu'on voudra*, puisqu'un homme par ce moyen pourra enlever tel fardeau qu'on lui proposera. »

Écrites par Pascal en tête du chapitre II du traité de l'*Équilibre des liqueurs*, ces lignes résument toute la théorie des machines nouvelles fondée sur la transmission des forces par l'intermédiaire d'un corps liquide. Pendant de longues années, pendant près de deux siècles même, on n'a songé à tirer parti de cette propriété des liquides que dans des appareils de dimensions restreintes, et la presse hydraulique a été la seule application de la formule de Pascal. Rien cependant ne limite les dimensions du vaisseau plein d'eau envisagé par Pascal, rien ne limite le nombre des ouvertures que l'on peut pratiquer dans la paroi de ce vaisseau, et il était facile de passer d'un appareil composé de deux vases communiquant entre eux à une distribution tubulaire d'eau transmettant à un grand nombre d'orifices la pression exercée sur l'un de ces orifices soit par un homme, soit par une machine à vapeur.

Emploi de la presse hydraulique dans l'industrie. — Le rôle de la presse hydraulique dans l'industrie a été pendant longtemps assez restreint. On s'est borné à s'en servir pour réduire le volume de substances encombrantes comme le coton, la laine, le foin, le houblon, pour comprimer des étoffes fabriquées, pour traiter des graines oléagineuses, etc., etc. ; mais, depuis quelques années, la presse hydraulique, en subissant une transformation extérieure, se prête à des usages chaque jour plus nombreux et elle rend des services inappréciables. C'est avec des presses hydrauliques qu'on essaye les chaudières et les principaux organes des machines à vapeur, qu'on cale les essieux des machines et des wagons dans les moyeux des roues avec des efforts qui dépassent 100,000 kilogrammes.

Dans plusieurs forges, on remplace le marteau-pilon à vapeur par le marteau-pilon hydraulique, dont l'action continue semble, pour certains travaux, préférable à l'action intermittente du marteau à vapeur.

Enfin, les constructeurs anglais offrent à l'industrie des outils à peine connus en France et destinés à remplacer les crics et les verrins. Avec un piston de faible diamètre, on exerce des efforts considérables, et nous ne pouvons qu'exprimer le vif désir de voir se répandre en France des instruments extrêmement maniables, d'un poids relativement faible et d'une puissance extrême.

Emploi de la presse hydraulique dans les travaux publics. — Les travaux publics, qui ont à exécuter tant de manœuvres de force, auraient dû employer sur une large échelle le secours de la presse hydraulique, dont la puissance, déjà si grande, pouvait être augmentée pour ainsi dire sans limites, en remplaçant le bras des hommes par l'action d'une machine à vapeur.

La première combinaison d'une machine à vapeur et d'une presse hydraulique a été réalisée par Stephenson pour le montage des poutres tubulaires des viaducs de Conway et de Menai [1].

[1] Cette grande opération a été décrite dans une notice sur les ponts avec poutres tubulaires publiée en 1851, par M. Yvert, ingénieur civil.

Les poutres du pont de Conway pesaient avec tous leurs accessoires, pendant le montage, 1,280,000 kilogrammes, et on avait à les élever d'environ 10 mètres.

Le travail fut fait avec une presse hydraulique. A chaque culée les dimensions de la presse étaient les suivantes :

Diamètre extérieur.	$0^{m}.952$
Diamètre intérieur.	0 .508
Épaisseur de la paroi du cylindre.	0 .222
Diamètre du piston.	0 .457

L'eau était introduite dans l'intérieur du cylindre de la presse par un tuyau en fer de $12^{mm},69$ de diamètre et de $6^{mm},54$ d'épaisseur.

L'eau était refoulée par une machine à vapeur horizontale à mouvement direct commandant deux corps de pompe.

Les poutres montaient de $1^{m},828$ en 30 minutes au pont sur le détroit de Menai (Britannia-Bridge). — Les poutres avec leurs accessoires pesaient 1,944,000 kilogrammes, et on avait à les élever de $30^{m},50$.

Les presses hydrauliques furent semblables à celles du pont de Conway, mais elles avaient deux cylindres au lieu d'un seul ; les dimensions de ces cylindres étaient les suivantes :

Diamètre extérieur.	$1^{m}.067$
Diamètre intérieur.	0 .559
Épaisseur de la paroi du cylindre.	0 .254
Diamètre du piston.	0 .508

Un de ces cylindres s'est brisé pendant le travail, sous une charge de 555 atmosphères, par suite d'un défaut dans le coulage ; un second cylindre coulé avec les plus grandes précautions a parfaitement résisté.

On a renoncé à élever verticalement les poutres des grands ponts métalliques. Aujourd'hui, on les assemble sur le remblai qui précède la culée et on les glisse en place sur des rouleaux.

Les presses hydrauliques peuvent encore dans ce cas prêter un utile concours.

Appareils Clarke pour le radoub des navires. —Le succès obtenu au levage des poutres du Britannia-Bridge détermina M. Clarke, un des ingénieurs de ce grand travail, à appliquer les presses hydrauliques au soulèvement sur un radeau flottant des navires à radouber.

32 presses hydrauliques sont placées sur 2 files de 16 chacune ; le piston de ces presses a $0^m,254$ de diamètre et $7^m,62$ de course ; elles sont logées dans des colonnes creuses espacées de $6^m,10$ d'axe en axe.

Une machine à vapeur de 50 chevaux refoule l'eau dans les presses au moyen de 12 pompes qui ont $0^m,048$ de diamètre et $0^m,61$ de course.

Nous n'avons pas à décrire les dispositions prises pour l'installation des navires sur le radeau soulevé par les presses ni à apprécier les résultats économiques du système exécuté par M. Clarke ; nous avons seulement voulu indiquer les conditions dans lesquelles une des plus larges applications des presses hydrauliques a été tentée.

Les presses dans l'appareil Clarke travaillent à environ 230 atmosphères. Ce chiffre est très-fréquemment dépassé en Angleterre, et on cite des appareils qui travaillent à près de 600 atmosphères.

Appareils sterhydrauliques. — On désigne sous le nom d'*appareils sterhydrauliques* des appareils fort analogues à la presse hydraulique, et dans lesquels on tire parti de l'incompressibilité de l'eau et de la faculté qu'elle a d'exercer des pressions en tous sens.

Le phénomène de la congélation de l'eau brisant l'enveloppe dans laquelle ce liquide est renfermé explique tous les appareils sterhydrauliques. Lorsque, dans un atelier, on ne peut parvenir à briser un gros bloc de fonte, on creuse un trou que l'on emplit d'eau et que l'on bouche avec une tige de fer ; un coup de mouton donné sur le bouchon suffit pour briser le bloc.

Un ingénieur belge a proposé un appareil pour faire éclater les roches par pression d'eau : l'eau est refoulée dans un trou de mine par une vis que l'on manœuvre à la main. Nous ignorons si cet appareil a été expérimenté sur une grande échelle, mais il repose sur un principe vrai.

Deux constructeurs français, MM. Desgoffe et Olivier, ont construit un appareil désigné sous le nom de *presse sterhydraulique*, dans lequel la compression du liquide est produite par l'introduction continue d'un fil métallique ou d'une corde à boyau s'enroulant sur une bobine placée à l'intérieur de la capacité qui remplace le corps de pompe. On peut assimiler ce fil métallique à un piston refoulant de l'eau, et, comme ce fil a une très-petite section, le rapport entre sa section et celle du piston de la presse est considérable ; le rapport entre le travail moteur et l'effort produit peut dépasser celui obtenu dans les presses hydrauliques ordinaires.

Dans la petite mécanique, nous pensons, avec M. Tresca, que ces appareils peuvent rendre de bons services, mais il nous paraît difficile d'admettre qu'ils remplacent les grandes presses hydrauliques. Pour assurer la conservation du fil, MM. Desgoffe et Olivier ont dû substituer l'huile à l'eau et prendre des précautions particulières pour éviter les suintements ; mais ces précautions seraient probablement insuffisantes avec un grand appareil.

Juxtaposition ou éloignement de la presse hydraulique et du cylindre dans lequel l'eau est refoulée. — Tous les appareils que nous venons de décrire ont un caractère commun, la juxtaposition de la presse et du cylindre dans lequel l'eau est refoulée ; mais, comme nous l'avons dit, cette juxtaposition n'est nullement nécessaire, et on peut éloigner autant qu'on le veut l'appareil qui comprime l'eau de l'appareil dans lequel se meut le piston de la presse hydraulique. En transformant le piston de la presse hydraulique en organe moteur d'une machine quelconque, on réalisait une solution complète du problème posé au commencement de ce chapitre : la transmission d'une force à une grande distance. Il nous reste à indiquer quelles ont été les difficultés de détail que l'application des principes théoriques que nous venons d'indiquer a rencontrées dans la pratique.

Premiers travaux de M. Armstrong. — M. Armstrong, de Newcastle, doit être considéré comme l'ingénieur qui a doté l'industrie des appareils à eau comprimée et ces appareils portent très-légitimement le nom de *grues Armstrong*. Les premiers furent installés en 1846 à Newcastle et à Liverpool ; ils fonctionnaient à l'aide d'eau prise sur les conduites de distribution placées dans chacune de ces villes et subissaient les variations que comportent toutes les installations de cette nature.

Dans une troisième organisation d'appareils hydrauliques installés à Grimsby, on construisit un réservoir spécial placé sur une tour à 67 mètres au-dessus du sol et alimenté par une machine à vapeur spéciale; mais une pareille installation entraînait une dépense considérable.

Accumulateur. — M. Armstrong eut l'idée d'augmenter la pression de l'eau non pas par une colonne d'eau débouchant à l'air libre et exigeant dès lors une hauteur hors de proportion avec les ouvrages d'une construction facile, mais à l'aide d'un piston chargé d'un poids que l'on pouvait augmenter pour ainsi dire sans limites.

Au lieu d'avoir une tour d'une grande hauteur, mais qui avec 60 mètres de hauteur ne donnait que 6 atmosphères de pression, on plaçait à quelques mètres au-dessus du sol un réservoir en fonte d'une capacité de 500 à 1,000 litres et dans lequel plongeait un piston plein portant une caisse en tôle lourdement chargée. On est facilement arrivé à charger cette caisse d'un poids correspondant à une hauteur d'eau de 460 mètres, ce qui représente une pression de $44^{atm},5$.

Cet appareil a reçu le nom d'*accumulateur*. Il accumule ou emmagasine le travail donné par la machine à vapeur qui sert au refoulement de l'eau et restitue ce travail à tous les appareils placés sur la distribution en communication avec l'accumulateur.

M. Chevallier, inspecteur général des ponts et chaussées, a donné les dimensions suivantes comme étant celles employées par M. Armstrong, en 1854 et 1858.

		1854	1858
Piston. —	Course.	3m.20	3m.20
	Diamètre.	0 .457	0 .305
	Section.	0mq.164	0mq.073
	Volume de l'eau pressée. . .	0mc.525	0mc.234
	Travail emmagasiné sous une charge de 460 mètres. . .	241.500km	107.640km
Caisse. —	Diamètre.	3m.20	1m.83
	Section.	8 .04	2 .63
	Hauteur.	3 .66	3 .96
	Volume.	29mc.43	10mc.41
	La charge de 460 mètres d'eau sur une base de. .	0mq.164	0mq.072
	répond à un poids de. . .	75T.400	33T.600
	Le lest doit au plus peser par mètre carré.	2T.570	3T.230
	La hauteur de l'appareil est de.	9m.00	8m.40

Ces dimensions ont été dépassées et on a réalisé des pressions de 50, 55, 68 et même 136 atmosphères. Nous pensons que dans la pratique habituelle il convient de limiter la pression à 50 atmosphères.

L'accumulateur fonctionne comme un régulateur. On établit une liaison entre le piston de cet appareil et la soupape d'admission de la vapeur dans la machine qui sert à refouler l'eau. Quand les appareils hydrauliques fonctionnent et que la dépense d'eau est grande, le piston de l'accumulateur augmente l'admission de la vapeur. Quand, au contraire, il n'y a pas dépense d'eau, l'accumulateur en se rapprochant de la limite de son ascension ralentit l'admission de la vapeur ; arrivé au haut de sa course, le piston de l'accumulateur ouvre une soupape par laquelle s'échappe l'eau que la machine continue à refouler.

On a dit que l'ensemble de cette machine fonctionne avec tant d'obéissance aux besoins du service, qu'on pouvait la comparer à *un être organisé doué d'intelligence*.

Utilisation des moments perdus de la force d'un atelier. — On n'a pas tardé à reconnaître que l'accumulateur pouvait rendre à l'industrie un service tout à fait imprévu. Les appareils dans lesquels on emploie avec succès l'eau comprimée et dont nous donnerons ci-après la nomenclature ne travaillent pas d'une manière continue ; il n'est point dès lors nécessaire de refouler l'eau d'une manière continue dans les conduites de distribution, et à une dépense intermittente, on pouvait faire correspondre une production de force intermittente; il n'était plus dès lors nécessaire d'avoir un moteur spécial, uniquement employé à refouler l'eau. Dans beaucoup de cas, on pouvait demander ce travail supplémentaire à des machines employées à faire mouvoir les outils d'un atelier, machines qui sont loin d'être utilisées d'une manière constante et qui, dans le cas bien rare où tous les outils marchent à la fois, peuvent être conservées en marche quelques instants après l'heure du repas des ouvriers. On se procure ainsi, presque sans dépense journalière, une distribution d'eau sous pression qui peut rayonner à de grandes distances de la machine des ateliers.

Emmagasinement de forces naturelles. — Nous venons de voir comment on pouvait utiliser les heures de loisir d'une machine à vapeur et mettre en quelque sorte en réserve la force qu'elle n'était pas obligée de dépenser immédiatement. Les ingénieurs anglais ont réalisé une autre combinaison qui mérite d'être signalée. Ils ont emmagasiné la force continue que peut donner un cours d'eau à faibles chutes pour créer des réseaux de conduites d'eau avec accumulateurs sous fortes pressions et exécuter des travaux intermittents qu'il n'était pas possible de demander aux forces naturelles dont on disposait.

Les eaux de la rivière d'Allen, dans le Northumberland, n'ont pas assez de pente pour que l'on puisse les recueillir dans un réservoir unique placé à la hauteur qui convient aux distributions forcées. On a alors établi une série de roues à augets qui refoulent l'eau sous des accumulateurs, et on se procure ainsi la pression nécessaire à la marche des machines que nécessite l'exploitation des mines de plomb d'Allenheads.

Assurément, ces transformations ne s'effectuent pas sans perte, mais ce qu'il faut voir c'est le résultat final. Sans la transformation, les forces naturelles que représentent les chutes successives de la rivière d'Allen n'avaient pas d'emploi possible, et étaient intégralement perdues ; si leur transformation entraîne 50 p. 100 de perte, il reste toujours une fraction de 50 p. 100 complétement utilisée.

Force représentée par les variations de hauteur de l'eau dans un port à marée ou dans une crique. — On a plusieurs fois exprimé le regret qu'il ne fût pas possible d'utiliser la force énorme que représente dans un port à marée la quantité d'eau de mer qui, deux fois par vingt-quatre heures, entre dans des bassins ayant plusieurs hectares de superficie et sort de ces mêmes bassins en subissant des variations de hauteur de plusieurs mètres. La difficulté de recueillir cette force par l'intermédiaire de roues hydrauliques, celle de juxtaposer des usines à ces roues hydrauliques, tout faisait reléguer presque au rang des chimères la pensée de convertir en travail utile le nombre immense de kilogrammètres qui correspond à ce déplacement de masses d'eau si considérables. L'emploi des accumulateurs et des distributions d'eau forcées, combiné avec celui des câbles télodynamiques dont nous parlerons dans le paragraphe suivant, permettra d'abord de transmettre à des pompes situées à de grandes distances l'action des roues hydrauliques qui pourront être placées à l'entrée des bassins à marée, en second lieu d'emmagasiner dans des accumulateurs le travail intermittent des moteurs hydrauliques, et de répartir ensuite cette force dans toutes les dépendances d'un grand port.

Principaux appareils hydrauliques. — Les appareils mis en action par l'eau comprimée sont extrêmement nombreux et ils répondent à peu près à tous les besoins qui peuvent se manifester dans un grand port, dans un arsenal, dans une gare de chemin de fer :

Manœuvre des portes d'écluses, des vannes, des cabestans;

Montage des wagons à des niveaux différents pour le chargement des navires;

Grues de toute nature;

Manœuvre des plaques tournantes, des chariots mobiles, des ponts volants.

Dans tous ces appareils, le mouvement alternatif est produit par l'action de l'eau repoussant un piston dans un cylindre ou refoulant un plongeur. Le mouvement de ce piston est conservé sans modification dans les appareils à faible course. Pour les grues, il est ordinairement amplifié en agissant sur des moufles avec chaînes de fer; si le mouvement produit doit être circulaire, l'eau sous pression agit sur les pistons de deux presses conjuguées à simple effet marchant comme les pistons de deux cylindres de machines à vapeur.

La description de tous ces appareils dépasserait de beaucoup les limites du cadre qui nous est tracé et nous ne pouvons qu'exprimer le désir de voir les ingénieurs français suivre la voie qui leur a été, dans cette partie de la mécanique industrielle, si hardiment tracée par les ingénieurs anglais. Tandis que toutes les grandes villes de l'Angleterre possèdent des appareils à eau comprimée, on ne peut en France citer qu'un très-petit nombre d'applications :

Les docks de Marseille;

La gare du chemin de fer de Paris-Lyon-Méditerranée, à Paris-Bercy;

Les formes de radoub de l'arsenal de Lorient.

Les visiteurs de l'Exposition universelle de 1867 ont admiré les ascenseurs mécaniques de M. Édoux ; mais il reste beaucoup à faire pour acclimater définitivement ce genre d'appareils dans notre pays.

Chemins de fer hydrauliques. — Nous ne pouvons terminer cette revue rapide des appareils destinés à employer l'eau comprimée sans dire un mot d'une combinaison proposée par un des ingénieurs qui se sont occupés avec le plus de succès des questions hydrauliques, M. Girard. Nous voulons parler des chemins de fer hydrauliques. Nous empruntons à Léon Foucault la description du système proposé par M. Girard :

« Comme dans le chemin de fer atmosphérique, règne dans le nouveau système, tout le long de la voie, un gros tuyau de fonte dans lequel on n'a pas la prétention de contenir le vide, mais tout simplement de l'eau soumise à une haute pression, telle que serait celle exercée par un réservoir situé à 80 mètres au-dessus. Si on perce en un point quelconque la paroi de ce gros tube, l'eau en jaillira avec une pression que l'on estime avec une grande certitude à 40 mètres par seconde ; c'est cette vitesse de l'eau jaillissante que l'on utilise pour faire courir les wagons. Pour cela, on les garnit tous sous la caisse d'une série rectiligne d'aubes courbes comparables à celles qui composent la couronne mobile des turbines, et suivant le sens de leur courbure et la direction du jet, le wagon est sollicité à marcher dans un sens ou dans l'autre. Il est vrai que l'injecteur étant fixe, et le wagon n'ayant pas une grande longueur, celui-ci a bientôt échappé à l'action *propulsive ;* mais un peu plus loin se trouve un nouvel injecteur qui prolonge l'action du premier, puis s'en trouve un troisième, et ainsi de suite tout le long de la voie, de 100 en 100 mètres, de sorte que le wagon ne peut manquer d'arriver à destination avec une vitesse dépendant de la puissance et de la vitesse de ces différents jets d'eau. »

Appliquée à une ligne de faible longueur, quelques kilomètres, en possession d'un trafic pouvant être desservi par des trains en navette et peu nombreux, l'idée de M. Girard pourrait être réalisée; mais si l'on considère le mouvement qui a lieu sur les grandes lignes de chemins de fer, les trains de voyageurs et de marchandises qui se succèdent à deux ou trois minutes d'intervalle, on ne comprend plus l'emploi de ces propulseurs hydrauliques qui changeraient les fossés du chemin de fer en véritables rivières. La difficulté de trouver le long d'une ligne de 5 à 600 kilomètres les moteurs hydrauliques convenables, l'action de la gelée, constituent de véritables impossibilités; et si on relit le mémoire publié par M. Girard en 1852, on trouve que l'espèce d'anathème qu'il lance contre la machine locomotive est bien peu justifié et que celle-ci a su vaincre des obstacles qui eussent été infranchissables pour les moteurs hydrauliques.

Critiques formulées au sujet des appareils hydrauliques. — On a fait, en France, aux appareils hydrauliques plusieurs reproches : on a parlé de la difficulté de leur installation, de l'action de la gelée ; enfin on a signalé l'énorme différence entre le travail définitivement recueilli et le travail fourni par la machine à vapeur qui actionne les pompes de refoulement. Nous examinerons sommairement ces trois ordres d'idées.

a. — Difficulté d'installation. En présence de l'énorme développement des appareils hydrauliques en Angleterre, on est assez mal fondé à parler de la difficulté d'installation. Nos mécaniciens sont aussi intelligents que les mécaniciens anglais, et, pour les appareils hydrauliques, il ne peut nous manquer qu'une seule chose, l'expérience.

b. — Action de la gelée. L'expérience de l'Angleterre peut encore servir de réponse. Sans aucun doute l'action de la gelée est à redouter dans les conduites d'eau, mais quelques précautions suffisent pour préserver les conduites et les appareils de l'action du froid. Les grandes distributions d'eau de nos villes fonctionnent l'hiver.

Les conduites souterraines doivent être enterrées à $1^{m},50$ ou même 2 mètres sous le sol;

Les conduites à l'air libre, entourées de paille ou d'autres substances mauvaises conductrices ;

Enfin un ou plusieurs becs de gaz doivent être allumés sous les appareils extérieurs ou dans les fosses des grues.

Rien de tout ceci ne saurait être considéré comme une difficulté sérieuse.

c. — Perte de travail moteur. On a cherché le rapport qui existe entre le travail que représente un poids enlevé par une grue hydraulique et le travail développé sur les pistons de la machine à vapeur de refoulement, et on a trouvé 0,29 p. 100. Il y a donc 71 p. 100 de perte, et dans la pratique courante le chiffre de cette perte doit être encore plus considérable.

Il semble donc au premier abord que l'objection tirée du chiffre de la perte de la puissance motrice doive entraîner la suppression tout entière des appareils à eau comprimée.

Mais il est facile de répondre :

Si, dans un port, dans une gare, on n'a qu'une grue à mettre en mouvement, on n'a qu'une chose à faire : combiner une machine à vapeur avec l'appareil élévatoire. Il serait insensé de transformer la pression de la vapeur en pression d'eau, et on perdrait gratuitement toute la force que nécessite cette transformation.

Si, au lieu d'une grue, on en a deux, la question se complique. Faudra-t-il employer deux machines à vapeur, une pour chaque grue, ou se contenter d'un moteur placé sur la première grue et transmettant une partie de sa force à la seconde?

Si, au lieu de deux grues, on a 10, 20, 50 appareils à faire mouvoir, pourra-t-on songer à employer 50 moteurs à vapeur accolés à chaque appareil, exigeant chacun un chauffeur, des dépenses pour l'approche du combustible, une distribution d'eau pour l'alimentation des 50 chaudières? Évidemment non; toutes ces dépenses accessoires représenteraient un chiffre considérable, et il faut revenir à un moteur unique dont il soit possible de transformer et de distribuer la puissance. Or, la transformation de la puissance développée par le piston de la machine à vapeur en puissance de pression d'eau dans une conduite forcée sous un ou plusieurs accumulateurs, répond admirablement aux données les plus complexes et, devant ce fait, toutes les pertes de puissance motrice deviennent bien secondaires.

Il ne faut point l'oublier, d'abord il s'agit d'un travail intermittent, et on a fait un calcul que nous devons reproduire.

Un grand port contient 50 appareils dont chacun exige en moyenne et lorsqu'il travaille une force de 12 chevaux. En attachant un moteur à chaque appareil, il faudrait donc construire des machines représentant ensemble 600 chevaux. Or, l'expérience prouve qu'un moteur unique de 120 chevaux suffit pour alimenter la conduite forcée qui donne la vie aux 50 appareils. Peu importe dès lors que l'on perde 60 ou 70 p. 100 sur ce moteur unique de 120 chevaux, s'il exécute un travail qui n'aurait pu être fait que par un ensemble de moteurs exigeant 600 chevaux.

Ajoutons encore que, souvent même, on peut se dispenser de ce moteur unique, si on a des machines d'atelier dont, nous le répétons, on utilise les moments perdus à emmagasiner de la force dans les accumulateurs.

Nous pouvons conclure sans hésitation que l'emploi de l'eau comprimée (et les mêmes considérations s'appliquent à l'air comprimé) constitue une solution complète et parfaitement pratique de la transmission de la force à distance, mais pour un *travail intermittent*.

Nous allons voir les câbles télodynamiques donner la solution de la transmission de la force à distance pour un travail continu.

§ 5. — Câbles télodynamiques.

La découverte des câbles télodynamiques appartient à M. F. Hirn. — Nous avons, dans le deuxième paragraphe de ce chapitre, posé les conditions du problème à résoudre :

Étant donnée une force motrice de cent chevaux, par exemple, est-il possible d'utiliser cette force à une grande distance du lieu où elle a pu être produite?

La solution donnée par M. Hirn est si simple que les appareils dont il a proposé l'emploi semblent ne rien présenter de nouveau. Jamais, disions-nous dans le rapport que nous avons eu l'honneur de présenter au jury de l'Exposition universelle de 1867, jamais le caractère fondamental des grandes découvertes, la simplicité, ne s'est accusé si nettement que dans les câbles télodynamiques. En les voyant marcher, tout le monde pense que rien n'était plus facile à faire, et cependant personne ne s'en était avisé avant M. Hirn.

Le jury de la classe 52 a fait, au sujet de la question de la priorité de l'invention et à l'occasion de quelques timides insinuations qui lui ont été présentées, la recherche la plus approfondie. Un des membres du jury, M. Goodwyn, ingénieur américain, a compulsé les volumineux registres qui contiennent les brevets d'invention pris depuis un très-grand nombre d'années, et il n'a rien trouvé qui eût le moindre rapport avec les câbles télodynamiques.

M. Ferdinand Hirn est donc l'inventeur, incontesté aujourd'hui, d'un mode de transmission intégrale des forces motrices à de très-grandes distances : il n'a jamais pris de brevet et il a guidé de ses conseils toutes les personnes qui ont voulu établir des câbles télodynamiques.

Heureux de rencontrer à la fois une découverte d'une aussi grande valeur et un semblable désintéressement, le jury de la classe 52 et le jury du groupe VI ont proposé pour M. Ferdinand Hirn la plus grande des récompenses mises à leur disposition, la grande médaille d'or, récompense complétée à la fin de l'Exposition universelle par la croix de chevalier de la Légion d'honneur, qui est venue trouver dans sa vallée d'Alsace un homme aussi éminent que modeste.

Principe sur lequel reposent les câbles télodynamiques. — Les transmissions à grande distance[1] reposent sur l'application d'un seul principe de mécanique que l'on formule en disant que la puissance dynamique est mesurée par le produit de la force, multiplié par la vitesse avec laquelle elle se meut; de telle sorte que, dans le travail mécanique, *la force peut être à volonté convertie en vitesse et la vitesse en force*. Par application de ce principe dans l'appareil de M. Hirn, au point de départ du travail, la majeure partie de la force est convertie en vitesse, puis à l'arrivée la vitesse est de nouveau convertie en force.

Une poulie d'un grand diamètre (3 à 4 mètres), marchant à une vitesse de 100 à 150 tours par minute, commande à l'aide d'un fil métallique une poulie d'un diamètre égal située à des distances qui, expérimentées à 50, 80, 100 mètres d'intervalle, n'ont pas tardé à atteindre 7 à 800 mètres et même à dépasser un kilomètre.

Si la première poulie est actionnée par une puissance motrice de 100 chevaux, le câble transmet presque intégralement

[1] Cet alinéa et les suivants sont extraits du rapport du jury de la classe 52, par MM. Jacquin et Cheysson. La bibliographie relative aux câbles télodynamiques est du reste très-peu nombreuse. Nous ne connaissons que cinq documents :

Notice sur la transmission télodynamique, publiée en français et en anglais par M. C.-F. Hirn, pour l'Exposition universelle de Londres. Colmar, 1862.

Note sur la transmission télodynamique, inventée par M. C.-F. Hirn, par M. Du Pré, ingénieur en chef des ponts et chaussées. Bruxelles, 1869.

Deux rapports insérés dans les *Bulletins* de la Société industrielle de Mulhouse.

Enfin un chapitre d'un excellent ouvrage de M. le docteur Reuleau, *der Constructeur*, dont la 2e édition a paru à Brünswick, en 1865. Ce chapitre est intitulé *Hirn'sche Drahtseil Trieb*, et une gravure représentant une poulie et un câble Hirn figure en tête de l'ouvrage *der Constructeur*, comme le spécimen d'une des plus importantes applications de la mécanique.

cette puissance à la seconde poulie sur l'arbre de laquelle une usine peut la recueillir et l'utiliser.

Premières applications faites par M. Hirn. — Nous ne saurions, pour raconter les premières tentatives de M. Hirn, mieux faire que d'extraire de sa brochure de 1862 les passages suivants :

« En 1850, au Logelbach, près Colmar, l'un des plus anciens établissements d'Alsace, la fabrique d'indiennes de MM. Haussmann, fondée en 1772, présentait à la vue de vastes bâtiments éloignés les uns des autres et réduits au silence et à l'inaction depuis 1841 par suite de la suppression de son ancienne industrie. Il s'agissait de rendre la vie à cet établissement et de l'utiliser en le transformant en tissage mécanique ; mais la pompe à vapeur, seul moteur disponible de l'ancienne fabrique, était très-éloignée. On eût pu distribuer sa force motrice entre les divers bâtiments, en se servant de l'ancien mode de transmission, mais la dépense eût été grande, car il eût fallu recourir à des arbres de couche posés sur colonnes, ou placés sous terre, pour ne pas gêner le passage, et la moindre de ces transmissions eût été d'une longueur de 80 mètres. La dépense eût donc été considérable et en outre on pouvait compter sur une grande perte de force. C'est en présence de toutes ces difficultés que je songeai, pour la première fois, à appliquer le principe dont je viens de faire mention.

« Un ruban ou bande de fer aciéré, fourni par la maison Peugeot, d'Audincourt, long de 160 mètres, fut engagé comme une courroie sans fin sur deux poulies en bois de 2 mètres de diamètre, distantes l'une de l'autre d'environ 80 mètres, et faisant environ 120 révolutions par minute. Ce ruban avait 1 millimètre d'épaisseur et 6 centimètres de largeur. Il présentait deux inconvénients : le moindre vent l'agitait et les galets-guides qui le maintenaient sur les poulies le déchiraient souvent à l'endroit où il était rivé et se trouvaient eux-mêmes usés en assez peu de temps.

« Malgré les imperfections, cette transmission ne laissa pas que de rendre des services et fonctionna pendant près de 18 mois, transmettant la force de 12 chevaux à une centaine de métiers à tisser. C'est alors qu'un ingénieur anglais, M. A. Trégoning, frappé de la nouveauté de la chose et entrevoyant le chemin que pourrait faire mon idée, me conseilla d'avoir recours aux câbles métalliques qui, depuis fort longtemps, étaient employés à d'autres usages en Angleterre, où ils servent dans les mines à soulever des fardeaux, où on les adapte aux paratonnerres comme conducteurs, etc.

« Un câble métallique, livré par la maison Newall et Cie, remplaça bientôt le ruban d'acier. Il fut placé sur les mêmes poulies en bois, dans lesquelles on pratiqua simplement une rainure de 1 centimètre de profondeur. Ce câble avait 5 millimètres de diamètre ; mis en place en 1852, il fonctionne encore à l'heure qu'il est ; seulement, les poulies de bois ont été remplacées par d'autres en fer.

« Le système se trouvait sanctionné par l'expérience, si bien qu'une seconde transmission, destinée à porter la force à une distance de 240 mètres, fut bientôt exécutée. Deux poulies de 5 mètres de diamètre, reliées par un câble de 12 millimètres et faisant 92 à 95 révolutions par minute, transmirent une force de plus de 40 chevaux à une distance qui, comme on voit, ne laissait pas que d'être considérable. Cette fois, il fallut avoir recours à des poulies-supports, car le câble, en raison de sa grande longueur, aurait rasé le sol, si on ne l'avait pas soulevé par le point médium, c'est-à-dire à 120 mètres environ des deux poulies. »

Poulies-supports. — Nous continuons à céder la parole à M. Hirn :

« Je n'hésite pas à le dire un seul instant, ces poulies-supports ont exigé plus de peine, plus d'essais, plus de réflexion que tout l'ensemble des nouvelles transmissions. On essaya tour à tour de les faire en cuivre, en bois, en fonte parfaitement polie ; on les garnit de cuir, de caoutchouc, de corne, de bois de gayac et de buis. Rien ne réussit. Toutes les garnitures s'usaient rapidement, et lorsque la gorge était en métal ou en bois dur et qu'elle ne s'usait pas sensiblement, elle usait le câble lui-même en assez peu de temps.

« Je commençais à craindre de voir le système entier perdre toute sa valeur devant ce malheureux obstacle, par suite de l'impossibilité qu'il y avait de franchir de grandes distances sans poulies-supports et par suite des ennuis et des embarras incessants auxquels donnaient lieu ces poulies.

« Ce n'est finalement que lorsque l'idée me vint de fixer la gutta-percha en l'enfonçant à coups de maillet dans une gorge à queue d'aronde et que cette pratique fut couronnée d'un succès inespéré, qu'on put regarder le problème comme définitivement résolu et assigner un avenir certain au système de transmission télodynamique. Les poulies-supports ainsi garnies ont une durée en quelque sorte illimitée. Les premières qui ont été construites remontent à 1860 et fonctionnent continuellement depuis. Non-seulement leur garniture ne s'est nullement usée ou dégradée, mais elle se prête de mieux en mieux au câble, auquel elle ne porte aucun préjudice. »

Nombreuses applications des câbles Hirn. — Le succès obtenu par M. Hirn dans ses usines du Logelbach devait appeler l'attention dans un pays aussi dévoué à l'industrie que l'Alsace, et, dès 1854, M. Henri Schlumberger transmettait la force motrice d'une turbine à des machines agricoles placées à 80 mètres de distance et employées dans une exploitation rurale à Staffelfelden. Ce premier exemple montrait déjà tout le parti que l'agriculture pouvait tirer de la nouvelle découverte, la puissance d'un cours d'eau employée aux travaux d'une ferme située à une distance notable de ce cours d'eau.

A partir de 1854 les applications ne se comptent plus. En 1862, M. Hirn en connaissait plus de 400. En 1867, ce nombre était plus que doublé, et aujourd'hui les câbles télodynamiques sont tellement entrés dans la pratique que personne ne songe à les mentionner. On peut chaque jour en voir fonctionner dans les rues de Paris. Au lieu de mettre un appareil moteur au pied de chaque appareil élévatoire, les entrepreneurs de constructions mettent une machine au pied d'un appareil et, à l'aide d'un câble, ils donnent le mouvement à un treuil placé à 40, 50 ou 60 mètres de distance.

Travaux de M. Stein, de Mulhouse. — Le constructeur qui peut revendiquer l'honneur de la vulgarisation des câbles de M. Hirn est M. Martin Stein, de Mulhouse, qui dans un espace de dix ans a fourni environ 400 transmissions télodynamiques représentant une force d'environ 4,200 chevaux-vapeur et un développement de 72,000 mètres.

En parcourant la liste de ces installations, on voit qu'il n'y a peut-être pas d'industrie qui n'ait su tirer parti de cette grande découverte, et, dans un nombre si considérable d'installations, M. Martin Stein a eu certainement à surmonter toutes les difficultés de détail qui peuvent se présenter. Nous indiquerons les principales dispositions aujourd'hui universellement adoptées.

Section du câble. — La section à donner au câble pour transmettre une force connue est elle-même indéterminée : elle dépend de la tension et de la vitesse de marche du câble. L'expérience démontre qu'il y a avantage à augmenter le plus possible la vitesse et à réduire ainsi le diamètre du câble. Un cheveu animé d'une vitesse immense suffirait pour transmettre une force considérable.

Tension d'enroulement et diamètre des poulies. — A chaque passage sur les poulies, le câble est soumis à un surcroît de tension produit par la courbure inégale des fils. Primitivement, on avait pensé qu'il suffisait de donner à la poulie un diamètre qui fût 1,666 fois le diamètre du fil ; l'expérience a conduit à porter cette limite à 2,000 fois le diamètre du fil.

A égalité de section du câble et à égalité de tension, le diamètre du câble et celui de la poulie varieront avec le diamètre du fil employé.

Un câble de 55 millimètres carrés de section composé de 72 fils aura un diamètre de 15 millimètres et s'enroulera sans fatigue sur une poulie de 2 mètres de diamètre.

Un câble de 55 millimètres carrés de section, mais composé de 36 fils, aura un diamètre de 12 millimètres, mais il exigera des poulies de 2m,800 de diamètre.

Ces considérations ont conduit à l'augmentation du diamètre des poulies et on n'est arrêté que par la difficulté que présente leur fabrication. On ne peut marcher, même pour des forces très-faibles, avec des poulies ayant moins d'un mètre de diamètre, et dès que la force à transmettre est considérable on adopte des diamètres de 2, 3, même 4 mètres et 4m,50.

Nous devons à l'obligeance de M. Hirn l'établissement du tableau ci-après indiquant les conditions principales de l'installation des transmissions télodynamiques appliquées au transport de 10 à 100 chevaux de force à la distance de 100 mètres. A tous les avantages dont nous avons donné l'énumération, les câbles télodynamiques en joignent un qui est vivement apprécié, c'est le bon marché.

Indications générales de l'établissement de transmissions télodynamiques d'une force de 10 à 100 chevaux à la distance de 100 mètres.

FORCE EN CHEVAUX	POULIES				CABLES				NOMBRE DE BRINS EN FILS DE FER COMPOSANT LE CABLE	EFFORT DE TRACTION PAR FIL NON COMPRIS CELUI DU A LA TENSION PRODUITE PAR LE POIDS DU CABLE	DÉPENSE D'INSTALLATION D'UNE TRANSMISSION DE 100 MÈTRES DE LONGUEUR POUR POULIES ET CABLES	OBSERVATIONS
	NOMBRE DE TOURS PAR MINUTE	DIAMÈTRE	POIDS APPROXIMATIF	PRIX	VITESSE LINÉAIRE PAR SECONDE	DIAMÈTRE	POIDS DU MÈTRE	PRIX				
10	145t	2m.00	200k	200f	15m	0m.005	0k.14	0f.65	56	1k.40	550f	Avec la distance de 100m, les galets de support ne sont employés que lorsque la configuration des lieux y oblige pour relever le câble; ils ont ordinairement un diamètre de 2m; leur poids est de 100k et leur prix 100f. Lorsqu'on dispose d'une vitesse de rotation plus grande que celle indiquée par la colonne 2, on peut la maintenir en réduisant le diamètre des poulies ou celui du câble.
20	150	2 .50	500	500	20	0 .008	0 .18	0 .80	56	2 .08	775	
30	150	2 .50	500	500	20	0 .008	0 .21	0 .80	56	3 .12	775	
40	160	3 .00	[illegible]00	450	25	0 .008	0 .21	0 .80	56	3 .33	1.075	
50	160	3 .00	500	450	25	0 .010	0 .39	0 .85	48	3 .12	1.100	
60	160	3 .50	680	600	30	0 .010	0 .39	0 .85	48	3 .12	1.400	
70	160	3 .50	680	600	30	0 .012	0 .45	0 .85	54	3 .25	1.400	
80	145	4 .00	790	670	30	0 .012	0 .49	0 .95	54	3 .70	1.550	
90	145	4 .00	790	670	30	0 .012	0 .49	0 .95	54	4 .16	1.550	
100	127	4 .50	900	750	30	0 .015	0 .59	1 .00	60	4 .16	1.750	

Division de la distance à franchir. — Nous avons dit que, pour les grandes distances, il était nécessaire d'employer des poulies de support sur lesquelles passe le câble. Après beaucoup d'essais, M. Hirn a reconnu que l'intervalle qui convenait le mieux à la répartition des points d'appui variait entre 90 et 100 mètres, et qu'il était nécessaire de donner aux poulies de soutien le même diamètre que celui de la poulie motrice et de la poulie réceptrice.

L'expérience a indiqué une autre solution : au lieu d'avoir un câble franchissant toute la distance, on divise cette distance en sections de 100 mètres environ de longueur chacune, comprenant chacune une poulie motrice et une poulie réceptrice. Dans les stations intermédiaires, il y a deux poulies juxtaposées ; l'arbre de ces poulies peut transmettre une certaine portion de la force reçue et la seconde poulie motrice ne transmet que la différence entre la force transmise par la première poulie motrice et celle dépensée par la première poulie réceptrice. On peut ainsi distribuer, chemin faisant, la force d'un moteur unique et proportionner la section des câbles successifs aux efforts à transmettre.

Dans tous les cas, qu'il s'agisse d'une force intégralement transmise ou d'une force répartie, le sectionnement de la distance a un grand avantage, celui de diminuer les inconvénients causés par la rupture d'un câble ; il est relativement facile de remettre en place un câble d'une poulie à l'autre, tandis que la même opération, embrassant l'ensemble des sections, présente toujours d'assez grandes difficultés.

Montage des poulies. — Les poulies, ainsi que les poulies ou galets de support, doivent être rigoureusement dans un même plan vertical ; les arbres et les coussinets de support parfaitement dressés ; enfin le parallélisme des arbres doit être aussi parfait que possible. On conçoit, du reste, la nécessité d'une précision parfaite et en quelque sorte mathématique pour l'installation de câbles dont chaque point se déplace avec une vitesse de 15 à 30 mètres par seconde.

Les essais tentés pour conduire un câble en ligne brisée au moyen de galets inclinés ou posés horizontalement n'ont point réussi.

Frais d'entretien. — Les frais d'entretien sont très-variables; ils dépendent du soin avec lequel les installations ont été faites et surtout de la continuité de l'entretien; la gutta-percha chassée dans la gorge des poulies dure indéfiniment; un câble bien graissé et auquel *on ne demande que l'effort pour lequel il a été construit*, ce qui n'a pas toujours lieu, dure quatre ou cinq ans.

MM. Hirn emploient pour graisser les câbles un mélange de quatre parties suif, deux parties huile, une partie colophane. Ce mélange remplit les creux, garantit le câble de la rouille, l'empêche de s'allonger ou de se raccourcir, et n'attaque point la gutta-percha, ce qui est une condition capitale.

Dans les poulies motrices, la gutta-percha a pu être remplacée par des rognures de cuir empilées et pressées les unes contre les autres. Ce mode de garniture permet le graissage à l'huile qui non-seulement préserve complétement les câbles de la rouille, mais encore semble leur donner plus de durée, en diminuant ou neutralisant les effets du frottement des brins les uns sur les autres, au moment de l'enroulement sur les roues motrices.

Perte de force occasionnée par les transmissions télodynamiques. — La perte de force occasionnée par les transmissions télodynamiques est extrêmement faible. Plusieurs expériences ont été faites en Alsace, soit par M. F. Hirn lui-même, soit par les soins de la Société industrielle de Mulhouse; elles ont donné les résultats suivants :

NOMBRE DE TOURS PAR MINUTE.	NOMBRE DE CHEVAUX A TRANSMETTRE.	PERTE CONSTATÉE AU FREIN.
144	120	3 ch.
108	88	2.51
94	56	2.14
81	42	2.04

La perte semble être à la fois indépendante du nombre de

chevaux à transmettre et proportionnelle aux vitesses. M. Hirn pense que, pour des transmissions de 40 à 120 chevaux établies sans supports intermédiaires, la perte de force varie entre 2 et 3 chevaux. Pour les supports intermédiaires, nous ne connaissons pas d'expériences relatives à l'appréciation de la perte qu'ils occasionnent. Nous ne pensons pas que, pour les transmissions dont nous venons de parler, cette perte atteigne un cheval par support.

Action de la foudre sur les câbles télodynamiques. — On a exprimé la crainte que les câbles télodynamiques ne fonctionnassent comme des conducteurs électriques imparfaits et que leur présence ne constituât un danger sérieux en temps d'orage. Aucun fait n'est venu confirmer ces craintes. Dans les usines du Logelbach, on s'est appliqué à mettre toutes les masses métalliques des ateliers en communication avec les paratonnerres, et les câbles concourent à cette mise en communication.

Spécimen d'installation télodynamique à l'Exposition universelle de 1867. — L'Exposition universelle de 1867 renfermait un spécimen d'installation télodynamique qui, par sa simplicité même, attirait peu l'attention des visiteurs.

Une locomobile de 25 chevaux transmettait, à 150 mètres de distance, le mouvement à une grosse pompe centrifuge de MM. Neut et Dumont, chargée de remplir le lac au milieu duquel était placé le grand phare français ; les poulies de commande et de réception avaient 2 mètres de diamètre, et le câble était, au milieu de sa longueur, soutenu par une poulie d'égal diamètre.

Pendant toute la durée de l'Exposition, cette transmission a marché sans donner lieu au moindre incident.

Emploi des câbles télodynamiques dans les exploitations agricoles. — Nous avons cité l'application faite, en 1854, par M. Henri Schlumberger pour transmettre la force d'une turbine à une exploitation agricole située à 80 mètres de distance, à Staffelfelden. Cet exemple a été déjà suivi sur un grand nombre de points. On conçoit, en effet, combien il est avantageux, dans une exploitation de cette nature, d'éloigner une machine à vapeur des pailles et de toutes les matières combustibles que contient une ferme. Il a été fait à cet égard de véritables tours de force; des machines agricoles ont été mises en mouvement à 500 mètres et même à 1000 mètres de la force motrice dont on pouvait disposer. Nous avons la conviction que les habiles constructeurs de machines agricoles que possède notre pays ne tarderont pas à comprendre toutes les facilités que l'emploi des câbles leur procurera dans l'installation des machines, et, dans peu d'années, il ne sera pas plus possible de compter les transmissions télodynamiques qu'on ne compte aujourd'hui les transmissions par courroies.

Application des transmissions télodynamiques dans des conditions exceptionnelles. — Pour achever de donner une idée des services que l'on peut attendre des câbles télodynamiques, nous donnerons quelques détails sur trois installations faites dans des conditions exceptionnelles :

a. — L'établissement d'Ober-Ursel près de Francfort;

b. — La poudrerie impériale d'Ockhta à 10 kilomètres de Saint-Pétersbourg ;

c. — La Wasserwercksgesellschaft, à Schaffhouse, pour la transmission d'une force empruntée à la chute du Rhin.

a. — Établissement d'Ober-Ursel. La force à transmettre est de 100 chevaux.

La distance à parcourir est de 984 mètres, c'est-à-dire bien près d'un kilomètre ; elle a été divisée en huit sections d'environ 125 mètres de longueur chacune.

Les poulies ont $5^{m},750$ de diamètre.

La vitesse est de 22 mètres par seconde.

Le câble a un diamètre de 15 millimètres.

Cette transmission a été établie en 1859. Au moment où le jury de l'Exposition de 1867 prenait des renseignements sur toutes les transmissions télodynamiques connues, la transmission d'Ober-Ursel marchait depuis quatre années sans avoir donné lieu à la moindre réparation.

b. — Poudrerie impériale d'Ockhta. Le 18/30 juin 1864, une explosion terrible détruisit la grande poudrerie impériale d'Ockhta à 10 kilomètres de Saint-Pétersbourg.

14 bâtiments, dans lesquels on faisait le mélange des éléments constitutifs de la poudre, furent rasés jusque dans leurs fondements ; six grands bâtiments, servant à des usages divers furent également renversés ; l'établissement fut en quelque sorte anéanti.

Pour prévenir le retour d'un accident aussi terrible, une commission nommée par le gouvernement russe arrêta le programme suivant qui devait être suivi dans la reconstruction :

1° Tous les édifices dangereux devaient être placés au contour de l'emplacement général de la poudrerie;

2° Trois faces de ces édifices devaient être en briques, la quatrième face, celle tournée vers l'extérieur, en planches ;

3° Les portes et fenêtres, dans la face en planches ;

4° Les toits, construits en fer, inclinés vers le côté extérieur ;

5° Les trois murs en briques, couverts et protégés par des remparts en terre ;

6° Enfin les édifices, aussi éloignés que possible les uns des autres.

Les cinq premières conditions étaient faciles à remplir ; mais pour la dernière, et cependant la plus importante de toutes, les nécessités de la transmission de la force motrice par des courroies limitaient à 20 mètres la distance maxima à conserver entre les bâtiments.

Le projet allait cependant être exécuté, lorsque le gouvernement russe eut connaissance de l'existence des transmissions télodynamiques, et il comprit immédiatement les avantages extraordinaires que l'on pouvait en obtenir. C'est le lieutenant d'artillerie Wiener qui eut l'honneur de proposer cette application.

Une nouvelle étude de la reconstruction de la poudrerie d'Ockhta fut entreprise alors par M. Wischnegradsky, professeur de mécanique appliquée à l'Institut de Saint-Pétersbourg, et cette étude fut, pour ainsi dire, basée sur l'emploi exclusif des transmissions télodynamiques, emploi qui permit immédiatement de réaliser deux améliorations considérables :

Augmentation du nombre des bâtiments et, par suite, diminution de la quantité de poudre renfermée dans chacun d'eux ;

Augmentation notable de la distance entre les édifices dangereux, distance qui, limitée à 20 mètres dans le projet primitif, fut portée à 40, à 70 et même à 100 mètres.

Commencés en 1865, les travaux ont été terminés en 1868, et les résultats obtenus ont dépassé toutes les espérances conçues. Nous avons pu extraire de la correspondance échangée entre M. F. Hirn et M. Wischnegradsky les détails suivants sur la nouvelle poudrerie :

La force motrice est demandée à deux turbines ayant chacune une force d'environ 140 chevaux ; une troisième turbine placée à côté des deux premières a été établie en prévision d'accident survenu à l'un des moteurs.

Tous les ateliers sont établis sur trois files :

La première de ces files est établie dans le grand axe du bâtiment des turbines ;

La seconde file, parallèle à la première, à 150 mètres en arrière ;

La troisième file, perpendiculaire aux deux précédentes, passe par le petit axe du bâtiment des turbines.

La première file comprend huit bâtiments contenant chacun deux moulins à poudre. Le premier de ces bâtiments est situé à 100 mètres de distance des turbines, les autres à 50 mètres d'axe en axe ; un intervalle libre de 10 mètres règne entre chacun de ces bâtiments.

La force nécessaire à chaque moulin est évaluée à 6 chevaux, soit 12 chevaux pour les deux, plus 1 cheval pour la transmission, ce qui donne 13 chevaux par chaque bâtiment.

Une force de 104 chevaux est donc transmise à la première file de bâtiments et divisée également entre chacun d'eux.

La seconde file, parallèle à la première, comprend 12 bâtiments, savoir :

1 grainoir à rotation exigeant une force de.	8	chevaux,	transmission comprise.
2 groupes de 3 grainoirs oscillants exigeant une force de. .	8	—	—
2 bâtiments contenant chacun 2 presses à cylindres et 3 presses hydrauliques exigeant une force de.	6	—	—
2 bâtiments contenant les presses pour la production de la poudre prismatique, exigeant une force de. . .	10	—	—
5 bâtiments contenant chacun 2 tonnes à polir la poudre, exigeant une force de. . .	6	—	—

Cette seconde file emploie une force de 80 chevaux dont nous venons de donner la répartition; mais ces bâtiments, renfermant des mélanges bien plus dangereux que ceux contenus dans les moulins, sont éloignés les uns des autres de 90, de 100 et de 70 mètres ; la distance de 70 mètres ne s'applique qu'aux cinq derniers bâtiments.

Enfin la troisième file comprend seulement trois bâtiments contenant des grainoirs et des presses : le premier est à 100 mètres de distance du bâtiment des turbines, les deux autres échelonnés à 90 mètres du premier; ils consomment une force de 24 chevaux répartis en groupes de 8, 10 et 6.

Les plus grandes longueurs de transmissions télodynamiques dans la poudrerie d'Ockhta sont de 400, 700 et 800 mètres.

Toutes ces transmissions ont été fournies par M. Stein, de Mulhouse.

c. — Wasserwerksgesellschaft a Schaffhouse. *Société de la force motrice hydraulique du Rhin.* A une faible distance en aval de Schaffhouse, le Rhin a une chute brusque de 18 à 20 mètres de hauteur ; mais cette chute est précédée de rapides qui, jusqu'au pont de Schaffhouse, représentent ensemble une pente de 12 à 15 mètres ; la différence totale entre le niveau d'amont et celui d'aval atteint donc de 30 à 35 mètres et, en grandes eaux, on a évalué à 200,000 chevaux la force que représente la chute du Rhin.

Pas un ingénieur n'a contemplé cette magnifique partie du cours du Rhin sans exprimer le regret qu'on n'ait point cherché à utiliser, nous ne dirons pas la totalité, mais au moins une faible portion d'une force si considérable, qui se perd sans produire d'autre effet que d'adoucir, dit-on, la température du climat de Schaffhouse, climat moins rigoureux que celui des localités qui l'entourent.

M. Henri Moser, de Schaffhouse, avec l'aide de plusieurs de ses concitoyens, a tenté cette grande entreprise et il s'est efforcé de recueillir, non pas à la chute du Rhin, mais dans les rapides de la traversée de la ville de Schaffhouse, une force d'environ 8 à 900 chevaux.

L'œuvre de la *Société de la force motrice hydraulique du Rhin* comprend deux parts bien distinctes : la partie hydraulique, et la partie télodynamique. Il faut d'abord recueillir la force, puis la transmettre et la répartir entre diverses industries.

Nous n'avons pas à décrire ici les magnifiques travaux hydrauliques qui ont été entrepris pour établir un barrage, un bâtiment capable de recevoir trois grandes turbines de 9 pieds et demi de diamètre, les canaux d'amenée et de fuite des eaux. Tous ces ouvrages méritent au plus haut degré l'attention des ingénieurs.

Nous ne nous occuperons que de la partie télodynamique.

Le bâtiment des turbines est situé sur la rive gauche du Rhin ; il recevra trois turbines pouvant donner chacune 2 à 300 chevaux ; une seule est en place.

L'axe vertical de la turbine donne par un engrenage conique le mouvement à un arbre vertical sur lequel est placée la poulie menante de la transmission télodynamique établie d'une rive du Rhin à l'autre.

Les poulies ont $4^{m},50$ de diamètre ; leur distance d'axe en axe est de 392 pieds suisses ($117^{m},60$).

Le câble, composé de 80 fils tordus, marche avec une vitesse linéaire de 25 mètres à la seconde. Primitivement il marchait avec une vitesse de 30 mètres que l'on a dû diminuer, parce que le câble balançait transversalement de droite à gauche. Il est probable qu'une des poulies n'est pas parfaitement plane et que ce mouvement latéral du câble est dû à ce qu'une des poulies voile ; dans tous les cas cette réduction dans la vitesse est regrettable.

Les câbles sont au nombre de deux : chacun transmet environ cent chevaux ; ils marchent depuis deux ans sans avoir éprouvé aucune avarie ; ils ont été fabriqués à Schaffhouse.

Sur la rive droite du Rhin, la force recueillie est transmise à angle droit à une série de piliers placés en amont, parallèlement au cours du fleuve et sur chacune de ses rives ; ces transmissions se font également à l'aide de câbles.

Chacun de ces piliers peut être considéré comme une station de distribution et de vente de force motrice ; de chacun d'eux partent des arbres ou des transmissions par câbles qui vont donner le mouvement à une série d'établissements.

La brochure publiée à la fin de 1867, à Winterthur, par M. le professeur Kronauer, donne la nomenclature des industries qui ont profité de cette installation si nouvelle.

A la première station, 10 chevaux sont transmis à l'aide d'arbres à deux moulins, 10 autres chevaux sont transmis à l'aide d'un câble à une petite usine ;

A la seconde station, 15 chevaux transmis par des arbres à une filature de lin ;

A la troisième station, 50 chevaux distribués par des arbres à neuf ateliers de vitrerie, de menuiserie, d'orfévrerie, de charpenterie, de fabrication de bois de placage ;

A la quatrième station, 20 chevaux transmis par des câbles à une fabrique de porcelaine et à diverses industries ;

A la même station, 100 chevaux distribués par des arbres à une fabrique d'armes et à diverses industries.

Dès que la deuxième et la troisième turbine seront en place, des dispositions sont prévues pour transmettre en aval une partie de leur force qui, traversant le Rhin à l'aide de câbles, ira donner la vie industrielle à d'autres quartiers.

Il nous paraît impossible de trouver une solution plus complète du problème de l'utilisation des forces naturelles, de leur transmission et de leur répartition dans une grande ville, et nous n'avons rien exagéré en disant que les câbles Hirn avaient fait faire à ce problème un pas décisif.

A Schaffhouse, la force est louée à raison de 120 francs par cheval et par an ; malheureusement le nombre de chevaux loués est encore insuffisant pour rémunérer convenablement les capitaux considérables déjà consacrés à cette grande industrie, environ 1,200,000 francs.

Nous désirons de tout notre cœur qu'un succès complet couronne les efforts des hommes qui ont tenté une des plus belles entreprises de notre temps.

§ 6. — Transmission et division de la force motrice pour la petite industrie.

Importance sociale du problème. — Nous abordons un des plus grands problèmes sociaux qui se présentent aux préoccupations de l'économiste : la production de la force motrice mise à la disposition de l'ouvrier, de façon que celui-ci puisse rester chez lui, travailler à côté de sa femme et de ses enfants, et arriver à se constituer un foyer domestique.

Il semble que jusqu'ici on se soit trouvé en présence de deux données inconciliables.

La force motrice, la force brutale ne peut plus être demandée à l'homme ; elle est fournie par des moteurs inanimés, l'eau, la vapeur, le gaz. L'homme est donc forcé de travailler à proximité de l'un de ces moteurs. Or, ces moteurs ne peuvent être économiques qu'à la condition d'être puissants, et dès lors ils exigent la réunion, l'agglomération d'un grand nombre d'ouvriers.

Le travail mécanique a exigé jusqu'ici la fabrique.

La fabrique a entraîné l'agglomération, c'est-à-dire l'abandon par les ouvriers du foyer domestique.

Le problème à résoudre est donc celui-ci :

Avoir une grande force motrice fournie par l'eau, la vapeur ou tout autre corps, et la répartir économiquement dans un grand nombre d'ateliers.

Il faut que la division puisse être poussée à l'extrême ; il faut qu'en tournant un robinet ou en poussant une pédale, l'ouvrier puisse voir son métier, son tour marcher devant lui. Nous admirions, il y a vingt-cinq ans, un ouvrier tourneur sous les doigts duquel les objets les plus délicats apparaissaient avec une merveilleuse rapidité. Le mouvement était donné au tour par une courroie qui partait d'un coin obscur de l'atelier. Nous voulûmes voir quel était le moteur ; c'était la malheureuse femme de l'ouvrier, qui pendant plusieurs heures chaque journée tournait la roue, comme l'esclave ancien. Il faut qu'un pareil fait devienne impossible.

Nous allons indiquer les diverses solutions qui ont été proposées et expérimentées ; mais disons tout d'abord que la vulgarisation des câbles télodynamiques donne déjà, dans une mesure très-importante, la solution de la répartition de la force motrice et du remplacement d'une usine unique par 20 ou 25 usines de dimensions restreintes.

Transformation de la poudrerie d'Ockhta en ville industrielle. — Nous avons décrit à dessein la grande poudrerie russe ; nous avons indiqué tous les bâtiments dont elle se compose et dont chacun ne renferme que des machines produisant un moyen de destruction. Qu'au lieu d'actionner un moulin à poudre, un grainoir, un polissoir, etc., chaque câble actionne une machine utile à l'homme, on aura un village, une ville même complétement industrielle.

Les 3 files de bâtiments dessinent les trois principales rues de notre ville, les deux premières sont parallèles et à 150 mètres l'une de l'autre ; la première rue a 850 mètres de longueur, c'est-à-dire une distance égale à celle qui sépare à Paris la porte Saint-Martin de l'angle de la rue de Richelieu ; la seconde en a 380 ; la troisième rue, perpendiculaire aux deux premières, a également 380 mètres de longueur.

Dans chacune de ces rues, à des intervalles de 40, de 70, de 90, de 100 mètres les unes des autres, s'élèvent de modestes usines, la plus faible exigeant 6 chevaux, la plus considérable 12.

Dans chaque usine cette force peut elle-même être répartie dans plusieurs chambres, et actionner des métiers ou des outils très-différents.

Entre toutes nos usines s'élèvent les habitations ordinaires d'une ville ; chaque ouvrier travaille chez lui ou dans un atelier qui ne comporte que la présence d'un nombre très-restreint d'hommes.

La solution du problème est si complète qu'il semble que nous ayons décrit un village d'Icarie. Si un édit ordonnait la suppression de la poudrerie de Saint-Pétersbourg, en conservant les turbines et le réseau des fils télodynamiques on n'aurait que l'embarras du choix entre toutes les industries pour constituer une ville dans laquelle le problème de la répartition des forces motrices serait complétement résolu.

Les forces motrices dont on peut rechercher la division au domicile de l'ouvrier sont celles dues à l'emploi de la vapeur d'eau, de l'air comprimé, de l'eau, du gaz d'éclairage, enfin des courants électriques.

Répartition de la force donnée par une machine à vapeur dans une maison de Mulhouse. — Au chapitre consacré aux locomobiles et aux machines mi-fixes, nous avons dit à quelles dimensions restreintes on était arrivé dans la construction des moteurs. On peut aujourd'hui dans un espace de $1^{mq},00$ placer une chaudière verticale, portant le cylindre à vapeur et sa transmission. On arrivera certainement à des modèles plus petits encore et par conséquent à une extrême division de la force demandée à l'expansion de la vapeur; mais l'obligation d'entretenir un feu, d'avoir une chaudière à quelques pas d'un métier et souvent du lit de l'ouvrier, sera un obstacle à la vulgarisation de ces petites machines. Il faut pour que la solution du problème soit complète que le moteur ne soit pas juxtaposé à l'outil.

Deux solutions sont possibles: la distribution de la vapeur par une conduite, et la transmission de la force par des courroies ou des câbles.

Dans le premier cas, chaque métier, chaque outil doit être pourvu d'un cylindre et d'un appareil de distribution; il faut aussi assurer des issues à l'eau provenant de la condensation pendant des arrêts, et à la vapeur à sa sortie du cylindre.

Dans l'autre combinaison, le passage des courroies et des câbles à travers les cloisons et les planchers qui divisent chaque atelier et chaque logement constitue une difficulté assez sérieuse; néanmoins on a cherché à la vaincre et on a réalisé, en 1864 à Mulhouse, un essai qui nous a paru très-digne d'être imité et qui marche d'ailleurs depuis cinq ans.

Une maison située sur la chaussée de Dornach, à côté des cités ouvrières, contient une machine à vapeur de 15 chevaux environ dont la force est louée par cinq personnes différentes :

Un fabricant de fils retors qui possède 700 broches et 80 métiers à fabriquer du cordonnet pour broches à filer;

Un mécanicien qui possède 6 tours, 2 machines à percer, une meule;

Un fabricant de cartes à jouer; ses machines sont de petits laminoirs;

La quatrième personne débite des petits bois pour meubles et ornements; l'outil est une scie circulaire.

La cinquième enfin possède quatre moulins à moutarde et une scie pour débiter le sucre.

Le prix de location de la force motrice est de 3 francs par force de cheval et par journée de 12 heures; quand on prend plus d'un cheval le prix est réduit à $2^f,75$; le filateur loue 5 chevaux, le mécanicien 3, les trois autres industriels prennent ensemble 7 chevaux.

L'expérience a révélé un inconvénient assez grave : c'est la juxtaposition d'industries trop différentes; pour les unes, une grande régularité dans l'allure de la machine est indispensable; pour les autres cette régularité est presque insignifiante. Les métiers à filer exigent à un haut degré une régularité de marche dont peut complétement se passer un moulin à moutarde ou une scie à sucre. Quand, dans la maison de la chaussée de Dornach, la meule du mécanicien ou les laminoirs du fabricant de cartes embrayent, la filature est dérangée.

Il serait donc nécessaire de grouper les industries auxquelles on offre la location d'un moteur, en plaçant ensemble celles qui réclament une vitesse uniforme comme celles pour lesquelles on peut faire varier sans inconvénient le nombre de tours par minute. Les métiers à filer, à tisser, à ourdir, à bobiner seraient réunis; on placerait dans un autre groupe les tours, les laminoirs les meules. les marteaux, les scies, les presses.

On peut se demander si la location de la force motrice à de petits ateliers est elle-même une industrie viable ; nous le pensons, et on peut à cet égard prendre pour base l'exemple que nous avons cité en forçant même les dépenses de premier établissement.

Achat d'une machine à vapeur de 15 chevaux, construction d'un petit bâtiment pour la machine, de la chaudière et de la cheminée	30.000 fr.
Achat et pose des transmissions pour 5 ateliers	10.000
Total des dépenses de premier établissement	40.000 fr.

DÉPENSES ANNUELLES.

Intérêt et amortissement du capital 10 p. 100	4.000 fr.
Combustible pour 300 jours de marche à 12 heures par jour, 2 kilogr. par force de cheval et par heure.	
360 kilogr. par jour et pour 300 jours, 108 tonnes à 30 fr.	3.240
Salaire du mécanicien par an	1.500
Graisse, huile, frais divers	760
Total des dépenses annuelles	9.500 fr.

RECETTES.

300 journées à 2f.75 par force de cheval et pour 15 chevaux	12.375 fr.
Bénéfice annuel outre l'intérêt et l'amortissement du capital	2.875 fr.

Répartition et transmission de la force par l'eau, l'air comprimé, le gaz. — L'emploi de l'eau, de l'air comprimé, du gaz d'éclairage, nous paraît être la solution du problème cherché, en ce qui concerne la petite industrie. Avec ces divers fluides, la distribution ne présente aucune difficulté ; des tuyaux circulent aisément dans toutes les parties d'un édifice et on ne consomme de force qu'au moment même où on peut l'utiliser, tandis qu'il n'en est pas de même avec la machine à vapeur. De nombreuses tentatives ont été faites pour l'emploi de ces fluides, mais jusqu'à ce jour elles n'ont réussi que pour l'eau et pour le gaz d'éclairage.

Emploi de l'air comprimé. — Pour l'air comprimé, nous ne connaissons qu'un projet et ce projet n'est pas encore réalisé.

Une machine à vapeur de 50 à 60 chevaux, placée au centre d'un des quartiers industriels de Paris, devait comprimer l'air, le conduire par une canalisation de 2 kilomètres de longueur et le répartir à un nombre considérable d'ateliers en chambre. Sans doute, il y a bien des difficultés de détail à vaincre ; mais le principe nous paraît indiscutable et le succès assuré.

Emploi de l'eau. — La distribution à domicile d'une force motrice hydraulique a été réalisée dans un grand nombre de villes à l'aide de petites turbines à axe vertical ou à axe horizontal. Ces dernières nous paraissent mieux appropriées que la turbine à axe vertical à une transmission de mouvement pour les petits ateliers ; l'axe de la turbine porte sans transmission la poulie qui commande les outils et il est impossible de supposer une disposition plus simple.

Des turbines à axe horizontal ont été établies dans plusieurs grands hôtels pour le montage des bagages des voyageurs. L'administration des lignes télégraphiques françaises les adopte pour la manœuvre de l'air comprimé dans les conduites pneumatiques dont nous avons parlé.

M. Girard a construit dans la ville de Gênes une distribution de force à domicile à l'aide de petites turbines à axe vertical qui marchent sous une pression de 50 mètres de hauteur de chute. Ces turbines donnent une force de 1, 2, 3, 5 et même 10 chevaux. Pour un cheval, la turbine a $0^m,33$ de diamètre ; on ne peut pas avoir un moteur moins encombrant.

Emploi du gaz d'éclairage. — Il y a peu d'années, l'emploi des machines à gaz, ou, pour parler plus exactement, des moteurs à air dilaté par la combustion du gaz d'éclairage, avait semblé résoudre de la manière la plus complète le problème de la distribution de la force motrice à domicile.

Dans un intervalle de six années, de 1863 à 1868, la Compagnie parisienne d'éclairage et de chauffage au gaz a vendu près de 340 machines à gaz du système Lenoir ; 50 à 55 par an, d'une force moyenne de 2 chevaux chacune.

Ces machines sont employées par les industries les plus diverses, et, dans des notices publiées en 1865 et en 1868, on citait des ateliers de dévideur de soie, de scieur de sucre, de boulanger, de lapidaire, de pharmacien, de parfumeur, de coupeur de poils, dans lesquels la machine à gaz remplissait parfaitement le rôle de machine motrice. Ces notices donnent au sujet des prix les renseignements ci-après :

MODÈLE LENOIR.

1/2 CHEVAL.

Sur pierre. 1 volant.	Sur bâti de fonte. 2 volants.
Prix { 800 fr. Paris. / 1.200 fr. province.	Prix { 1.100 fr. Paris. / 1.500 fr. province.

1 CHEVAL.

Sur pierre. 1 volant.	Sur bâti de fonte. 2 volants.
Prix { 1.300 fr. Paris. / 1.600 fr. province.	Prix { 1.500 fr. Paris. / 1.800 fr. province.

2 CHEVAUX.

Sur pierre. 1 volant.	Sur bâti de fonte. 2 volants.
Prix { 2.000 fr. Paris. / 2.500 fr. province.	Prix { 2.500 fr. Paris. / 3.000 fr. province.

3 CHEVAUX.

Sur pierre. Prix { 2.500 Paris. / 3.000 Province.

MODÈLE OTTO ET LANGEN.

1/2 cheval. Prix 1.650 fr.	Paris et province	1 cheval. Prix 2.100 fr.	Paris et province

de trois voies circulaires, une à l'extérieur du bâtiment, les deux autres à l'intérieur et de chaque côté de la galerie des machines. Ces trois anneaux, liés entre eux par vingt-six plaques tournantes, étaient raccordés par un embranchement spécial au chemin de fer de Ceinture et, par ce dernier, à tous les chemins de fer du continent. Des ramifications spéciales conduisaient à tous les points du parc comprenant des installations de machines lourdes. Le développement total des voies dans le Champ-de-Mars s'est élevé à 5,050 mètres.

Sans ces voies qui auraient peut-être dû être complétées sur quelques points, l'ouverture de l'Exposition eût été à coup sûr retardée. La rapidité avec laquelle la grande galerie des machines a été occupée, et surtout vidée, était uniquement due à la présence de la double voie qu'elle contenait et qui a permis d'amener sur place tous les wagons nécessaires au chargement et au déchargement des marchandises.

On doit donc mettre désormais au premier rang des conditions à remplir par un emplacement dans lequel une Exposition est projetée, la possibilité de le relier avec un réseau de chemins de fer et en même temps avec une voie navigable.

Nous dirons même qu'une fois le sol nivelé, il faut poser toutes les voies dont on prévoit l'usage, de manière à s'en servir pour la construction des bâtiments. Les voies extérieures peuvent parfaitement être conservées dans un parc industriel ; les voies intérieures sont recouvertes d'un plancher léger que l'on pose au dernier moment et que l'on enlève le lendemain du jour où l'Exposition est close.

En faisant circuler sur toutes ces voies quelques grues roulantes, la manutention des milliers d'objets qui affluent dans une Exposition devient une opération courante et qui s'effectue sans encombrement et sans perte de temps et d'argent. A l'Exposition de Paris, 22 grues fixes ou roulantes ont été mises à la disposition des exposants.

Revenons maintenant à l'organisation de la force motrice,

organisation très intéressée elle-même à trouver des voies sur lesquelles on puisse transporter économiquement des chaudières et de lourdes machines.

Importance de la mise en mouvement des appareils exposés. — Il est à peu près impossible à la presque totalité des visiteurs de comprendre l'usage auquel est destinée une machine qui reste immobile. Les hommes spéciaux eux-mêmes ne peuvent se rendre un compte exact de la valeur d'organes qu'ils ne voient pas fonctionner, et, dans les anciennes Expositions, les galeries qui renfermaient les machines n'attiraient qu'un bien petit nombre de personnes.

Les sacrifices, souvent considérables, faits par les exposants demeuraient ainsi à peu près stériles ; le public prenait peu d'intérêt à des appareils dont le but lui échappait presque complétement, et ne pouvait se faire qu'une idée très-imparfaite du rôle considérable que les machines remplissent dans le travail moderne.

La commission de l'Exposition de 1855 a réalisé, à cet égard, un grand progrès, et tout le monde se rappelle l'accueil fait par les visiteurs à la longue galerie annexe construite le long de la Seine. Pour la première fois, le public de l'Exposition entrait librement dans un grand atelier en activité, et les visiteurs se pressaient autour des appareils à l'aide desquels l'homme assouplit et transforme les matières qui semblent les plus rebelles.

Système suivi en 1855 à l'Exposition universelle de Paris. — Le système adopté en 1855 présentait toutefois un inconvénient sérieux. En réunissant dans une seule et même galerie tous les appareils qui devaient fonctionner sous les yeux du public, on renonçait à tout classement méthodique. Puisqu'une même industrie avait à la fois des machines dans le palais des Champs-Élysées et dans la galerie annexe, on ne pouvait étudier les unes et les autres sans de constants déplacements, aussi préjudiciables à la rapidité qu'à la sûreté de l'examen.

Le service mécanique de 1855 comprenait 8 générateurs, d'une force nominale de 550 chevaux, et distribuant la vapeur aux machines motrices par une canalisation souterraine de plusieurs centaines de mètres de longueur.

La transmission aérienne, recevant les poulies qui donnaient le mouvement aux appareils exposés, était formée d'un arbre unique, élevé de 5 mètres au-dessus du sol, long de 480 mètres, et placé au centre de la galerie. Ses supports étaient espacés de 8 mètres, et soutenaient en outre, à 6 mètres au-dessus du sol, une passerelle de service de $0^m,80$ de largeur.

Toutes ces dispositions ne furent pas également heureuses. Sur plusieurs points, les exposants ne purent pas obtenir toute la force dont ils avaient besoin, et d'assez vives réclamations furent adressées à ce sujet à la commission. Malgré ses imperfections, on peut dire que la galerie des machines de 1855 eut un grand et légitime succès.

Système suivi, en 1862, à l'Exposition universelle de Londres. — La commission anglaise prit, en 1862, des dispositions analogues à celles qui avaient été adoptées à Paris en 1855. Six générateurs à foyer intérieur, réunis dans un bâtiment spécial, envoyaient la vapeur dans une conduite souterraine circulant sous le plancher de la galerie, et fournissant à chaque appareil, à l'aide d'une prise spéciale, la vapeur dont il avait besoin. Malgré les enveloppes de feutre qui protégaient les tuyaux de distribution, la longueur de ces tuyaux était trop grande pour qu'on pût prévenir, surtout vers leurs extrémités, de notables pertes de pression et d'abondantes condensations.

Dans tous les cas, on pouvait faire à l'Exposition anglaise le reproche encouru par l'Exposition française : le classement général était abandonné; les machines les plus dissemblables, par cela seul qu'elles marchaient, étaient réunies dans une même galerie, et le classement était sacrifié aux exigences impérieuses du moteur.

Études préalables à l'organisation du service mécanique de

1867. Dispositions du règlement général. — La question de savoir si les appareils exposés seraient mis en activité ne pouvait plus être discutée, et la commission impériale prit immédiatement, à cet égard, les engagements les plus précis. Les articles 36 et 46 du règlement général sont en effet conçus de la manière suivante :

« Art. 36. Les constructeurs d'appareils exigeant l'emploi du gaz et de la vapeur doivent déclarer, en faisant leur demande d'admission, la quantité d'eau, de gaz ou de vapeur qui leur est nécessaire. Ceux qui veulent mettre des machines en mouvement indiqueront quelle sera la vitesse propre de chacune de ces machines et la force motrice dont elle aura besoin.

« Art. 46. La commission impériale fournit gratuitement l'eau, le gaz, la vapeur et la force motrice pour les machines qui ont donné lieu à la déclaration mentionnée à l'art. 36. Cette force est en général transmise par un arbre de couche dont la commission impériale fera connaître, avant le 31 décembre 1865, le diamètre et le nombre de tours par minute.

« Les exposants ont à fournir la poulie sur l'arbre de couche, les poulies conductrices, l'arbre de transmission intermédiaire destiné à régler la vitesse propre de l'appareil, ainsi que les courroies nécessaires à chacune de ces transmissions. »

Constitution d'une première commission. — Les promesses les plus larges, on le voit, étaient faites aux exposants, et la commission impériale assumait ainsi une grande responsabilité. Un des premiers soins de M. le commissaire général fut de constituer une commission d'ingénieurs, à laquelle il demanda d'examiner quel système il y avait lieu d'adopter pour donner satisfaction aux engagements contractés, en considérant comme hors de discussion les conditions ci-après :

Maintien absolu du classement méthodique ;

Adoption de la forme curviligne pour la galerie des machines ;

Interdiction de placer des foyers dans l'intérieur du palais.

La commission, composée de MM. Combes, Flachat, Bourdon, Maniel, Le Châtelier, J. Callon, Mangon, Jacqmin et Cheysson, consacra plusieurs séances à l'examen du programme qui lui avait été indiqué par M. le commissaire général. Après un examen approfondi, l'emploi de l'air comprimé ou de l'eau comprimée fut écarté et l'emploi de la vapeur reconnu comme seul capable de donner au service mécanique de l'Exposition une complète sécurité. Nous rappellerons très-sommairement les questions qui furent successivement abordées, soit par les membres de la commission, soit par les ingénieurs dont elle crut devoir réclamer le concours.

Emploi de l'air comprimé. — L'air comprimé semblait, au premier abord, répondre à toutes les conditions du problème. On pouvait, en effet, avec des machines placées loin du palais, amener l'air à une pression convenable, le répartir ensuite à l'aide d'une canalisation pour laquelle la forme curviligne du palais ne présentait aucun obstacle, et distribuer ainsi à chaque appareil exposé, à la place même que le classement général lui assignait, la force qui lui était nécessaire. Enfin l'air comprimé, à sa sortie de chaque appareil, contribuait à la ventilation du palais, en abaissant en même temps la température des galeries.

Au premier abord, la solution était donc séduisante. Malheureusement, elle rencontrait de grandes difficultés : la première consistait dans la production même de l'énorme quantité d'air comprimé nécessaire à l'ensemble des services de l'Exposition, qui réclamaient une force de plus de 600 chevaux de 75 kilogrammètres. MM. les ingénieurs italiens, chargés du percement du mont Cenis, voulurent bien signaler à la commission les différences considérables qui existaient entre la puissance des machines employées à la compression de l'air et le travail recueilli ; les ingénieurs de l'établissement de Seraing confirmèrent ces déclarations, et, dans le projet qu'ils dressèrent d'un ensemble de machines destinées à fournir le volume d'air nécessaire, ils arrivèrent à un chiffre de dépense très-supérieur à la somme dont la commission impériale pouvait disposer pour ce service.

En second lieu et en supposant la première question résolue, on exprima la crainte que les appareils moteurs, construits par les exposants pour marcher à l'aide de la vapeur d'eau, se prêtassent mal à la substitution de l'air comprimé. Il ne fallait plus songer à la condensation, et l'on pouvait douter que l'air comprimé donnât pour les surfaces frottantes une lubrifaction analogue à celle que produit la vapeur d'eau.

Enfin, et cette objection était la plus sérieuse, convenait-il de faire dépendre tout le service mécanique de l'Exposition d'un seul moteur? Le moindre incident survenu dans la marche de ce moteur déterminant l'arrêt de tous les appareils exposés, un incident sérieux aurait entraîné une grave perturbation.

Emploi de l'eau comprimée. — L'eau présentait, à un plus haut degré, peut-être, les inconvénients signalés pour l'air comprimé. Celle qu'on aurait empruntée aux canalisations de la ville de Paris, en supposant que l'on pût en disposer, n'avait pas une pression suffisante. Il fallait recourir aux accumulateurs, et, par suite, à une immense installation ; la force, à l'intérieur du palais, ne pouvait être transmise que par des appareils spéciaux très-dispendieux à acquérir et sans emploi après l'Exposition ; enfin, la rupture de conduites d'eau à haute pression placées en tous sens dans l'intérieur du palais eût donné lieu à de graves accidents.

Tous ces motifs firent écarter l'application de l'air ou de l'eau comprimée, et, dès lors, il ne restait que la vapeur d'eau comme base du service mécanique.

Emploi de la vapeur d'eau. — La vapeur d'eau avait d'abord un avantage incontestable. Son emploi ne comportait aucune incertitude, et on était sûr de n'avoir pas de mécompte dans la production de la force et dans sa distribution à tous les appareils qui devaient la consommer. Restaient à résoudre les questions relatives aux chances d'incendie que présentent les machines à vapeur et celles de la transmission de la force.

Une première solution fut indiquée à la commission. Elle consistait à placer aux angles du Champ-de-Mars quatre machines à vapeur, de 150 à 200 chevaux chacune, dont la force eût été transmise aux arbres intérieurs de l'Exposition par les câbles télodynamiques de M. Hirn, si usités en Allemagne. Mais cette solution ne put résister à un sérieux examen. Outre qu'elle aurait trouvé dans la forme curviligne du palais de très-sérieuses difficultés, elle se heurtait encore, quoique à un moindre degré, contre l'objection faite à un moteur unique. L'interruption dans la marche d'un seul moteur aurait privé de mouvement un quart de l'Exposition, et la rupture d'un câble télodynamique aurait pu produire de grands malheurs.

La combinaison définitive qui a prévalu a été de multiplier machines et générateurs, en distribuant neuf groupes de chaudières autour du palais, à 30 mètres au moins de distance de son enceinte extérieure, et en répartissant dans la grande galerie 17 moteurs reliés aux générateurs par des conduites d'une longueur maxima de 100 mètres. On évitait ainsi les inconvénients de condensation et de perte de pression ; on conjurait les chances d'incendie par l'éloignement des foyers, et celles d'interruption du service par son fractionnement même. En outre, la multiplicité des moteurs à l'intérieur se prêtait parfaitement au maintien du classement méthodique ; elle diminuait en même temps les obstacles que la forme curviligne du bâtiment présentait à l'installation de longues transmissions.

Enfin, la présence des moteurs à l'intérieur augmentait beaucoup l'intérêt offert aux études des visiteurs. La grande galerie se trouvait ainsi transformée en une succession d'ateliers pour chacun desquels le public pouvait suivre la production de la force dans un générateur, sa transmission dans une machine motrice et sa répartition dans les appareils exposés. Ces notions élémentaires, et cependant si peu connues, s'affirmaient, pour ainsi dire, à l'œil de chaque visiteur, et l'éducation industrielle de tous les pays ne pouvait que gagner à l'ensemble de ces démonstrations.

Accueilli dans toutes ses parties par la commission impériale, le programme que nous venons de tracer fut repris et développé par le comité d'admission de la classe 52.

Organisation du service mécanique. Constitution du comité d'admission de la classe 52. — Le comité d'admission de la classe 52 fut, comme la commission de 1865, uniquement composé d'ingénieurs, MM. Ch. Callon, Cheysson, Fessard, Fourneyron, Jacqmin, Mantion et Phillips. Les deux rédacteurs du présent rapport eurent l'honneur d'être, l'un président et l'autre secrétaire de ce comité, dont la tâche différait essentiellement de celle donnée aux autres comités d'admission, en ce qu'elle comprenait, outre l'examen des demandes faites par les exposants, l'étude des propositions à soumettre à la commission impériale pour l'organisation des services rentrant dans la classe 52. M. Cheysson fut de plus chargé, comme chef de service du sixième groupe (classes 47-66) près la commission impériale, de présider à cette organisation ainsi qu'à l'installation de la galerie des machines et du service hydraulique, et il fit exécuter, à ce titre, les divers projets ressortissant à la classe 52 (plate-forme centrale[1], aménagement de la berge et des prises d'eau, réservoir Malakoff, chemin de fer, etc.).

Division du service en lots. — Nous avons dit que la conservation du classement méthodique des produits était une des conditions essentielles de l'organisation du service mécanique;

[1] Il est juste d'indiquer ici la part qui revient dans l'étude de ce projet au comité de la classe 52, notamment à l'un de ses membres, M. Mantion, directeur du chemin de fer de Ceinture, et de noter l'utile coopération de M. Hangard, ingénieur des installations.

mais le problème se compliquait encore d'une circonstance particulière: il n'était pas possible de profiter, pour l'installation des moteurs, des deux parties de la galerie tracées en ligne droite, parallèlement au grand axe du palais, c'est-à-dire de celles qui présentaient plus de facilités pour l'établissement de la transmission. Par suite de la forme oblongue du Champ-de-Mars, les espaces demeurés libres entre le bâtiment et les avenues La Bourdonnaye et Suffren étaient trop étroits pour se prêter à la construction d'un bâtiment de chaudières et de sa cheminée, et avaient dû être exclusivement réservés à l'installation des portes Rapp et Suffren; de sorte que, par une coïncidence fâcheuse, tout ce qui concernait le service mécanique ne pouvait être établi que dans les parties circulaires du bâtiment.

En tenant compte de ces sujétions nouvelles, la partie française a pu être divisée en huit lots, auxquels correspondent les classes ci-après :

1er lot, classes 55 et 56, confié à MM. Thomas et T. Powell de Rouen et exigeant.	60 chevaux.
2e lot, classes 55 et 56, confié à M. Lecouteux, de Paris. .	45
3e lot, classes 59 et 51, confié à MM. Le Gavrian et fils, de Lille..	55
4e lot, classes 51 et 50, confié à MM. Chevalier et Duvergier, de Lyon.	30
5e lot, classes 47 et 53, confié à M. Quillacq, d'Anzin.. . .	30
6e lot, classes 53 et 54, confié à MM. Renouard de Bussierre et Messmer, de Graffenstaden.	35
7e lot, classes 54, 57, 60 et 95, confié à M. Boyer, de Lille.	30
8e lot, classes 58, 60 et 95, confié à madame Decoster, de Paris.	30
Total de la force dépensée par la section française.. .	315 chevaux.

Les lots 4, 5 et 6 sont séparés par des zones de calme, affectées aux classes de la carrosserie, des chemins de fer et des travaux publics, qui n'exigent aucune installation de force motrice et répondent à la partie droite ou à ses abords immédiats, comme il est dit plus haut.

Pour les sections étrangères, un lot fut réservé à chaque nation, savoir :

Belgique. — Lot confié à MM. Hougel et Teston, de Verviers, et représentant.	40 chevaux.
Prusse et États du Nord de l'Allemagne. — Lot confié à MM. Demeuse et Hougel, d'Aix-la-Chapelle.	54
Bade, Hesse, Wurtemberg et Bavière. — MM. Farcot et ses fils, de Saint-Ouen.	30
Autriche. — MM. Farcot et ses fils de Saint-Ouen.	20
Suisse. — MM. Farcot et ses fils, de Saint-Ouen.	17
États-Unis. — M. Flaud, de Paris.	50
Angleterre. — Commission britannique.	100
Total pour les sections étrangères.	311 chevaux.
Total pour la section française.	315
Total général.	626 chevaux.

Outre cette force demandée à la vapeur, on a recouru à l'emploi des moteurs à gaz, dont l'installation est simple et n'entraîne l'établissement d'aucun générateur, pour les parties de la galerie où il suffisait d'une faible puissance dynamique et pour celles où le service était organisé quand des exigences mécaniques se sont révélées tardivement. C'est ainsi que cinq moteurs d'une puissance totale de 9 chevaux ont été répartis dans la galerie des machines. L'un d'eux, d'une force d'un demi-cheval, faisait mouvoir les modèles de marine ; un autre, de même force, a été disposé à dessein dans les petits ateliers de travail manuel (classe 95), qui sont la véritable place de ces moteurs, et où son emploi peut amener une révolution d'une grande portée sociale en empêchant l'abandon du foyer domestique.

Système général de transmission. — Le règlement de l'Exposition avait disposé d'une manière générale que la force serait transmise par un arbre de couche, mais sans préjuger en rien la disposition de cet arbre. Fallait-il l'établir souterrainement ou le placer sur des colonnes à 4 ou 5 mètres au-dessus du sol? Cette question fut étudiée avec la plus grande attention et résolue en faveur de la transmission aérienne.

Pour qu'une transmission souterraine pût être adoptée, il eût fallu connaître de la manière la plus précise l'emplacement de chaque appareil, afin de ménager dans la voûte ou le plancher de la galerie, les espaces nécessaires au passage des courroies; on aurait dû, en outre, s'imposer, une fois ces passages ménagés, l'obligation de ne modifier en rien l'emplacement des machines. A l'époque à laquelle on se trouvait, il était absolument impossible aux constructeurs de renseigner la commission impériale sur les dimensions exactes des objets qu'ils comptaient exposer. Il eût été dès lors nécessaire d'attendre le dernier moment pour construire la galerie de la transmission souterraine, ajournement qui eût causé un immense embarras.

En plaçant, au contraire, l'arbre de transmission à l'extérieur, chaque exposant pouvait faire varier la position de sa poulie, quelquefois de plusieurs mètres, et chercher ainsi les combinaisons répondant le mieux aux nécessités de son installation. Dans tous les espaces restés libres en plan, on pouvait installer de nouveaux objets et trouver toujours sur l'arbre la place d'une poulie, tandis qu'avec une transmission souterraine, toutes ces additions eussent été très-difficiles, pour ne pas dire impossibles.

En second lieu, les courroies sortant du sol eussent été, dans beaucoup de cas, une cause de danger pour les promeneurs, tandis que, placées en entier au-dessus du sol, elles pouvaient être facilement évitées. Quant à la sécurité des ouvriers, elle était bien mieux sauvegardée par une transmission aérienne que par une transmission souterraine[1].

[1] On a dû, dans quelques cas particuliers, recourir à une transmission souterraine qui comprend quatre segments et mesure une longueur totale de 71 mètres; ce qui a permis d'apprécier les inconvénients et les dangers du système.

Plate-forme centrale. — Enfin, l'établissement d'une transmission aérienne double permettait la construction d'un promenoir central placé à 5 mètres au-dessus du sol et faisant le tour de la galerie des machines. Nous n'avons pas à développer les motifs qui militaient en faveur de cette disposition, et il suffit de rappeler l'accueil qui lui a été fait par le public, pour la justifier de la manière la plus complète. En parcourant cette plate-forme, les visiteurs pouvaient jouir du spectacle grandiose de l'activité mécanique s'exerçant sous les formes les plus variées et les plus saisissantes, et suivre le travail des machines sans craindre d'être atteints par aucun de leurs organes.

On a critiqué l'emploi de la fonte dans la construction de la plate-forme, par cette raison qu'au milieu d'une galerie construite entièrement en fer, il eût été préférable de n'employer que ce dernier métal. Nous pensons qu'il n'y avait aucune solidarité à rechercher entre deux choses aussi dissemblables. Les métaux doivent être employés dans les conditions qui répondent le mieux à leur nature et à leur mode de résistance : des colonnes en fer auraient été grêles et d'un maigre aspect ; celles de fonte offrent aux yeux plus de vigueur et de résistance, sans compter que, dans une construction où l'on redoutait les vibrations, l'emploi de colonnes massives, et par conséquent en fonte, était naturellement indiqué.

Le promenoir central a une longueur totale de 1,195 mètres, qui se divise ainsi :

Parties servant à la transmission : 413 mètres ;

Parties sans transmission : 782 mètres ;

Les supports sont espacés de 3m,45 en moyenne, et sont disposés suivant un polygone dont les sommets correspondent aux fermes de la galerie et dont les côtés adjacents mesurent 15m,80 et comprennent entre eux un angle de 5 degrés. Cette longueur de 15m,80 et cet angle de 5 degrés sont les données qui définissent la transmission générale. Les arbres de couche reposent sur des entretoises en fonte, qui sont prolongées, en forme de chaise, au delà des colonnes. Leur longueur totale est de 721 mètres; ce qui donne un total de près de 800 mètres avec la transmission souterraine.

A chaque sommet du polygone, c'est-à-dire de cinq en cinq supports, les colonnes deviennent doubles dans le cas du promenoir simple. Dans le cas de la transmission, elles sont quadruples et forment comme un beffroi.

L'attache des arbres de couche aux supports du promenoir était de nature à causer à l'ensemble de la construction des trépidations incommodes pour les promeneurs. En vue d'éviter cet inconvénient, on a doublé les supports dans toutes les parties qui reçoivent les arbres de couche; le promenoir repose sur des colonnes placées à l'intérieur du faisceau de colonnes quadruples formant chaque sommet du polygone, et n'a aucun contact avec ces dernières. Sa portée est ainsi de 13^{m},80, sans appui intermédiaire. L'expérience a consacré entièrement l'avantage de cette disposition, qui réalise une indépendance complète entre le promenoir proprement dit et le système des transmissions.

Les colonnes sont réunies par des poutres en fer à treillis, dans le sens de la longueur de la plate-forme. Pour les parties avec transmission, chaque rive est occupée par deux de ces poutres, disposées parallèlement à quelques centimètres de distance, et se projetant verticalement l'une sur l'autre. La poutre intérieure, de 13^{m},80 de portée, supporte le promenoir et passe sur les colonnes intermédiaires sans les toucher. Quant à l'autre, elle n'est qu'une sorte de contre-ventement destiné à relier les colonnes de la transmission. Les bases de ces diverses colonnes sont formées par de larges patins rattachés, à l'aide de longs boulons, à des massifs en béton, dont le mortier contient 350 kilogrammes de ciment de Portland par mètre cube. Ces boulons étaient disposés d'avance, d'après un gabarit, et noyés ensuite dans le béton. Pour les colonnes d'angle des parties avec transmission, colonnes composées de deux systèmes de supports, l'un quadruple et l'autre simple, mais pourvus chacun de leur patin de fondation indépendant, le nombre de ces boulons logés dans un même massif est de douze.

Au-dessus de ce premier massif, servant à l'encastrement des boulons et de leurs plateaux à nervures, est établi un second massif de béton plus maigre, descendant jusqu'au terrain solide, et dont la hauteur a varié de $0^m,50$ à 3 mètres. Le nombre des piliers ainsi constitués est de près de 700.

Les boulons une fois fixés invariablement, le montage de la plate-forme eût été impossible, si l'on ne s'était pas ménagé un jeu de quelques centimètres, en reportant la pression des boulons sur les patins de fondation, non pas directement, mais par l'intermédiaire d'une cloche convexe, susceptible d'un léger déplacement.

La plate-forme a 4 mètres de largeur entre garde-corps, et comprend, par chacun des seize secteurs du palais, deux salons-garages de 4 mètres sur 3 mètres, situés en regard l'un de l'autre et garnis de sofas. Neuf escaliers tournants, de $3^m,10$ de diamètre, donnent, tous les 150 mètres environ, des moyens d'accès de la galerie au promenoir. En outre, deux escaliers d'honneur, à volée droite, sont disposés de part et d'autre du vestibule principal qui sépare la France de l'Angleterre, et qui constitue la seule interruption de la plate-forme, établie sans discontinuité sur tout le reste du développement de la grande galerie.

Il va d'ailleurs sans dire que, pour ces escaliers et garages, comme pour le promenoir proprement dit, on a dû s'imposer la condition de les rendre tout à fait indépendants de la transmission, ce qui n'a pu parfois s'obtenir qu'au prix de quelques complications.

Le poids du métal entrant dans la construction de la plate-forme est, pour la fonte, de 1,017 tonnes, et pour le fer de 319 tonnes.

La dépense totale de la plate-forme, en y comprenant plancher, fondations, escaliers et garages, est de 626.216^{f},98 et ressort à 528^{f},21 par mètre courant.

Le travail a été divisé en trois lots, et confiés aux usines de Marquise, Fourchambault, Mazières, qui ont pris sept mois pour les études de détail et la fabrication, et trois mois pour le montage, délais assez courts, eu égard au grand nombre de modèles et aux difficultés de l'ajustage.

Marchés de force motrice. — Les diverses questions servant de base à l'organisation du service mécanique une fois résolues, un projet de marché sur lequel nous allons revenir fut soumis à un grand nombre de constructeurs, de manière à appeler la concurrence et à faire entrer dans le domaine de l'Exposition proprement dite la fourniture de la force motrice.

Quand les offres des constructeurs eurent été acceptées par la commission impériale, la répartition des lots fut faite de manière à mettre, autant que possible, ces entrepreneurs dans les conditions où les plaçaient leurs relations de clientèle. C'est ainsi que les constructeurs de Rouen et de Lille furent chargés de faire marcher les appareils de filature et de tissage; les constructeurs d'Alsace, les machines-outils, etc.

Pour l'étranger, la commission impériale attachait un grand intérêt à ce que la force motrice fût organisée dans chaque section par un exposant de la nation intéressée, de façon que l'entente pût être établie au moment même où chaque commission étrangère s'occuperait de son plan d'installation. C'était, en outre, donner au service mécanique un caractère international, destiné à rehausser l'intérêt du concours. La Belgique, la Prusse et l'Angleterre acceptèrent avec empressement cette combinaison. Pour l'Autriche, les États de l'Allemagne du Sud, la Suisse et l'Amérique, la commission impériale dut recourir à des exposants français. (*Voy.* p. 505 la division en lots.)

Les marchés de force motrice ont tous été faits sur un type uniforme. Cette formule contenant des renseignements détaillés sur l'organisation du service, nous pensons quil ne sera pas sans intérêt de la reproduire presque *in-extenso*, malgré sa longueur.

Objet du traité. — Art. 1er. L'entrepreneur soussigné prend l'engagement, qui est accepté par la commission impériale, de fournir la force motrice nécessaire aux appareils exposés dans la portion de la galerie des machines affectée aux classes nos...

Cette portion a une longueur de... mesurée suivant l'axe de la galerie. Les appareils à faire mouvoir occuperont le massif central de cette galerie, sur 25 mètres de largeur, et recevront leur mouvement de deux arbres de couche, supportés à 4m,36 au-dessus du sol, sur les colonnes d'une plate-forme centrale qui sert en même temps à la circulation des visiteurs.

Production de la force. — Art. 2. La force motrice nécessaire à ce service sera produite par la vapeur.

Bâtiment du générateur. — Art. 3. Le bâtiment destiné à abriter le générateur aura les dimensions ci-après :

. . . .

Il sera placé parallèlement au chemin rayonnant, et son parement le plus rapproché du palais sera distant de 60 mètres de l'axe de la galerie des machines.

Cheminée. — Art. 4. La cheminée destinée à l'échappement des gaz de la combustion sera placée latéralement au grand côté du bâtiment le plus éloigné du palais. Elle sera en briques et aura une hauteur d'au moins 30 mètres.

Générateur. — Art. 5. Le générateur de vapeur consistera en une chaudière de.. mètres carrés de surface de chauffe (définition de la chaudière)...

Art. 6. Le générateur sera pourvu de tous les appareils de sûreté prescrits par le décret du 28 janvier 1865, dont toutes les prescriptions seront d'ailleurs obligatoires pour M... Il sera muni, en outre, d'un appareil fumivore au choix de ce constructeur.

En cas d'une production trop abondante de fumée, la commission impériale se réserve le droit d'imposer à l'entrepreneur soussigné l'emploi exclusif du coke.

Distribution de la vapeur. — Art. 7. La machine motrice étant placée à l'intérieur de la galerie des arts usuels, la vapeur du générateur doit y être conduite par un tuyau placé dans un carneau.

Carneau. — Art. 8. Ce carneau aura, dans œuvre, une hauteur de $1^{m},60$ et une largeur de 1 mètre.

Les parois seront en maçonnerie et auront une épaisseur suffisante pour résister à la poussée des terres et supporter les tuyaux qui y seront contenus. Son radier sera également maçonné.

Il sera recouvert par un tablier en bois, formé de madriers simplement jointifs de 7 à 8 centimètres d'épaisseur, et posés transversalement à sa longueur. Ce tablier sera apparent et formera plancher dans la galerie des arts usuels. Dans la traversée du jardin, il sera recouvert d'une couche de terre d'environ 30 centimètres, nécessaire pour la formation d'une pelouse.

Ce carneau vient couper à angle droit la galerie souterraine correspondant à la galerie des aliments. Dans la zone affectée à l'aérage, il est complétement interrompu ; dans celle qui est destinée aux caves, il est isolé des portions voisines par deux cloisons latérales et par une cloison de fond, dans laquelle est pratiquée une porte de communication.

Tuyaux de vapeur. — Art. 9. Les tuyaux de prise de vapeur seront en fonte. Leur assemblage s'effectuera par des joints à brides soigneusement dressés. Ils seront supportés par des crampons scellés dans une des parois du carneau, et analogues à ceux qu'emploie le service municipal de la ville de Paris pour soutenir les conduites d'eau dans les égouts.

Art. 10. M... est tenu de prendre toutes les précautions nécessaires pour prévenir les inconvénients qui pourraient résulter de la condensation de la vapeur ou de la dilatation des tuyaux.

Distribution de la vapeur et écoulement de l'eau de condensation. — Art. 11. La vapeur produite par le générateur est conduite au tiroir de la machine motrice. Après avoir agi sur le piston, elle est condensée et va se perdre avec l'eau de condensation dans la conduite en ciment qui traverse à angle droit le carneau, et qui est établie le long de la paroi extérieure de la galerie des arts usuels pour recevoir les eaux pluviales du palais.

Le tuyau d'amenée de l'eau de condensation est posé dans le carneau à côté de celui de vapeur, et offre une pente calculée en vue du volume qu'il doit débiter.

Fourniture de vapeur à des appareils autres que le moteur. — Art. 12. Dans le cas où il serait nécessaire de fournir de la vapeur à des cylindres sécheurs ou à tout autre appareil faisant partie du secteur confié à M..., cette vapeur y serait conduite à l'aide d'un tuyau en fonte, placé dans une simple gaine en bois, et entouré de substances non conductrices.

De petits regards seraient ménagés au droit de chaque joint sur cette gaine, enterrée de 30 à 40 centimètres au-dessous du sol de la galerie.

Art. 13. L'échappement de la vapeur ainsi distribuée aurait lieu à l'aide d'un tuyau également en fonte, qui, dirigé d'abord horizontalement vers le caisson de la galerie des arts usuels le plus voisin de l'appareil alimenté, et du côté intérieur de cette galerie, pénétrerait ensuite dans le caisson, et déboucherait enfin dans l'atmosphère à 20 mètres au-dessus du sol de la galerie.

Dans la traversée de la galerie, ce tuyau est contenu dans une gaine en bois, semblable à celle que décrit l'article précédent. A l'intérieur du caisson, il sera pris pour le soutenir des dispositions qui seront indiquées ultérieurement.

. . . .

Fourniture de l'eau. — Art. 15. L'eau nécessaire à la production de la vapeur sera également fournie gratuitement à M.... dar la commission impériale, à l'aide de deux robinets mis à sa pisposition, et dont l'un sera placé près du générateur, et l'autre près du condenseur.

Machine motrice. — Art. 16. Le mouvement sera donné aux arbres de couche par .... (Définition du moteur.) La surface occupée par cette machine est égale à .... mètres carrés. Sa forme est définie par le plan ci-annexé, qui contient en même temps les détails de l'installation projetée par M....

Art. 17. La solidité de l'assiette nécessaire pour un bon fonctionnement du moteur sera obtenue par les dispositions que devra prendre l'entrepreneur soussigné, mais ne pourra être demandée, même dans une faible mesure, à aucune des parties du palais, telles que caissons, parois, toiture ou plate-forme.

Force de la machine. — Art. 18. La machine motrice fournira une force effective d'au moins .... chevaux de soixante-quinze kilogrammètres, mesurée par l'arbre de couche ; la commission impériale aura le droit de procéder à telles expériences qu'elle jugera convenable, pour constater si cette condition est remplie. Dans le cas où elle ne le serait pas, il pourrait y être suppléé d'office aux frais de l'entrepreneur par telles mesures qu'il appartiendra.

Arbres de couche. — Art. 19. Les arbres de couche sont placés de part et d'autre de la plate-forme centrale, qui est établie par la commission impériale ainsi que les consoles de support.

M... s'engage à fournir et à poser la transmission générale avec ses paliers, ses manchons de jonction et ses embrayages, et, enfin, les poulies nécessaires pour lui donner le mouvement.

Le burinage des portées des consoles, pour un bon règlement des paliers, est également à sa charge.

Art. 20. Ces arbres sont en fer forgé. Ils ont 9 centimètres de diamètre, excepté au droit même de l'attaque du volant, où l'arbre extérieur est renforcé pour résister à la flexion. Ils sont calibrés avec beaucoup de soin, tournés et polis dans toute leur étendue. Ils offrent une surface méplate ou une rainure générale qui permet l'ajustage des poulies en un point quelconque de leur longueur.

Leur vitesse est de cent tours par minute. Ils sont formés d'éléments polygonaux ayant une longueur moyenne de 13m,792, et embrassant entre eux un angle de 174°58'51".

Attaque des arbres de couche. — Art. 21. Le mouvement du volant se transmet à l'arbre de couche le plus voisin par la disposition figurée au plan ci-annexé.

(Description succincte de cette disposition.)

Les poulies adoptées seront en deux morceaux.

Art. 22. M... sera tenu de prendre toutes les précautions nécessaires pour empêcher la flexion de l'arbre de couche et le déversement de la galerie dans la portion où se fait cette transmission de mouvement.

Art. 23. La rotation de l'arbre extérieur se communique à son conjugué par une poulie correspondant à chacun des éléments du polygone, de sorte que la ligne extérieure étant continue et solidaire, la ligne parallèle intérieure puisse être formée d'éléments brisés et indépendants.

Joints et embrayages. — Art. 24. La jonction de deux éléments contigus s'obtient par... (Définition du joint.)

Cette communication peut être interrompue, à chaque joint, par un débrayage à fourchette et levier, figuré, ainsi que le joint lui-même, sur le plan ci-annexé.

Art. 25. M... sera tenu d'entourer d'une balustrade l'emplacement qui lui est affecté et de recourir aux précautions d'usage pour assurer la sécurité tant des visiteurs que de ses ouvriers. Il devra également recouvrir à ses frais cet emplacement d'un plancher soigné.

Calage des poulies. — Art. 26. Les poulies servant à transmettre le mouvement de l'arbre de couche aux appareils exposés sont fournies par les exposants. Elles sont formées de deux moitiés distinctes, et le montage est à la charge de l'entrepreneur soussigné.

Durée du travail journalier. — Art. 27. La durée du travail journalier est fixée à sept heures et demie, de dix heures du matin à cinq heures et demie du soir, y compris une demi-heure de repos.

Art. 28. La commission impériale pourra, soit pour les opérations du jury, soit pour toute autre cause, avancer de deux heures le commencement de la mise en marche de la machine; mais, dans ce cas, un repos supplémentaire de deux heures sera accordé à l'entrepreneur, la durée totale du travail journalier ne devant pas excéder sept heures et demie.

Art. 29. L'entrepreneur aura droit à un jour de repos par mois, pour les visites, lavages et menues réparations à effectuer, soit au générateur, soit à la machine motrice, soit aux transmissions. Ce jour de repos, quand il ne sera pas motivé par un accident, sera fixé par la commission impériale, de façon que l'arrêt des machines ne soit pas simultané dans plusieurs sections.

Durée de l'entreprise. — Art. 30. La durée de l'entreprise est celle de l'Exposition elle-même, c'est-à-dire du 1er avril au 31 octobre 1867.

Art. 31. La commission impériale aura le droit de prolonger ou de diminuer cette durée, sans cependant que l'augmentation ou la diminution puisse excéder cinquante jours. Dans ce cas, il serait ajouté à la somme stipulée ci-dessous, ou il en serait retranché une somme fixe de [1]..., par chaque jour de marche au delà ou en deçà des limites qui viennent d'être fixées.

Régularité du mouvement. — Art. 32. La machine motrice

[1] Cette somme a été, dans chaque traité, calculée sur le prix de 1 fr. 50 par cheval et par jour.

sera installée et conduite de telle façon que les exposants retrouvent, pour leurs appareils mis en mouvement par la transmission générale, la régularité d'allure à laquelle ils sont accoutumés dans leurs ateliers.

Entretien et graissage. — Art. 33. L'entrepreneur soussigné est tenu de veiller à l'entretien des appareils qu'il emploie et à leur graissage.

Les dispositions qu'il emploiera à cet effet seront combinées de manière à respecter la sécurité des ouvriers, et à recueillir la graisse ou l'huile surabondante.

Approvisionnement du combustible et enlèvement des cendres. — Art. 34. M... se conformera aux indications qui lui seront données pour les heures d'entrée de ses voitures destinées à l'approvisionnement du combustible ou à l'enlèvement des cendres.

Caractères des appareils fournis par l'entrepreneur. — Art. 35. Le générateur, le moteur et l'ensemble des dispositions adoptées pour produire et transmettre la force motrice nécessaire au secteur seront considérés comme objets exposés, et, comme tels, inscrits au catalogue, et admis au concours pour l'obtention des récompenses.

En conséquence, la fourniture et l'installation de ces appareils sont faites dans les conditions prévues par les articles 45 et suivants du règlement général, c'est-à-dire qu'il n'est rien alloué de ce chef à M...

Propriété des matériaux de l'entreprise proprement dite. — Art. 36. Quant aux matériaux employés par ce constructeur pour son entreprise proprement dite, tels que ceux qui auront servi à la construction du bâtiment du générateur, du fourneau, du carneau ; à l'établissement de la tuyauterie et de la transmission, ils resteront, à la fin de l'entreprise, sa propriété et seront repris ou abandonnés par lui, s'il le juge préférable, en sorte que la commission impériale doit lui payer seulement la différence entre le prix de premier établissement, et la valeur de reprise après emploi, en outre des frais afférents au fonctionnement du moteur.

Somme allouée à M... — Art. 37. Par suite des diverses conditions qui définissent et caractérisent cette entreprise, la somme allouée à M... est fixée à forfait à[1]... Elle comprend notamment le bâtiment du générateur, la cheminée, le carneau qui le réunit au moteur, la prise d'eau, la tuyauterie d'amenée et de condensation, la transmission, le combustible, l'entretien, le graissage, le personnel, le calage des poulies et autres accessoires fournis par les exposants ; en un mot, l'ensemble des dépenses exigées par la production de la force motrice nécessaire aux classes n°... et par sa transmission régulière à deux arbres de couche.

Délais d'exécution. — Art. 40. L'entrepreneur soussigné s'engage à commencer ses travaux de maçonnerie avant le 1er mai 1866, et à avoir terminé l'installation complète de ses appareils au plus tard le 1er février 1867. A cette date, les foyers seront allumés, et la transmission générale essayée. Les résultats de cette opération seront constatés par un procès-verbal sur le vu duquel sera payé, s'ils sont satisfaisants, le premier terme de l'allocation ci-dessus stipulée.

Dépenses relatives à l'organisation de la force motrice. — Les dépenses faites par la commission impériale pour l'organisation et la fourniture de la force motrice pendant toute la durée de l'Exposition de 1867, se sont élevées à environ un million de francs, savoir :

Construction du promenoir central de 1195 mètres de longueur portant les arbres de couche sur 413 mètres de longueur, y compris plancher, fondations, escaliers et garages 636,000f.

Fourniture d'une force de 626 chevaux pendant 210 jours 375,000.

Ce chiffre semble considérable, mais il n'est pas juste de porter au compte exclusif du service mécanique le promenoir central

[1] Cette somme a été calculée, dans chaque traité particulier, sur le pied de 600 fr. par cheval dans la limite de la force énoncée à l'article 18.

qui, sur les huit douzièmes de sa longueur, ne servait en rien aux transmissions. En supposant que la moitié seulement de la dépense soit affectée au service mécanique, on arrive à une dépense de 6 à 700,000 francs pour la fourniture de 626 chevaux pendant 210 jours, soit environ 1000 francs par cheval. Nous ne croyons pas qu'il soit possible de descendre au-dessous de ce chiffre, et, sans le concours des exposants propriétaires de machines, on aurait très-certainement dépassé cette limite.

Principes généraux à suivre dans une organisation semblable. — Les grandes Expositions universelles ont lieu à des époques trop éloignées les unes des autres pour que l'on puisse formuler des règles générales pour leur organisation, mais il se fait presque tous les ans des Expositions partielles dans lesquelles la question de la fourniture de la force motrice se présentera toujours. Nous pensons qu'on arrivera à une solution satisfaisante en adoptant les principes généraux ci-après :

Maintien du classement méthodique des appareils exposés ;

Division de la force motrice en plusieurs lots ou centres d'action ;

Emploi, avec l'assentiment des exposants de machines et moyennant remboursement des dépenses faites, d'une partie des machines motrices exposées ;

Séparation des chaudières et des appareils moteurs, de manière à éviter toute chance d'incendie, et si, comme dans les locomobiles, la machine et la chaudière sont solidaires;

Emploi de câbles télodynamiques pour transmettre à l'intérieur des bâtiments l'action d'une force extérieure.

Aspect général de la galerie des machines de l'Exposition universelle de 1867. — La grande galerie des machines de l'Exposition universelle de 1867 présentait un spectacle qui nous paraît admirablement résumer les conditions nouvelles du travail. Chaque jour, des centaines d'ouvriers étaient occupés à diriger les appareils de tout genre exposés à l'admiration des visiteurs.

Aucun de ces ouvriers n'était chargé d'un travail pénible exigeant un effort musculaire continu.

La force motrice était fournie par des appareils extérieurs placés dans une situation qui écartait tout danger.

A l'intérieur, chacun accomplissait une tâche dans laquelle l'intelligence remplissait le principal rôle.

Dans les machines motrices, un ou deux ouvriers surveillaient la marche des régulateurs et versaient de temps en temps quelques gouttes d'huile.

Dans les métiers, dans les machines-outils, les ouvriers semblaient plus spectateurs et surveillants qu'acteurs.

Dans le groupe immense de la petite industrie, chacun faisait preuve d'adresse et de goût sans avoir à fournir un effort aussi épuisant pour le corps que pour l'esprit. La petite armée des machines à coudre marchait à l'aide de légères courroies ou de simples cordes à boyau entraînées par des poulies calées sur quelques arbres de transmission, et la fatigue que cause la manœuvre prolongée de cet instrument était épargnée aux femmes chargées d'en montrer les admirables produits.

Nous ne parlons pas des conditions d'espace, de lumière, de ventilation offertes par ce grand atelier ; elles n'étaient pas aussi exceptionnelles que pourraient le croire les personnes étrangères à l'industrie moderne. Nous l'avons dit dans le chapitre consacré aux ateliers et aux machines-outils, il y a longtemps que l'on a reconnu combien il était important de placer les ouvriers dans un milieu sain, aéré et de dimensions convenables.

Résumé général du cours. — Nous avons, bien des fois dans ce cours, cherché à montrer quel était déjà, quel devait être bien plus encore, le rôle à demander à la machine à vapeur, celui du plus puissant, du plus docile, du premier serviteur de l'homme. Nous le répéterons encore, partout où pour un travail de quelque durée, il est possible d'installer un moteur mécanique, il n'est plus permis d'employer l'homme comme créateur régulier du mouvement.

Sans aucun doute, il y a, il y aura toujours des exceptions, dans les chantiers, dans les ateliers, il y aura des manœuvres de force à accomplir, mais il faut que ce soit un incident, une exception dans le travail. Placé en face d'un obstacle défini, l'homme conçoit la nécessité de la manœuvre de force et l'accomplit avec une vigueur et une énergie que l'intelligence décuple. Ce que nous voulons voir à jamais disparaître dans la grande comme dans la petite industrie, c'est l'homme employé comme une bête de somme, c'est l'homme et, encore bien plus, la femme tournant la roue.

Laissons aux agents inanimés et inconscients, à la vapeur d'eau, aux fluides comprimés, aux chutes d'eau, le soin de fournir à l'homme la force brutale ; demandons à des agents mécaniques de distribuer, de transformer ces forces ; chargé uniquement alors de diriger ces grands phénomènes physiques, l'homme demeurera ce que Dieu l'a créé, un être intelligent et libre.

FIN DU TOME SECOND.

PARIS. — IMP. SIMON RAÇON ET COMP., RUE D'ERFURTH, 1.

www.ingramcontent.com/pod-product-compliance
Lightning Source LLC
LaVergne TN
LVHW010121230826
846091LV00001BA/111

* 9 7 8 2 3 2 9 3 9 3 9 7 1 *